CPEC
国家级实验教学示范中心联席会
计算机学科组规划教材

数据结构

Java语言实现·题库·微课视频版

陈锐 马军霞 蔡增玉 马欢 朱亮 赵晓君 李朝阳 蒋昌猛 王超 编著

清華大學出版社
北京

内 容 简 介

本书全面、系统地介绍了数据结构相关内容，包括各种数据结构的逻辑关系、存储结构及基本运算，通过丰富的案例讲解了算法的多种实现，所有算法程序均采用 Java 语言实现。

本书共 8 章，主要内容包括数据结构基础，线性表，栈和队列，串、数组和广义表，树和二叉树，图，查找，排序。本书内容全面，理论与实践并重，通过大量图表和案例讲解算法实现过程，方便读者理解、掌握。本书内容安排符合本科生培养目标和教育工程认证要求，在知识的讲解过程中注重思政元素的融入，并提供微课视频、教学课件、课后习题、实验题等丰富的教学资源。

本书适合作为高等院校计算机、软件工程等相关专业本科生数据结构课程的教材，也可供从事软件开发的工程技术人员作为参考书。

图书在版编目（CIP）数据

数据结构：Java 语言实现 · 题库：微课视频版/陈锐等编著. —北京：清华大学出版社，2023. 8
国家级实验教学示范中心联席会计算机学科组规划教材
ISBN 978-7-302-63440-9

Ⅰ. ①数… Ⅱ. ①陈… Ⅲ. ①数据结构－高等学校－教材②JAVA 语言－程序设计－高等学校－教材 Ⅳ. ①TP311.12②TP312.8

中国国家版本馆 CIP 数据核字(2023)第 083760 号

策划编辑：魏江江
责任编辑：王冰飞
封面设计：刘　键
责任校对：胡伟民
责任印制：曹婉颖

出版发行：清华大学出版社
网　　址：http://www.tup.com.cn，http://www.wqbook.com
地　　址：北京清华大学学研大厦 A 座　　**邮　　编**：100084
社 总 机：010-83470000　　**邮　　购**：010-62786544
投稿与读者服务：010-62776969，c-service@tup.tsinghua.edu.cn
质量反馈：010-62772015，zhiliang@tup.tsinghua.edu.cn
课件下载：http://www.tup.com.cn，010-83470236
印 装 者：北京嘉实印刷有限公司
经　　销：全国新华书店
开　　本：185mm×260mm　　**印　　张**：22　　**字　　数**：596 千字
版　　次：2023 年 9 月第 1 版　　**印　　次**：2023 年 9 月第 1 次印刷
印　　数：1～1500
定　　价：59.80 元

产品编号：100041-01

前 言

党的二十大报告中指出：教育、科技、人才是全面建设社会主义现代化国家的基础性、战略性支撑。必须坚持科技是第一生产力、人才是第一资源、创新是第一动力，深入实施科教兴国战略、人才强国战略、创新驱动发展战略，这三大战略共同服务于创新型国家的建设。高等教育与经济社会发展紧密相连，对促进就业创业、助力经济社会发展、增进人民福祉具有重要意义。

数据结构是一门实践性很强的课程，是今后学习其他专业课程和从事软件开发的重要基础。对于初学者来说，数据结构中的概念比较抽象，需要结合生活实际进行理解。学习数据结构不只是要理解并掌握各种数据类型所涉及的相关算法思想，更重要的是要将这些算法思想用 Java、C 或 Python 等语言实现，只有这样才能真正理解并掌握数据结构。因此，学习数据结构需要至少掌握一门高级程序语言。

Java 语言不仅具有简单性、面向对象、分布式、健壮性、安全性、平台独立与可移植性等众多特点，而且吸收了 C++语言的各种优点，同时摒弃了 C++中难以理解的多继承、指针等概念，极好地实现了面向对象理论。Java 语言允许程序员以优雅的思维方式进行复杂的编程，是编写桌面应用程序、Web 应用程序、分布式系统和嵌入式系统应用程序等的首选开发语言。国内各高校均开设了 Java 语言程序设计课程，因此本书采用 Java 语言作为描述语言，为读者今后从事软件开发打下牢固的基础。

本书较为系统地介绍了数据结构中的线性结构、树结构、图结构及查找、排序技术，阐述了各种数据结构的逻辑关系，讨论了它们在计算机中的存储表示及运算。本书以潜移默化的形式融入思政元素，理论与实践并重，除了对数据结构中的抽象概念和数据类型的基本运算进行详细讲解外，还通过丰富的图表、实例和完整的代码讲解算法的应用，帮助读者理解各种数据类型常见的基本操作及具体应用案例的算法思想。本书精选了一些涵盖知识点丰富且具有代表性的案例，并挑选了部分历年考研试题作为课后习题，所有算法均采用 Java 语言给出完整实现，方便读者学习和理解，进而巩固所学知识点。

本书共分为 8 章，分别为数据结构基础，线性表，栈与队列，串、数组与广义表，树和二叉树,图,查找和排序。

第 1 章：主要介绍数据结构的基本概念和对算法的描述方法,以及本书的学习目标、学习方法和学习内容。

第 2 章：主要介绍线性表。首先讲解线性表的逻辑结构,然后介绍线性表的各种常用存储结构,每节均给出了算法的具体应用。通过学习这一章,读者可以掌握顺序表、动态链表的基本操作及应用。

第 3 章：主要介绍操作受限的线性表——栈和队列,内容包括栈的定义,栈的基本操作,栈与递归的转化,队列的概念,顺序队列和链式队列的运算。

第 4 章：主要介绍串、数组与广义表。串是另一种特殊的线性表,数组和队列可以看作是线性表的推广。首先介绍串的概念、串的各种存储表示和串的模式匹配算法,然后介绍数组的概念、数组(矩阵)的存储结构及运算、特殊矩阵,最后介绍广义表的概念、表示与存储方式。

第 5 章：主要介绍非线性数据结构——树和二叉树。首先介绍树和二叉树的概念,然后介绍树和二叉树的存储表示、二叉树的性质、二叉树的遍历和线索化、树和森林与二叉树的转换、并查集及哈夫曼树。

第 6 章：主要介绍非线性数据结构——图。首先介绍图的概念和存储结构,然后介绍图的遍历、最小生成树、拓扑排序、关键路径及最短路径。

第 7 章：主要介绍数据结构的常用技术——查找。首先介绍查找的概念,然后结合具体实例介绍了静态查找、二叉排序树、平衡二叉树、红黑树、B－树和 B＋树、哈希表,并给出了完整程序。

第 8 章：主要介绍数据结构的常用技术——排序。首先介绍排序的相关概念,然后介绍各种排序技术,并给出了具体实现算法。

本书教学内容紧紧围绕《高等学校计算机专业核心课程教学实施方案》和《计算机学科硕士研究生入学考试大纲》,涵盖教学方案和考研大纲要求的全部知识点。本书系作者多年教学实践经验总结,主要特点如下：

(1) 结构清晰,内容全面。针对抽象的概念和知识点,配合类比和丰富的图表进行讲解。

(2) 例题典型、丰富。例题选取自全国著名高校考研试题和竞赛试题,给出了详细的分析和完整算法实现。

(3) 理论与实践并重,突出实践。在讲解抽象概念和算法思想时,每个算法都给出了具体的 Java 语言实现,每章均提供了综合案例算法的详细讲解。

为便于教学,本书提供丰富的配套资源,包括教学大纲、教学课件、电子教案、程序源码、习题答案、在线作业和微课视频。

资源下载提示

数据文件等资源：扫描目录上方的二维码下载。

在线作业：扫描封底的作业系统二维码,登录网站在线做题及查看答案。

微课视频：扫描封底的文泉云盘防盗码,再扫描书中相应章节的视频讲解二维码,可以在线学习。

本书由陈锐、马军霞、蔡增玉、马欢、朱亮、赵晓君、李朝阳、蒋昌猛、王超共同编著,感谢郑州轻工业大学全体同仁在工作上的帮助及在写作上的关心与支持。

在此尤其感谢清华大学出版社的魏江江编辑,他十分看重本书的应用价值,在他的策划下,本书才得以顺利出版,对此深怀感激。葛鹏程编辑为本书的出版付出了巨大努力,在此一并表示衷心的感谢。

在本书的编写过程中,参阅了大量相关教材、著作,个别案例也参考了网络资源,在此向各位原著者致敬!

由于编写时间仓促,加之水平所限,书中难免存在一些不足之处,恳请读者不吝赐教。

编　者

2023 年 7 月

目录

资源下载

第1章

数据结构基础

CHAPTER 1

数据结构是计算机、软件工程及相关专业的专业核心课之一，主要研究数据的各种逻辑结构和存储结构及数据的各种操作，它是继续深入学习后续课程（如算法设计与分析、操作系统、编译原理、软件工程等）的重要基础。对于从事计算机应用尤其是软件开发的工程技术人员而言，掌握数据结构的相关知识和常用算法，对提高软件开发效率和代码质量都有着非常重要的作用。

本章主要内容：

- 数据结构的概念
- 数据的逻辑结构
- 数据的存储结构
- 算法特性及描述
- 算法设计及分析

1.1 数据结构相关概念

视频讲解

数据结构的概念于 1966 年由 C. A. R. Hoare 和 N. Wirth 提出,之后数据结构作为一门独立的课程开设。大量关于程序设计理论的研究表明:在对大型复杂软件进行开发和研究前,必须先对这些软件中涉及的数据结构进行深入研究。本节主要介绍数据结构的一些基本知识和概念。

1. 数据

数据(data)是能被计算机识别、接收和处理的符号集合。换言之,数据就是计算机化的信息。早期的计算机主要被应用于数值计算,那时的数据量小且结构简单,数据只包括整型、实型和布尔型。随着计算机技术的发展与应用领域的不断扩大,计算机的处理对象扩大到非数值数据,包括字符、声音、图像、视频等。例如,周深的身高是 176cm,其中,周深是对一个人姓名的描述数据,176cm 是关于身高的描述数据。又如,一张照片是图像数据,一部电影是视频数据。

2. 数据元素

数据元素(data element)是组成数据的有一定意义的基本单位,在计算机中通常作为整体考虑和处理。例如,一个数据元素可以由若干数据项组成,数据项是数据不可分割的最小单位。在如表 1-1 所示的教职工基本情况表中,数据元素包括工号、姓名、性别、所在院系、出生日期、职称等数据项。这里的数据元素也称为记录。表 1-1 中的第 1 条数据元素是(2018032,刘娜,女,经管学院,1989.10,副教授),由 6 个数据项组成。

表 1-1 教职工基本情况表

工号	姓名	性别	所在院系	出生日期	职称
2018032	刘娜	女	经管学院	1989.10	副教授
2018053	王小明	男	软件学院	1979.08	副教授
2019008	周深海	女	计算机学院	1988.09	讲师

3. 数据对象

数据对象(data object)是具有相同性质的数据元素的集合,是数据的一个子集。例如,集合{1,2,3,4,5,…}是自然数的数据对象,{'A','B','C',…,'Z'}是英文字母表的数据对象。可以看出,数据对象可以是有限的,也可以是无限的。

4. 数据结构

数据结构(data structure)是指相互之间存在的一种或多种特定关系的数据元素集合,是带有结构的数据元素结合,即数据的组织形式。计算机所处理的数据并不是孤立的、杂乱无序的,而是具有一定联系的数据集合,如表结构(如表 1-1 所示的教职工基本情况表)、树形结构(如图 1-1 所示的学校组织结构图)、图结构(如图 1-2 所示的城市之间的交通路线图)。

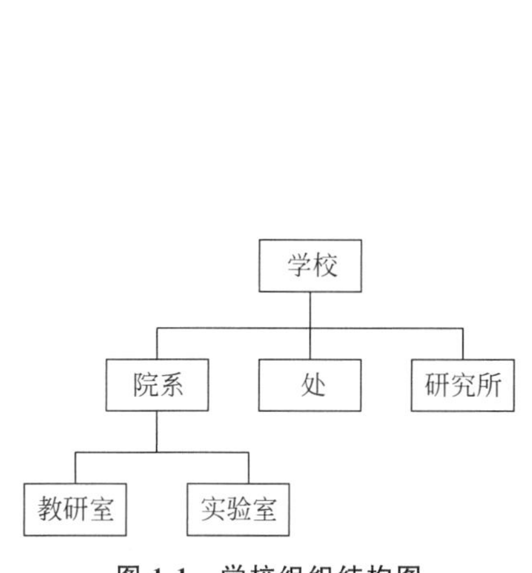

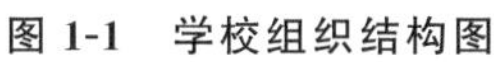
图 1-1　学校组织结构图

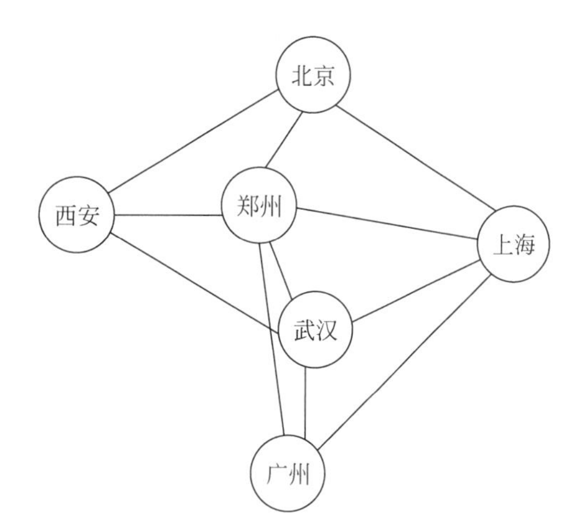

图 1-2　城市之间的交通路线图

5. 数据类型

数据类型(data type)是用来刻画一组性质相同的数据及其相关操作的总称。数据类型中定义了两个集合：数据类型的取值范围和该类型中可允许的一组运算。例如，高级语言中的数据类型就是已经实现了的数据实例。在高级语言中，整型类型可能的取值范围是 −32 768～32 767，允许的运算集合是加、减、乘、除、取模。字符类型对应的 ASCII 取值范围是 0～255，可进行赋值运算、比较运算等。

在 Java 语言中，按照数据的构造，数据类型可分为两类：基本数据类型和引用数据类型。基本数据类型有 char、byte、short、int、long、float、double、boolean 等 8 种，引用数据类型有数组、类、接口。

在学习数据结构过程中，类是经常会使用的类型，通常使用类来描述各种对象的属性和方法，具体参见 1.2 节中定义的集合类 MySet。

1.2　抽象数据类型

在计算机处理过程中，需要把处理的对象抽象成计算机能理解的形式，即把数据信息符号转换为一定的数据类型，以方便问题的处理，这就是抽象数据类型的描述。

1.2.1　抽象数据类型的定义

视频讲解

抽象数据类型(Abstract Data Type，ADT)是用户定义且用以表示应用问题的数据模型，通常由基本的数据类型组成，并包括一组相关服务操作。本书将要介绍的线性表、栈、队列、串、树、图等结构就是一个个不同的抽象数据类型。以盖楼为例，直接用砖块、水泥、沙子来盖，不仅建造周期长，而且建造高度规模受限。如果用符合规格的水泥预制板，不仅可以高速、安全地建造高楼，而且水泥预制板会使高楼的接缝量大大减少，从而降低建造高楼的复杂度。由此可见，抽象数据类型是大型软件构造的模块化方法，数据结构中的线性表、栈、队列、串、树、图抽象数据类型就相当于是设计大型软件的“水泥预制板”，使用这些抽象数据类型可以安全、快速、方便地设计功能复杂的大型软件。

抽象数据类型也就是对象的数据模型,它定义了数据对象、数据对象之间的关系及对数据对象的操作。例如,Java、C++、Python 中的类就是一个抽象数据类型,它包括用户类型的定义和在用户类型上的一组操作。

抽象数据类型体现了程序设计中的问题分解、抽象和信息隐藏特性。抽象数据类型把实际生活中的问题分解为多个规模小且容易处理的问题,然后建立起一个计算机能处理的数据模型,并把每个功能模块的实现细节作为一个独立的单元,从而使具体实现过程隐藏起来。以日常生活中的盖房子为例。可以把盖房子分成几个小任务,一方面需要工程技术人员提供房子的设计图纸,另一方面需要建筑工人根据图纸打地基、盖房子,房子盖好以后还需要装修工人装修,这与抽象数据类型中的问题分解类似。工程技术人员不需要打地基和盖房子的具体过程,装修工人不需要知道怎么画图纸和怎样盖房子,这就相当于抽象数据类型中的信息隐藏。

视频讲解

1.2.2 抽象数据类型的描述

抽象数据类型描述了数据对象、数据关系及数据上的基本操作,一般采用三元组表示:

$$\mathrm{ADT}(D,S,P)$$

其中,D 是数据对象集合,S 是 D 上的关系集合,P 是 D 的基本操作集合。

通常使用如下形式描述抽象数据类型:

```
ADT 抽象数据类型名
{
    数据对象:<数据对象的定义>
    数据关系:<数据关系的定义>
    基本操作:<基本操作的定义>
}ADT 抽象数据类型名
```

其中,数据对象和数据关系的定义用伪代码描述,基本操作的定义格式如下。

```
基本操作名(参数表)
初始条件:
操作结果:
```

例如,集合 MySet 的抽象数据类型描述如下。

ADT MySet

{

数据对象:$\{a_i \mid 0 \leqslant i \leqslant n-1, a_i \in \mathbf{R}\}$。

数据关系:无。

基本操作:

(1) InitSet (&S):初始化操作,建立一个空的集合 S。

(2) SetEmpty(S):若集合 S 为空,则返回 true;否则,返回 false。

(3) GetSetElem (S,i,&e):返回集合 S 的第 i 个位置元素值给 e。

(4) LocateElem (S,e):在集合 S 中查找与给定值 e 相等的元素,若查找成功,则返回 true;否则,返回 false。

(5) InsertSet (&S,e)：在集合 S 中插入一个新元素 e。

(6) DelSet (&S,e)：删除集合 S 中值为 e 的元素，若删除成功，则返回 true；否则，返回 false。

(7) SetLength(S)：返回集合 S 中的元素个数。

(8) ClearSet(&S)：将集合 S 清空。

(9) UnionSet(&S, T)：合并集合 S 和 T，即将 T 中的元素插入 S 中，相同的元素只保留一个。

(10) DiffSet(&S, T)：求两个集合的差集 $S-T$，即删除 S 中与 T 中相同的元素。

(11) DispSet(S)：输出集合 S 中的元素。

}ADT MySet

集合 Myset 的基本操作实现如下。

```
public class MySet<T>                       //集合的类型定义
{
    T list[];
    int length;
    final int MAXSIZE = 100;
    MySet()                                 //集合的初始化
    {
        list = (T[])new Object[MAXSIZE];
        length = 0;
    }
    public boolean SetEmpty()
    //判断集合是否为空。若集合为空,则返回 true;否则,返回 false
    {
        if(length <= 0)
            return true;
        else
            return false;
    }
    public int SetLength()
    //返回集合中的元素个数
    {
        return length;
    }
    public void ClearSet()
    //清空集合
    {
        length = 0;
    }
    public boolean InsertSet(T e)
    //在集合中插入一个元素 e
    {
        if(length >= MAXSIZE - 1) {
            System.out.println("下标越界,不能插入!");
            return false;
        }
```

```
            else if(!LocateElem(e))
            {
                list[length++] = e;
                return true;
            }
            else
            {
                System.out.println("集合中已经存在值为" + e + "的元素,不能进行插入操作!"};
                return false;
            }
        }
        public boolean DelSet(T e)
        //删除集合中值为 e 的元素
        for(int i = 0;i < length;i++)
        {
            if(list[i] == e
            {
                for(int) = 1;j < length - 1;j++)
                    list[j] = list[j + 1];
                length - = 1;
                return true;
            }
        }
        return false;
    }
        private T GetSetElem(int i) throws Exception
        //获取集合中的第 i 个元素并赋给 e
        {
            if (length <= 0) {
                throw new Exception("集合为空,不能获取任何元素!");
            }
            else if (i < 1 && i > length) {
                throw new Exception("下标错误!");
            } else {
                T e = list[i - 1];
                return e;
            }
        }
        public boolean LocateElem(T e)
        //查找集合中元素值为 e 的元素,若存在该元素,则返回 true; 否则,返回 false
        {
            for(int i = 1;i < length + 1;i++)
            {
                if (list[i - 1] == e)
                    return true;
            }
            return false;
        }
        public void UnionSet(MySet S,MySet T) throws Exception
        //合并集合 S 和 T
        {
```

```
        if (S.length + T.length >= S.MAXSIZE)
            throw new Exception("两个集合的长度超过 S 的最大长度!");
        else {
            for (int i = 1; i < T.length + 1; i++) {
                T e = (T) T.GetSetElem(i);
                if (S.LocateElem(e) == 0)
                    S.InsertSet(e);
            }
        }
    }
    public void DiffSet(MySet S,MySet T) throws Exception
     //求集合 S 和 T 的差集
    {
        if (S.length <= 0)
            throw new Exception("集合 S 的长度为空!");
        else {
            for (int i = 1; i < T.length + 1; i++) {
                T e = (T) T.GetSetElem(i);
                boolean pos = S.LocateElem(e);
                if (pos != 0)
                    S.DelSet(e);
            }
            return 1;
        }
    }
    public void DispSet()
    //输出集合中的元素
    {
        for(int i=1;i<length + 1;i++)
            System.out.print(list[i - 1] + " ");
        System.out.println();
    }
}
```

本书采用表 1-2 的形式描述集合的抽象数据类型。

表 1-2　集合的抽象数据类型描述

数据对象	D 是具有相同特性的数据元素的集合		
数据关系	无		
基本操作	算法名	函数名	算法说明
	InitSet (&S)	MySet()	初始条件：集合 S 不存在 操作结果：建立一个空的集合 S
	SetEmpty(S)	SetEmpty()	初始条件：集合 S 存在 操作结果：判断集合是否为空。若集合为空，则返回 true；否则，返回 false
	SetLength (S)	SetLength()	初始条件：集合 S 存在 操作结果：返回集合 S 中元素的个数
	ClearSet (&L)	ClearSet()	初始条件：集合 S 存在 操作结果：清空 S
	InsertSet (&S,e)	InsertSet(e)	初始条件：集合 S 存在 操作结果：在集合 S 中插入一个新元素 e

续表

数据对象	D 是具有相同特性的数据元素的集合		
数据关系	无		
基本操作	算法名	函数名	算法说明
	DelSet(&S,e)	DelSet(pos)	初始条件：集合 S 存在 操作结果：删除集合 S 中值为 e 的元素，若删除成功，则返回 true；否则，返回 false
	GetSetElem(S,i,&e)	GetSetElem(i)	初始条件：集合 S 存在 操作结果：返回集合 S 的第 i 个位置元素值给 e
	LocateElem(S,e)	LocateElem(e)	初始条件：集合 S 存在 操作结果：在集合 S 中查找与给定值 e 相等的元素，若查找成功，则返回其序号，否则返回 0
	UnionSet(&S, T)	UnionSet(S,T)	初始条件：集合 S 和 T 存在 操作结果：将 T 中的元素插入 S 中，相同的元素只保留一个
	DiffSet(&S,T)	DiffSet(S,T)	初始条件：集合 S 和 T 存在 操作结果：求两个集合的差集 S−T，即删除 S 与 T 中相同的元素
	DispSet(S)	DispSet()	初始条件：集合 S 存在 操作结果：依次输出集合 S 中的元素

知识点：参数传递可以分为两种：值传递和引用传递。值传递仅仅是将数值传递给形参，而不返回结果。引用传递将实参的地址传递给形参，实参和形参共用同一块内存区域，在被调用函数中修改形参的值其实就是修改实参的值，因此可将修改后的形参值返回给调用函数，从而实现返回多个参数值的目的。在算法描述时，如果参数前有 &，则表示引用传递；如果参数前没有 &，则表示值传递。

1.3 数据的逻辑结构与存储结构

数据结构的主要任务就是通过分析要描述对象的结构特征，包括逻辑结构和内在联系(数据关系)，然后把逻辑结构表示成计算机可实现的物理结构，从而方便计算机处理。

1.3.1 逻辑结构

数据的逻辑结构是指数据对象中的数据元素之间的相互关系。数据元素之间存在不同的逻辑关系，构成了以下 4 种结构。

(1) 集合。该结构中的数据元素除了同属于一个集合外，数据元素之间没有其他关系。例如，在正整数集合{1,2,3,5,6,9}中，数据元素除了属于正整数外，不存在其他关系。集合结构如图 1-3 所示。

(2) 线性结构。该结构中的数据元素之间是一对一的关系，数据元素之间存在一种先后的次序关系。例如，正在火车站排队取票的乘客就是一个线性结构，A、B、C 分别是排队的 3 名乘客，其中，A 排在 B 的前面，B 排在 A 的后面。线性结构如图 1-4 所示。

(3) 树形结构。该结构中的数据元素之间存在一对多的层次关系。这就像学校内部的组织结构,学校下面是教学院系、行政处室及一些研究部门。树形结构如图 1-5 所示。

(4) 图结构。该结构中的数据元素是多对多的关系。例如,城市之间的交通路线图就是多对多的关系,A、B、C、D 是 4 个城市,城市 A 和城市 B、C、D 都存在一条直达路线,而城市 B 与 A、C、D 存在多条路线。图结构如图 1-6 所示。

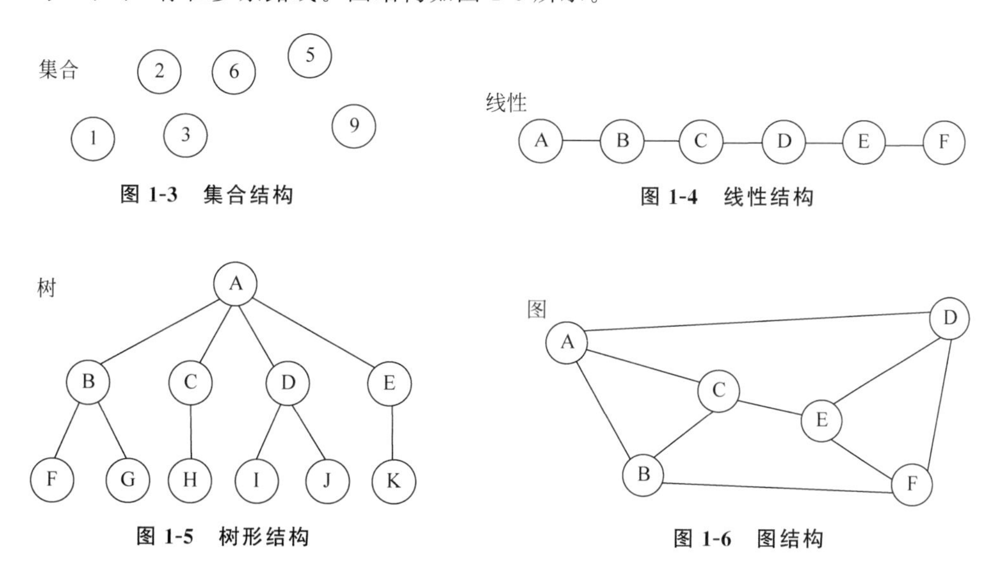

图 1-3　集合结构

图 1-4　线性结构

图 1-5　树形结构

图 1-6　图结构

1.3.2　存储结构

存储结构,也称为物理结构,是指数据的逻辑结构在计算机中的存储形式。数据的存储结构应能正确反映数据元素之间的逻辑关系。

数据元素的存储结构形式有两种:顺序存储结构和链式存储结构。顺序存储是把数据元素存放在一块地址连续的存储单元里,其数据间的逻辑关系和物理关系是一致的。顺序存储结构如图 1-7 所示。链式存储是把数据元素存放在任意的存储单元里,这组存储单元可以是连续的,也可以是不连续的,数据元素的存储关系并不能反映其逻辑关系,因此需要用一个指针存放数据元素的地址,这样通过地址就可以找到相关联数据元素的位置。链式存储结构如图 1-8 所示。

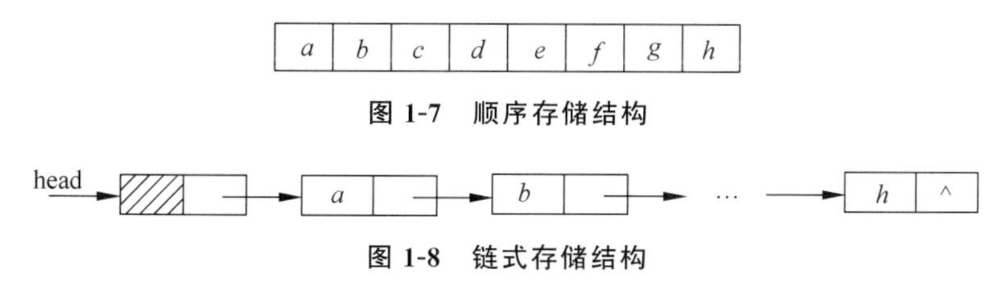

图 1-7　顺序存储结构

图 1-8　链式存储结构

数据的逻辑结构和物理结构是数据对象的逻辑表示和物理表示,数据结构要对建立起来的逻辑结构和物理结构进行处理,就需要建立起计算机可以运行的程序集合。

如何描述存储结构呢?通常是借助 Java、Python、C、C++等高级程序设计语言中提供的数据类型进行描述。例如,对于数据结构中的顺序表,可以用 Java 语言中的数组进行表示;对于链表,可以用 Java 语言中的类进行描述,通过引用类型记录元素之间的逻辑关系。

视频讲解

1.4 算法的特性与算法的描述

在数据类型确定后,就要对这些数据类型进行操作,建立起运算的集合(程序)。运算的建立、方法好坏直接决定着计算机程序运行效率的高低。如何建立起一个比较好的运算集合,这就是算法要研究的问题。

1.4.1 算法的定义

算法(algorithm)是解决特定问题求解步骤的描述,在计算机中表现为有限的操作序列。操作序列包括一组操作,每个操作都完成特定的功能。例如,求 n 个数中最大者的问题,其算法描述如下。

(1) 定义一个列表对象 a 并赋值,用列表中第一个元素初始化 max,在初始时假定第一个数最大。

```
int a[ ] = {30,50,10,22,67,90,82,16};
max = a[0];
```

(2) 依次将列表 a 中其余的 $n-1$ 个数与 max 进行比较,在遇到较大的数时,将其赋值给 max。

```
for (i = 0;i < a.length;i++)                //for 循环处理
        if (max < a[i])                     //判断是否满足 max 小于 a[i]的条件
              max = a[i];                   //如果满足条件,将 a[i]赋值给 max
System.out.println("max = :" + max);
```

(3) max 中的数就是 n 个数中的最大者。

1.4.2 算法的特性

算法具有以下 5 个特性。

(1) 有穷性。在执行有限个步骤之后,算法会自动结束而不会出现无限循环,并且每个步骤都在可接受的时间内完成。

(2) 确定性。算法的每个步骤都具有确定的含义,不会出现二义性。在一定条件下,算法只有一条执行路径,也就是相同的输入只能有唯一的输出结果。

(3) 可行性。算法的每一步都必须是可行的,即每一步都能够通过执行有限次数来完成。

(4) 输入。算法具有零个或多个输入。

(5) 输出。算法至少有一个或多个输出。输出的形式可以是打印输出,也可以是返回一个或多个值。

1.4.3 算法的描述

算法的描述是多样的,本节通过一个例子来学习各种算法的描述。

算法示例:求两个正整数 m 和 n 的最大公约数。

利用自然语言描述最大公约数的算法如下。

(1) 输入正整数 m 和 n。

(2) m 除以 n,将余数送入中间变量 r。

(3) 判断 r 是否为零。如果 r 为零,则 n 即为所求最大公约数,算法结束。如果 r 不为零,则将 n 的值送入 m,将 r 的值送入 n,返回执行步骤(2)。

上述算法采用自然语言描述,不具有直观性和良好的可读性。采用程序流程图描述比较直观且可读性好,但是不能直接转换为计算机程序,因而移植性不好。最大公约数的程序流程图如图 1-9 所示。

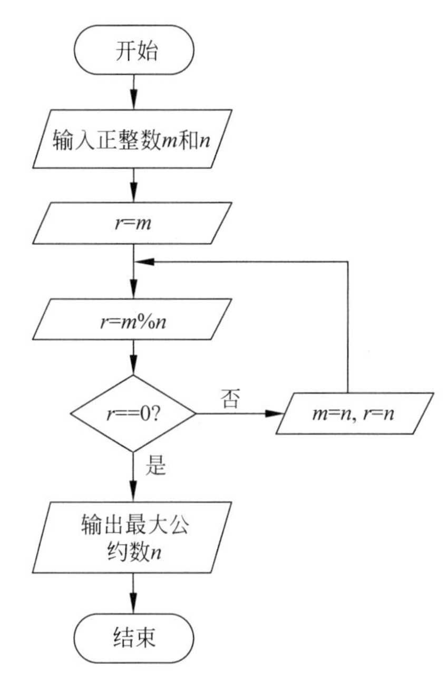

图 1-9　最大公约数的程序流程图

类 Java 语言描述如下:

```
void dcf()
//求最大公约数
{
    input(m,n);                        //输入两个正整数
    r = m;
    do{
        m = n;
        n = r;
        r = m % n;                     //r 表示两个数的余数
    }while(r);
    print(n);                          //输出最大公约数
}
```

Java 语言描述如下:

```
void dcf()
//求最大公约数
{
```

```
        int m,n,r;
        System.out.println("请输入两个正整数 m 和 n:");
        Scanner sc = new Scanner(System.in);
        String a[] = sc.nextline().spt("");
        m = Integer.parselnt(a[0]);
        n = Integer.parselnt(a[1]);
        System.out.print(String.format("dcf( % d, % d) = ",m,n));
        r = m;
        do{                                        //使用辗转相除法求解最大公约数
            m = n;
            n = r;
            r = m % n;                             //r 存放两个数的余数
        }while(r!= 0);
        System.out.println(n);                     //输出最大公约数
    }
```

可以看出,类语言的描述除了没有变量的定义及输入和输出的写法外,与程序设计语言的描述差别不大,类语言可以直接转换为计算机程序。

本书所有算法均采用 Java 语言描述,所有程序均可直接上机运行。

视频讲解

1.5 算法分析

一个好的算法往往会带来程序运行效率高的好处,算法效率和存储空间需求是衡量算法优劣的重要依据。算法的效率需要通过算法编制的程序在计算机上的运行时间来衡量,存储空间需求通过算法在执行过程中所占用的最大存储空间来衡量。

1.5.1 算法设计的要求

一个好的算法应该具备以下目标:

1. 算法的正确性

算法的正确性是指算法至少应该是输入、输出和加工处理无歧义性,并能正确反映问题的需求,能够得到问题的正确答案。通常算法的正确性应包括以下 4 个层次:①算法所设计的程序没有语法错误;②算法所设计的程序对于几组输入数据能够得到满足要求的结果;③算法所设计出的程序对于特殊的输入数据能够得到满足要求的结果;④算法所设计出的程序对于一切合法的输入都能得到满足要求的结果。对于这 4 层算法正确性的含义,层次④是最困难的。一般情况下,将层次③作为衡量一个程序是否正确的标准。

2. 可读性

算法设计的目的首先是便于人们的阅读、理解和交流,其次才是计算机容易执行。可读性好有助于人们对算法的理解,晦涩难懂的算法往往隐含错误而不易被发现,并且调试和修改困难。

3. 健壮性

当输入数据不合法时,算法也能做出相关处理,而不是产生异常或莫名其妙的结果。例如，计算一个三角形面积的算法，正确的输入应该是三角形的3条边的边长，如果输入字符类型数据，则不应该继续计算，而应该报告输入错误并给出提示信息。

4. 高效率和低存储量

效率是指算法的执行时间。对于同一个问题如果有多个算法能够解决，执行时间短的算法效率高，执行时间长的效率低。存储量需求是指算法在执行过程中需要的最大存储空间。设计算法应尽量选择高效率和低存储量需求的算法。

1.5.2　算法时间复杂度

算法分析的目的是判断设计的算法是否具有可行性，并尽可能挑选运行效率高效的算法。

1. 两种算法时间性能分析方法

衡量一个算法在计算机上的执行时间通常有以下两种方法。

(1) 事后统计方法。

这种方法主要是通过设计好的测试程序和数据，利用计算机的计时器对不同算法编制好的程序比较各自的运行时间，从而确定算法效率的高低。但是这种方法有3个缺陷：一是必须依据算法事先编制的程序，这通常需要花费大量的时间与精力；二是时间的比较依赖计算机硬件和软件等环境因素，有时会掩盖算法本身的优劣；三是算法的测试数据设计困难，并且程序的运行时间往往还与测试数据的规模有很大的关系，效率高的算法在小的测试数据面前往往得不到体现。

(2) 事前分析估算方法。

这种方法主要是在计算机程序编制前，对算法依据数学中的统计方法进行估算。算法的程序在计算机上的运行时间取决于以下因素：

① 算法采用的策略、方法。

② 编译产生的代码质量。

③ 问题的规模。

④ 书写的程序语言。对于同一个算法，语言级别越高，执行效率越低。

⑤ 机器执行指令的速度。

在以上5个因素中，算法采用不同的策略、编译系统、实现语言或在不同的机器上运行时，效率都不尽相同。抛开以上因素，仅考虑算法本身的效率高低，可以认为一个算法的效率仅依赖于问题的规模。因此，通常采用事前分析估算方法衡量算法的效率。

2. 问题规模和语句频度

抛开硬件因素，问题规模和算法策略将成为影响算法效率的主要因素。问题规模是算法求解问题输入量的多少，是问题大小的表示，一般用整数 n 表示。对不同的问题，问题规模 n 有不同的含义。例如，对于矩阵运算，n 为矩阵的阶数；对于多项式运算，n 为多项式的项数；对于图的有关运算，n 为图中顶点个数。显然，对于同一个问题，n 取值越大，算法的执行时间会越长。

算法的时间分析度量标准不是执行实际算法的具体运行时间，而是算法中所有语句的执行时间总和。一个算法由控制结构(顺序结构、分支结构和循环结构)和基本语句(赋值语句、声明语句和输入输出语句)构成,则算法的运行时间取决于两者执行时间的总和。一条语句的执行时间等于该条语句的重复执行次数和执行一次语句所需时间的乘积,其中一条语句的重复执行次数称为语句频度(frequency)。语句执行一次所需时间是与机器的配置、编译程序质量等密切相关,算法分析并非精确计算算法的实际执行时间,而是对算法的语句执行次数进行估计。对于问题规模为 n 的语句,其语句频度可表示为 $f(n)$,即算法的执行时间与 $f(n)$成正比。

例如,两个 $n\times n$ 矩阵相乘的算法和语句频度如下。

每条语句的频度

```
for(i = 0;i < n;i++)                                    n
    for(j = 0;j < n;j++)                                n^2
        a[i][j] = 0;                                    n^2
        for(k = 0;k < n;k++)                            n^3
            a[i][j] = a[i][j] + a[i][k] * a[k][j];      n^3
```

每条语句的最右端是对应语句的频度,即语句的执行次数。上面算法的总执行次数为 $f(n)=n+n^2+n^2+n^3+n^3=2n^3+2n^2+n$。

3. 算法时间复杂度定义

对于较为复杂的算法来说,语句频度难以直接表示,或者语句频度用数学公式表示可能是一个非常复杂的函数。因此,为了客观反映一个算法的执行时间,通常仅考虑将算法中的基本操作语句重复执行的频度作为度量标准。所谓基本操作语句是指算法中重复执行次数和算法的执行时间成正比的语句,它是对算法执行时间贡献最大的语句。对于上面两个矩阵相乘的算法,当 n 趋向于无穷大时,有

$$\lim_{n\to\infty} f(n)/n^3 = \lim_{n\to\infty}(2n^3+2n^2+n)/n^3 = 2$$

当 n 充分大时,$f(n)$与 n^3 的比是一个不为零的常数,即 $f(n)$与 n^3 是同阶的,两者处于同一数量级(order of magnitude)。这里用“O”表示数量级,可记作 $T(n)=O(f(n))=O(n^3)$。由此可得算法时间复杂度定义如下。

算法的时间复杂度(time complexity)记作:

$$T(n)=O(f(n))$$

该式表示随问题规模 n 的增大,算法的执行时间的增长率和 $f(n)$的增长率相同,称作算法的渐进时间复杂度,简称为时间复杂度。实际上,算法的时间复杂度分析是一种时间增长趋势分析。

上述公式的含义是为 $T(n)$找到一个上界,$T(n)=O(f(n))$是指存在着正常量 c 和一个足够大的正整数 n_0,使得当 $n\geqslant n_0$ 时,有 $0\leqslant T(n)\leqslant cf(n)$。$T(n)$的上界可能有多个,通常只保留最高阶,忽略其低阶和常系数。例如,$f(n)=2n^3+2n^2+n$,则 $T(n)=O(n^3)$。

一般情况下,随着 n 的增大,$T(n)$的增长较慢的算法为最优的算法。例如,在下列 3 段程序段中,给出基本操作 $x=x+1$ 的时间复杂度分析。

```
(1) x = x + 1;
(2) for(i = 1;i < n + 1;i++)
        x = x + 1;
(3) for(i = 1,i < n + 1;i++)
        for(j = 1;j < n + 1;j++)
            x = x + 1;
```

程序段(1)的时间复杂度为 $O(1)$，称为常量阶；程序段(2)的时间复杂度为 $O(n)$，称为线性阶；程序段(3)的时间复杂度为 $O(n^2)$，称为平方阶。此外，算法的时间复杂度还有对数阶 $O(\log_2 n)$和指数阶 $O(2^n)$等。

常用的时间复杂度所耗费的时间从小到大依次是：$O(1)<O(\log_2 n)<O(n)<O(n^2)<O(n^3)<O(2^n)<O(n!)$。

算法的时间复杂度是衡量一个算法好坏的重要指标。一般情况下，具有指数级的时间复杂度算法只有当 n 足够小时才是可使用的算法。具有常量阶、线性阶、对数阶、平方阶和立方阶的时间复杂度算法是常用的算法。一些常用的时间复杂度频率表如表 1-3 所示。

表 1-3　常用的时间复杂度频率表

大小	阶数					
	n	$n\log_2 n$	n^2	n^3	2^n	$n!$
1	1	0	1	1	2	1
2	2	2	4	8	4	2
3	3	4.76	9	27	8	6
4	4	8	16	64	16	24
5	5	11.61	25	125	32	120
6	6	15.51	36	216	64	720
7	7	19.65	49	343	128	5040
8	8	24	64	512	256	40 320
9	9	28.53	81	729	512	362 800
10	10	33.22	100	1000	1024	3 628 800

一些常见函数的增长率如图 1-10 所示。

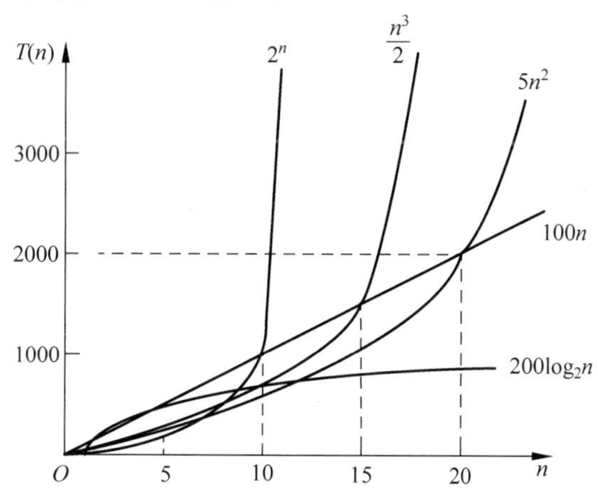

图 1-10　常见函数的增长率

4. 算法时间复杂度分析举例

一般情况下,算法的时间复杂度只需要考虑算法中的基本操作,即算法中最深层循环体内的操作。

【例 1-1】 分析以下程序段的时间复杂度。

```
for(i = 1;i < n;i++)
    for(j = 1;j < i;j++)
    {
        x = x + 1;                              //基本操作
        a[i][j] = x;                            //基本操作
    }
```

该程序段中的基本操作是第二层 for 循环中的语句,即 x++和 a[i][j]=x,其语句频度为$(n-1)(n-2)/2$。因此,其时间复杂度为$O(n^2)$。

【例 1-2】 分析以下算法的时间复杂度。

```
void Fun( )
{
  int i = 1;
  while(i < = n)
    i = i * 2;                                  //基本操作
}
```

该函数 fun()的基本运算是 i=i * 2,设执行次数为 $f(n)$,则 $2^{f(n)}\leqslant n$,即 $f(n)\leqslant \log_2 n$。因此,其时间复杂度为$O(\log_2 n)$。

【例 1-3】 分析以下算法的时间复杂度。

```
void Func()
{
  int i = 0;
  int s = 0;
  while(s < n)
  {
     i = i + 1;                                 //基本操作
     s += i;                                    //基本操作
  }
}
```

该算法中的基本操作是 while 循环中的语句,设 while 循环次数为 $f(n)$,则循环次数为 $f(n) * (f(n)+1)/2\leqslant n$,即 $f(n)\leqslant\sqrt{8n}$。因此,其时间复杂度为$O(\sqrt{n})$。

【例 1-4】 一个算法所需时间由以下递归方程表示,分析该算法的时间复杂度。

$$T(n)=\begin{cases}1, & n=1\text{ 时}\\ 2T(n-1)+1, & n>1\text{ 时}\end{cases}$$

根据以上递归方程,可得 $T(n)=2T(n-1)+1=2(2T(n-2)+1)+1=2^2T(n-2)+2+1$

$$\begin{aligned}&=2^2(2T(n-3)+1)+2+1\\&=2^{k-1}(2T(n-k)+1)+2^{k-2}+\cdots+2+1\\&=2^{n-2}(2T(1)+1)+2^{n-2}+\cdots+2+1\\&=2^{n-1}+\cdots+2+1\\&=2^n-1\end{aligned}$$

因此，该算法的时间复杂度为 $O(2^n)$。

在某些情况下，算法的基本操作的重复执行次数不仅依赖于输入数据集的规模，而且依赖于数据集的初始状态。例如，在以下的冒泡排序算法中，其基本操作执行次数还取决于数据元素的初始排列状态。

```
void Bubble(int a[],int n)
{
    boolean change = true;
    for(int i = 1;i < n;i++)
    {
        if (change)
        {
            change = false;
            for(int j = 1;j < n - i + 1;j++)
            {
                if(a[j]> a[j + 1])
                {
                    int t = a[j];
                    a[j] = a[j + 1];
                    a[j + 1] = t;
                    change = true;
                }
            }
        }
    }
}
```

该算法的基本操作是交换相邻数组中的整数部分。当数组中的初始序列从小到大有序排列时，其基本操作的执行次数为 0；当数组中的初始序列从大到小排列时，其基本操作的执行次数为 $n(n-1)/2$。对这类算法的时间复杂度分析，一种方法是计算所有情况的平均值，这种方法称为平均时间复杂度。另一种方法是计算最坏情况下的时间复杂度，这种方法称为最坏时间复杂度。上述冒泡排序时的平均时间复杂度和最坏时间复杂度均为 $T(n)=O(n^2)$。一般情况下，即在没有特殊说明的情况下，该类算法时间复杂度指的都是最坏时间复杂度。

1.5.3　算法空间复杂度

算法空间复杂度通过计算算法所需的存储空间实现，其计算公式如下。

$$S(n)=O(f(n))$$

其中，n 为问题的规模，$f(n)$为语句关于 n 的所占存储空间的函数。

一般情况下，一个程序在机器上执行时，除了需要存储程序本身的指令、常数、变量和输入数据外，还需要存储对数据操作的存储单元。若输入数据所占空间只取决于问题本身，和算法无关，则只需要分析该算法在实现时所需的辅助单元即可。若算法执行时所需的辅助空间相对于输入数据量而言是常数，则称该算法为原地工作，此时空间复杂度为 $O(1)$。

【例 1-5】　以下是一个简单插入排序算法，分析该算法的空间复杂度。

```
for(i = 0;i < n - 1;i ++)
```

```
{
    t = a[i + 1];
    j = i;
    while(j >= 0 && t < a[j])
    {
        a[j + 1] = a[j];
        j = j - 1;
    }
    a[j + 1] = t;
}
```

该算法借助了变量 t,与问题规模 n 的大小无关,其空间复杂度为 $O(1)$。

【例 1-6】 以下算法是求 n 个数中的最大者,分析该算法的空间复杂度。

```
int FindMax(int a[ ],int n)
{
    if(n <= 1)
        return a[0];
    else:
        int m = FindMax(a,n - 1);
    return a[n - 1]>= m?a[n - 1]:m;
}
```

设 FindMax(a,n)占用的临时空间为 $S(n)$,由该算法可得到以下占用临时空间的递推式。

$$S(n)=\begin{cases}1, & n=1\\ S(n-1)+1, & n>1\end{cases}$$

则 $S(n)=S(n-1)+1=S(n-2)+1+1=\cdots=S(1)+1+1+\cdots+1=O(n)$。因此,该算法的空间复杂度为 $O(n)$。

【思考】如何理解软件开发过程中对算法时间复杂度和空间复杂度的要求?

视频讲解

1.6 关于数据结构课程的地位及学习方法

数据结构是计算机理论与技术的重要基石,是计算机科学的核心课程。作为计算机专业基础课程,数据结构作为一门独立课程是从 1968 年才开始设立的。在这之前,它的某些内容曾在其他课程(如表处理语言)中有所阐述。1968 年,在美国一些大学计算机系的教学计划中,虽然把数据结构规定为一门课程,但对课程的范围仍没有明确规定。当时,数据结构几乎是与图论(特别是表、树理论)互为同义词。随后,数据结构这个概念被扩充到包括网络、集合代数论、格、关系等方面,从而变成了现在离散数学的内容。然而,由于数据必须在计算机中处理,因此,不仅要考虑数据本身的数学性质,而且必须考虑数据的存储结构,这就进一步扩大了数据结构的内容。近年来,随着数据库系统的不断发展,在数据结构课程中又增加了文件管理内容。

1968 年,美国的 Donald E. Knuth 开创了数据结构的最初体系,他所著的《基本算法》(《计算机程序设计艺术》第一卷)是第一本较系统地阐述数据的逻辑结构和存储结构及其操作的著作。从 20 世纪 60 年代末到 70 年代初,出现了大型程序,软件也相对独立,结构化程序设计成为程序设计方法学的主要内容。人们越来越重视数据结构,认为程序设计的实质是对确定的问题选择一种好的结构，加上设计一种好的算法。从 20 世纪 70 年代中期到 80 年代初，各种版本的数据结构著作相继出现。

在计算机发展初期，人们使用计算机的目的主要是处理数值计算问题，所涉及的运算对象主要是整型、实型和布尔类型数据。随着计算机应用领域的不断发展，非数值运算成了计算机应用领域处理的主要对象，简单的数据类型已不能满足需要。这类问题涉及的数据结构更为复杂，数据元素之间的关系一般无法用数学方程来表示，因此，解决这类问题的关键不再是数学分析与计算方法，而是设计合适的数据结构，才能有效地解决问题。因此，数据结构是一门研究非数值计算程序设计问题中数据对象、数据对象之间关系及运算的学科。

目前，"数据结构"在我国已经不仅仅是计算机相关专业的核心课程之一，还是非计算机专业的主要选修课程之一。"数据结构"课程在计算机科学中是一门综合性的专业基础课。"数据结构"不仅仅涉及计算机硬件的研究范围，而且与计算机软件的研究有着更为密切的关系，"数据结构"课程还是操作系统、数据库原理、编译原理、人工智能、算法设计与分析等课程的基础。"数据结构"的教学目标是培养学生学会分析数据对象的特征，掌握数据的组织方法和计算机表示方法，以便为所涉及的数据选择适当的逻辑结构、存储结构和算法，掌握算法的时间、空间分析技巧，提高分析和解决复杂问题的能力，为计算机专业其他课程的学习打下良好的基础，培养学生良好的计算机科学素养。

"数据结构"课程的学习是一项把实际问题抽象化和复杂程序设计的工程。它要求学生在具备 C 语言等高级程序设计语言的基础上，掌握要把复杂问题抽象成计算机能够解决的离散的数学模型的能力。这需要学生在学习数据结构的过程中，既要强化自己的抽象思维和数据抽象能力，还要不断提高自己的程序设计水平，同时要养成良好的编程风格。这就要求学生平时要多上机实践、多思考，调试程序，在单步调试的过程中理解算法执行过程，通过上机实践理解抽象的概念、理论，并将其与日常生活实际结合，这样才能真正掌握好数据结构。

思政元素

在软件开发过程中，特别是在算法实现时，首先要保证算法的正确性，其次是保证算法的高效性。这些都考验着对算法思想的理解和编程技术的掌握情况，一个小小的细节是决定算法是否正确的关键，而找出其中的错误除了要求熟悉算法思想外，还要求精通 Java 语言及调试技术。在学习数据结构的过程中，更要以在各行各业做出卓越贡献的先进典型代表为榜样，学习他们精益求精、追求卓越的工匠精神和报国热情。导弹之父钱学森，两弹元勋邓稼先、钱三强、赵九章、孙家栋等群体，计算机汉字激光照排技术创始人王选，青蒿素治疗人类疟疾发明者屠呦呦，王码五笔发明者王永民，华为 5G 技术，比亚迪的王传福。正是他们在经历了无数次失败后，在工作中仍然一丝不苟、精益求精，始终坚持科学真理与创新精神，才会有我国科学技术日新月异的飞速发展。在学习数据结构时，一是要学习利用数据结构知识进行抽象建模的方法，二是要掌握算法设计思想，三是要用 Java、C、C++、Python 实现算法。在算法实现过程中理解算法、熟悉调试技术，反复练习，才能百炼成钢。"科学的精神不是猜测、盲从、迷信、揣摩，而是通过真真实实的实践，去研究和验证，从而得到相应的客观结果模型的好坏，协同产业界去实践相关的理念和模型。"

小结

数据结构是计算机科学与技术、软件工程等相关专业的核心课程,它还是操作系统、数据库原理、编译原理、人工智能、算法设计与分析等课程的基础。

数据结构是一门研究非数值计算程序设计问题中数据对象、数据对象之间关系及运算的学科。通常采用抽象数据类型描述数据之间的关系。抽象数据类型定义了数据对象、数据对象之间的关系及对数据对象的操作。数据的关系可从逻辑结构和存储结构两个方面进行研究,数据的逻辑结构大致可分为 4 种:集合、线性、树、图结构,数据的存储结构大致有顺序存储和链式存储两种结构。

数据结构与算法相辅相成,数据结构是算法的基础,算法要作用在特定的数据结构之上。算法是解决特定问题求解步骤的描述,在计算机中表现为有限的操作序列。算法具有有穷性、确定性、可行性、输入、输出等 5 大特性。算法可采用自然语言、流程图、类语言、程序设计语言等方式去描述,使用类语言或程序设计语言描述更便于程序的实现。

算法设计要求满足正确性、可读性、健壮性、高效率和低存储量等目标。衡量算法的优劣通常从时间复杂度和空间复杂度两个角度考量,在各种硬件环境、软件环境相同的情况下,算法的时间效率和空间效率通常只依赖于问题的规模,因此衡量算法时间复杂度和空间复杂度时,需要根据问题的规模和语句执行的频率建立相应的函数,以确定算法的性能。

习题

本书提供在线测试习题,扫描下面的二维码,可以获取本章习题。

在线测试

第2章

线　性　表

CHAPTER 2

线性表是一种最简单的线性结构。线性结构的特点是在非空的有限集合中存在唯一的被称为“第一个”的数据元素，存在唯一的被称为“最后一个”的数据元素。第一个元素没有直接前驱元素，最后一个元素没有直接后继元素，其他元素都有唯一的前驱元素和唯一的后继元素。线性表有两种存储结构，即顺序存储结构和链式存储结构。本章主要介绍线性表的定义及运算、线性表的顺序存储、线性表的链式存储、循环链表、双向链表及链表的运用。

本章主要内容

- 线性表的定义及抽象数据类型
- 线性表的顺序表示与实现
- 线性表的链式表示与实现
- 循环单链表
- 双向链表

视频讲解

2.1 线性表的定义及抽象数据类型

线性表(linear list)是最简单且最常用的一种线性结构。本节主要介绍线性表的逻辑结构及在线性表上的相关运算。

2.1.1 线性表的逻辑结构

线性表是由 n 个类型相同的数据元素组成的有限序列,记为($a_1,a_2,\cdots,a_{i-1},a_i,a_{i+1},\cdots,a_n$)。这里的数据元素可以是原子类型,也可以是结构类型。线性表的数据元素存在着序偶关系,即数据元素之间具有一定的次序。在线性表中,数据元素 a_{i-1} 在 a_i 的前面,a_i 又在 a_{i+1} 的前面。a_{i-1} 称为 a_i 的直接前驱元素,a_i 称为 a_{i+1} 的直接前驱元素;a_i 称为 a_{i-1} 的直接后继元素,a_{i+1} 称为 a_i 的直接后继元素。

线性表的逻辑结构如图 2-1 所示。

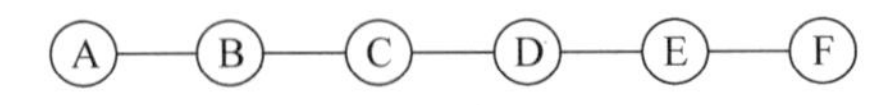

图 2-1 线性表的逻辑结构

英文单词就可以看作是简单的线性表,其中每一个英文字母就是一个数据元素,每个数据元素之间存在着一对一的前驱后继关系。例如,在单词"China"中,字母 C 的直接后继是字母 h,字母 h 的直接后继是字母 i。

在较为复杂的线性表中,一个数据元素可以由若干数据项组成。在表 2-1 所示的一所学校的教职工情况表中,一个数据元素由姓名、性别、出生年月、籍贯、学历、职称和任职时间 7 个数据项组成,数据元素也称为记录。

表 2-1 教职工情况表

姓名	性别	出生年月	籍贯	学历	职称	任职时间
刘娜	女	1988 年 10 月	陕西	研究生	讲师	2020 年 10 月
胡永明	男	1972 年 5 月	江苏	博士	教授	2021 年 10 月
⋮	⋮	⋮	⋮	⋮	⋮	⋮
吴小艳	女	1978 年 12 月	四川	博士	副教授	2017 年 11 月

知识点

在线性表中,除了第一个元素 a_1 外,每个元素有且仅有一个直接前驱元素;除了最后一个元素 a_n 外,每个元素有且只有一个直接后继元素。

2.1.2 线性表的抽象数据类型

线性表的抽象数据类型描述如表 2-2 所示。

表 2-2 线性表的抽象数据类型描述

数据对象	线性表的数据对象集合为{$a_1,a_2,\cdots,a_n$},元素类型属于同一种类型
数据关系	数据元素之间的关系是一对一的关系。除了第一个元素 a_1 外,每个元素有且只有一个直接前驱元素;除了最后一个元素 a_n 外,每个元素有且只有一个直接后继元素

续表

基本操作	InitList(&L)	初始化操作，建立一个空的线性表 L。这就像是在日常生活中，一所院校为了方便管理，建立一个教职工基本情况表，准备登记教职工信息
	ListEmpty(L)	若线性表 L 为空，则返回 1，否则返回 0。这就像是刚刚建立了教职工基本情况表，还没有登记教职工信息
	GetElem(L,i,&e)	返回线性表 L 的第 i 个位置元素值给 e。这就像在教职工基本情况表中，根据给定序号查找某个教师信息
	LocateElem(L,e)	在线性表 L 中查找与给定值 e 相等的元素，如果查找成功则返回该元素在表中的序号表示成功，否则返回 0 表示失败。这就像在教职工基本情况表中，根据给定的姓名查找教师信息
	InsertList(&L,i,e)	在线性表 L 中的第 i 个位置插入新元素 e。这就类似于经过招聘考试，引进了一名教师，这个教师信息登记到教职工基本情况表中
	DeleteList(&L,i,&e)	删除线性表 L 中的第 i 个位置元素，并用 e 返回其值。这就像某个教职工到了退休年龄或者调入其他学校，需要将该教职工从教职工基本情况表中删除
	ListLength(L)	返回线性表 L 的元素个数。这就像查看教职工基本情况表中有多少个教职工
	ClearList(&L)	将线性表 L 清空。这就像学校被撤销，不需要再保留教职工基本信息，将这些教职工信息全部清空

2.2　线性表的顺序表示与实现

在了解了线性表的基本概念和逻辑结构之后，接下来就需要将线性表的逻辑结构转化为计算机能识别的存储结构，以便实现线性表的操作。线性表的存储结构主要有顺序存储结构和链式存储结构两种。本节主要介绍线性表的顺序存储结构及操作实现。

2.2.1　线性表的顺序存储结构

视频讲解

线性表的顺序存储是指将线性表中的各个元素依次存放在一组地址连续的存储单元中。

假设线性表的每个元素需占用 m 个存储单元，并以所占的第一个单元的存储地址作为数据元素的存储位置，则线性表中第 $i+1$ 个元素的存储位置 $LOC(a_{i+1})$ 和第 i 个元素的存储位置 $LOC(a_i)$ 之间满足关系 $LOC(a_{i+1})=LOC(a_i)+m$。

线性表中第 i 个元素的存储位置与第一个元素 a_1 的存储位置满足以下关系。

$$LOC(a_i)=LOC(a_1)+(i-1)m$$

其中，第一个元素的位置 $LOC(a_1)$ 称为起始地址或基地址。

线性表的这种机内表示称为线性表的顺序存储结构或顺序映像(sequential mapping)，通常将以这种方法存储的线性表称为顺序表。顺序表逻辑上相邻的元素在物理上也是相邻的。每个数据元素的存储位置都与线性表的起始位置相差一个常数，这个常数和数据元素在线性表中的位序成正比(见图 2-2)。只要确定了第一个元素的起始位置，线性表中的任一元素都可以随机存取。因此，线性表的顺序存储结构是一种随机存取的存储结构。

存储地址	内存状态	元素在线性表中的顺序
addr	a_1	1
addr+m	a_2	2
	⋮	⋮
addr+$(i-1)\times m$	a_i	i
	⋮	⋮
addr+$(n-1)\times m$	a_n	n

图 2-2 线性表存储结构

由于 Java 语言中的数据类型数组具有随机存取的特点,因此可以采用数组来描述顺序表。顺序表的存储结构描述如下。

```
public class SeqList<T>{
    static final int LISTSIZE = 100;
    private int length;
    T list[];
}
```

其中,LISTSIZE 表示数组能容纳的元素个数,length 表示当前数组中存储的元素个数,list[]用于存储线性表中的元素。

定义一个顺序表的代码如下。

```
SeqList<Integer> A = new SeqList<Integer>();
```

视频讲解

2.2.2 顺序表的基本运算

顺序表的基本操作及 SeqList 类方法名称如表 2-3 所示。

表 2-3 SeqList 类的成员函数

基 本 操 作	基本操作的类方法名称
顺序表的构造方法	SeqList()
判断顺序表是否为空	ListEmpty()
按序号查找	GetElem(i)
按内容查找	LocateElem(e)
插入操作	InsertList(i,e)
删除操作	DeleteList(i)
求顺序表的长度	ListLength()
清空顺序表	ClearList()

在顺序存储结构中,线性表的基本运算如下。

(1) 顺序表的构造方法,即线性表的初始化。

```
SeqList()
{
    list = (T[])new Integer[LISTSIZE];
    length = 0;
}
```

(2) 判断顺序表是否为空。

```
public boolean ListEmpty()                                    //判断线性表是否为空
{
    if(length == 0)
        return true;
    else
        return false;
}
```

(3) 按序号查找。判断序号是否合法,如果下标合法,则返回该位置上的元素;如果下标越界,则返回越界错误。

```
public T GetElem(int i)                                       //取线性表中某一位置上的元素值
{
    if(i >= 1&&i <= length)
        return list[i - 1];
    else
        throw new IllegalArgumentException("i 超出了线性表的有效范围!");
}
```

(4) 按内容查找。从线性表中的第一个元素开始,依次与 e 比较,如果相等,则返回该序号表示成功;否则返回 0 表示查找失败。按内容查找的算法实现如下。

```
public int LocateElem(T e)
{
    int i;
    for(i = 0;i < length;i++)
    {
        if (list[i] == e)
            return i + 1;
    }
    return 0;
}
```

(5) 插入操作。插入操作就是在线性表 L 中的第 i 个位置插入新元素 e,使线性表$\{a_1, a_2, \cdots, a_{i-1}, a_i, \cdots, a_n\}$变为$\{a_1, a_2, \cdots, a_{i-1}, e, a_i, \cdots, a_n\}$,线性表的长度也由 n 变成 $n+1$。

要在顺序表中的第 i 个位置上插入元素 e,首先将第 i 个位置以后的元素依次向后移动 1 个位置,然后把元素 e 插入第 i 个位置。在移动元素时,要从后往前移动元素,先移动最后 1 个元素,再移动倒数第 2 个元素,依次类推。

例如,在线性表{9, 12, 6, 15, 20, 10, 4, 22}中,要在第 5 个元素之前插入 1 个元素 28,需要将序号为 8、7、6、5 的元素依次向后移动 1 个位置,然后在第 5 号位置插入元素 28。这样,线性表就变成了{9, 12, 6, 15, 28, 20, 10, 4, 22},如图 2-3 所示。

图 2-3　在顺序表中插入元素 28 的过程

在插入元素之前,要判断插入的位置是否合法,以及顺序表是否已满。在插入元素后,要将表长增加 1。插入元素的算法实现如下。

```
public boolean InsertList(int i, T e)
{
    if(length >= LISTSIZE) {
        System.out.println("顺序表空间已满!");
        return false;
    }
    if(i<1||i>length+1)
    {
        System.out.println("插入位置不合法");
        return false;
    }
    else{
        for (int j = length; j > i - 1; j = j - 1)
            list[j] = list[j - 1];
        list[i - 1] = e;
        length += 1;
        return true;
    }
}
```

插入元素的位置 i 的合法范围应该是 $1 \leqslant i \leqslant length + 1$。当 $i=1$ 时,插入位置是在第一个元素之前,对应 Java 语言数组中的第 0 个元素;当 $i=length+1$ 时,插入位置是在最后一个元素之后,对应 Java 语言数组中的最后一个元素之后的位置。当插入位置是 $i=length+1$ 时,不需要移动元素;当插入位置是 $i=1$ 时,需要移动所有元素。

(6) 删除操作。删除第 i 个元素之后,线性表$\{a_1,a_2,\cdots,a_{i-1},a_i,a_{i+1},\cdots,a_n\}$变为$\{a_1,a_2,\cdots,a_{i-1},a_{i+1},\cdots,a_n\}$,线性表的长度由 n 变成 $n-1$。

为了删除第 i 个元素,需要将第 $i+1$ 后面的元素依次向前移动一个位置,将前面的元素覆盖。在移动元素时,要先将第 $i+1$ 个元素移动到第 i 个位置,再将第 $i+2$ 个元素移动到第 $i+1$ 个位置,依次类推,直到最后一个元素移动到倒数第二个位置。最后,将顺序表的长度减 1。

例如,要删除线性表{9,12,6,15,28,20,10,4,22}的第 4 个元素,需要依次将序号为 5、6、7、8、9 的元素向前移动一个位置,并将表长减 1,如图 2-4 所示。

图 2-4 删除元素 15 的过程

在进行删除操作时,要先判断顺序表是否为空,若不为空则判断序号是否合法,若顺序表不为空且序号合法,则将要删除的元素赋给 e 并将该元素删除,此时表长减 1。删除第 i 个元素的算法实现如下。

```
public boolean DeleteList(int i)
{
    if(listEmpty()){
```

```
            System.out.println("顺序表为空,不能进行删除操作!");
            return false;
        }
        else if(i >= 1&&i < length) {
            for (int j = i; j < length; j++)
                list[j - 1] = list[j];
            length -= 1;
            return true;
        }
        else
            return false;
    }
```

删除元素的位置 i 的合法范围应该是 $1 \leqslant i \leqslant$ length。当 $i=1$ 时,表示要删除第一个元素,对应 Java 语言数组中的第 0 个元素;当 $i=$ length 时,表示要删除最后一个元素。

(7) 求线性表的长度。

```
    public int Listlength()
    {
        return length;
    }
```

(8) 清空顺序表。

```
    public void ClearList()
    {
        length = 0;
    }
```

2.2.3 顺序表的实现算法分析

视频讲解

在顺序表的实现算法中,除了按内容查找运算、插入和删除操作外,算法的时间复杂度均为 $O(1)$。

在按内容查找的算法中,若要查找的是第一个元素,则仅需要进行一次比较;若要查找的是最后一个元素,则需要比较 n 次才能找到该元素(设线性表的长度为 n)。

设 P_i 表示在第 i 个位置上找到与 e 相等的元素的概率,且在任何位置上找到元素的概率相等,即 $P_i=1/n$,则查找元素需要的平均比较次数为 $E_{\text{loc}}=\sum_{i=1}^{n} p_i \times i=\frac{1}{n}\sum_{i=1}^{n} i=\frac{n+1}{2}$。因此,按内容查找的平均时间复杂度为 $O(n)$。

在顺序表中插入元素时,时间主要耗费在元素的移动上。若插入的位置在第一个位置,则需要移动元素的次数为 n 次;若要将元素插入倒数第二个位置,则仅需把最后一个元素向后移动;若要将元素插入最后一个位置,即第 $n+1$ 个位置,则不需要移动元素。设 P_i 表示在第 i 个位置上插入元素的概率,且在任何位置上找到元素的概率相等,即 $P_i=1/(n+1)$,则在顺序表的第 i 个位置插入元素时,需要移动元素的平均次数为 $E_{\text{ins}}=\sum_{i=1}^{n+1} p_i(n-i+1)=\frac{1}{n+1}\sum_{i=1}^{n+1}(n-i+1)=\frac{n}{2}$。因此,插入操作的平均时间复杂度为 $O(n)$。

在顺序表的删除算法中,时间主要耗费在元素的移动上。如果要删除的是第一个元素,则需要移动元素的次数为 $n-1$ 次;如果要删除的是最后一个元素,则需要移动 0 次。设 P_i 表示删除第 i 个位置上的元素的概率,且在任何位置上找到元素的概率相等,即 $P_i=1/n$,则在顺序表中删除第 i 个元素时,需要移动元素的平均次数为 $E_{\mathrm{del}}=\sum_{i=1}^{n}p_i(n-1)=\frac{1}{n}\sum_{i=1}^{n}(n-i)=\frac{n-1}{2}$。因此,删除操作的平均时间复杂度为 $O(n)$。

2.2.4 顺序表的优缺点

线性表的顺序存储结构的优缺点如下。

1. 优点

(1) 无须为表示表中元素之间的关系而增加额外的存储空间。

(2) 可以快速地存取表中任一位置的元素。

2. 缺点

(1) 插入和删除操作需要移动大量的元素。

(2) 使用前须分配好存储空间。当线性表长度变化较大时,难以确定存储空间的容量。分配空间过大,则会造成存储空间的巨大浪费;分配空间过小,则难以适应问题的需要。

视频讲解

2.2.5 顺序表应用示例

【例 2-1】 假设线性表 L_A 和 L_B 分别表示两个集合 A 和 B,利用线性表的基本运算实现新的集合 $A=A\cup B$,即扩大线性表 L_A,将存在于线性表 L_B 但不存在于 L_A 的元素插入 L_A 中。

【分析】 依次从线性表 L_B 中取出每个数据元素,并依次在线性表 L_A 中查找该元素,如果 L_A 中不存在该元素,则将该元素插入 L_A 中。程序的实现代码如下。

```
public static void main(String args[ ])
{
    int i,j;
    SeqList<Integer> LA = new SeqList<Integer>();
    SeqList<Integer> LB = new SeqList<Integer>();
    for(i=1;i<11;i++)                              //将1～10插入顺序表LA中
        LA.InsertList(i,i+10);
    for(j=1,i=0;j<7;j++) {
        i = i + 2;
        LB.InsertList(j, i * 2);
    }
    System.out.println("顺序表LA中有"+LA.Listlength()+"个元素:");
    LA.TravelList();
    System.out.println("顺序表LB中有"+LB.Listlength()+"个元素:");
    LB.TravelList();
    UnionAB(LA,LB);
```

```
    System.out.println("将 LB 中不存在 LA 的元素合并到 LA 中,顺序表 LA 中有" + LA.Listlength() + "个
元素:");
    LA.TravelList();

}
public void TravelList()                                    //遍历顺序表
{
    for(int i = 0;i < length;i++)
        System.out.print(" " + list[i]);
    System.out.println();
}
static void UnionAB(SeqList < Integer > LA,SeqList < Integer > LB)
//合并顺序表 LA 和 LB 的元素,并保持非递减排列
{
    int i = 1, pos;
    Integer e;
    while (i<= LB.Listlength()) {
        e = LB.GetElem(i);                                  //取出顺序表 LA 中的第 i 个元素
        pos = LA.LocateElem(e);
        if (pos == 0)                                       //若 LA 中不存在与 LB 中的 e 相等的元素
        {
            LA.InsertList(LA.Listlength() + 1, e); //则将当前元素插入 LA 中
        }
        i += 1;
    }
}
```

程序运行结果如下。

顺序表 L_A 中有 10 个元素：

11 12 13 14 15 16 17 18 19 20

顺序表 L_B 中有 6 个元素：

4 8 12 16 20 24

将 L_B 中存在但 L_A 中不存在的元素合并到 L_A 中，则顺序表 L_A 中有 13 个元素：

11 12 13 14 15 16 17 18 19 20 4 8 24

【例 2-2】 编写一个算法，把一个顺序表 L 拆分成两个部分，使顺序表中小于等于 0 的元素位于左端，大于 0 的元素位于右端。要求不占用额外的存储空间且算法尽可能高效。例如，顺序表（−12，3，−6，−10，20，−7，9，−20）经过拆分调整后变为（−12，−20，−6，−10，−7，20，9，3）。

【分析】 设置两个指示器 i 和 j，分别扫描顺序表中的元素，i 和 j 分别从顺序表的左端和右端开始扫描。如果 i 遇到小于等于 0 的元素，略过不处理，继续向前扫描；如果遇到大于 0 的元素，暂停扫描。如果 j 遇到大于 0 的元素，略过不处理，继续向前扫描；如果遇到小于等于 0 的元素，暂停扫描。如果 i 和 j 都停下来，则交换 i 和 j 指向的元素。重复执行上述步骤，直到 $i \geqslant j$ 为止。

算法描述如下。

```
static void SplitSeqList(SeqList < Integer > L)
//将顺序表 L 分成两个部分:左边是小于等于 0 的元素,右边是大于 0 的元素
{
```

```
    int i = 0, j = L.Listlength() - 1;          //指示器 i 和 j 分别指示顺序表的左端和右端元素
    Integer e;
    Integer zero = new Integer(0);
    while(i < j)                                      //若未扫描完毕所有元素
    {
        while (L.list[i].compareTo(zero) <=  -1 )     //i 遇到小于等于 0 的元素
            i++;                                      //略过
        while (L.list[j].compareTo(Integer.valueOf(0)) > 0) //j 遇到大于 0 的元素
            j--;                                      //略过
        if (i < j)                                    //交换 i 和 j 指向的元素
        {
            e = L.list[i];
            L.list[i] = L.list[j];
            L.list[j] = e;
        }
    }
}
```

测试程序如下。

```
public static void main(String args[])
{
    int i;
    Integer a[] = {-12,3, -6, -10,20, -7,9, -20};
    SeqList<Integer> L = new SeqList<Integer>();
    for(i = 1;i <= a.length;i++)                      //将 1～10 插入顺序表 L 中
        L.InsertList(i,a[i-1]);
    System.out.println("顺序表 L 中有" + L.Listlength() + "个元素:");
    L.TravelList();
    SplitSeqList(L);
    System.out.println("调整后的顺序表 L 的元素依次为:");
    L.TravelList();
}
```

程序运行结果如下。

顺序表 L 中有 8 个元素：

−12 3 −6 −10 20 −7 9 −20

调整后的顺序表 L 的元素依次为：

−12 −20 −6 −10 −7 20 9 3

【考研真题】 设将 $n(n>1)$个整数存放到一维数组 **R** 中，试设计一个在时间和空间两方面都尽可能高效的算法，将 **R** 中保存的序列循环左移 $p(0<p<n)$个位置，即把 **R** 中的数据序列由$(x_0,x_1,\cdots,x_{n-1})$变换为$(x_p,x_{p+1},\cdots,x_{n-1},x_0,x_1,\cdots,x_{p-1})$。算法设计的具体要求如下。

(1) 给出算法的基本设计思想。

(2) 根据设计思想，采用 Java 语言描述算法。

(3) 说明所设计算法的时间复杂度和空间复杂度。

【分析】 该题目主要考查对顺序表的掌握情况，具有一定的灵活性。

(1) 先将这 n 个元素序列$(x_0,x_1,\cdots,x_p,x_{p+1},\cdots,x_{n-1})$就地逆置，得到$(x_{n-1},x_{n-2},\cdots,x_p,x_{p-1},\cdots,x_0)$，然后再将前 $n-p$ 个元素$(x_{n-1},x_{n-2},\cdots,x_p)$和后 p 个元素

$(x_{p-1}, x_{p-2}, \cdots, x_0)$分别就地逆置,得到最终结果$(x_p, x_{p+1}, \cdots, x_{n-1}, x_0, x_1, \cdots, x_{p-1})$。

(2) 算法实现,可用 Reverse 和 LeftShift 两个函数实现。

```
public static void Reverse(SeqList R, int left, int right)
 //将 n 个元素序列逆置
{
      int k = left;
      int j = right;
      while(k < j)                                          //若未完成逆置
      {
          //n 个元素序列逆置处理过程
          t = R.mylist[k];
          R.mylist[k] = R.mylist[j];
          R.mylist[j] = t;
          k++;
          j--;
      }
}
 public static void LeftShift(SeqList R, int n, int p)
 //将 R 中保存的序列循环左移 p(0 < p < n)个位置
{
      if(p > 0 && p < n)                                     //若循环左移的位置合法
      {
          Reverse(R,0,n - 1);                                //将全部元素逆置
          Reverse(R,0,n - p - 1);                            //逆置前 n - p 个元素
          Reverse(R,n - p,n - 1);                            //逆置后 n 个元素
      }
 }
```

(3) 上述算法的时间复杂度为 $O(n)$,空间复杂度为 $O(1)$。

2.3 线性表的链式表示与实现

在解决实际问题时,有时并不适合采用线性表的顺序存储结构,如两个一元多项式的相加、相乘。这时就需要采用线性表的另一种存储结构——链式存储。本节主要介绍单链表的存储结构及单链表的运算。

2.3.1 单链表的存储结构

视频讲解

线性表的链式存储是采用一组任意的存储单元存放线性表的元素。这组存储单元可以是连续的,也可以是不连续的。因此,为了表示每个元素 a_i 与其直接后继元素 a_{i+1} 的逻辑关系,除了存储元素本身的信息外,还需要存储一个指示其直接后继元素的信息(即直接后继元素的地址)。这两部分构成的存储结构称为结点(node)。结点包括数据域和指针域两个域,数据域存放数据元素的信息,指针域存放元素的直接后继元素的存储地址。指针域中存储的信息称为指针。结点结构如图 2-5 所示。

通过指针域将线性表中的 n 个结点元素按照逻辑顺序连在一起就构成了链表,如图 2-6 所示。由于链表中的每个结点只有一个指针域,所以将这样的链表称为线性链表或单链表。

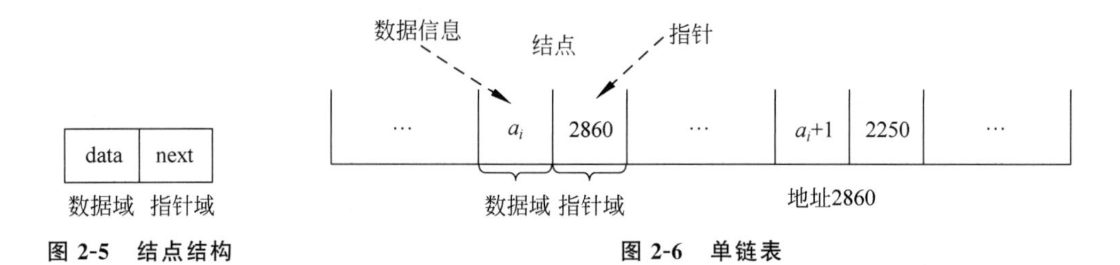

图 2-5 结点结构　　　图 2-6 单链表

例如,链表(Hou,Geng,Zhou,Hao,Chen,Liu,Yang)在计算机中的存储情况如图 2-7 所示。

单链表的每个结点的地址存放在其直接前驱结点的指针域中,第一个结点没有直接前驱结点,因此需要一个头指针指向第一个结点。由于表中的最后一个元素没有直接后继元素,因此需要将单链表的最后一个结点的指针域置为"空"(null)。

存取链表必须从头指针 head 开始,头指针指向链表的第一个结点,通过头指针可以找到链表中的每个元素。

一般情况下,在存储时只关心链表中结点的逻辑顺序,而不关心它的实际存储位置。通常用箭头表示指针,把链表表示为通过箭头链接起来的序列。图 2-7 的线性表可以表示为如图 2-8 所示的序列。

图 2-7 线性表的链式存储结构

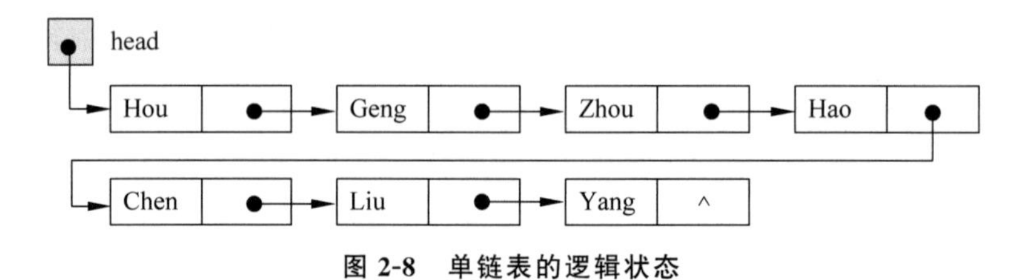

图 2-8 单链表的逻辑状态

为了操作方便,在单链表的第一个结点之前增加一个结点,称为头结点。头结点的数据域可以存放如线性表的长度等信息,头结点的指针域存放第一个元素结点的地址信息,使其指向第一个元素结点。带头结点的单链表如图 2-9 所示。

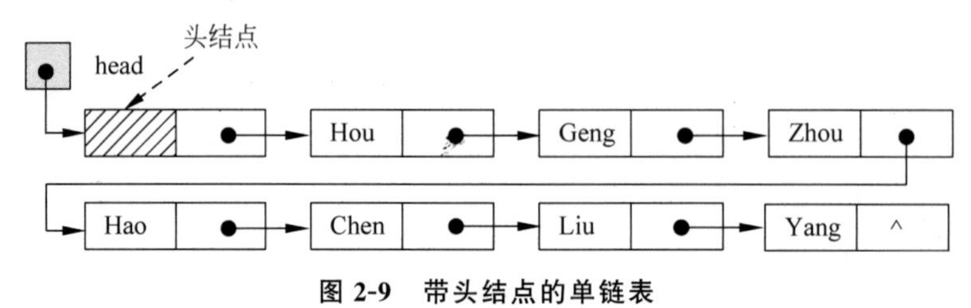

图 2-9 带头结点的单链表

若带头结点的链表为空链表，则头结点的指针域为 null，如图 2-10 所示。

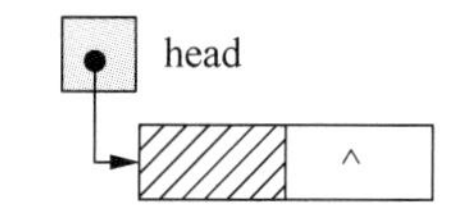

图 2-10　带头结点的单链表（空）

注意　初学者需要区分头指针和头结点的区别。头指针是指向链表第一个结点的指针，若链表有头结点，则为指向头结点的指针。头指针链表的必要元素具有标识作用，所以常用头指针冠以链表的名字。头结点是为了操作的统一和方便而设立的，放在第一个元素结点之前，不是链表的必要元素。有了头结点，在第一个元素结点前插入结点和删除第一个结点的操作就与其他结点的操作统一了。

单链表的存储结构用 Java 语言描述如下。

```
class ListNode                                        //单链表中结点的存储结构
{
    int data;
    ListNode next;
    ListNode(int data, ListNode next) {
        this.data = data;
        this.next = next;
    }
    ListNode(int data) {
        this.data = data;
    }
}
```

其中，ListNode 是链表的结点类型，data 用于存放数据元素，next 指向直接后继结点。

为了表示单链表，需要引入一个头指针，单链表的类型定义如下。

```
public class LinkList {
    public ListNode head;
}
```

2.3.2　单链表的基本运算

单链表的基本操作及 LinkList 类方法名称如表 2-4 所示。

表 2-4　LinkList 类的成员函数

基 本 操 作	基本操作的类方法名称
单链表的构造方法	ListNode(int data, ListNode next)
判断单链表是否为空	ListEmpty()
按序号查找	GetElem(i)
按内容查找	LocateElem(e)
定位操作	LocatePos(e)
插入操作	InsertList(i,e)
删除操作	DeleteList(i)
求单链表的长度	ListLength()

单链表的基本运算有单链表的创建、单链表的插入、单链表的删除、求单链表的长度等，以下是带头结点的单链表的基本运算具体实现。

(1) 判断单链表是否为空。若单链表为空，则返回 true；否则，返回 false。其算法实现如下。

```
public boolean ListEmpty()
{
    if(head == null)
        return true;
    else
       return false;
}
```

(2) 按序号查找操作。从单链表的头指针 head 出发，利用结点的指针域依次扫描链表的结点，并进行计数，直到计数为 i，就找到了第 i 个结点。如果查找成功，则返回该结点的指针；否则，返回 null 表示查找失败。按序号查找的算法实现如下。

```
public ListNode GetNode(int i) {
    ListNode cur = head;                              //标记当前结点
    int j = 1;
    while (cur != null && j < i) {
        cur = cur.next;
        j++;
    }
    if(j == i)
        return cur;
    else
        return null;
}
```

(3) 按内容查找。查找元素值为 e 的结点，从单链表中的头指针开始，依次与 e 比较。如果查找成功，则返回该元素结点的指针；否则，返回 null 表示查找失败。查找元素值为 e 的结点的算法实现如下。

```
public ListNode LocateElem(int e)
{
    ListNode p = head.next;                           //p 指向第一个结点
    while(p != null) {
        if (p.data != e)                              //没有找到与 e 相等的元素
            p = p.next;                               //继续找下一个元素
        else                                          //找到与 e 相等的元素
            break;                                    //退出循环
    }
    return p;                                         //返回元素值为 e 的结点引用
}
```

(4) 定位操作。定位操作与按内容查找类似，只是返回的是该结点的序号。从单链表的头指针出发，依次访问每个结点，并将结点的值与 e 比较。如果该结点的值与 e 相等，则返回该序号表示成功；如果没有与 e 值相等的元素，则返回 0 表示失败。定位操作的算法实现如下。

```
public int LocatePos(int e)
{
```

```
        int i;
        ListNode p;
        if(ListEmpty())                                       //在查找第 i 个元素之前,判断
                                                              //链表是否为空
            return 0;
        p = head.next;                                        //从第一个结点开始查找
        i = 1;
        while(p != null) {
            if (p.data == e)                                  //找到与 e 相等的元素
                return i;                                     //返回该序号
            else
            {
                p = p.next;                                   //否则继续查找
                i = i + 1;
            }
        }
        if(p == null)          //如果没有找到与 e 相等的元素,则返回 0 表示失败
            return 0;
    }
```

(5) 插入操作。在第 i 个位置插入元素 e,插入成功则返回 true;否则,返回 false。

假设 p 指向存储元素 e 的结点,要将 p 指向的结点插入 pre 和 pre. next 之间,无须移动其他结点,只需要修改 p 指向结点的指针域和 pre 指向结点的指针域即可。即先把 pre 指向结点的直接后继结点变成 p 的直接后继结点,然后把 p 变成 pre 的直接后继结点,如图 2-11 所示。

```
p.next = pre.next;
pre.next = p;
```

图 2-11　在结点 pre 之后插入新结点 p

注意　插入结点的两行代码不能颠倒顺序。如果先进行 pre. next＝p,后进行 p. next＝pre. next 操作,则第一条代码会覆盖 pre. next 的地址,pre. next 的地址就变成了 p 的地址,执行 p. next＝pre. next 就等于执行 p. next＝p,这样 pre. next 就与上级断开了链接,如图 2-12 所示。

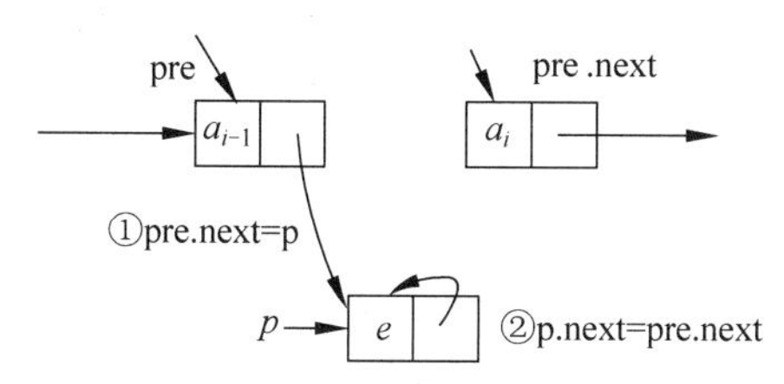

图 2-12　插入结点代码顺序颠倒后,pre. next 指向的结点与前驱结点断开链接

如果要在单链表的第 i 个位置插入一个新元素 e,首先需要在链表中找到其直接前驱结点,即第 $i-1$ 个结点,并由指针 pre 指向该结点,如图 2-13 所示。然后申请一个新结点空间,由 p 指向该结点,将值 e 赋值给 p 指向结点的数据域,最后修改 p 和 pre 指向结点的指针域,如图 2-14 所示。这样就完成了结点的插入操作。

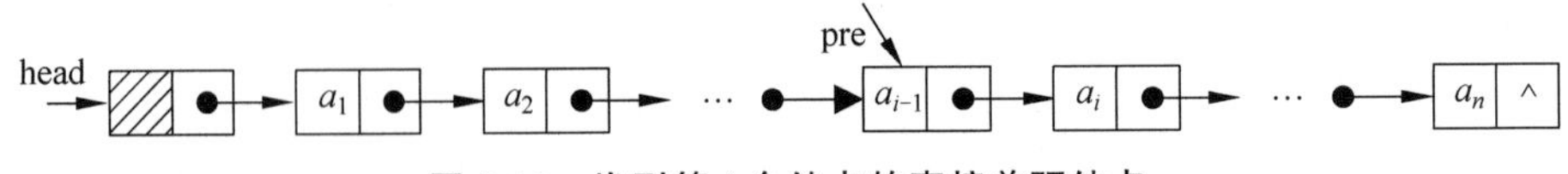

图 2-13 找到第 i 个结点的直接前驱结点

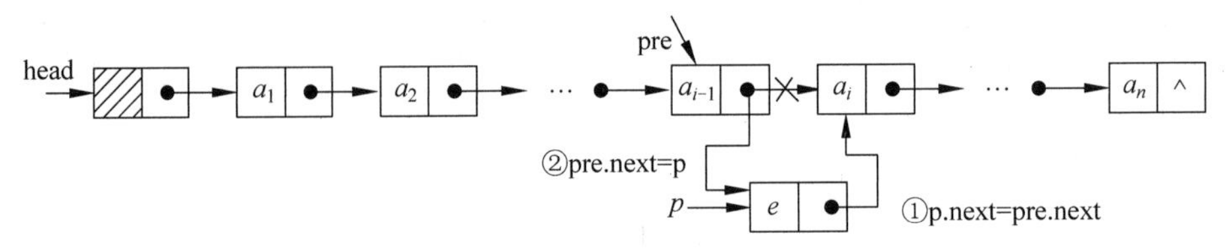

图 2-14 将新结点插入第 i 个位置

在单链表的第 i 个位置插入新数据元素 e 的算法实现如下。

```
boolean InsertList(int i, int e)
{
    int j = 1;
    ListNode pre;

    if(i < 1)
       return false;
    if(i == 1)
    {
        ListNode newNode  =  new ListNode(e);
        head = newNode;
        return true;
    }
    else
    {
        pre = head;
        while(pre.next!= null&&j < i - 1)
        {
            pre = pre.next;
            j++;
        }
        if(j!= i - 1)
        {
            System.out.println("插入位置错误!");
            return false;
        }
        ListNode newNode  =  new ListNode(e);
        newNode.next = pre.next;
        pre.next = newNode;
        return true;
    }
}
```

(6) 删除操作。假设 p 指向第 i 个结点，要将该结点删除，只需要使它的直接前驱结点的指针指向它的直接后继结点，即可删除链表的第 i 个结点，如图 2-15 所示。

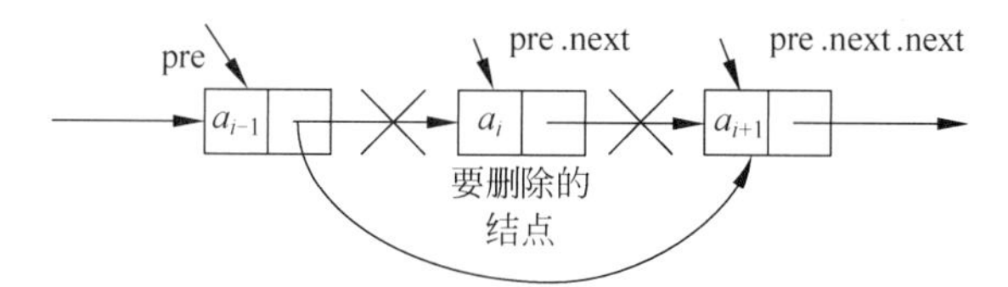

图 2-15　删除 pre 的直接后继结点

将单链表中第 i 个结点删除可分为 3 步。第 1 步，找到第 i 个结点的直接前驱结点(第 $i-1$ 个结点)，并用 pre 指向该结点，p 指向其直接后继结点(第 i 个结点)，如图 2-16 所示；第 2 步，将 p 指向结点的数据域赋值给 e；第 3 步，删除第 i 个结点，即令 pre. next＝p. next，并释放 p 指向结点的内存空间。删除过程如图 2-17 所示。

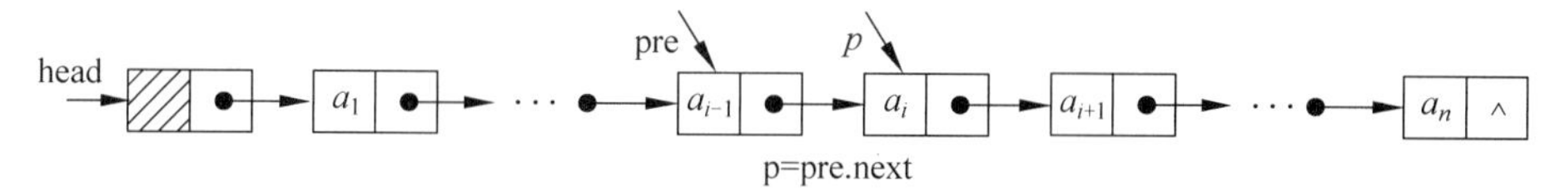

图 2-16　找到第 $i-1$ 个结点和第 i 个结点

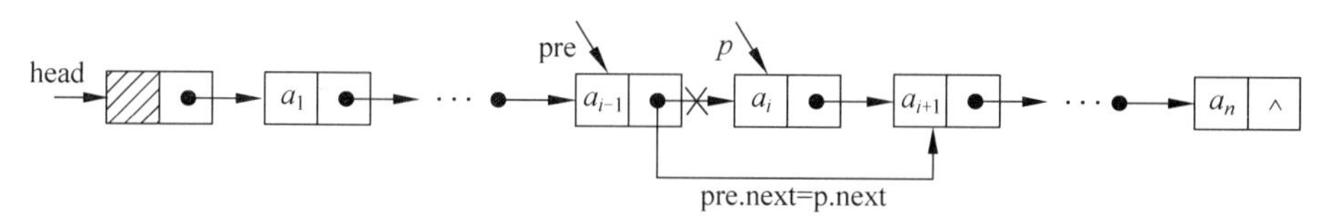

图 2-17　删除第 i 个结点

删除第 i 个结点的算法实现如下。

```
public int DeleteList(int i) throws Exception
//删除单链表中的第 i 个位置的结点。若删除成功,则返回删除的元素值; 否则,抛出异常
{
    ListNode pre,p;
    int j,e;
    pre = head;
    j = 0;
    while(pre.next != null && j < i - 1)  //在寻找的过程中确保被删除结点存在
        pre = pre.next;
    j ++;
    if(pre.next == null ||j != i - 1)    //如果没找到要删除的结点位置,则说明删除位置错误
    {
        throws new Exception("删除位置错误");
    }
    p = pre.next;
    pre.next = p.next;                  //将前驱结点的指针域指向要删除结点的下一个结点,
                                        //将 pre 指向的结点与单链表断开
    e = p.data;
    return e;
}
```

注意　在查找第 $i-1$ 个结点(被删除结点的前驱结点)时，要保证被删除结点存在。如果要删除的结点在链表中不存在，p 在执行循环后会指向空指针域，执行 pre. next＝p. next

就会发生错误。

循环条件也可以写成 while(pre.next!=null&&pre.next.next!=null&&$j<i-1$),其中,判断条件 pre.next.next!=null 的作用是确保要删除的第 i 个结点非空。

(7) 求线性表的长度操作。求表长操作即返回单链表的元素个数。

```
public int ListLength()
{
    int length = 0;
    ListNode cur = head;
    while (cur != null) {
        cur = cur.next;
        length++;
    }
    return length;
}
```

2.3.3 单链表存储结构与顺序存储结构的优缺点

下面简单对单链表存储结构和顺序存储结构进行对比。

1. 存储分配方式

顺序存储结构用一组连续的存储单元依次存储线性表的数据元素。链式存储结构用一组任意的存储单元存放线性表的数据元素。

2. 时间性能

采用顺序存储结构时,查找操作时间复杂度为 $O(1)$,插入和删除操作需要移动平均一半的数据元素,时间复杂度为 $O(n)$。采用单链表存储结构时,查找操作时间复杂度为 $O(n)$,插入和删除操作不需要大量移动元素,时间复杂度仅为 $O(1)$。

3. 空间性能

采用顺序存储结构时,需要预先分配存储空间,分配空间过大会造成浪费,分配空间过小不能满足问题需要。采用单链表存储结构时,可根据需要临时分配,不需要估计问题的规模大小,只要内存够就可以分配,还可以用于一些特殊情况,如一元多项式的表示。

视频讲解

2.3.4 单链表应用示例

【例 2-3】 已知两个单链表 A 和 B,其中的元素都是非递减排列的。编写算法将单链表 A 和 B 合并得到一个递减有序的单链表 C(值相同的元素只保留一个),并要求利用原链表结点空间。

【分析】 此题为单链表合并问题。利用头插法建立单链表,使先插入元素值小的结点在链表末尾,后插入元素值大的结点在链表表头。在初始时,单链表 C 为空(插入 C 的第一个结点),将单链表 A 和 B 中元素值较小的结点插入 C 中;当单链表 C 不为空时,比较 C 和将插入结点的元素值大小,值不同时插入 C 中,值相同时释放该结点。当 A 和 B 中有一个链表为空时，将剩下的结点依次插入 C 中。程序的实现代码如下。

```
public class UnionList
{
    public static void main(String[ ] args)
    {
        int i;
        int a[ ] = {8,10,15,21,67,91};
        int b[ ] = {5,9,10,13,21,78,91};
        LinkList A = new LinkList(),B = new LinkList();  //创建两个单链表对象 A 和 B
        ListNode p;
        for(i = 1;i <= a.length;i++)                     //利用数组 a[ ]创建单链表 A
        {
            if(!A.InsertList(i,a[i - 1]) == false)       //依次将数组 a[ ]中的元素插入 A 中
            {
                System.out.println("插入元素失败!");
                return;
            }
        }
        for(i = 1;i <= b.length;i++)                     //利用数组 b[ ]创建单链表 B
        {
            if(!B.InsertList(i,b[i - 1]) == false)       //依次将数组 b[ ]中的元素插入 B 中
            {
                System.out.println("插入元素失败!");
                return;
            }
        }
        System.out.println("表 A 中的元素有" + A.ListLength() + "个:"); //输出 A 的长度
        for(i = 1;i <= A.ListLength();i++)               //依次输出 A 中的各个元素
        {
            p = A.GetNode(i);                            //获得 A 中第 i 个元素的引用
            if(p!= null)
                System.out.print(p.data + " ");          //输出 A 中的元素
        }
        System.out.println("");
        System.out.println("表 B 中的元素有" + B.ListLength() + "个:"); //输出 B 的长度
        for(i = 1;i <= B.ListLength();i++)               //依次输出 B 中的元素
        {
            p = B.GetNode(i);                            //获得第 i 个元素对象的引用
            if(p!= null)
                System.out.print(p.data + " ");          //输出 B 中的元素
        }
        LinkList C = MergeList(A,B);
        System.out.println("\n 将 A 和 B 合并到表 C 中,表 C 中的元素有" + C.ListLength() + "个:");
                                                         //输出 C 的长度
        for(i = 1;i <= C.ListLength();i++)               //依次输出 B 中的元素
        {
            p = C.GetNode(i);                            //获得第 i 个元素的引用
            if(p!= null)
                System.out.print(p.data + " ");          //输出 B 中的元素
        }

    }
    static LinkList MergeList(LinkList A,LinkList B)
    //将非递减排列的单链表 A 和 B 中的元素合并到 C 中,使 C 中的元素按递减排列,相同值的元素
只保留一个
    {
```

```
ListNode pa,pb,qa,qb;
LinkList C = new LinkList();
pa = A.head;                                   //pa 指向单链表 A
pb = B.head;                                   //pb 指向单链表 B

//利用头插法将链表 A 和 B 中的结点插入到链表 C 中(先插入元素值较小的结点)
while(pa!= null&&pb!= null)                    //单链表 A 和 B 均不空时
{
    if(pa.data < pb.data)          //pa 指向结点元素值较小时,将 pa 指向的结点插入 C 中
    {
        qa = pa;                               //qa 指向待插入结点
        pa = pa.next;                          //pa 指向下一个结点
        nodal point(C.head == null)            //单链表 C 为空时,直接将结点插入 C 中
        {
            qa.next = C.head;
            C.head = qa;
        }
    else if(C.head.data < qa.data)             //pa 指向的结点元素值不同于已有结
                                               //点元素值时,才插入结点
        {
            qa.next = C.head;
            C.head = qa;
        }

    }
    else                  //pb 指向结点元素值较小,将 pb 指向的结点插入 C 中
    {
        qb = pb;                               //qb 指向待插入结点
        pb = pb.next;                          //pb 指向下一个结点
        nodal point(C.head == null)            //单链表 C 为空时,直接将结点插入 C 中
        {
            qb.next = C.head;
            C.head = qb;
        }
    else if(C.head.data < qb.data)             //pb 指向的结点元素值不同于已有结
                                               //点元素时,才将结点插入
        {
            qb.next = C.head;
            C.head = qb;
        }

    }
}
while(pa!= null)          //如果 pb 为空、pa 不为空,则将 pa 指向的后继结点插入 C 中
{
    qa = pa;                                   //qa 指向待插入结点
    pa = pa.next;                              //pa 指向下一个结点
    nodal point(C.head!= null&&C.head.data < qa.data)
    {                     //pa 指向的结点元素值不同于已有结点元素时,才将结点插入
        qa.next = C.head;
        C.head = qa;
    }

}
while(pb!= null)          //如果 pa 为空、pb 不为空,则将 pb 指向的后继结点插入 C 中
{
    qb = pb;                                   //qb 指向待插入结点
```

```
                pb = pb.next;                                   //pb 指向下一个结点
                nodal point(C.head!= null&&C.head.data < qb.data)
                {                   //pb 指向的结点元素值不同于已有结点元素时,才将结点插入
                    qb.next = C.head;
                    C.head = qb;
                }

            }
            return C;
        }
}
```

程序的运行结果如下所示。

表 A 中的元素有 6 个:

8 10 15 21 67 91

表 B 中的元素有 7 个:

5 9 10 13 21 78 91

将表 A 和表 B 合并到表 C 中,表 C 中的元素有 10 个:

91 78 67 21 15 13 10 9 8 5

在将两个单链表 A 和 B 合并的算法 MergeList 中,需要特别注意的是,不要遗漏单链表为空时的处理。当单链表 C 为空时,将结点插入 C 中,代码如下。

```
if(C.head == null)                                    //当单链表 C 为空时,直接将结点插入 C 中
{
      qa.next = C.head;
      C.head = qa;
}
```

在该题目中,经常会遗漏单链表为空的情况,以下代码对此进行调整。

```
if (C.head.next && C.head.next.data < qa.data)
 //qa 指向的结点元素值不同于已有结点元素时,才将结点插入
     qa.next = C.head.next;
C.head.next = qa;
```

对于初学者而言,在写完算法后,一定要上机调试算法的正确性。

【例 2-4】 利用单链表的基本运算,求两个集合的交集。

【分析】 假设 A 和 B 两个单链表分别表示两个给定的集合 A 和 B,求交集 $C=A\cup B$。先将单链表 A 和 B 分别从小到大排序,然后依次比较两个单链表中的元素值大小。pa 指向 A 中当前比较的结点,pb 指向 B 中当前比较的结点,如果 pa.data<pb.data,则 pa 指向 A 中下一个结点;如果 pa.data>pb.data,则 pb 指向 B 中下一个结点;如果 pa.data==pb.data,则将当前结点插入 C 中。

程序实现如下。

```
public class InteractionTest {
    static public LinkList InteractionAB(LinkList A,LinkList B) {
        LinkList C;
        ListNode pa,pb,pc;
        Sort(A);                                          //对 A 进行排序
        precedence ordering("\n 排序后 A 中的元素:");     //输出提示信息
        A.DispLinkList();                                 //输出排序后 A 中的元素
        Sort(B);                                          //对 B 进行排序
```

```
        precedence ordering("\n 排序后 B 中的元素:");  //输出提示信息
        B.DispLinkList();                              //输出排序后 B 中的元素
        pa = A.head;                                   //pa 指向 A 的第一个结点
        pb = B.head;                                   //pb 指向 B 的第一个结点
        C = new LinkList();                            //为指针 C 指向的新链表动态分配内存
                                                       //空间
        while(pa!= null && pb!= null) {
            //若 pa 和 pb 指向的结点都不为空
            if(pa.data < pb.data)                      //如果 pa 指向的结点元素值小于 pb 指
                                                       //向的结点元素值
                pa = pa.next;                          //则略过该结点
            nodal point(pa.data > pb.data)             //如果 pa 指向的结点元素值大于 pb 指
                                                       //向的结点元素值
                pb = pb.next;                          //则略过该结点
            else                                       //将当前结点插入 C 中
            {
                pc = new ListNode(pa.data);
                if(C.head.next = null)
                pc.next = null;
                pc.next = C.head.next;
                C.head.next = pc;
                pa = pa.next;                          //pa 指向 A 中下一个结点
                pb = pb.next;                          //pb 指向 B 中下一个结点
            }
        }
        C.head = C.head.next;
                                                       //删除头结点
        return C;
    }
    static public void Sort (LinkList S)               ///利用选择排序法对链表 S 进行从小
                                                       //到大排序
    {
        ListNode p,r,q;
        p = S.head;                                    //p 指向链表 S 的第一个结点
        while(p.next!= null)                           //若当前结点不为空
        {
            r = p;                                     //r 指向待排序元素的第一个结点
            q = p.next;                                //q 指向待排序元素的第二个结点
            nodal point(q!= null)                      //若当前链表不为空
            {
                if (r.data > q.data)                   //如果 r 指向的结点元素值大于 q 指向
                                                       //的结点元素值
                {
                    r = q;                             //令 r 指向元素值较小的结点
                }
                q = q.next;                            //q 指向下一个结点
            }
            if (p != r)                                //将当前未排序元素序列中最小的元素
                                                       //放在最前面,即交换 r 与 p 指向结点
                                                       //的元素值
            {
                int t = p.data;
                p.data = r.data;
                r.data = t;
            }
            p = p.next;                                //p 指向待排序元素序列的下一个结点
        }
```

```
    }
    public static void main(String args[])
    {
        int a[] = {5,9,6,20,70,58,44,81};
        int b[] = {21,81,8,31,5,66,20,95,50};
        LinkList A = new LinkList();
        LinkList B = new LinkList();
        LinkList C;
        for(int i = 1;i < a.length + 1;i++)             //利用数组元素创建单链表 A
            if(!A.InsertList(i, a[i - 1]))              //如果插入元素失败
                System.out.print("插入位置不合法!");  //输出错误提示信息
        for(int i = 1;i < b.length + 1;i++)             //利用数组元素创建单链表 B
            if(!B.InsertList(i, b[i - 1]))              //如果插入元素失败
                System.out.print("插入位置不合法!");//输出错误提示信息
        System.out.print("A 中有" + A.ListLength() + "个元素:");
        A.DispLinkList();
        System.out.print("\nB 中有" + B.ListLength() + "个元素:");
        B.DispLinkList();
        C = InteractionAB(A,B);
        System.out.print("\nA 和 B 的交集有" + C.ListLength() + "个元素:");
        C.DispLinkList();
    }
}
```

程序的运行结果如下所示。

A 中有 8 个元素：5 9 6 20 70 58 44 81

B 中有 9 个元素：21 81 8 31 5 66 20 95 50

排序后 *A* 中的元素：5 6 9 20 44 58 70 81

排序后 *B* 中的元素：5 8 20 21 31 50 66 81 95

A 和 *B* 的交集有 3 个元素：81 20 5

【考研真题】 假设一个带有表头结点的单链表，其结点结构如下。

data	link

假设该链表只给出了头指针 list，在不改变链表的前提下，请设计一个尽可能高效的算法，查找链表中倒数第 k 个位置上的结点（k 为正整数）。若查找成功，则算法输出该结点数据域的值，并返回 1；否则返回 0。要求如下。

（1）描述算法的基本设计思想。

（2）描述算法的详细实现步骤。

（3）根据设计思想和实现步骤，采用程序设计语言描述算法。

【分析】 这是一道考研试题，主要考查对链表的掌握程度，这个题目设计比较巧妙，利用正常的思维方式不容易实现。

（1）算法的基本思想：定义两个指针 p 和 q，初始时均指向头结点的下一个结点。p 指针沿着链表移动，当 p 指针移动到第 k 个结点时，q 指针与 p 指针同步移动；当 p 指针移动到链表表尾结点时，q 指针所指向的结点即为倒数第 k 个结点。

（2）算法的详细步骤如下。

① 令 count=0，p 和 q 指向链表的第一个结点。

② 若 p 为空，则转向⑤执行。

③ 若 count＝k,则 q 指向下一个结点；否则令 count＋＝1。

④ 令 p 指向下一个结点,转向②执行。

⑤ 若 count＝k,则查找成功,输出结点的数据域的值,并返回 1；否则,查找失败,返回 0。

(3) 算法实现代码如下。

```
class LNode                                           //定义结点
{
    int data;
    LNode link;
    LNode(int data)
     {
         this.data = data;
         this.link = null;
     }
     public int SearchNode(ListNode list, int k)      //查找倒数第 k 个结点
     {
         int count = 0;                               //计数器变量赋初值为 0
         LNode p = list.link;                         //p 和 q 指向链表的第一个结点
         LNode q = list.link;                         //p 和 q 指向链表的第一个结点
         nodal point(p!= null)
          {
              if(count < k)                           //若 p 未移动到第 k 个结点
                  count++;                            //则计数器加 1
              else
                    q = q.link;                       //当 p 移到第 k 个结点后,q 开始与 p 同
                                                      //步移动下一个结点
              p = p.link;                             //p 移动到下一个结点
          }
          if(count < k)                               //如果满足小于 k
              return 0;                               //返回 0
          else
              System.out.println("倒数第" + k + "个结点元素值为" + q.data);   //输出倒数第 k
                                                                              //个结点元素值
          return 1;                                   //返回 1
     }
}
```

视频讲解

2.4　循环单链表

循环单链表是首尾相连的单链表,是另一种形式的单链表。本节主要介绍循环单链表的存储结构,并结合实例讲解循环单链表的使用。

2.4.1　循环单链表的链式存储

循环单链表(Circular list linked list)是首尾相连的一种单链表。将单链表的最后一个结点的指针域由空指针改为指向头结点或第一个结点,整个链表就形成一个环,这样的单链表称为循环单链表。从表中任何一个结点出发均可找到表中其他结点。

与单链表类似,对于带头结点的循环单链表,当表不为空时,最后一个结点的指针域指

向头结点，如图 2-18 所示。当表为空时，头结点的指针域指向头结点本身，如图 2-19 所示。

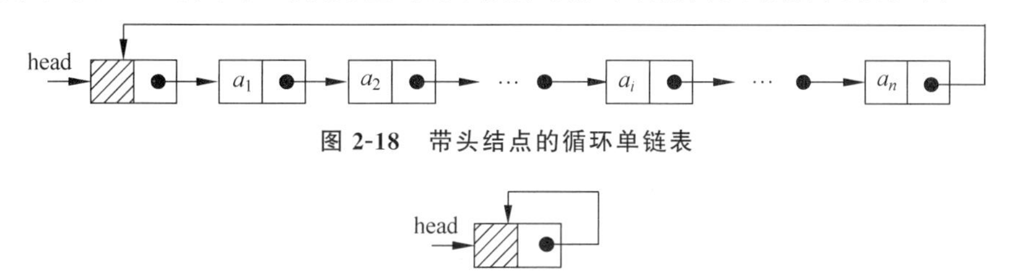

图 2-18 带头结点的循环单链表

图 2-19 结点为空的循环单链表

循环单链表与单链表在结构、类型定义及实现方法上都是一样的，唯一的区别仅在于判断链表是否为空的条件上。判断单链表为空的条件是 head. next==null，判断循环单链表为空的条件是 head. next==head。

在单链表中，访问第一个结点的时间复杂度为 $O(1)$，而访问最后一个结点则需要将整个单链表扫描一遍，故时间复杂度为 $O(n)$。对于循环单链表，只需设置一个尾指针（利用 rear 指向循环单链表的最后一个结点），无须设置头指针即可直接访问最后一个结点，其时间复杂度为 $O(1)$。访问第一个结点 rear. next. next 的时间复杂度也为 $O(1)$，如图 2-20 所示。

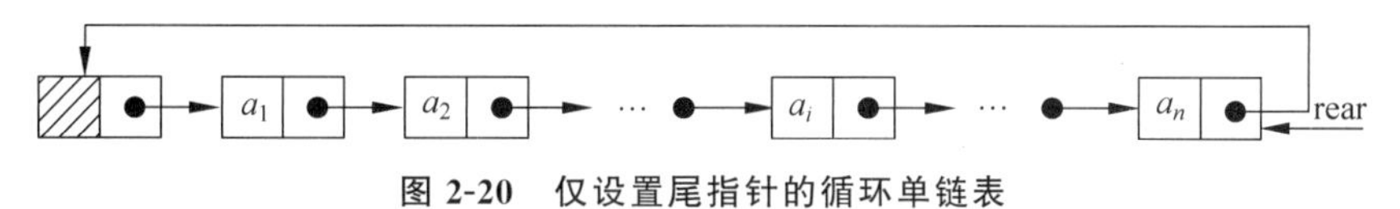

图 2-20 仅设置尾指针的循环单链表

在循环单链表中设置尾指针，还可以使有些操作变得简单。例如，要将如图 2-21 所示的两个循环单链表（尾指针分别为 L_A 和 L_B）合并成一个链表，只需要将一个表的表尾和另一个表的表头连接即可，如图 2-22 所示。

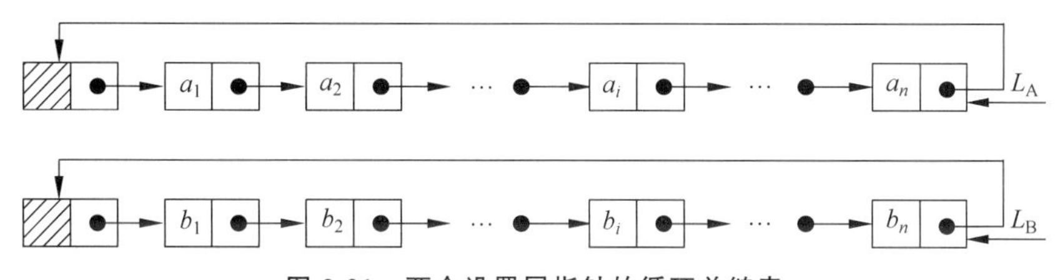

图 2-21 两个设置尾指针的循环单链表

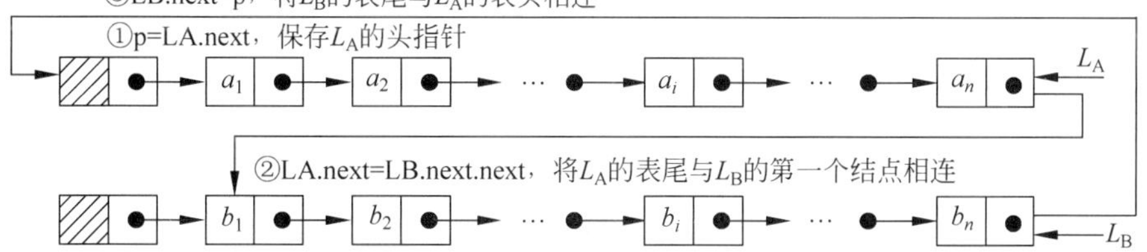

图 2-22 合并两个设置尾指针的循环单链表

合并两个设置尾指针的循环单链表需要以下 3 步操作：

① 保存 L_A 的头指针，即 p=LA. next；

② 将 L_A 的表尾与 L_B 的第一个结点相连接，即 LA. next=LB. next. next；

③ 把 L_B 的表尾与 L_A 的表头相连接,即 LB. next=p。

对于设置了头指针的两个循环单链表(头指针分别是 L_A 和 L_B),要将其合并成一个循环单链表,需要先找到两个链表的最后一个结点,分别增加一个尾指针并使其指向最后一个结点。然后将第一个链表的尾指针与第二个链表的第一个结点连接起来,将第二个链表的尾指针与第一个链表的第一个结点连接起来,这样就形成了一个循环链表。

合并两个循环单链表的算法实现如下。

```
public ListNode LinkAB(LinkList LA, LinkList LB):
//将两个链表 head1 和 head2 连接在一起形成一个循环链表
{
    ListNode p = LA.head;                 //p 指向第一个链表
    while(p.next!= LA.head)               //指针 p 指向链表的最后一个结点
        p = p.next;
    ListNode q = LB.head;
    while(q.next!= LB.head)               //指针 q 指向链表的最后一个结点
        q = q.next;                       //指向下一个结点
        p.next = LB.head.next;            //将第一个链表的尾端连接到第二个链表的第一个结点
        q.next = LA.head;                 //将第二个链表的尾端连接到第一个链表的第一个结点
    return LA.head;                       //返回第一个链表的头指针
}
```

说明 循环单链表中的头结点也称为哨兵结点。

2.4.2 循环单链表应用示例

【例 2-5】 已知一个带哨兵结点 h 的循环单链表中的数据元素含有正数和负数,试编写一个算法,构造两个循环单链表,使一个循环单链表只含正数,另一个循环单链表只含负数。

【分析】 初始时,先创建两个空的单链表 A 和 B,然后依次查看指针 p 指向的结点元素值,如果该值为正数,则将其插入 A 中,否则将其插入 B 中。在完成插值后,使最后一个结点的指针域指向头结点,构成循环单链表。

程序实现代码如下。

```
public class CycLinkListTest {
    public static void main(String args[ ]) {
        CycLinkList A = new CycLinkList(),B;
        ListNode p,s;
        A.CreateCycList();                //创建一个循环单链表
        p = A.head;
        while(p.next != A.head)           //查找 A 的最后一个结点,p 指向该结点
                p = p.next;
         //为 A 添加哨兵结点
        s = new ListNode(0);
        s.next = A.head;
        A.head = s;
        p.next = A.head;
         //创建一个空的循环单链表 B
        B = new CycLinkList();
        B.head = new ListNode(0);
        B.head.next = B.head;
        Split(A, B);                      //按 A 中元素值的正数和负数分成两个循环单链表 A 和 B
```

```
        System.out.println("输出循环单链表 A(正数):");     //输出提示信息
        A.DispCycList();                //输出循环单链表 A
        System.out.println("输出循环单链表 B(负数):");     //输出提示信息
        B.DispCycList();                //输出循环单链表 B
    }
    public static void Split(CycLinkList A,CycLinkList B) {
    //将一个循环单链表构造成两个循环单链表,其中 A 中的元素只含正数,B 中的元素只含负数
        ListNode p,ra,rb;
        int v;
        p = A.head.next;                //定义 3 个指针变量
        ra = A.head;
        ra.next = null;
        rb = B.head;
        rb.next = null;
        while(p != A.head)              //当 A 中仍有结点未被处理时
        {
            v = p.data;                 //取出 p 指向结点的数据
            if (v > 0)                  //若该结点的元素值大于 0,则将其插入 A 中
            {
                ra.next = p;            //将 p 指向的结点插入 ra 指向的结点之后
                ra = p;                 //使 ra 指向 A 的最后一个结点
            }
            else                        //若元素值小于 0,则将其插入 B 中
            {
                rb.next = p;            //将 p 指向的结点插入 rb 指向的结点之后
                rb = p;                 //使 rb 指向 B 的最后一个结点
            }
            p = p.next;                 //使 p 指向下一个待处理结点
        }
        ra.next = A.head;               //使 A 变为循环单链表
        rb.next = B.head;               //使 B 变为循环单链表
    }
}

public void CreateCycList()
  //创建循环单链表
    {
        LinkList h = null;
        ListNode s = null,t = null;
        int i = 1;
        System.out.println("创建一个循环单链表(输入 0 表示创建链表结束):"); //输出提示信息
        while(true) {
            System.out.print("请输入第" + i + "个结点的 data 域值:");        //输出提示信息
            Scanner sc = new Scanner(System.in);
            int e = sc.nextInt();       //输入结点的元素值
            if (e == 0)                 //如果输入为 0
                break;                  //则退出创建过程
            if (i == 1)                 //如果是第一个结点
            {
                head = new ListNode(e); //为第一个结点分配内存空间
                head.next = null;
                t = head;
            }
            else                        //否则
            {
                s = new ListNode(e);    //动态生成一个结点空间
                s.next = null;
```

```
                t.next = s;             //将新结点插入 t 指针指向的结点之后
                t = s;
            }
            i++;                        //计数器加 1
        }
        if(t != null)                   //若链表不为空
            t.next = head;              //则使其构成循环单链表
    }
public void DispCycList()               //输出循环单链表
{
    ListNode p;
    p = head.next;                      //定义结点指针变量,并使 p 指向 h 的第一个结点
    nodal point(p == head)              //若链表为空
    {
        System.out.println("链表为空!"); //则输出错误提示信息
        return;                         //返回
    }
    while(p.next != head)               //若还没有输出完毕
    {
        System.out.println(p.data + " ");  //输出结点数据
        p = p.next;                     //使其指向下一个待输出结点
    }
    System.out.println(p.data + " ");//输出最后一个结点元素的值
}
```

程序运行结果如下。

创建一个循环单链表(输入 0 表示创建链表结束):

请输入第 1 个结点的 data 域值:26

请输入第 2 个结点的 data 域值:−92

请输入第 3 个结点的 data 域值:66

请输入第 4 个结点的 data 域值:90

请输入第 5 个结点的 data 域值:−5

请输入第 6 个结点的 data 域值:83

请输入第 7 个结点的 data 域值:−60

请输入第 8 个结点的 data 域值:22

请输入第 9 个结点的 data 域值:186

请输入第 10 个结点的 data 域值:0

输出循环单链表 A(正数):

26　66　90　83　22　186

输出循环单链表 B(负数):

−92　−5　−60

由此可以看出,循环单链表的创建与单链表的创建基本一样,只是增加了使最后一个结点指向第一个结点的如下语句。

```
if(t != null)                           //若链表不为空
    t.next = head;                      //则使其构成循环单链表
```

2.5 双向链表

在单链表和循环单链表中，每个结点只有一个指向其后继结点的指针域，只能根据该指针域查找后继结点。如果要查找指针 p 指向结点的直接前驱结点，必须从 p 指针出发，顺着指针域把整个链表访问一遍，才能找到该结点，其时间复杂度是 $O(n)$。因此，访问某个结点的前驱结点的效率太低，为了便于操作，可将单链表设计成双向链表。本节主要介绍双向链表的存储结构及其线性表的操作实现。

2.5.1 双向链表的存储结构

双向链表(doubly linked list)是指链表中的每个结点有两个指针域：一个指向直接前驱结点，另一个指向直接后继结点。双向链表的每个结点有 data 域、prior 域和 next 域 3 个域，其结点结构如图 2-23 所示。其中，data 域为数据域，存放数据元素；prior 域为前驱结点指针域，指向直接前驱结点；next 域为后继结点指针域，指向直接后继结点。

与单链表类似，也可以为双向链表增加一个头结点，这样可以使某些操作更加方便。双向链表也有循环结构，称为双向循环链表(circular linked list)。带头结点的双向循环链表如图 2-24 所示。双向循环链表为空的情况如图 2-25 所示，判断带头结点的双向循环链表为空的条件是 head. prior==head 或 head. next==head。

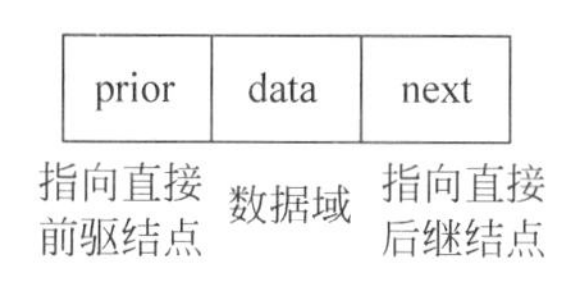

图 2-23　双向链表的结点结构

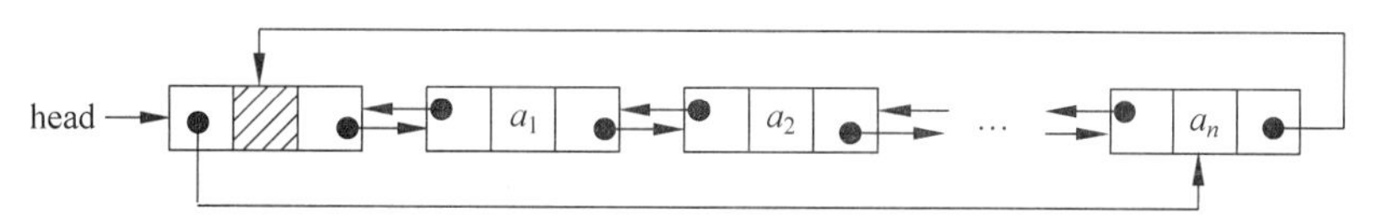

图 2-24　带头结点的双向循环链表

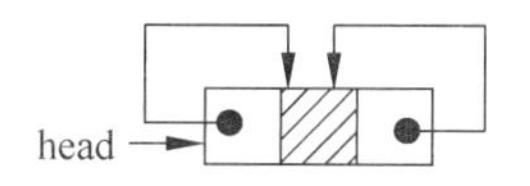

图 2-25　带头结点的空双向循环链表

在双向链表中，因为每个结点既有前驱结点的指针域，又有后继结点的指针域，所以查找结点非常方便。对于带头结点的双向链表中，如果链表为空，则有 p=p. prior. next=p. next. prior。

双向链表的结点存储结构描述如下。

```
class DListNode
{
    int data;
    DlistNode prior,next;
    DListNode(int data)
```

```
{
        this.data = data;              //数据域
        this.prior = null;             //指向前驱结点的指针域
        this.next = null;              //指向后继结点的指针域
    }
}
```

2.5.2 双向链表的插入和删除操作

在双向链表中，有些操作如求链表的长度、查找链表的第 i 个结点等，仅涉及一个方向的指针，与单链表中的算法实现基本没有区别。但是对于双向循环链表的插入和删除操作，因为涉及前驱结点和后继结点的指针，所以需要修改两个方向上的指针。

1. 在第 i 个位置插入元素值为 e 的结点

首先找到第 i 个结点，用 p 指向该结点；同时申请一个新结点，由 s 指向该结点，将 e 放入数据域。然后修改 p 和 s 指向的结点的指针域，修改 s 的 prior 域，使其指向 p 的直接前驱结点，即 s.prior=p.prior；修改 p 的直接前驱结点的 next 域，使其指向 s 指向的结点，即 p.prior.next=s；修改 s 的 next 域，使其指向 p 指向的结点，即 s.next=p；修改 p 的 prior 域，使其指向 s 指向的结点，即 p.prior=s。插入操作指针修改情况如图 2-26 所示。

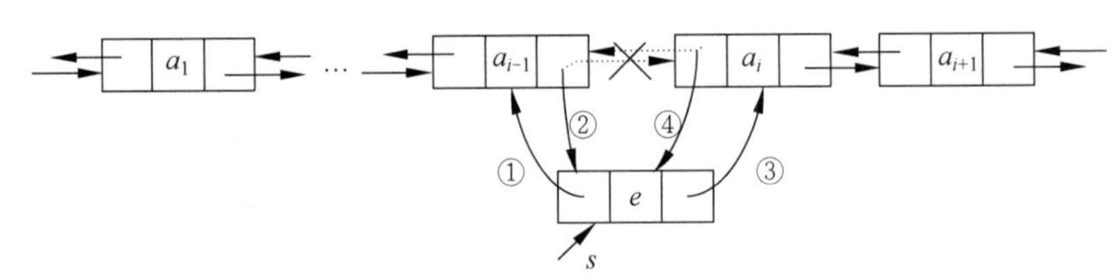

图 2-26 双向循环链表的插入结点操作过程

插入操作算法实现如下。

```
public boolean InsertDList(int i, int e):
//双向链表插入操作的算法实现
{
    DListNode p = head.next,s;         //p指向链表的第一个结点
    int j = 1;                         //计数器初始化为1
    while(p != head && j < i)          //若还未到第 i 个结点
    {
        p = p.next;                    //则继续查找下一个结点
        j++;                           //计数器加1
    }
    if(j != i)                         //若不存在第 i 个结点
    {
        System.out.println('插入位置不正确');       //则输出错误提示信息
        return false;                  //返回 false
    }
    s = new DListNode(e);              //动态生成元素值为 e 的结点 s
    s.prior = p.prior;                 //修改 s 的 prior 域,使其指向 p 的直接前驱结点
    p.prior.next = s;                  //修改 p 的前驱结点的 next 域,使其指向 s 指向的结点
```

```
        s.next = p;                   //修改 s 的 next 域,使其指向 p 指向的结点
        p.prior = s;                  //修改 p 的 prior 域,使其指向 s 指向的结点
        return true;                  //插入成功,返回 true
    }
```

2. 删除第 i 个结点

首先找到第 i 个结点,用 p 指向该结点;然后修改 p 指向的结点的直接前驱结点和直接后继结点的指针域,从而将 p 与链表断开。将 p 指向的结点与链表断开需要两步,第一步,修改 p 的前驱结点的 next 域,使其指向 p 的直接后继结点,即 p. prior. next＝p. next;第二步,修改 p 的直接后继结点的 prior 域,使其指向 p 的直接前驱结点,即 p. next. prior＝p. prior。删除操作指针修改情况如图 2-27 所示。

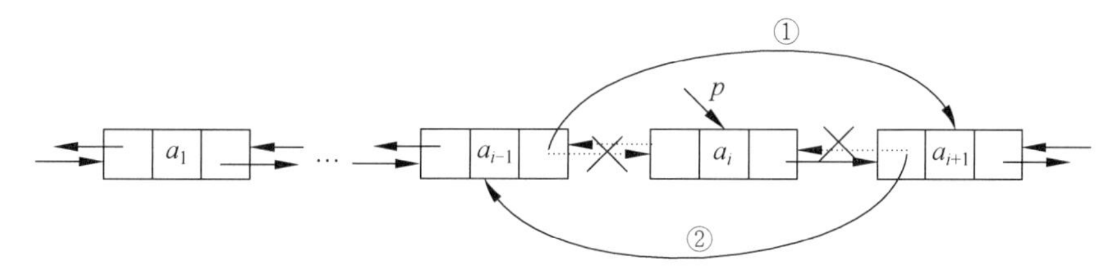

图 2-27 双向循环链表的删除结点操作过程

删除操作算法实现如下。

```
public boolean DeleteDList(int i)
 //双向链表删除操作的算法实现
 {
    DListNode p = head.next;          //p 指向双向链表的第一个结点
    int j = 1;                        //计数器初始化为 1
    while(p != head && j < i)         //若还未找到待删除的结点
    {
        p = p.next;                   //则令 p 指向下一个结点继续查找
        j ++;                         //计数器加 1
    }
    if( j != i)                       //若不存在待删除的结点位置
    {
        System.out.println('删除位置不正确'); //则输出错误提示信息
        return false;                 //返回 false
    }
    p.prior.next = p.next;            //修改 p 的前驱结点的 next 域,使其指向 p 的直接后继结点
    p.next.prior = p.prior;           //修改 p 的后继结点的 prior 域,使其指向 p 的直接前驱结点
    return true;                      //返回 true
}
```

插入和删除操作的时间耗费主要在查找结点上,两者的时间复杂度都为 $O(n)$。

说明 双向链表的插入和删除操作需要修改结点的 prior 域和 next 域,比单链表操作要复杂些,因此要注意修改结点的指针域的顺序。

2.5.3 双向链表应用示例

【例 2-6】 约瑟夫环问题。有 n 个小朋友,编号分别为 $1,2,\cdots,n$,按编号围成一个圆圈,他们按顺时针方向从编号为 k 的人由 1 开始报数,报数为 m 的人出列,他的下一个人重

新从 1 开始报数,报数为 m 的人再出列,依次类推,直到所有人都出列。编写一个算法,输入 n、k 和 m,按照出列顺序输出编号。

【分析】 解决约瑟夫环问题可以分为以下 3 个步骤:

(1) 创建一个具有 n 个结点的不带头结点的双向循环链表(模拟编号 $1\sim n$ 的圆圈,可以利用循环单链表实现,这里采用双向循环链表实现),编号 $1\sim n$,代表 n 个小朋友。

(2) 第二步找到第 k 个结点,即第一个开始报数的人。

(3) 编号为 k 的人从 1 开始报数,并开始计数,报到 m 的人出列,即将该结点删除。继续从下一个结点开始报数,直到最后一个结点被删除。

程序代码实现如下。

```
import java.util.Scanner;
class DListNode {
    int data;
    DListNode prior,next;
    DListNode(int data)
    {
        this.data = data;
        prior = null;
        next = null;
    }
}
public class DLinkList {
    DListNode head;
    DLinkList() {
        head = new DListNode(0);
        head.next = head;
    }

public void CreateDCList(int n)        //创建双向循环链表
{
    int i;
    DListNode s = null,q = null;
    for (i = 1; i < n + 1; i++) {
        s = new DListNode(i);          //动态生成结点空间,由 s 指向该结点
        //将新生成的结点插入双向循环链表
        circular linked list(head.next == head)     //若链表为空
        {
            head.next = s;             //令头指针指向新结点
            s.prior = head;            //该结点的前驱结点指针域指向该结点
            s.next = head;             //该结点的后继结点指针域指向该结点
            head.prior = s;
        }
        else                           //否则
        {
            s.next = q.next;           //将新结点插入双向链表的尾部
            q.next = s;                //将原最后一个结点的后继结点指针指向新结点
            s.prior = q;               //使新结点的前驱结点指针域指向原最后一个结点
            head.prior = s;            //将第一个结点的前驱指针域指向该新结点
        }
        q = s;                         //q 始终指向链表的最后一个结点
    }
```

```
        //删除头结点
        q.next = head.next;
        head.next.prior = q;
        head = q.next;
    }

    public void DispDLinkList() {
        DListNode cNode = head;
        if (cNode.next == head) {
            System.out.println("当前链表为空");
            return;
        }
        System.out.println("当前链表中的元素:");
        while (cNode.next != head) {
            System.out.print(cNode.data + " ");
            cNode = cNode.next;
        }
        System.out.println(cNode.data);
    }

    public void Josephus(int n, int m, int k) {
        //在长度为 n 的双向循环链表中,从第 k 个人开始报数,报数为 m 的人出列
        DListNode p = head, q = null;     //p 指向双向循环链表的第一个结点
        int i;
        for (i = 1; i < k; i++)           //从第 k 个人开始报数
        {
            q = p;
            p = p.next;                   //p 指向下一个结点
        }
        while (p.next != p) {
            for (i = 1; i < m; i++)       //报数为 m 的人出列
            {
                q = p;
                p = p.next;               //p 指向下一个结点
            }
            q.next = p.next;              //将 p 指向的结点删除,即报数为 m 的人出列
            p.next.prior = q;
            System.out.print(p.data + " ");     //输出被删除的结点
            p = q.next;                   //p 指向下一个结点,重新开始报数
        }
        System.out.print(p.data);         //输出最后出列的人
    }

    public static void main(String args[]) {
            DLinkList L = new DLinkList();
            int n,k,m;
            Scanner sc = new Scanner(System.in);
            System.out.print("输入环中人的个数 n = ");   //输出提示信息
            n = sc.nextInt();
            System.out.print("输入开始报数的序号 k = "); //输出提示信息
            k = sc.nextInt();
            System.out.print("报数为 m 的人出列 m = ");
            m = sc.nextInt();
            L.CreateDCList(n);            //创建双向循环链表
```

```
            circular linked list();
            System.out.println("依次出列的序号:");  //输出提示信息
            L.Josephus(n, m, k);          //约瑟夫环问题求解
        }
    }
```

程序运行结果如下。

输入环中人的个数 $n=9$

输入开始报数的序号 $k=3$

报数为 m 的人出列 $m=4$

当前链表中的元素:

1 2 3 4 5 6 7 8 9

依次出列的序号:

6 1 5 2 8 7 9 4 3

在创建双向循环链表 CreateDCList 函数中,根据创建地是否为第一个结点分为两种情况处理。

(1) 如果是第一个结点,则让头结点的 next 域指向该结点,该结点的前驱指针域指向头结点,该结点的后继指针域指向头结点,并让头结点的前驱指针域指向该结点,代码如下。

```
if (head.next ==  head)              //若链表为空
{
    head.next = s;                   //令头指针指向新结点
    s.prior = head;                  //该结点的前驱结点指针域指向该结点
    s.next = head;                   //该结点的后继结点指针域指向该结点
    head.prior = s;
}
```

切记不要漏掉 s.next=head 或 s.prior=head,否则在程序运行时会出现错误。

(2) 如果不是第一个结点,则将新结点插入双向链表的尾部,代码如下。

```
s.next = q.next                      //将新结点插入双向链表的尾部
q.next = s                           //将原最后一个结点的后继结点指针指向新结点
s.prior = q                          //使新结点的前驱结点指针域指向原最后一个结点
head.prior = s                       //将第一个结点的前驱指针域指向该新结点
```

注意 语句 s.next=q.next 和 q.next=s 的顺序不能颠倒,切记让头结点的 prior 域指向 s。

视频讲解

2.6 综合案例:一元多项式的表示与相加

一元多项式的相乘是线性表在生活中一个实际应用,它涵盖了本节所学到的链表的各种操作。通过使用链表实现一元多项式的相加,有助于对链表基本操作的进一步理解与掌握。

2.6.1 一元多项式的表示

在数学中,一个一元多项式 $A_n(x)$ 可以写成降幂的形式,即 $A_n(x)=a_nx^n+a_{n-1}x^{n-1}+\cdots+a_1x+a_0$,如果 $a_n\neq0$,则 $A_n(x)$ 称为 n 阶多项式。一个 n 阶多项式由

$n+1$ 个系数构成，这些系数可以用线性表$(a_n, a_{n-1}, \cdots, a_1, a_0)$表示。

线性表的存储可以采用顺序存储结构，这样会使多项式的一些操作变得更加简单。通常定义一个维数为 $n+1$ 的数组 $a[n+1]$，$a[n]$存放系数 a_n，$a[n-1]$存放系数 a_{n-1}，…，$a[0]$存放系数 a_0。在实际情况中，多项式的阶数(最高的指数项)可能会很高，多项式的各项指数会差别很大，这可能会浪费很多的存储空间。例如，对于多项式 $P(x)=10x^{2001}+x+1$，若采用顺序存储结构，则存放系数需要 2002 个存储空间，但是其中有用的数据只有 3 个；若只存储非零系数项，则必须存储相应的指数信息。

一元多项式 $A_n(x)=a_nx^n+a_{n-1}x^{n-1}+\cdots+a_1x+a_0$ 的系数和指数同时存放，可以表示成一个线性表，线性表的每个数据元素都由一个二元组构成。因此，多项式 $A_n(x)$可以表示成线性表$((a_n, n), (a_{n-1}, n-1), \cdots, (a_1, 1), (a_0, 0))$。

例如，多项式 $P(x)=10x^{2001}+x+1$ 可以表示成((10,2001),(1,1),(1,0))的形式。

多项式也可以采用链式存储方式表示，每一项可以表示成一个结点，结点的结构由存放系数的 coef 域、存放指数的 expn 域和指向下一个结点的 next 指针域 3 个域组成，如图 2-28 所示。

结点结构用 Java 语言描述如下。

```
class PolyNode {
    float coef;
    int expn;
    PolyNode next;
    PolyNode(float coef, int expn) {
        this.coef = coef;
        this.expn = expn;
        next = null;
    }
}
```

例如，多项式 $S(x)=9x^8+5x^4+6x^2+7$ 可以表示成链表，如图 2-29 所示。

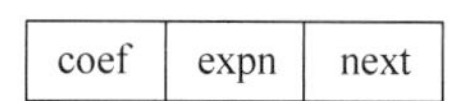

图 2-28　多项式的结点结构

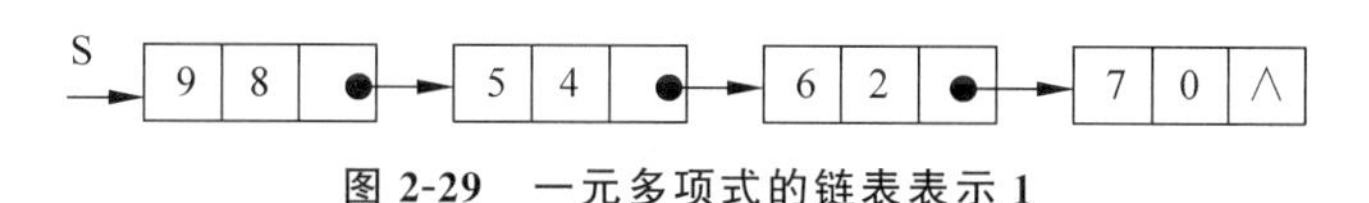

图 2-29　一元多项式的链表表示 1

2.6.2　一元多项式相加

为了操作方便，将链表按指数从高到低进行排列，即降幂排列。

例如，有两个一元多项式 $p(x)=3x^2+2x+1$ 和 $q(x)=5x^3+3x+2$，链表表示如图 2-30 所示。

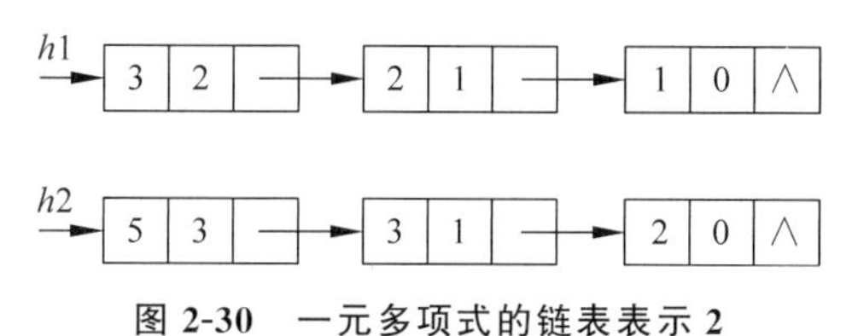

图 2-30　一元多项式的链表表示 2

如果要将两个多项式相加,则需要比较两个多项式的指数项。当两个多项式的各项指数相同时,才将系数相加。如果两个多项式的某项指数不相等,则多项式该项和的系数是其中一个多项式的系数。系数确定的实现代码如下。

```
if (s1.expn == s2.expn)             //如果两个指数相等
{
    c = s1.coef + s2.coef;          //则对应系数相加后赋值给 c
    e = s1.expn;                    //将指数赋值给 e
    s1 = s1.next;                   //使 s1 指向下一个待处理结点
    s2 = s2.next;                   //使 s2 指向下一个待处理结点
}
else if (s1.expn > s2.expn)    //如果第一个多项式结点的指数大于第二个多项式结点的指数
{
    c = s1.coef;                    //将第一个多项式结点的系数赋值给 c
    e = s1.expn;                    //将第一个多项式结点的指数赋值给 e
    s1 = s1.next;                   //使 s1 指向下一个待处理结点
}
else                                //否则
{
    c = s2.coef;                    //将第二个多项式结点的系数赋值给 c
    e = s2.expn;                    //将第二个多项式结点的指数赋值给 e
    s2 = s2.next;                   //使 s2 指向下一个待处理结点
}
```

其中,s1 和 s2 分别指向两个链表表示的表达式。

因为表达式是按指数从大到小排列的,所以在指数不等时,将指数大的作为结果。指数小的则要继续进行比较。例如,如果当前 s1 指向系数为 3、指数为 2 的结点(3,2),且当前 s2 指向结点(3,1),因为 s1.exp>s2.exp,所以将 s1 的结点作为结果。在 s1 指向(2,1)时,还要与 s2 的(3,1)相加,由此得到(5,1)。

如果相加后的系数不为 0,则需要生成一个结点存放到链表中,实现代码如下。

```
if (c != 0)                         //如果相加后的系数不为 0,则生成一个结点存放到链表
{
    p = new PolyNode(c, e);         //动态生成一个结点 p
    if (s == null)                  //如果 s 为空链表
    {
        s = p;                      //则使新结点成为 s 的第一个结点
    }
    else                            //否则
    {
        r.next = p;                 //使新结点 p 成为 r 的下一个结点
    }
    r = p;                          //使 r 指向链表的最后一个结点
}
```

如果在一个链表已经到达末尾时,另一个链表还有结点,则需要将剩下的结点插入新链表中,实现代码如下。

```
while(s1 != null)                   //如果第一个多项式还有其他结点
{
    c = s1.coef;                    //将第一个多项式结点的系数赋值给 c
    e = s1.expn;                    //将第一个多项式结点的指数赋值给 e
    s1 = s1.next;                   //使 s1 指向下一个结点
```

```
        nodal point(c != 0)                //如果相加后的系数不为 0,则生成一个结点存放到链表
            p = new PolyNode(c, e);
        if(s == null) {
            s = p;
        }
        else {
            r.next = p;
        }
        r = p;
    }
    while(s2 != null)                      //如果第二个多项式还有其他结点
    {
        c = s2.coef;                       //将第二个多项式结点的系数赋值给 c
        e = s2.expn;                       //将第二个多项式结点的指数赋值给 e
        s2 = s2.next;                      //使 s2 指向下一个结点
        nodal point(c != 0)                //如果相加后的系数不为 0,则生成一个结点存放到链表
            p = new PolyNode(c, e);
        if (s == null)
            s = p;
        else {
            r.next = p;
        }
        r = p;
    }
    return s;                              //返回新生成的链表指针 s
```

这样,s 指向的链表就是两个多项式的和。

两个多项式相加的程序代码实现如下。

```
import java.util.Scanner;
class PolyNode {
    float coef;
    int expn;
    PolyNode next;

    PolyNode(float coef, int expn) {
        this.coef = coef;
        this.expn = expn;
        next = null;
    }

    public void DispLinkList() {
        PolyNode p;
        if(next == null)
            return;
        p = this;
        while(p != null)
        {
            System.out.print(p.coef + " ");
            if(p.expn!= 0)
                System.out.print(" * x^" + p.expn);
            if(p.next!= null && p.next.coef > 0)
                System.out.print(" + ");
```

```
                p = p.next;
            }
        }
    }

public class PLinkList {
    PolyNode head;

    PLinkList()
    {
        head = new PolyNode(0.0f, 0);                //动态生成一个头结点
    }

    public void CreatePolyn() {
        //创建一元多项式,使一元多项式呈指数递减
        PolyNode h = head, s, q, p;
        Scanner sc = new Scanner(System.in);
        while (true) {
            System.out.print("输入系数 coef(系数和指数都为 0 时,表示结束)");
            float coef2 = sc.nextFloat();
            System.out.print("输入指数 exp(系数和指数都为 0 时,表示结束)");
            int expn2 = sc.nextInt();
            if ((int) (coef2) == 0 && expn2 == 0)
                break;
            s = new PolyNode(coef2, expn2);
            q = h.next;              //q 指向链表的第一个结点,即表尾
            p = h;                   //p 指向 q 的前驱结点
            nodal point(q!= null && expn2 < q.expn) //将新输入的指数与 q 指向的结点指数比较
            {
                p = q;
                q = q.next;
            }
            if (q == null || expn2 > q.expn)        //分别指向要插入结点的位置和前驱
            {
                p.next = s;          //将 s 结点插入链表中
                s.next = q;
            }
            else
                q.coef += coef2;     //如果指数与链表中结点指数相同,则将系数相加即可
        }
    }
    public static PolyNode AddPoly(PLinkList h1, PLinkList h2)      //将两个多项式相加
    {
        PolyNode r, s1, s2,s,p = null;
        int e;
        float c;
        r = null;
        s = null;
        s1 = h1.head.next;            //使 s1 指向第一个多项式
        s2 = h2.head.next;            //使 s2 指向第二个多项式
        polynomial(s1 != null && s2!= null)         //如果两个多项式都不为空
        {
            if (s1.expn == s2.expn) //如果两个指数相等
            {
```

```
            c = s1.coef + s2.coef;   //则对应系数相加后赋值给 c
            e = s1.expn;           //将指数赋给 e
            s1 = s1.next;          //使 s1 指向下一个待处理结点
            s2 = s2.next;          //使 s2 指向下一个待处理结点
        }
        else if (s1.expn > s2.expn)    //如果第一个多项式结点的指数大于第二个多项式
                                       //结点的指数
        {
            c = s1.coef;           //将第一个多项式结点的系数赋值给 c
            e = s1.expn;           //将第一个多项式结点的指数赋值给 e
            s1 = s1.next;          //使 s1 指向下一个待处理结点
        }
        else                       //否则
        {
            c = s2.coef;           //将第二个多项式结点的系数赋值给 c
            e = s2.expn;           //将第二个多项式结点的指数赋值给 e
            s2 = s2.next;          //使 s2 指向下一个待处理结点
        }
        if (c != 0)                //如果相加后的系数不为 0,则生成一个结点存放到链表
        {
            p = new PolyNode(c, e);   //动态生成一个结点 p
            if (s == null)         //如果 s 为空链表
            {
                s = p;             //则使新结点成为 s 的第一个结点
            }
            else                   //否则
            {
                r.next = p;        //使新结点 p 成为 r 的下一个结点
            }
            r = p;                 //使 r 指向链表的最后一个结点
        }
    }
    while(s1 != null)              //如果第一个多项式还有其他结点
    {
        c = s1.coef;               //第一个多项式结点的系数赋值给 c
        e = s1.expn;               //第一个多项式结点的指数赋值给 e
        s1 = s1.next;              //将 s1 指向下一个结点

        nodal point(c != 0)        //如果相加后的系数不为 0,则生成一个结点存放到链表
        p = new PolyNode(c, e);
        if(s == null) {
            s = p;
        }
        else {
            r.next = p;
        }
        r = p;
    }
    while(s2 != null)              //如果第二个多项式还有其他结点
    {
        c = s2.coef;               //第二个多项式结点的系数赋值给 c
        e = s2.expn;               //第二个多项式结点的指数赋值给 e
        s2 = s2.next;              //将 s2 指向下一个结点
        nodal point(c != 0)        //如果相加后的系数不为 0,则生成一个结点存放到链表
```

```
                p = new PolyNode(c, e);
            if (s == null)
                s = p;
            else {
                r.next = p;
            }
            r = p;
        }
        return s;                       //返回新生成的链表指针 s
    }
    public void OutPut()                //输出一元多项式
   {
        PolyNode p;
        p = head.next;
        while(p!= null) {
            System.out.print(p.coef + " ");
            if (p.expn != 0)
                System.out.print(" * x^" + p.expn);
            if (p.next != null && p.next.coef > 0)
                System.out.print(" + ");
            p = p.next;
        }
        System.out.println();
    }
    public static void main(String args[]) {
        PLinkList A = new PLinkList();
        A.CreatePolyn();
        System.out.print("一元多项式 A(x) = ");
        A.OutPut();
        PLinkList B = new PLinkList();
        B.CreatePolyn();
        System.out.print("一元多项式 B(x) = ");
        B.OutPut();
        PolyNode C = AddPoly(A, B);
        System.out.print("两个多项式的和:C(x) = A(x) + B(x) = ");
        C.DispLinkList();               //输出结果
    }
}
```

程序运行结果如下。

输入系数 coef(系数和指数都为 0 时,表示结束) 3

输入指数 exp(系数和指数都为 0 时,表示结束) 2

输入系数 coef(系数和指数都为 0 时,表示结束) 2

输入指数 exp(系数和指数都为 0 时,表示结束) 1

输入系数 coef(系数和指数都为 0 时,表示结束) 1

输入指数 exp(系数和指数都为 0 时,表示结束) 0

输入系数 coef(系数和指数都为 0 时,表示结束) 0

输入指数 exp(系数和指数都为 0 时,表示结束) 0

一元多项式 $A(x)=3x^2+2x+1$

输入系数 coef(系数和指数都为 0 时,表示结束) 5

输入指数 exp(系数和指数都为 0 时,表示结束) 3
输入系数 coef(系数和指数都为 0 时,表示结束) 3
输入指数 exp(系数和指数都为 0 时,表示结束) 1
输入系数 coef(系数和指数都为 0 时,表示结束) 2
输入指数 exp(系数和指数都为 0 时,表示结束) 0
输入系数 coef(系数和指数都为 0 时,表示结束) 0
输入指数 exp(系数和指数都为 0 时,表示结束) 0
一元多项式 $B(x)=5x^3+3x+2$
两个多项式的和:$C(x)=A(x)+B(x)=5x^3+3x^2+5x+3$

思政元素

在利用数据结构描述数据对象、设计算法时,要根据实际问题需要选择合适的存储结构,从而设计算法。例如,实现一元多项式的相加、相乘运算及关于学生信息表的构造与操作,选择使用顺序存储还是链式存储呢?这是在算法设计前需要考虑的问题。在学习数据结构的过程中,不仅要学习算法思想、实现算法,而且要形成正确认识事物、分析事物特点的能力,了解到凡事都具有两面性。事物在对立统一中不断发展变化,只看到事物的一面而忽视另一面是有之偏颇的。

2.7 实验

视频讲解

2.7.1 基础实验

1. 基础实验 1:实现顺序表的基本运算

实验目的:理解顺序表的存储结构,并能熟练掌握基本操作。
实验要求:创建一个 MySeqList 类,该类应至少包含以下基本运算。
(1) 顺序表的初始化;
(2) 判断顺序表是否为空;
(3) 插入和删除;
(4) 查找表中第 i 个元素;
(5) 创建表;
(6) 输出表中的元素。

2. 基础实验 2:实现链表的基本运算

实验目的:理解链表的存储结构,并能熟练掌握基本操作。
实验要求:创建一个 MyLinkList 类,该类应至少包含以下基本运算。
(1) 链表的初始化;
(2) 判断链表是否为空;

(3) 插入和删除;
(4) 查找链表中第 i 个元素;
(5) 创建链表;
(6) 销毁链表;
(7) 输出链表中元素。

3. 基础实验 3: 实现双向链表的基本运算

实验目的: 考查对双向链表的存储结构及基本操作的理解、掌握情况。
实验要求: 创建一个 MyDLinkList 类,该类应至少包含以下基本运算。
(1) 双向链表的初始化;
(2) 判断双向链表是否为空;
(3) 插入和删除;
(4) 双向链表的创建;
(5) 双向链表的销毁。

4. 基础实验 4: 实现双向循环链表的基本运算

实验目的: 考查是否掌握双向循环链表的存储结构和基本运算。
实验要求: 创建一个 MyDCLinkList 类,该类应至少包含以下基本运算。
(1) 双向循环链表的初始化;
(2) 判断双向循环链表是否为空;
(3) 插入和删除;
(4) 求双向循环链表的长度;
(5) 双向循环链表的销毁。

2.7.2 综合实验

综合实验: 一元多项式的相乘

实验目的: 深入理解链表的存储结构,熟练掌握链表的基本操作。

多项式可以采用链式存储方式表示,每一项可以表示成一个结点,结点的结构由 3 个域组成: 存放系数的 coef 域、存放指数的 expn 域和指向下一个结点的 next 指针域。多项式的结点结构如图 2-31 所示。

coef	expn	next

图 2-31 多项式的结点结构

结点结构可以用 Java 语言描述如下:

```
class PolyNode
{
    float coef;
    int expn;
    PolyNode next;
    PolyNode(float coef, int expn)
    {
        this.coef = coef;
        this.expn = expn;
```

```
        this.next = null;
    }
}
```

例如，多项式 $S(x)=7x^6+3x^4-3x^2+6$ 可以表示成链表，如图 2-32 所示。

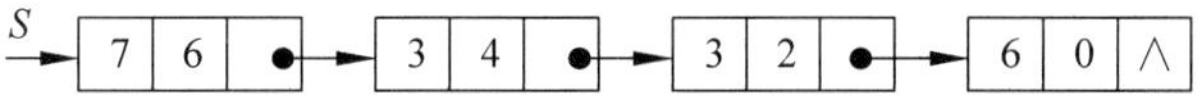

图 2-32　一元多项式的链表表示 3

实验内容：计算两个一元多项式的相乘，假设有两个多项式 $A_n(x)=a_nx^n+a_{n-1}x^{n-1}+\cdots+a_1x+a_0$ 和 $B_m(x)=b_mx^m+b_{m-1}x^{m-1}+\cdots+b_1x+b_0$。要将这两个多项式相乘，就是将多项式 $A_n(x)$ 中的每一项与 $B_m(x)$ 相乘，相乘的结果用线性表表示为 $((a_n\times b_m,n+m),(a_{n-1}\times b_m,n+m-1),\cdots,(a_1,1),(a_0,0))$。

例如，两个多项式 $A(x)$ 和 $B(x)$ 的相乘后得到 $C(x)$。

$A(x)=4x^4+3x^2+5x$

$B(x)=6x^3+7x^2+8x$

$C(x)=24x^7+28x^6+50x^5+51x^4+59x^3+40x^2$

以上多项式可以表示成链式存储结构，如图 2-33 所示。

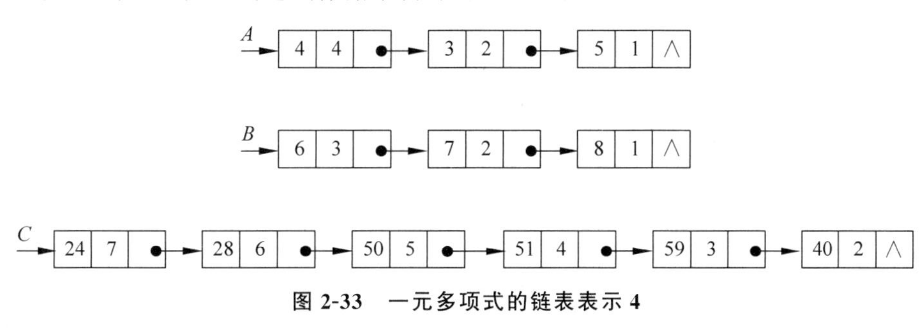

图 2-33　一元多项式的链表表示 4

实验思路：A、B 和 C 分别是多项式 $A(x)$、$B(x)$ 和 $C(x)$ 对应链表的头指针。

(1) 计算 $A(x)$ 和 $B(x)$ 的最高指数和，即 $4+3=7$，则 $A(x)$ 和 $B(x)$ 的乘积 $C(x)$ 的指数范围为 0～7。

(2) 将 $A(x)$ 按照指数降幂排列，将 $B(x)$ 按照指数升序排列，分别设两个指针 pa 和 pb，pa 用来指向链表 A，pb 用来指向链表 B。

(3) 从第一个结点开始计算两个链表的 expn 域的和，并将其与 k 比较(k 为指数和的范围，在 7～0 内递减)，使链表的和呈递减排列。如果和小于 k，则 pb=pb.next；如果和等于 k，则计算二项式的系数的乘积，并将其赋值给新生成的结点；如果和大于 k，则 pa=pa.next。

(4) 将链表 B 重新逆置，即可完成两个多项式的相乘。

小结

线性表中的元素之间是一对一的关系，除了第一个元素外，其他元素只有唯一的直接前驱；除了最后一个元素外，其他元素只有唯一的直接后继。

线性表有顺序存储和链式存储两种存储方式。采用顺序存储结构的线性表称为顺序表,采用链式存储结构的线性表称为链表。

顺序表中数据元素的逻辑顺序与物理顺序一致,因此可以随机存取。链表是靠指针域表示元素之间的逻辑关系。

链表又分为单链表和双向链表,这两种链表又可构成单循环链表、双向循环链表。单链表只有一个指针域,指针域指向直接后继结点。双向链表的一个指针域指向直接前驱结点,另一个指针域指向直接后继结点。

顺序表的优点是可以随机存取任意一个元素,算法实现较为简单,存储空间利用率高;缺点是需要预先分配存储空间,存储规模不好确定,插入和删除操作需要移动大量元素。链表的优点是不需要事先确定存储空间的大小,插入和删除操作不需要移动大量元素;缺点是只能从第一个结点开始顺序存取元素,存储单元利用率不高,算法实现较为复杂,且若指针操作不当,会产生无法预料的内存错误。

习题

本书提供在线测试习题,扫描下面的二维码,可以获取本章习题。

在线测试

第3章

栈和队列

CHAPTER 3

栈和队列是两种特殊的线性结构，从元素之间的逻辑关系上看，它们都属于线性结构，其特殊性在于：插入和删除操作会限制在表的一端进行。因此，栈和队列被称为操作受限的线性表。在实际生活中，栈和队列被广泛应用于软件开发过程。本章主要介绍栈和队列的基本概念、存储结构、基本运算及典型应用。

本章主要内容

- 栈
- 栈与递归
- 队列
- 双端队列

3.1 栈

栈是一种只能在表的一端进行插入和删除操作的线性表，但其应用非常广泛，如算术表达式求值、括号匹配和递归算法等。本节主要介绍栈的定义、栈的存储结构及应用。

3.1.1 栈的基本概念

栈(stack)，也称为堆栈，它是仅在表尾进行插入和删除操作的线性表。允许插入、删除操作的一端称为栈顶(stack top)，另一端称为栈底(stack bottom)。栈顶是动态变化的，通常由一个称为栈顶指针(top)的变量指示。当表中没有元素时，称为空栈。

栈的插入操作称为入栈或进栈，删除操作称为出栈或退栈。

将元素序列 $a_1, a_2, \cdots, a_n$ 依次顺序进栈后，a_1 成为栈底元素，a_n 成为栈顶元素，由栈顶指针 top 指示，如图 3-1 所示。最先进栈的元素位于栈底，最后进栈的元素成为栈顶元素，每次出栈的元素也是栈顶元素。因此，栈是一种后进先出(Last In First Out, LIFO)的线性表。

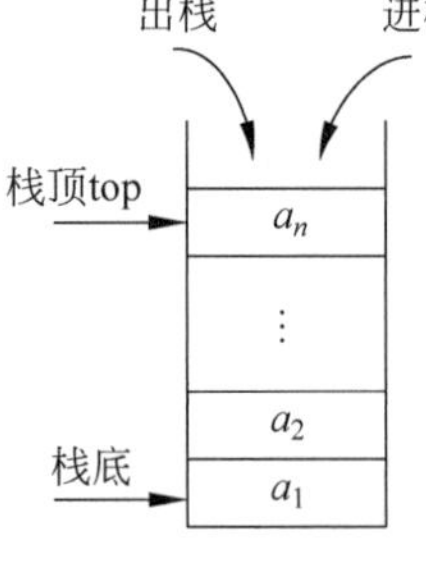

图 3-1 栈

若将元素 a, b, c, d 依次入栈，最后将栈顶元素出栈，则栈顶指针 top 的变化情况如图 3-2 所示。

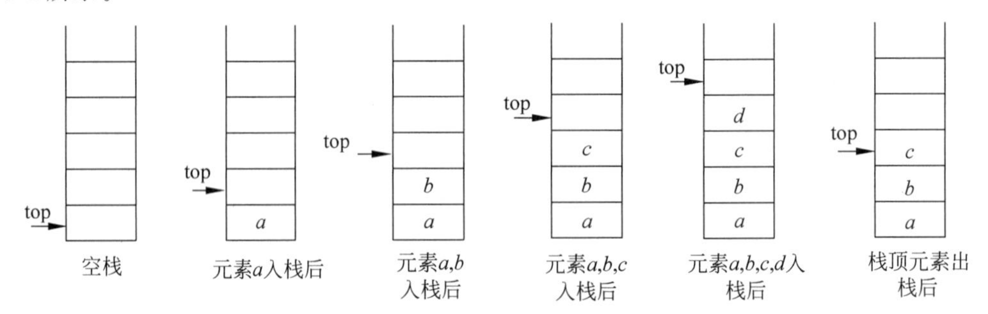

图 3-2 栈的插入和删除过程

【例 3-1】 若 a, b, c 为一个入栈序列，则(　　)不可能是出栈序列。

【分析】 根据栈的“后进先出”特性，出栈序列有 5 种可能：abc，acb，bac，bca 和 cba，而 cab 不可能是出栈序列。这是因为若 c 最先出栈，则说明 c 位于栈顶，且 a 和 b 已经进栈而未出栈，根据入栈顺序和栈的性质，b 一定在 a 的上面。因此，出栈序列可能是 cba，但不可能是 cab。

【例 3-2】 假设一个栈的输入序列为 $P_1, P_2, P_3, \cdots, P_n$，输出序列为 1、2、3、…、$n$。如果 $P_3=1$，则 P_1 的值(　　)。

A. 可能是 2　　B. 一定是 2　　C. 不可能是 2　　D. 不可能是 3

【分析】 因为 $P_3=1$ 且 1 是第一个出栈的元素，说明栈中还有 P_2、P_1 两个元素，其中 P_2 为新的栈顶元素，P_1 位于栈底。若 $P_2=2$、$P_1=3$，则出栈序列为 1，2，3，…；若 $P_2=3$、$P_1=2$，则出栈序列为 1，3，2，…。因此，P_1 的值可能是 3，但不可能是 2，故选项 C 是正确的，具体如图 3-3 所示。

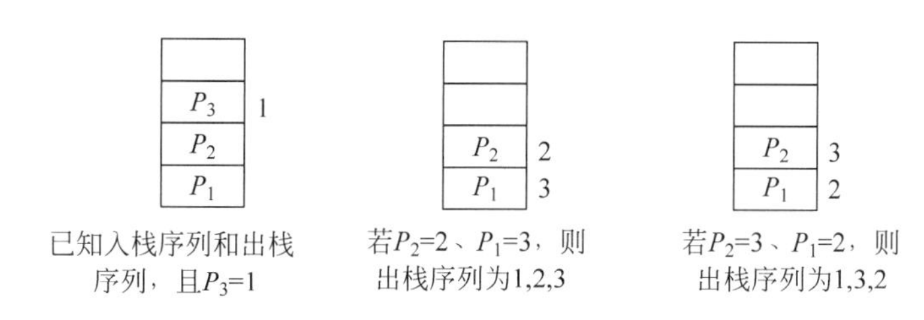

图 3-3 P_1、P_2 和 P_3 在栈中的情况

3.1.2 栈的抽象数据类型

栈的抽象数据类型描述如表 3-1 所示。

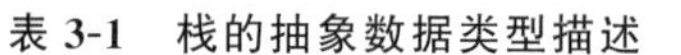

表 3-1 栈的抽象数据类型描述

数据对象	栈的数据对象集合为$\{a_1, a_2, \cdots, a_n\}$,每个元素都有相同的类型	
数据关系	栈的数据元素之间是一对一的关系。栈具有线性表的特点：除了第一个元素 a_1 外,每个元素有且只有一个直接前驱元素；除了最后一个元素 a_n 外,每个元素有且只有一个直接后继元素	
基本操作	InitStack(&S)	初始化操作,建立一个空栈 S。这就像准备好了一个空箱子,还没有往里面放盘子
	StackEmpty(S)	判断栈是否为空。若栈 S 为空,则返回 1,否则返回 0。栈空就像准备好了箱子,箱子还是空的,里面没有盘子；栈不空,说明箱子里已经放进了盘子
	GetTop(S,&e)	返回栈 S 的栈顶元素给 e。栈顶元素就像箱子里最上面的那个盘子
	PushStack(&S,e)	在栈 S 中插入元素 e,使其成为新的栈顶元素。这就像在箱子里新放入了一个盘子,这个盘子成为一摞盘子中最上面的一个
	PopStack(&S,&e)	删除栈 S 的栈顶元素,并用 e 返回其值。这就像把箱子里最上面那个盘子取出来
	StackLength(S)	返回栈 S 的元素个数。这就像清点放在箱子里的盘子总共有多少个
	ClearStack(S)	清空栈 S。这就像把箱子里的盘子全部取出来

3.1.3 栈的顺序表示与实现

栈有两种存储结构：顺序存储和链式存储。本节主要介绍栈的顺序存储结构及基本运算实现。

1. 顺序栈的类型定义

采用顺序存储结构的栈称为顺序栈。顺序栈利用一组地址连续的存储单元依次存放自栈底到栈顶的数据元素,可利用 Java 语言中的数组作为顺序栈的存储结构,同时附设一个栈顶指针 top,用于指向顺序栈的栈顶元素。当 top=0 时,表示空栈。栈的顺序存储结构类型在类中进行定义,具体由栈的初始化实现。

栈的顺序存储结构类型及基本运算通过自定义类实现,顺序栈的类名定义为

SeqStack,SeqStack 中的类成员变量描述如下。

```
public class SeqStack {
        int top;
        final int MAXSIZE = 50;
        char stack[];
}
```

其中,stack[]用于存储栈中的数据元素,top 为栈顶指针,MAXSIZE 为栈的最大容量。

当栈中元素个数为 MAXSIZE 时,称为栈满。如果继续进栈操作则会产生溢出,称为上溢。对空栈进行删除操作,就会产生下溢。

顺序栈的结构如图 3-4 所示。元素 a、b、c、d、e、f、g、h 依次进栈后,a 为栈底元素,h 为栈顶元素。在实际操作中,栈顶指针指向栈顶元素的下一个位置。

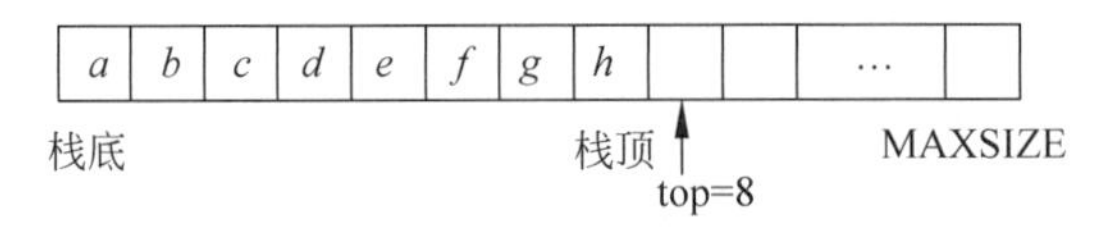

图 3-4 顺序栈结构

在执行进栈操作前,要先判断栈是否已满。若栈未满,则将元素压入栈中,即 S. stack[S. top]=e,然后使栈顶指针加 1,即 S. top+=1。在执行出栈操作前,要先判断栈是否为空。若栈为空,则使栈顶指针减 1,即 S. top-=1,然后元素出栈,即 e=S. stack[S. top]。判断顺序栈为空的条件: top==0,判断顺序栈是否已满的条件: top>=MAXSIZE。

2. 顺序栈的基本运算

顺序栈的基本操作及类方法名称如表 3-2 所示。

表 3-2 SeqStack 类的成员函数

基本操作	基本操作的类方法名称
栈的初始化	SeqStack()
判断栈是否为空	StackEmpty()
入栈	PushStack(*e*)
出栈	PopStack()
取栈顶元素	GetTop()
求栈的长度	StackLength()
清空栈	ClearStack()

(1) 初始化栈。

```
SeqStack() {
      top = 0;
      stack = new char[MAXSIZE];
}
```

(2) 判断栈是否为空。

```
public boolean StackEmpty() {
    if (top == 0)
        return true;
    else
```

```
        return false;
}
```

(3) 取栈顶元素。在取栈顶元素前,先判断栈是否为空。如果栈为空,则抛出异常表示取栈顶元素失败;否则,将栈顶元素返回。取栈顶元素的算法实现如下。

```
public char GetTop() throws Exception {
        if (StackEmpty()) {
            System.out.println("栈为空,取栈顶元素失败!");
            throw new Exception("栈为空!");
        } else
            return stack[top - 1];
}
```

(4) 将元素 e 入栈。在将元素 e 入栈前,需要先判断栈是否已满。若栈已满,则返回 false 表示入栈操作失败;否则,将元素 e 压入栈中,然后将栈顶指针 top 加 1,并返回 ture 表示入栈操作成功。入栈操作的算法实现如下。

```
public boolean PushStack(char e)
{
        if(top>=MAXSIZE) {
            System.out.println("栈已满!");
            return false;
        }
        else {
            stack[top] = e;
            top++;
            return true;
        }
}
```

(5) 将栈顶元素出栈。在将元素出栈前,需要先判断栈是否为空。若栈为空,则抛出异常;若栈不为空,则先使栈顶指针减 1,然后将栈顶元素返回。出栈操作的算法实现如下。

```
public char PopStack() throws Exception {
        if (StackEmpty()) {
            System.out.println("栈为空,不能进行出栈操作!");
            throw new Exception("栈为空!");
        }
        else
        {
            top--;
            char x = stack[top];
            return x;
        }
}
```

(6) 求栈的长度。

```
public int StackLength()
{
    return top;
}
```

(7) 清空栈。

```
public void ClearStack()
{
     top = 0;
}
```

3. 顺序栈应用示例

【例 3-3】 任意给定一个数学表达式如{5×(9－2)－[15－(8－3)/2]}＋3×(6－4)，试设计一个算法判断表达式的括号是否匹配。

【分析】 检验括号是否匹配可以设置一个栈，依次读入括号进行判断，如果是左括号，则直接进栈。

(1) 如果读入的是右括号：

① 且与当前栈顶的左括号是同类型的，则说明这对括号是匹配的，则将栈顶的左括号出栈；否则为不匹配。

② 且栈已经为空，则说明缺少左括号，该括号序列不匹配。

(2) 如果输入序列已经读完，而栈中仍然有等待匹配的左括号，则说明缺少右括号，该括号序列不匹配。

(3) 如果读入的是数字字符，则不进行处理，直接读入下一个字符。

当输入序列和栈同时变为空时，则说明括号完全匹配。

程序实现如下。

```
public static boolean Match(char e,char ch) {
        //判断左右两个括号是否为同类型，同类型则返回 true，否则返回 false
        if (e == '('&& ch== ')')
            return true;
        else if(e == '['&& ch == ']')
            return true;
        else if(e == '{'&& ch == '}')
            return true;
        else
            return false;
    }
    public static void main(String args[]) throws Exception {
        SeqStack S = new SeqStack();
        Scanner sc = new Scanner(System.in);
        System.out.println("请输入算术表达式:");
        String str = sc.nextLine();
        int i = 0;
        while(i < str.length()) {
            if(str.charAt(i) == '(' || str.charAt(i) == '[' || str.charAt(i) == '{')
                                    //如果是左括号，将括号进栈
            {
                S.PushStack(str.charAt(i));
                i++;
            }
            else if(str.charAt(i) == ')' || str.charAt(i) == ']' || str.charAt(i) == '}')
            {
                if(S.StackEmpty()) {
                    System.out.println("缺少左括号");
```

```
                throw new Exception("缺少右括号");
            }
            else
            {
                char e = S.GetTop();  //如果栈不空且读入的是右括号,则取出栈顶的括号
                if(Match(e, str.charAt(i)))     //如果栈顶括号与读入的右括号匹配,则
                                                //将栈顶的括号出栈
                {
                    e = S.PopStack();
                    i++;
                }
                else                  //否则
                {
                    System.out.println("左右括号不匹配");
                    throw new Exception("缺少右括号");
                }
            }
        }
        else                          //如果是其他字符,则不处理,直接将p指向下一个字符
            i++;
    }
    if (S.StackEmpty())               //如果字符序列读入完毕且栈已空,说明括号序列匹配
        matching("括号匹配");
    else                              //如果字符序列读入完毕且栈不空,说明缺少右括号
        System.out.println("缺少右括号");
  }
}
```

程序的运行结果如下。

请输入算术表达式:

[9－6]＋[5－(6＋3)]

括号匹配

3.1.4 栈的链式表示与实现

视频讲解

在顺序栈中,由于顺序存储结构需要事先静态分配,而存储规模往往又难以确定,如果栈空间分配过小,可能会造成溢出;如果栈空间分配过大,又造成存储空间浪费。因此,为了克服顺序栈的缺点,可以采用链式存储结构表示栈。本节主要介绍链式栈的存储结构及基本运算实现。

1. 链栈的存储结构

栈的链式存储结构用一组不一定连续的存储单元来存放栈中的数据元素。一般来说,当栈中数据元素的数目变化较大或不确定时,使用链式存储结构作为栈的存储结构是比较合适的。人们将用链式存储结构表示的栈称为链栈或链式栈。

链栈通常用单链表示。插入和删除操作都在栈顶指针的位置进行,这一端称为栈顶,通常由栈顶指针 top 指示。为了操作方便,通常在链栈中设置一个头结点,用栈顶指针 top 指向头结点,头结点的指针指向链栈的第一个结点。例如,元素 a、b、c、d 依次入栈的链栈如图 3-5 所示。

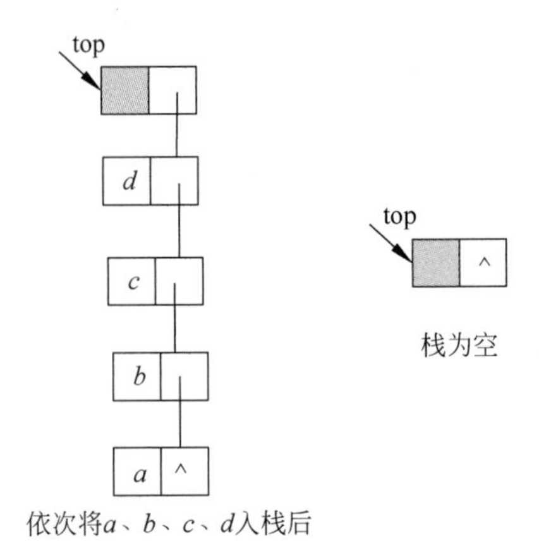

图 3-5 带头结点的链栈

栈顶指针 top 始终指向头结点,最先入栈的元素在链栈的栈底,最后入栈的元素成为栈顶元素。由于链栈的操作都是在链表的表头位置进行的,因而链栈的基本操作的时间复杂度均为 $O(1)$。

链栈的结点类型描述如下。

```
class LinkStackNode
{
    int data;
    LinkStackNode next;
    LinkStackNode(int data)
    {
        this.data = data;
        this.next = next;
    }
}
```

对于带头结点的链栈,在初始化链栈时,有 top.next =null,判断栈空的条件为 top.next==null。对于不带头结点的链栈,在初始化链栈时,有 top=null,判断栈空的条件为 top ==null。

采用链式存储的栈不必事先估算栈的最大容量,只要系统有可用的空间,就能随时为结点申请空间,不用考虑栈满的情况。

2. 链栈的基本运算

链栈的基本运算通过 LinkStack 类实现,在该类中定义相关基本运算,结点的分配需要调用 LinkStackNode 类。链栈的基本操作及 MyLinkStack 类的成员方法名称如表 3-3 所示。

表 3-3 MyLinkStack 类的成员函数

基 本 操 作	基本操作的类方法名称
链栈的初始化	LinkStack ()
判断链栈是否为空	StackEmpty()
入栈	PushStack(e)

续表

基 本 操 作	基本操作的类方法名称
出栈	PopStack()
取栈顶元素	GetTop()
求栈的长度	StackLength()
链栈的创建	CreateStack()

(1) 初始化链栈。初始化链栈由构造方法 LinkStack()实现，即初始化栈顶指针 top。初始化链栈的算法实现如下。

```
public class LinkStack {
    LinkStackNode top;
    LinkStack()
    {
        top = new LinkStackNode(0);
    }
}
```

(2) 判断链栈是否为空。如果头结点指针域为空，说明链栈为空，则返回 true；否则，返回 false。判断链栈是否为空的算法实现如下。

```
public boolean StackEmpty()
{
    if(top.next == null)
        return true;
    else
        return false;
}
```

(3) 将元素 e 入栈。先动态生成一个结点，用 pnode 指向该结点，再将元素 e 值赋给 pnode 结点的数据域，然后将新结点插入链表的第一个结点之前。把新结点插入链表中分为两个步骤：①pnode. next＝top. next；②top. next＝pnode。入栈操作如图 3-6 所示。

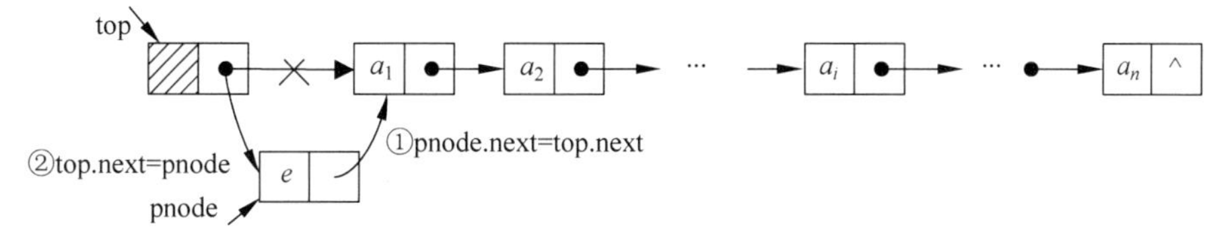

图 3-6　入栈操作

注意　*在插入新结点时，需要注意插入结点的顺序不能颠倒。*

将元素 e 入栈的算法实现如下。

```
public void PushStack(int e)
{
    LinkStackNode pnode = new LinkStackNode(e);
    pnode.next = top.next;
    top.next = pnode;
}
```

(4) 将栈顶元素出栈。先判断栈是否为空，若栈为空，则抛出异常表示出栈操作失败；否则，将栈顶元素值赋给 x，将该结点从链表中删除，并将栈顶元素返回。出栈操作如图 3-7 所示。

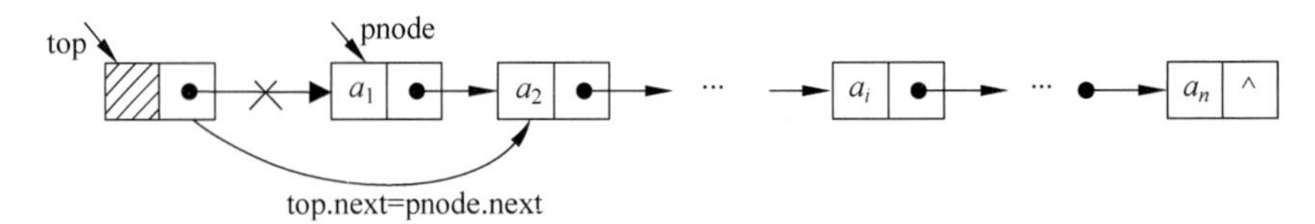

图 3-7 出栈操作

将栈顶元素出栈的算法实现代码如下。

```
public int PopStack() throws Exception {
    if(StackEmpty()) {
        throw new Exception("栈为空,不能进行出栈操作!");
    }
    else {
        LinkStackNode pnode = top.next;
        top.next = pnode.next;
        int x = pnode.data;
        return x;
    }
}
```

(5) 取栈顶元素。在取栈顶元素前要判断链栈是否为空,如果为空,则抛出异常;否则,将栈顶元素返回。取栈顶元素的算法实现如下。

```
public int GetTop() throws Exception {
    if (StackEmpty()) {
        throw new Exception("栈为空!");
    }
    else
        return top.next.data;
}
```

(6) 求栈的长度。栈的长度就是链栈的元素个数。从栈顶元素开始,通过 next 域找到下一个结点,并使用变量 len 计数,直到栈底为止,len 的值就是栈的长度,将 len 返回即可。求链栈长度的时间复杂度为 $O(\mathrm{n})$。求链栈长度的算法实现如下。

```
public int StackLength() {
    LinkStackNode p = top.next;
    int len = 0;
    while(p!= null) {
        p = p.next;
        len = len + 1;
    }
    return len;
}
```

(7) 创建链栈。创建链栈主要利用了链栈的插入操作思想,根据用户输入的元素序列,将该元素序列存入 arr 中,然后依次取出每个元素,将其插入链栈中,即将元素依次入栈。创建链栈的算法实现如下。

```
public void CreateStack() {
    System.out.print("请输入要入栈的整数:");
```

```
        Scanner input = new Scanner(System.in);
        String s = input.nextLine();
        String[] arr = s.split(" ");
        for(int i = 0;i < arr.length;i++) {
            LinkStackNode pnode = new LinkStackNode(Integer.parseInt(arr[i]));
            pnode.next = top.next;
            top.next = pnode;
        }
    }
```

测试代码如下：

```
public static void main(String args[]) throws Exception {
    LinkStack S = new LinkStack();
    S.CreateStack();
    System.out.println("栈顶元素:" + S.GetTop());
    System.out.println("长度:" + S.StackLength());
    while(!S.StackEmpty()) {
        int e = S.PopStack();
        System.out.println("出栈元素:" + e);
    }
}
```

程序运行结果如下。

请输入要入栈的整数：6 2 3 1 4

栈顶元素：4

长度：5

出栈元素：4

出栈元素：1

出栈元素：3

出栈元素：2

出栈元素：6

3. 链栈应用示例

【例 3-4】 利用链表模拟栈实现将十进制数 5678 转换为对应的八进制数。

【分析】 进制转换是计算机实现计算的基本问题，可以采用辗转相除法实现将十进制数转换为八进制数。将 5678 转换为八进制数的过程如图 3-8 所示。

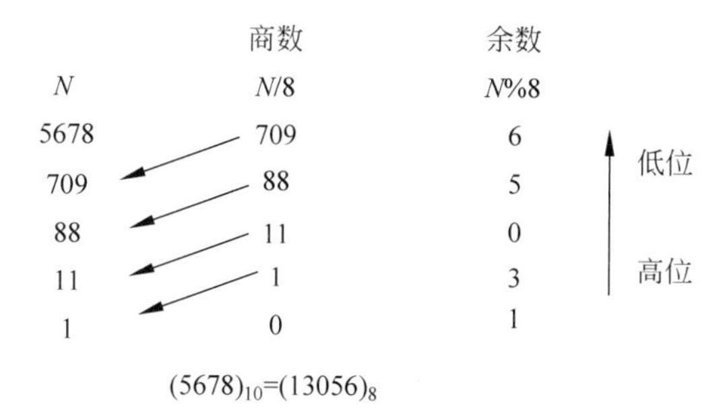

图 3-8　十进制数 5678 转换为八进制数的过程

转换后的八进制数为$(13056)_8$。观察图 3-8 的转换过程,每次不断利用被除数除以 8 得到商数后,记下余数,又将商数作为新的被除数继续除以 8,直到商数为 0 为止,将得到的余数排列起来就是转换后的八进制数。十进制数 N 转换为八进制的算法如下:

(1) 将 N 除以 8,记下其余数;

(2) 判断商是否为零,如果为零,则结束程序;否则,将商送入 N,转到(1)继续执行。

将得到的余数逆序排列就是转换后的八进制数,得到的位序正好与八进制数的位序相反,这正好可以利用栈的"后进先出"特性,先把得到的余数序列放入栈保存,最后依次出栈即可得到八进制数。

在利用链表实现将十进制数转换为八进制数时,可以将每次得到的余数按照头插法插入链表,即将元素入栈,然后从链表的头指针开始依次输出结点的元素值,就得到了八进制数,即将元素出栈。这正好是元素的入栈与出栈操作。也可以利用栈的基本操作实现栈的进制转换。

十进制转换为八进制的算法描述如下。

```
public class Convert10to8 {
    public static int covert10to8(int x,int num[]) {
        LinkStackNode top = null,p;
        while(x != 0) {
            p = new LinkStackNode(x % 8);
            p.next = top;
            top = p;
            x = x / 8;
        }
        int k = 0;
        while(top!= null)
        {
            p = top;
            num[k++] = p.data;
            top = top.next;
        }
        return k;
    }
    public static void main(String args[]) {
        Scanner input = new Scanner(System.in);
        System.out.println("请输入一个十进制整数:");
        int num[] = new int[20],count;
        int x = input.nextInt();
        count = covert10to8(x,num);
        System.out.print("转换后的八进制数是:");
        for(int i = 0;i < count;i++)
            System.out.print(num[i]);
    }
}
```

程序运行结果如下。

请输入一个十进制整数:5678

转换后的八进制数是:13056

3.1.5 栈的典型应用

【例 3-5】 通过键盘输入一个表达式，如 6＋(7－1)×3＋9/2，要求将其转换为后缀表达式，并计算该表达式的值。

【分析】 表达式求值是程序设计编译中的基本问题，它正是利用了栈的“后进先出”思想把人们便于理解的表达式翻译成计算机能够正确理解的表示序列。

一个算术表达式是由操作数、运算符和分界符组成的。为了简化问题求解，假设算术运算符仅由加、减、乘、除 4 种运算符和左、右圆括号组成。

例如，一个算术表达式为 6＋(7－1)×3＋9/2。

这种算术表达式中的运算符总是出现在两个操作数之间，称为中缀表达式。计算机编译系统在计算一个算术表达式之前，要将中缀表达式转换为后缀表达式，然后对后缀表达式进行计算。后缀表达式的算术运算符出现在操作数之后，并且不含括号。

计算机在求解算术表达式的值时分为以下两个步骤：

(1) 将中缀表达式转换为后缀表达式；

(2) 依据后缀表达式计算表达式的值。

1. 将中缀表达式转换为后缀表达式

要将一个算术表达式的中缀形式转换为后缀形式，首先需要了解算术四则运算规则。算术四则运算的规则是：

(1) 先乘除，后加减；

(2) 同级别的运算从左到右依次进行计算；

(3) 先括号内，后括号外。

上面的算术表达式可转换为后缀表达式 6 7 1 － 3 × ＋ 9 2 / ＋。

不难看出，转换后的后缀表达式具有以下两个特点：

(1) 后缀表达式与中缀表达式的操作数出现顺序相同，只是运算符先后顺序改变了；

(2) 后缀表达式不出现括号。

在利用后缀表达式进行算术运算时，编译系统不必考虑运算符的优先关系，仅需要从左到右依次扫描后缀表达式的各个字符。当系统遇到运算符时，直接对运算符前面的两个操作数进行运算即可。

如何将中缀表达式转换为后缀表达式呢？可设置一个栈，用于存放运算符。这里约定'#'作为中缀表达式的结束标志，并假设 θ_1 为栈顶运算符，θ_2 为当前扫描的运算符。运算符的优先关系如表 3-4 所示。

表 3-4　运算符的优先关系

θ_1 \ θ_2	+	−	×	/	(	)	#
+	>	>	<	<	<	>	>
−	>	>	<	<	<	>	>
*	>	>	>	>	<	>	>

续表

θ_2 / θ_1	+	−	×	/	(	)	#
/	>	>	>	>	<	>	>
(	<	<	<	<	<	=	
)	>	>	>	>		>	>
#	<	<	<	<	<		=

依次读入表达式中的每个字符,根据读取的当前字符进行以下处理:

(1) 初始化栈,并将'#'入栈。

(2) 若当前读入的字符是操作数,则将该操作数输出,并读入下一字符。

(3) 若当前字符是运算符,记作 θ_2,将 θ_2 与栈顶的运算符 θ_1 比较。若 θ_1 优先级低于 θ_2,则将 θ_2 进栈;若 θ_1 优先级高于 θ_2,则将 θ_1 出栈并将其作为后缀表达式输出。然后继续比较新的栈顶运算符 θ_1 与当前运算符 θ_2 的优先级,若 θ_1 的优先级与 θ_2 相等,且 θ_1 为"(",θ_2 为")",则将 θ_1 出栈,继续读入下一个字符。

(4) 如果 θ_2 的优先级与 θ_1 相等,且 θ_1 和 θ_2 都为'# ',则将 θ_1 出栈,栈为空。此时中缀表达式转换为后缀表达式,算法结束。

重复执行步骤(2)~(4),直到所有字符读取完毕。

中缀表达式 6+(7−1)×3+9/2# 转换为后缀表达式的具体过程如图 3-9 所示(为了转换方便,在要转换表达式的末尾加一个'#'作为结束标记)。

2. 求后缀表达式的值

将中缀表达式转换为后缀表达式后,就可以计算后缀表达式的值了。计算后缀表达式的值的规则为:依次读入后缀表达式中的每个字符,如果是操作数,则将操作数进入栈;如果是运算符,则将处于栈顶的两个操作数出栈,然后利用当前运算符进行运算,将运行结果入栈,直到整个表达式处理完毕。

利用上述规则,后缀表达式的 6 7 1 − 3 × + 9 2 / + 的值的运算过程如图 3-10 所示。

3. 算法实现

在算法实现时,设置两个字符数组 str、exp 及一个栈 S1,其中,str 用于存放中缀表达式的字符串,exp 用于存放转换后的后缀表达式字符串,S1 用于存放转换过程中遇到的运算符。

(1) 将中缀表达式转换为后缀表达式的方法是:依次扫描数组 str 中的每个字符,如果遇到的是数字,则将其直接存入数组 exp 中。如果遇到的是运算符,则将 S1 的栈顶运算符与当前运算符比较,若当前运算符的优先级高于栈顶运算符的优先级,则将当前运算符入栈 S1;若栈顶运算符的优先级高于当前运算符的优先级,则将 S1 的栈顶运算符出栈,并保存到 exp 中。

(2) 求后缀表达式的值时,依次扫描后缀表达式中的每个字符,如果是数字字符,则将其转换为数字(数值型数据),并将其入栈;如果是运算符,则将栈顶的两个数字出栈,进行加、减、乘、除运算,并将结果入栈。当后缀表达式对应的字符串处理完毕后,将栈顶元素返回给被调用函数,即为所求表达式的值。

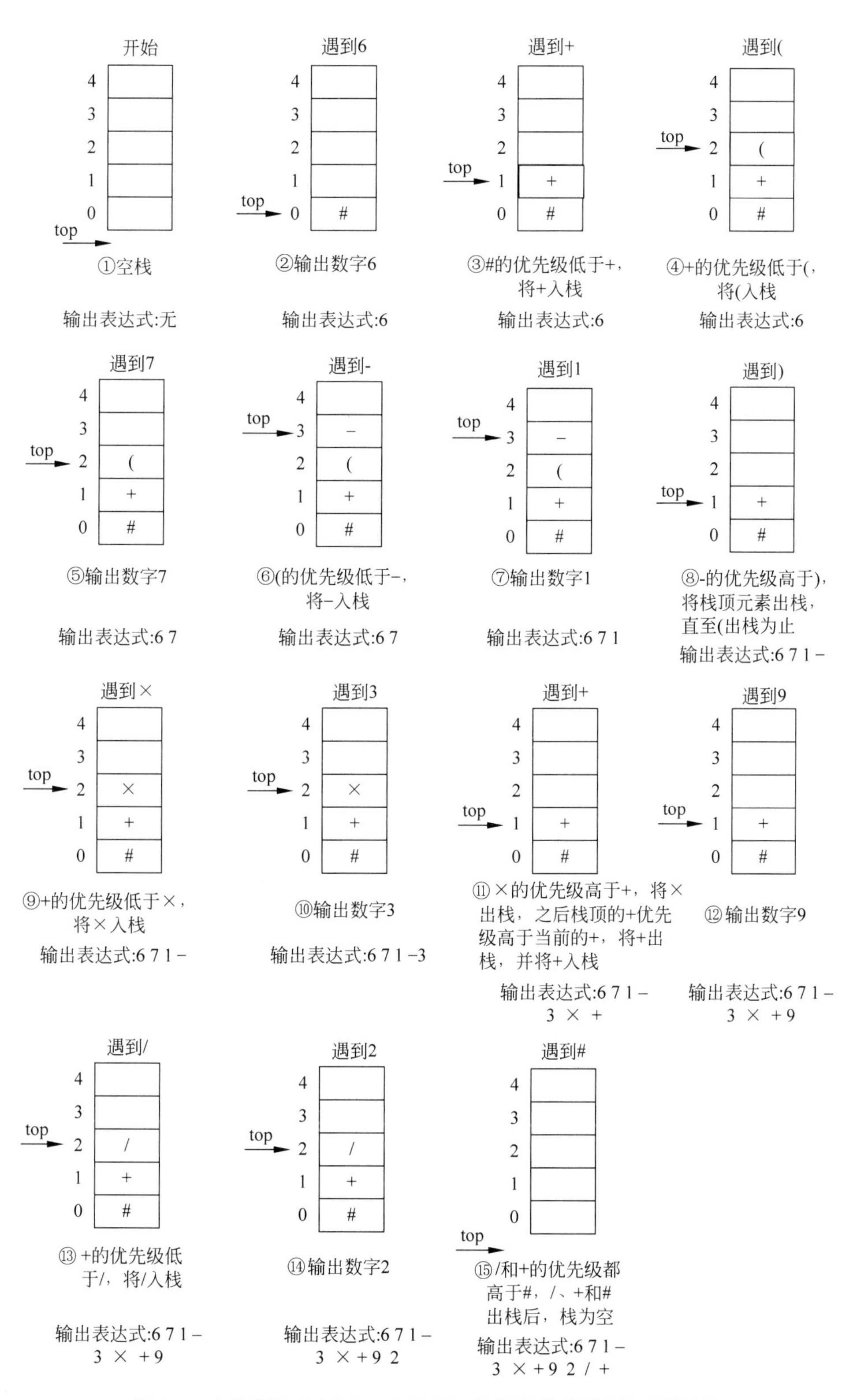

图 3-9　中缀表达式 6+(7−1)×3+9/2 转换为后缀表达式的过程

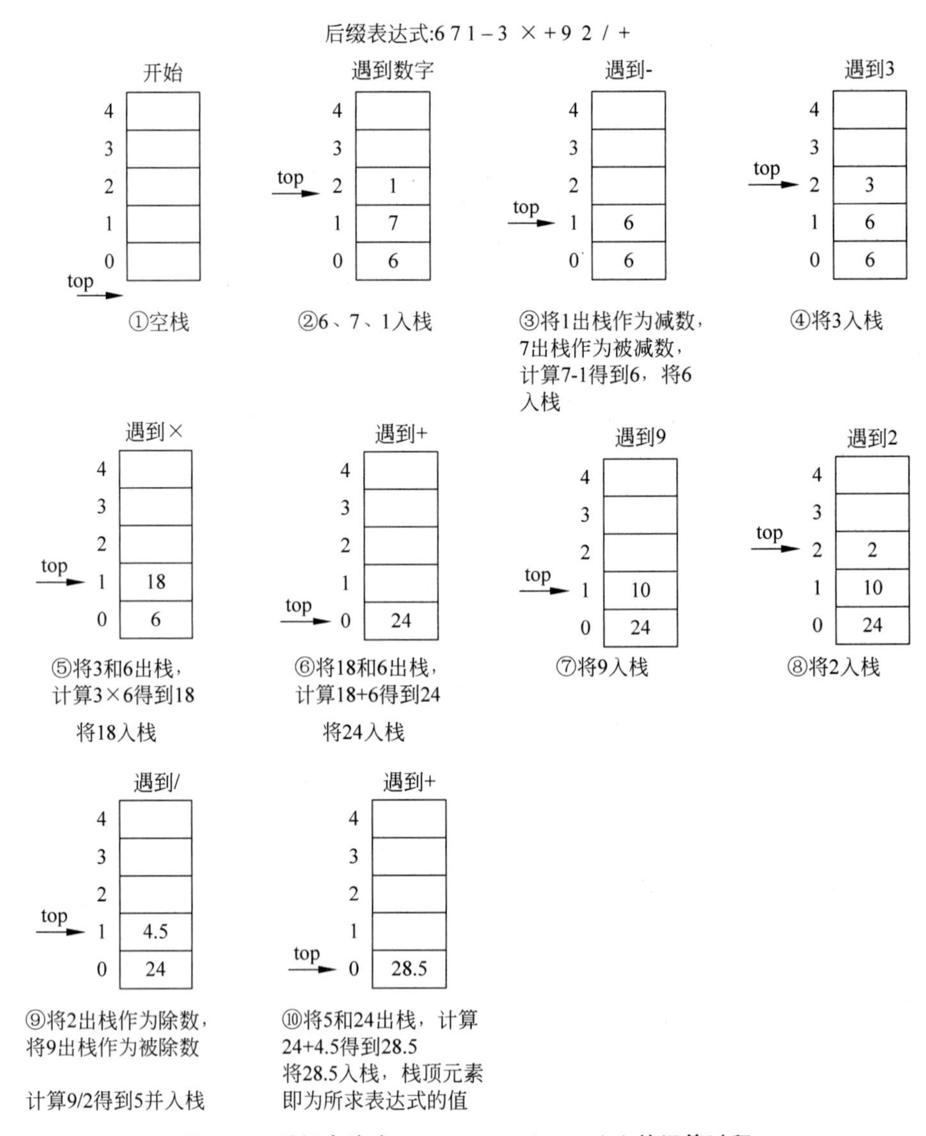

图 3-10　后缀表达式 6 7 1－3 × ＋ 9 2 / ＋的运算过程

利用栈求解算术表达式的值的算法实现如下。

```
import java.util.Scanner;
public class CalculateExpress {
    public static void TranslateExpress(char str[],char exp[]) throws Exception
    //中缀表达式转换为后缀表达式
    {
        int i,j;
        i = 0;
        j = 0;
        boolean end = false;
        char ch = str[i],e;
        SeqStack S = new SeqStack();
        i = i + 1;
        while (i <= str.length &&! end)
        {
```

```
        if (ch == '(')                  //如果当前字符是左括号,则将其进栈
            push(ch);
        else if(ch == ')')              //如果是右括号,则将栈中的运算符出栈,并将其存入
                                        //数组 exp 中
        {
            while (S.GetTop() != '(') {
                e = S.PopStack();
                exp[j] = e;
                j = j + 1;
            }
            e = S.PopStack();           //将左括号出栈
        }
        else if(ch == '+'|| ch == '-')      //如果遇到的是'+'和'-',因为其优先级低
于栈顶运算符的优先级,所以先将栈顶字符出栈,并将其存入 exp 中,然后将当前运算符进栈
        {
            while (!S.StackEmpty() && S.GetTop() != '(') {
                e = S.PopStack();
                exp[j] = e;
                j = j + 1;
            }
            S.PushStack(ch);            //当前运算符进栈
        }
        else if(ch == '*'|| ch == '/')      //如果遇到'*'和'/',先将同级运算符出栈,
                                            //并存入 exp 中,然后将当前的运算符进栈
        {
            while (!S.StackEmpty() && S.GetTop() == '/'|| S.GetTop() == '*')
            {
                e = S.PopStack();
                exp[j] = e;
                j = j + 1;
             }
            S.PushStack(ch);            //当前运算符进栈
        }
        else if(ch == ' ')              //如果遇到空格,则忽略
            break;
        else                            //若遇到操作数,则将操作数直接送入 exp 中
        {
            while (ch >= '0'&& ch <= '9') {
                exp[j] = ch;
                j = j + 1;
                if (i < str.length)
                    ch = str[i];
                else {
                    end = true;
                    break;
                }
                i = i + 1;
            }
            i = i - 1;
        }
        ch = str[i];                    //读入下一个字符,准备处理
        i = i + 1;
    }
    while (!S.StackEmpty())             //将栈中所有剩余的运算符出栈,送入 exp 中
```

```
        {
            e = S.PopStack();
            exp[j] = e;
            j = j + 1;
        }
    }

    public static float ComputeExpress(char a[]) throws Exception {
        int i = 0;
        float x1 = 0.0f,x2 = 0.0f,result = 0.0f;
        LinkStack S = new LinkStack();
        while (i < a.length) {
            if (a[i] >= '0' && a[i] <= '9') {
                S.PushStack(a[i] - '0');    //处理之后将数字进栈
            }
            else {
                if (a[i] == '+') {
                    x1 = S.PopStack();
                    x2 = S.PopStack();
                    result = x1 + x2;
                    S.PushStack(result);
                } else if (a[i] == '-') {
                    x1 = S.PopStack();
                    x2 = S.PopStack();
                    result = x2 - x1;
                    S.PushStack(result);
                } else if (a[i] == '*') {
                    x1 = S.PopStack();
                    x2 = S.PopStack();
                    result = x1 * x2;
                    S.PushStack(result);
                } else if (a[i] == '/') {
                    x1 = S.PopStack();
                    x2 = S.PopStack();
                    result = x2 / x1;
                    S.PushStack(result);
                }
            }
            i = i + 1;
        }
        if (!S.StackEmpty())                //如果栈不空,则将结果出栈,并返回
            result = S.PopStack();
        if (S.StackEmpty())
            return result;
        else
            System.out.println("表达式错误");
        return result;
    }
    public static void main(String args[]) throws Exception {
        SeqStack S = new SeqStack();
        Scanner sc = new Scanner(System.in);
        System.out.println("请输入一个算术表达式:");
        String inputstring = sc.nextLine();
        char str[] = inputstring.toCharArray();
```

```
        char exp[ ] = new char[str.length];
        TranslateExpress(str, exp);
        System.out.println("后缀表达式:");
        for(int i = 0;i < exp.length;i++)
            System.out.print(exp[i] + " ");
        System.out.print("\n 表达式的值 = " + ComputeExpress(exp));
    }
}
```

程序运行结果如下。

请输入一个算术表达式:

6+(7−1)+×3+9/2

后缀表达式:

6 7 1−3×+9 2/+

表达式的值=28.5

注意 (1) 在将中缀表达式转换为后缀表达式的过程中,如果遇到连续的数字字符,则需要将连续的数字字符作为一个数字处理,而不是作为两个或多个数字,这可以在函数 ComputeExpress 或 TranslateExpress 中进行处理。

(2) 在 ComputeExpress()函数中,当遇到-运算符时,先出栈的为减数,后出栈的为被减数。对于/运算也一样。

【思考】 能否在求解算术表达式的值时,不输出转换的后缀表达式而直接进行求值?

【分析】 求解算术表达式的值也可以将中缀表达式转换为后缀表达式和利用后缀表达式求值同时进行,这需要定义两个栈:运算符栈和操作数栈。只是要将原来操作数的输出变成入操作数栈操作,在运算符出栈时,需要将操作数栈中的元素输出并进行相应运算,将运算后的操作数入操作数栈。

算法主要代码如下:

```
public static Float CalExpress(char str[]) throws Exception     //计算表达式的值
{
    OptStack < String > Optr = new OptStack < String >();
    OptStack < Float > Opnd = new OptStack < Float >();
    OptStack < Integer > TempStack = new OptStack < Integer >();
    Optr.Push("#");
    int n = str.length;
    int i = 0, k = 0;
    int base = 1;
    Integer res = 0;
    char a[] = new char[20];
    System.out.println("运算符栈和操作数栈的变化情况如下:");
    while (i < n || Optr.GetTop() != null) {
        if (i < n && IsOptr(!str[i]))                            //是操作数
        {
            while (i < n &&! IsOptr(str[i]))                     //读入的是数字
            {
                TempStack.Push(str[i] - '0');                    //将数字字符转换为数字并暂存
                i += 1;
                while (!TempStack.StackEmpty())                  //将暂存的数字序列转换为一
                                                                 //个完整的数字
```

```
                {
                    Integer evalue = TempStack.Pop();
                    res += evalue * base;
                    base * = 10;
                }
            }
        }
        base = 1;
        if (res != 0) {
            Opnd.Push(res * 1.0f);                          //将运算结果压入 Opnd 栈
            DispStackStatus(Optr, Opnd);
        }
        res = 0;
        if (IsOptr(str[i]))                                 //是运算符
        {
            if (Precede((String) Optr.GetTop().data, str[i]) == '<') {
                Optr.Push(String.valueOf(str[i]));
                i += 1;
                DispStackStatus(Optr, Opnd);
            } else if (Precede((String) Optr.GetTop().data, str[i]) == '>') {
                String theta = Optr.Pop();
                Float rvalue = Opnd.Pop();
                Float lvalue = Opnd.Pop();
                Float exp = GetValue(theta, lvalue, rvalue);
                Opnd.Push(exp);
                DispStackStatus(Optr, Opnd);
            } else if (Precede((String) Optr.GetTop().data, str[i]) == '=') {
                String theta = Optr.Pop();
                i += 1;
                DispStackStatus(Optr, Opnd);
            }
         }
    }
    return (Float) Opnd.GetTop().data;
}

public static Float GetValue(String ch, Float a, Float b) throws Exception     //求值
{
    if(ch.equals("+"))
        return (Float)(a + b);
    else if(ch.equals("-"))
        return (Float)(a - b);
    else if(ch.equals("*"))
        return (Float)(a * b);
    else if(ch.equals("/"))
        return (Float)(a/b);
    else
        throw new Exception("运算符异常");
}
public static void main(String args[]) throws Exception {
    Scanner sc = new Scanner(System.in);
    System.out.println("请输入算术表达式串:");
    String str = sc.nextLine();
    Float res = CalExpress(str.toCharArray());
```

```
    System.out.print("表达式" + str + "的运算结果为:" + res);
}
```

程序运行结果如下。

```
请输入算术表达式串：
6＋(7－1)×3＋9/2＃
运算符栈和操作数栈的变化情况如下：
运算符栈：＃ ，操作数栈：6.0
运算符栈：＃ ＋ ，操作数栈：6.0
运算符栈：＃ ＋（ ，操作数栈：6.0
运算符栈：＃ ＋（ ，操作数栈：6.0 7.0
运算符栈：＃ ＋（ － ，操作数栈：6.0 7.0
运算符栈：＃ ＋（ － ，操作数栈：6.0 7.0 1.0
运算符栈：＃ ＋（ ，操作数栈：6.0 6.0
运算符栈：＃ ＋ ，操作数栈：6.0 6.0
运算符栈：＃ ＋ × ，操作数栈：6.0 6.0
运算符栈：＃ ＋ × ，操作数栈：6.0 6.0 3.0
运算符栈：＃ ＋ ，操作数栈：6.0 18.0
运算符栈：＃ ，操作数栈：24.0
运算符栈：＃ ＋ ，操作数栈：24.0
运算符栈：＃ ＋ ，操作数栈：24.0 9.0
运算符栈：＃ ＋ / ，操作数栈：24.0 9.0
运算符栈：＃ ＋ / ，操作数栈：24.0 9.0 2.0
运算符栈：＃ ＋ ，操作数栈：24.0 4.5
运算符栈：＃ ，操作数栈：28.5
运算符栈：，操作数栈：28.5
表达式 6＋(7－1)×3＋9/2＃的运算结果为：28.5
```

【思考】 若遇到连续字符串表示的多位数，如“123＋16×20”中的“123”、“16”和“20”，要将这些字符串转换为对应的整数，如何不使用栈进行处理呢？

3.2　栈与递归

栈的“后进先出”的思想在递归函数中同样有所体现。本节主要介绍栈与递归调用的关系、递归利用栈的实现过程、递归与非递归的转换。

3.2.1　设计递归算法

视频讲解

递归是指在函数的定义中，在定义自己的同时又出现了对自身的调用。如果一个函数在函数体中直接调用自己，称为直接递归函数。如果一个函数经过一系列的中间调用，间接调用自己，称为间接递归函数。

1. 斐波那契数列

【例 3-6】 如果兔子在出生两个月后就有繁殖能力,以后一对兔子每个月能生出一对兔子,假设所有兔子都正常存活,那么一年以后可以繁殖多少对兔子呢?

不妨拿新出生的一对小兔子来分析下。第一、二个月小兔子没有繁殖能力,共有 1 对兔子;两个月后,生下一对小兔子,共有 2 对兔子;三个月后,老兔子又生下一对,因为小兔子还没有繁殖能力,所以一共是 3 对兔子;以此类推,可以得出如表 3-5 所示的每月兔子的对数。

表 3-5 每月兔子的对数

经过的月数	1	2	3	4	5	6	7	8	9	10	11	12
兔子对数	1	1	2	3	5	8	13	21	34	55	89	144

从表 3-5 中不难看出,数字 1、1、2、3、5、8…构成了一个数列,这个数列有一个十分明显的特征,即前面相邻两项之和构成后一项,可用数学函数表示如下。

$$\mathrm{Fib}(n)=\begin{cases}0, & \text{当 } n=0 \text{ 时}\\ 1, & \text{当 } n=1 \text{ 时}\\ \mathrm{Fib}(n-1)+\mathrm{Fib}(n-2), & \text{当 } n>1 \text{ 时}\end{cases}$$

求斐波那契数列的非递归算法实现如下。

```
public static int fib(int f[],int n)
{
    int i = 2;
    f[0] = 1;
    f[1] = 1;
    while(i < n)
    {
        f[i] = f[i - 1] + f[i - 2];
        i++;
    }
    return i;
}
```

如果用递归实现,代码结构会更加清晰。

```
public static int fib2(int n)                  //使用递归方法计算斐波那契数列
{
    if(n == 0)                                 //若是第 0 项
        return 0;                              //则返回 0
    else if(n == 1)                            //若是第 1 项
        return 1;                              //则返回 1
    else                                       //其他情况
        return fib2(n - 1) + fib2(n - 2);      //第三项为前两项之和
}
```

当 $n=4$ 时,递归函数执行过程如图 3-11 所示。

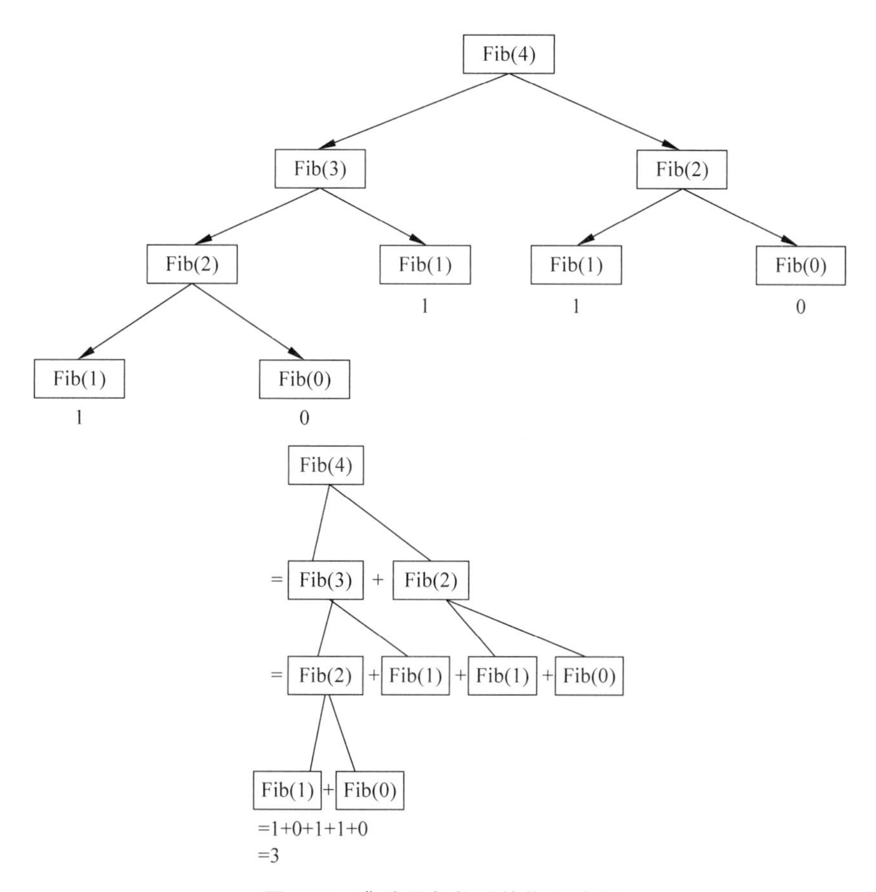

图 3-11　斐波那契数列的执行过程

2. *n* 的阶乘

【例 3-7】 求 n 的阶乘的递归函数定义如下。

$$\text{fact}(n)=\begin{cases}1, & \text{当 } n=1 \text{ 时} \\ n\times \text{fact}(n-1), & \text{当 } n>1 \text{ 时}\end{cases}$$

n 的阶乘递归算法实现如下。

```
public static int fact(int n)                    //n 的阶乘
{
    if(n == 1)
        return 1;
    else
        return n * fact(n - 1);
}
```

3. Ackermann 函数

【例 3-8】 Ackermann 函数定义如下。

$$\text{Ack}(m,n)=\begin{cases}n+1, & \text{当 } m=0 \text{ 时} \\ \text{Ack}(m-1,1), & \text{当 } m\neq 0,n=0 \text{ 时} \\ \text{Ack}(m-1),\text{Ack}(m,n-1), & \text{当 } m\neq 0,n\neq 0 \text{ 时}\end{cases}$$

Ackermann 递归函数算法实现如下。

```
public static long Ack(long m,long n)              //Ackermann 递归算法实现
{
    if(m == 0)
        return n + 1;
    else if(n == 0)
        return Ack(m - 1, 1);
    else
        return Ack(m - 1, Ack(m, n - 1));
}
```

3.2.2 分析递归调用过程

递归问题可以被分解成规模小、性质相同的问题加以解决。在之后将要介绍的广义表、二叉树等都具有递归的性质,它们的操作可以用递归实现。下面以著名的汉诺塔问题为例分析递归调用的过程。

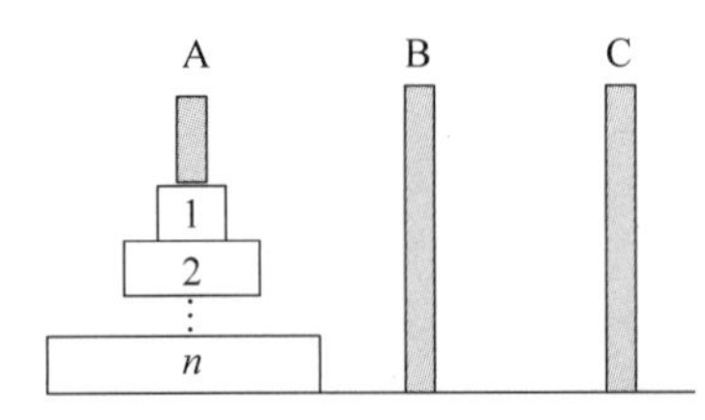

图 3-12 *n* 阶汉诺塔初始状态

n 阶汉诺塔问题。假设有 3 个塔座 A、B、C,在塔座 A 上放置有 *n* 个直径大小各不相同、从小到大编号为 1,2,…,*n* 的圆盘,如图 3-12 所示。要求将塔座 A 上的 *n* 个圆盘移动到塔座 C 上,并要求按照同样的叠放顺序排列。圆盘移动时必须遵循以下规则:

(1) 每次只能移动一个圆盘。

(2) 圆盘可以放置在 A、B 和 C 中的任意一个塔座上。

(3) 任何时候都不能将一个较大的圆盘放在较小的圆盘上。

如何实现将放在塔座 A 上的圆盘按照规则移动到塔座 C 上呢? 当 $n=1$ 时,直接将编号为 1 的圆盘从塔座 A 移动到 C 即可。当 $n>1$ 时,需利用塔座 B 作为辅助塔座,先将放置在编号为 n 之上的 $n-1$ 个圆盘从塔座 A 移动到 B,然后将编号为 n 的圆盘从塔座 A 移动到 C,最后将塔座 B 上的 $n-1$ 个圆盘移动到塔座 C 上。那现在将 $n-1$ 个圆盘从一个塔座移动到另一个塔座又成为与原问题类似的问题,只是规模减小了 1,故可用同样的方法解决。显然这是一个递归的问题,汉诺塔的递归算法描述如下。

```
public static void Hanoi(int n,String A,String B,String C)
//将塔座 A 上的编号为 1~n 的圆盘按照规则移动到塔座 C 上,B 可以作为辅助塔座
{
    if(n == 1)
        move(1, A, C);              //将编号为 1 的圆盘从 A 移动到 C
    else {
        Hanoi(n - 1, A, C, B);   //将编号为 1~n-1 的圆盘从 A 移动到 B,C 作为辅助塔座
        move(n, A, C);              //将编号为 n 的圆盘从 A 移动到 C
        Hanoi(n - 1, B, A, C);   //将编号为 1~n-1 的圆盘从 B 移动到 C,A 作为辅助塔座
    }
}
public static void move (int n, String tempA, String tempB) {
    System.out.println("move plate" + n + " from column " + tempA + " to column " + tempB);
}
```

下面以 $n=3$ 为例，观察一下汉诺塔递归调用的具体过程。在函数体中，当 $n>1$ 时，需要 3 个过程移动圆盘。第 1 个过程，将编号为 1 和 2 的圆盘从塔座 A 移动到 B；第 2 个过程，将编号为 3 的圆盘从塔座 A 移动到 C；第 3 个过程，将编号为 1 和 2 的圆盘从塔座 B 移动到 C。递归调用过程如图 3-13 所示。

(1) 第 1 个过程通过调用 Hanoi(2,A,C,B)实现。Hanoi(2,A,C,B)调用自己，完成将编号为 1 的圆盘从塔座 A 移动到 C，编号为 2 的圆盘从塔座 A 移动到 B，编号为 1 的圆盘从塔座 C 移动到 B，如图 3-14 和图 3-15 所示。

(2) 第 2 个过程完成将编号为 3 的圆盘从塔座 A 移动到 C，如图 3-16 所示。

第 3 个过程通过调用 Hanoi(2,B,A,C)实现。通过再次递归完成将编号为 1 的圆盘从塔座 B 移动到 A，将编号为 2 的圆盘从塔座 B 移动到 C，将编号为 1 的圆盘从塔座 A 移动到 C，如图 3-16 和图 3-17 所示。

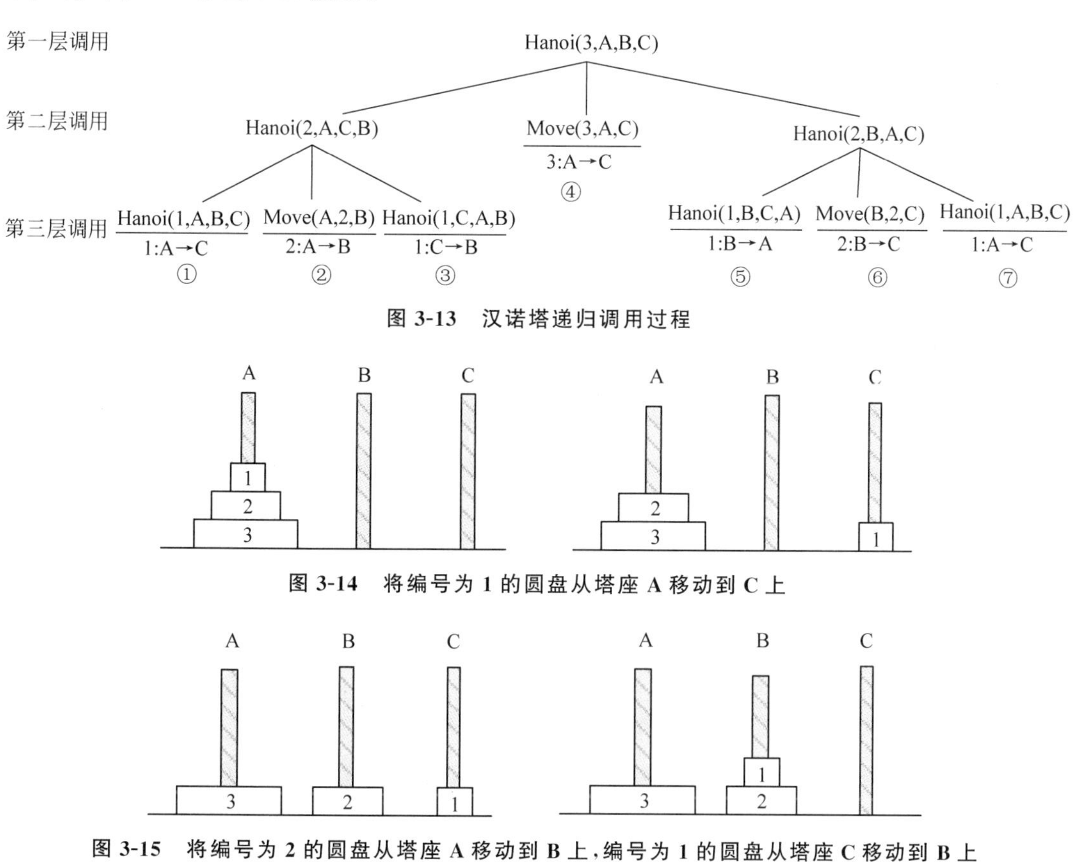

图 3-13　汉诺塔递归调用过程

图 3-14　将编号为 1 的圆盘从塔座 A 移动到 C 上

图 3-15　将编号为 2 的圆盘从塔座 A 移动到 B 上，编号为 1 的圆盘从塔座 C 移动到 B 上

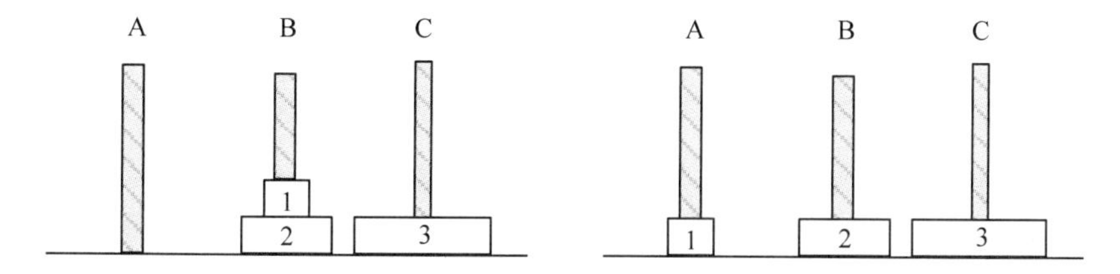

图 3-16　将编号为 3 的圆盘从塔座 A 移动到 C 上，编号为 1 的圆盘从塔座 B 移动到 A 上

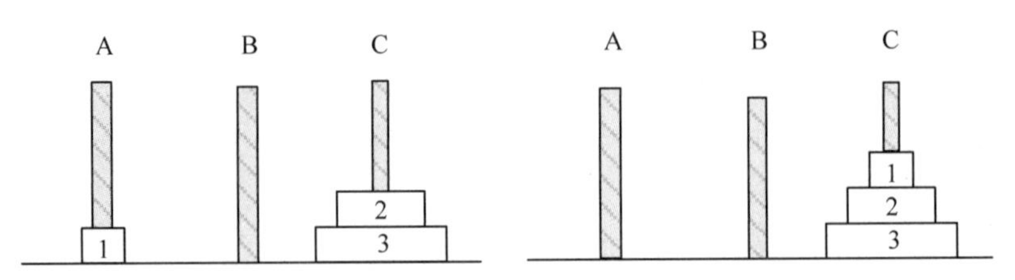

图 3-17 将编号为 2 的圆盘从塔座 B 移动到 C 上,编号为 1 的圆盘从塔座 A 移动到 C 上

递归的实现本质上就是把嵌套调用变成栈实现。在递归调用过程中,被调用函数在执行前系统要完成以下 3 个任务。

(1) 将所有参数和返回地址传递给被调用函数保存。

(2) 为被调用函数的局部变量分配存储空间。

(3) 将控制转到被调用函数的入口。

当被调用函数执行完毕后,在结果返回给调用函数前,系统同样需要完成以下 3 个任务。

(1) 保存被调用函数的执行结果。

(2) 释放被调用函数的数据存储区。

(3) 将控制转到调用函数的返回地址处。

在有多层嵌套调用时,后调用的先返回,这刚好满足后进先出的特性,因此递归调用是通过栈实现的。在函数递归调用过程中,在递归结束前,每调用一次,就进入下一层。当一层递归调用结束时,返回到上一层。

为了保证递归调用能正确执行,系统设置了一个工作栈作为递归函数运行期间使用的数据存储区。每一层递归包括实际参数、局部变量及上一层的返回地址等,这些数据构成一个工作记录。每进入下一层,新的工作栈记录被压入栈顶。每返回到上一层,就从栈顶弹出一个工作记录。因此,当前层的工作记录是栈顶工作记录,也称为活动记录。递归过程产生的栈由系统自动管理,类似用户自己定义的栈。

3.2.3 消除递归

用递归编写的程序结构清晰,算法容易理解与实现,但递归算法的执行效率比较低,这是因为递归需要反复入栈,时间和空间开销都比较大。

为了避免这种开销,就需要消除递归。消除递归的方法通常有两种:一种是对于简单的递归可以通过迭代消除;另一种是利用栈的方式实现。例如,n 的阶乘就是一个简单的递归,可以直接利用迭代消除递归。n 的阶乘的非递归算法如下。

```
public static long fact(int n)     //n 的阶乘的非递归算法实现
{
    long f = 1;
    int i;
    for(i = 1;i < n + 1;i++)       //直接利用迭代消除递归
        f = f * i;
    return f;
}
```

当然,利用栈结构也可以实现 n 的阶乘。

【例 3-9】 编写求 n 的阶乘的递归算法与利用栈实现的非递归算法。

【分析】 利用栈模拟实现求 n 的阶乘。在利用 Java 实现时,可以通过定义一个嵌套的 $n\times2$ 的数组存储临时变量和每层返回的中间结果,第一维用于存放本层参数 n,第二维用于存放本层要返回的结果。

当 $n=3$ 时,递归调用过程如图 3-18 所示。

在递归函数调用的过程中,各参数入栈情况如图 3-19 所示。为便于描述,用 f 代替 fact 表示函数。

当 $n=1$ 时,递归调用开始逐层返回,参数开始出栈,如图 3-20 所示。

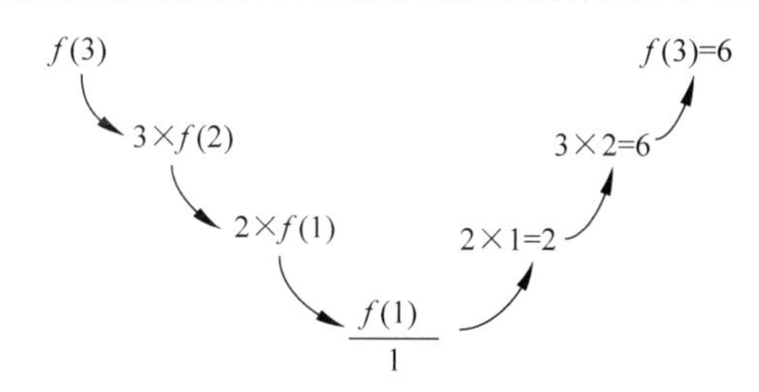

图 3-18 递归调用过程

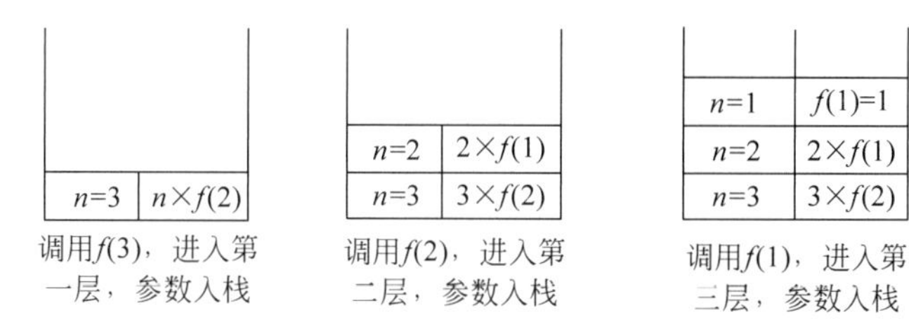

图 3-19 递归调用入栈过程

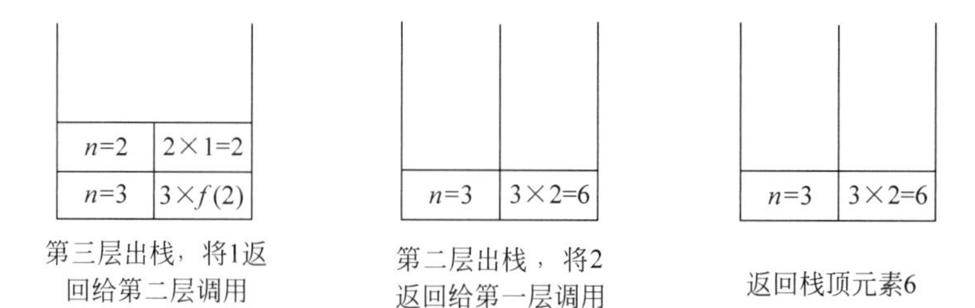

图 3-20 递归调用出栈过程

n 的阶乘的递归与非递归算法实现如下。

```
public static long fact2(int n)                  //n 的阶乘非递归实现
{
    final int MAXSIZE = 50;
    long s[][] = new long[MAXSIZE][2];           //定义一个二维数组用于存储临时变量及返回结果
    int top = -1;                                //将栈顶指针置为 -1
    top = top +1;                                //栈顶指针加 1,将工作记录入栈
    s[top][0] = n;                               //记录每层的参数
    s[top][1] = 0;                               //记录每层的结果返回值
    do{
        if (s[top][0] == 1)                      //递归出口
        {
            s[top][1] = 1;
```

```
                System.out.println("n = " + s[top][0] + ",fact = " + s[top][1]);
            }
            if (s[top][0] > 1 && s[top][1] == 0) //通过栈模拟递归的递推过程,将问题依次入栈
            {
                top = top + 1;
                s[top][0] = s[top - 1][0] - 1;
                s[top][1] = 0;                  //将结果置为 0,还没有返回结果
                System.out.println("n = " + s[top][0] + ",fact = " + s[top][1]);
            }
            if (s[top][1] != 0)                 //模拟递归的返回过程,将每层调用的结果返回
            {
                s[top - 1][1] = s[top][1] * s[top - 1][0];
                System.out.println("n = " + s[top - 1][0] + ", fact = " + s[top - 1][1]);
                top = top - 1;
            }
        }while(top > 0);
        return s[0][1];                         //返回计算的阶乘结果
    }
    public static void main(String args[ ])
    {
        int n;
        Scanner sc = new Scanner(System.in);
        System.out.println("请输入一个正整数(n < 15):");
        n = sc.nextInt();
        System.out.println("递归实现 n 的阶乘:");
        long f = fact(n);                       //调用 n 的阶乘递归实现函数
        System.out.println("n!= " + f);
        System.out.println("利用栈非递归实现 n 的阶乘:");
        f = fact2(n);                           //调用 n 的阶乘非递归实现函数
        System.out.print("n!= " + f);
    }
```

程序运行结果如下。

请输入一个正整数(n<15):

5

递归实现 n 的阶乘:

n! =120

利用栈非递归实现 n 的阶乘:

n=4,fact=0

n=3,fact=0

n=2,fact=0

n=1,fact=0

n=1,fact=1

n=2,fact=2

n=3,fact=6

n=4,fact=24

n=5,fact=120

n!=120

利用栈实现的非递归过程可分为以下几个步骤。

(1) 设置一个工作栈,用于保存递归工作记录,包括实参、返回地址等。

(2) 将调用函数传递过来的参数和返回地址入栈。

(3) 利用循环模拟递归分解过程,逐层将递归过程的参数和返回地址入栈。当满足递归结束条件时,依次逐层退栈,并将结果返回给上一层,直到栈空为止。

思政元素
在栈的基本操作实现过程中和利用栈将递归转换为非递归时,都需要用到栈的"后进先出"原理,在利用栈模拟递归的过程中还要保存每一步的参数和返回结果,并且不能出现任何差错。差之毫厘,谬以千里。因此,在算法实现过程中,不仅要遵守规范,而且要养成一丝不苟、精益求精的职业素养。

3.3 队列

与栈类似,队列也是一种操作受限的线性表。队列遵循的是"先进先出"的原则,这一特点决定了队列的操作需要在两端进行。

3.3.1 队列的定义及抽象数据类型

视频讲解

队列只允许在表的一端进行插入操作,在另一端进行删除操作。

1. 队列的定义

队列(queue)是一种先进先出(First In First Out,FIFO)的线性表,它只允许在表的一端进行插入,在另一端进行删除。这与日常生活中的排队是一致的,最早进入队列的元素最早离开。在队列中,允许插入的一端称为队尾(end),允许删除的一端称为队头(front)。

假设队列为 $q=(a_1, a_2, \cdots, a_i, \cdots, a_n)$,则 a_1 为队头元素,a_n 为队尾元素。元素在进入队列时是按照 $a_1, a_2, \cdots, a_n$ 的顺序进入的,退出队列时也是按照这个顺序退出的。当先进入队列的元素都退出后,后进入队列的元素才能退出,即只有当 $a_1, a_2, \cdots, a_{n-1}$ 都退出队列后,a_n 才能退出队列。图3-21是队列的示意图。

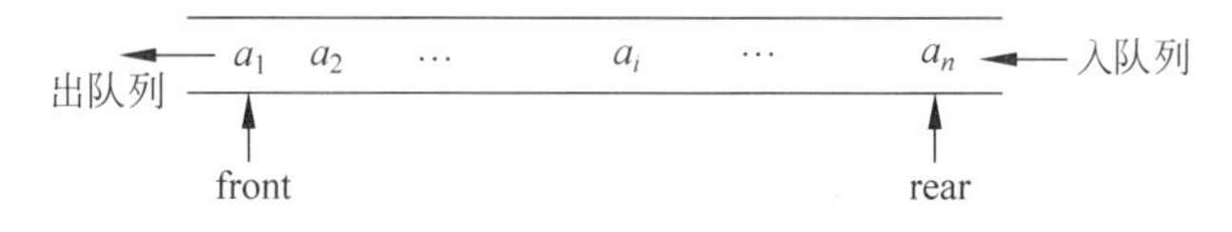

图3-21 队列

例如,在日常生活中,人们在医院排队挂号就是一个队列。新来挂号的人到队尾排队,形成新的队尾,即入队;在队首的人挂完号离开,即出队。在程序设计中也经常会遇到排队等待服务的问题,一个典型的例子就是操作系统中的多任务处理。在计算机系统中,同时有多个任务等待输出,此时要按照请求输出的先后顺序进行输出。

2. 队列的抽象数据类型

队列的抽象数据类型定义描述如表 3-6 所示。

表 3-6 队列的抽象数据类型定义描述

<table>
<tr><td>数据对象</td><td colspan="3">队列的数据对象集合为{a_1, a_2, …, a_n},每个元素都具有相同的数据类型</td></tr>
<tr><td>数据关系</td><td colspan="3">队列中的数据元素之间是一对一的关系。除第一个元素 a_1 外,每个元素有且只有一个直接前驱元素;除最后一个元素 a_n 外,每个元素有且只有一个直接后继元素。这些元素只能在队列的特定端进行相应的操作</td></tr>
<tr><td rowspan="7">基本操作</td><td>操作名称</td><td>操作说明</td><td>举例</td></tr>
<tr><td>InitQueue(&Q)</td><td>初始化操作,建立一个空队列 Q</td><td>这就像医院新增一个挂号窗口,前来看病的人可以排队在这里挂号看病</td></tr>
<tr><td>QueueEmpty(Q)</td><td>若 Q 为空队列,则返回 true,否则返回 false</td><td>这就像挂号窗口前是否有人排队挂号</td></tr>
<tr><td>EnQueue(&Q,e)</td><td>在队列 Q 的队尾插入元素 e</td><td>这就像前来挂号的人都要到队列的最后排队挂号</td></tr>
<tr><td>DeQueue(&Q,&e)</td><td>删除 Q 的队首元素,并用 e 返回其值</td><td>这就像排在最前面的人挂完号离开队列</td></tr>
<tr><td>Gethead(Q,&e)</td><td>用 e 返回 Q 的队首元素</td><td>这就像询问排队挂号的人的相关信息</td></tr>
<tr><td>ClearQueue(&Q)</td><td>将队列 Q 清空</td><td>这就像所有排队的人都挂完号并离开队列</td></tr>
</table>

3.3.2 队列的顺序存储及实现

队列的存储表示有两种,分别为顺序存储和链式存储。采用顺序存储结构的队列称为顺序队列,采用链式存储结构的队列称为链式队列。

1. 顺序队列的表示

顺序队列通常采用一维数组依次存放从队首到队尾的元素。使用两个指针分别指示数组中存放的第一个元素和最后一个元素的位置,指向第一个元素的指针称为队首指针 front,指向最后一个元素的指针称为队尾指针 rear。

元素 a、b、c、d、e、f、g 依次进入队列后的状态如图 3-22 所示。元素 a 存放在数组下标为 0 的存储单元中,g 存放在下标为 6 的存储单元中,队首指针 front 指向第一个元素 a,队尾指针 rear 指向最后一个元素 g 的下一位置。

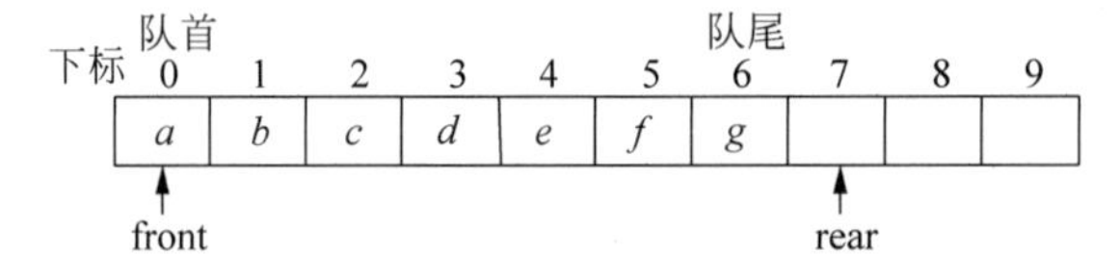

图 3-22 顺序队列

在使用队列前,要先初始化队列,此时队列为空,队首指针 front 和队尾指针 rear 都指向队列的第一个位置,即 front=rear=0,如图 3-23 所示。

当一个元素进入队列时,队尾指针 rear 加 1。若元素 a、b、c 依次进入空队列,则 front

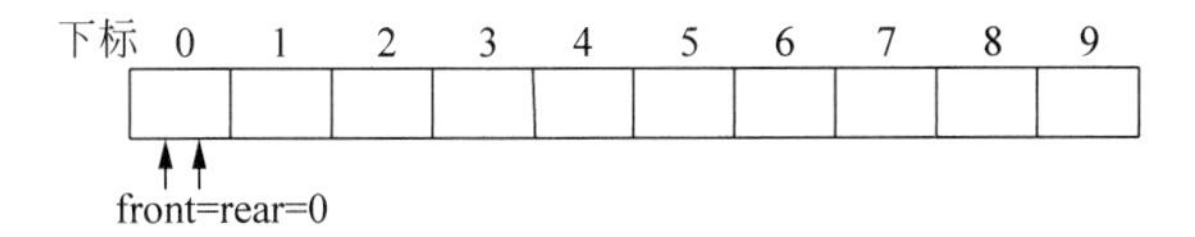

图 3-23　顺序队列为空

指向第一个元素，rear 指向下标为 3 的存储单元，如图 3-24 所示。

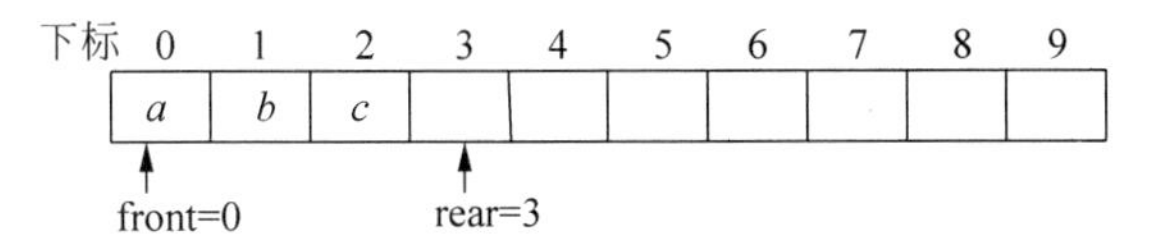

图 3-24　插入 3 个元素后的顺序队列

当一个元素退出队列时，队首指针 front 加 1。队首元素 a 出队后，front 向后移动一个位置，指向下一个位置，rear 不变，如图 3-25 所示。

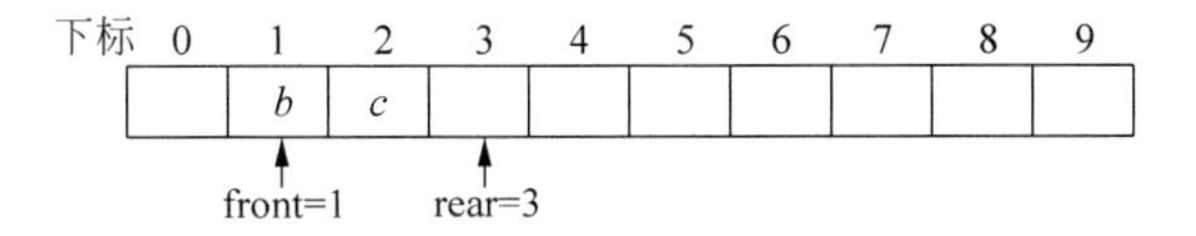

图 3-25　删除队首元素 *a* 后的顺序队列

注意　在非空队列中，队首指针 front 指向队首元素的位置，队尾指针 rear 指向队尾元素的下一个位置；队满指的是元素占据了队列中的所有存储空间，没有空闲的存储空间可以插入元素；队空指的是队列中没有一个元素，也叫空队列。

2. 顺序队列的“假溢出”

在对顺序队列进行插入和删除操作的过程中，可能会出现“假溢出”现象。经过多次插入和删除操作后，实际上队列还有存储空间，但是又无法向队列中插入元素，将这种溢出称为“假溢出”。

例如，将图 3-25 所示的队列进行一次出队操作，在依次将元素 d、e、f、g、h、i 入队后，若再将元素 j 入队，队尾指针 rear 将越出数组下界，从而造成“假溢出”，如图 3-26 所示。

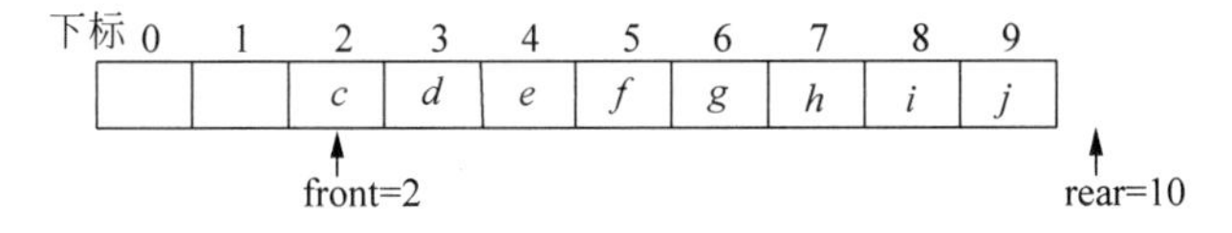

图 3-26　顺序队列的“假溢出”

3. 顺序循环队列的表示与基本运算

为了避免出现顺序队列的“假溢出”，通常采用顺序循环队列实现队列的顺序存储。

1）顺序循环队列的表示

为了充分利用存储空间，消除这种“假溢出”现象，当队尾指针 rear 和队首指针 front 到达存储空间的最大值（假定队列的存储空间为 QUEUESIZE）时，将队尾指针和队首指针转换为 0，这样就可以将元素插入队列还没有利用的存储单元中。例如，在图 3-27 中插入元素 j 后，rear 将变为 0，可以继续将元素插入下标为 0 的存储单元中。这样，顺序队列使用的存储空间就可以构造成一个逻辑上首尾相连的循环队列。

当队尾指针 rear 达到最大值 QUEUESIZE－1 时,若队列中还有存储空间且要插入元素,则要将队尾指针 rear 变为 0；当队头指针 front 达到最大值 QUEUESIZE－1 时,若要将队首元素出队,则要将队首指针 front 变为 0。通过取余操作可以实现队列的首尾相连。例如,假设 QUEUESIZE＝10,当队尾指针 rear＝9 时,若要将新元素入队,则先令 rear＝(rear＋1)%10＝0,然后将元素存入队列的第 0 号单元,通过取余操作实现队列逻辑上的首尾相连。

2) 顺序循环队列的队空和队满判断

在顺序循环队列队空和队满的情况下,队首指针 front 和队尾指针 rear 会同时指向同一个位置,即 front＝＝rear,如图 3-27 所示。在队空时,有 front＝0、rear＝0,则 front＝＝rear；在队满时,也有 front＝0、rear＝0,因此 front＝＝rear。

为了区分是队空还是队满,通常采用以下两个方法。

(1) 增加一个标志位。设这个标志位为 flag,初始时,flag＝0；当进入队列成功时,flag＝1；当退出队列成功时,flag＝0。则队空的判断条件为 front＝＝rear&&flag＝＝0,队满的判断条件为 front＝＝rear&&flag＝＝1。

(2) 少用一个存储单元。队空的判断条件为 front＝＝rear,队满的判断条件为 front＝＝(rear＋1)% QUEUESIZE。那么,入队的操作语句为 rear＝(rear＋1)%QUEUESIZE,Q[rear]＝x；出队的操作语句为 front＝(front＋1)%QUEUESIZE。少用一个存储单元的顺序循环队列队满情况如图 3-28 所示。

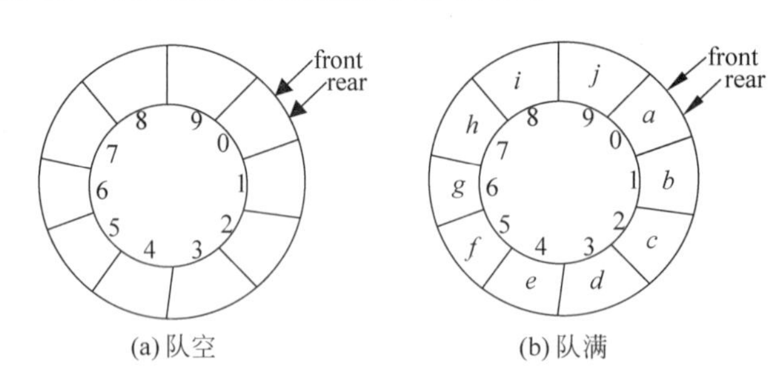

图 3-27 顺序循环队列队空和队满状态

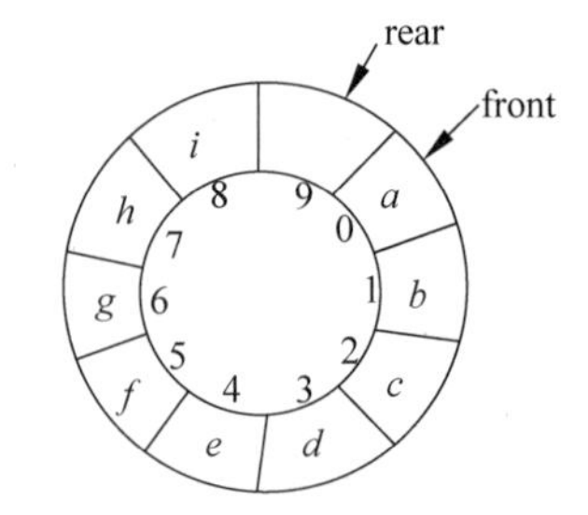

图 3-28 少用一个存储单元的顺序循环队列队满状态

顺序循环队列 SQ 的主要操作说明如下。

(1) 初始时,设置 SQ. front＝SQ. rear＝0。

(2) 循环队列队空的条件为 SQ. front＝＝SQ. rear,队满的条件为 SQ. front＝＝(SQ. rear＋1)%QUEUESIZE。

(3) 在执行入队操作时,要先判断队列是否已满。若队列未满,则将元素值 e 存入队尾指针指向的存储单元,然后将队尾指针加 1 后取模。

(4) 在执行出队操作时,要先判断队列是否为空。若队列不空,则将队首指针指向的元素值赋给 e,即取出队头元素,然后将队首指针加 1 后取模。

(5) 循环队列的长度为(SQ. rear＋QUEUESIZE－SQ. front)%QUEUESIZE。

注意 对于顺序循环队列中的入队操作和出队操作,在 front 和 rear 移动时都要进行取模运算,以避免“假溢出”。

3）顺序循环队列的基本运算

顺序循环队列的基本操作及基本操作的类方法名称如表 3-7 所示。

表 3-7　SeqQueue 类的成员函数

基 本 操 作	基本操作的类方法名称
顺序循环队列的初始化	SeQueue()
判断顺序循环队列是否为空	IsEmpty()
将元素 x 入队	EnQueue(x)
将队首元素出队	DeQueue()
取队首元素	GetHead()
求队列的长度	SeqLength()
顺序循环队列的创建	CreateSeqQueue()

（1）初始化队列。

```
public class SeQueue < T > {
    final int QUEUESIZE = 20;
    T s[];
    int front, rear;
    SeQueue() {
    //顺序循环队列的初始化
    s = (T[]) new Object[QUEUESIZE];
    front = 0;                              //将队首指针置为 0
    rear = 0;                               //将队尾指针置为 0
    }
}
```

（2）判断队列是否为空。若队首指针与队尾指针相等，则队列为空；否则，队列不为空。判断队列是否为空的算法实现如下。

```
public boolean IsEmpty()                    //判断顺序循环队列是否为空
{
    if (front == rear)                      //当顺序循环队列为空时
        return true;                        //返回 true
    else                                    //否则
        return false;                       //返回 false
}
```

（3）将元素 x 入队。在将元素入队（即将元素插入队尾）之前，要先判断队列是否已满。如果队列未满，则执行插入运算，然后队尾指针加 1，将队尾指针向后移动一个位置。入队操作的算法实现如下。

```
public boolean EnQueue(T x)
 //元素 e 插入顺序循环队列中，插入成功则返回 true;否则，返回 false
{
     if ((rear + 1) % QUEUESIZE != front)   //在插入新元素前，判断队尾指针是否到达队列的
                                            //最大值，即是否上溢
     {
          s[rear] = x;                      //在队尾插入元素 e
          rear = (rear + 1) % QUEUESIZE;    //将队尾指针向后移动一个位置
          return true;
     }
     else
```

```
        {
            System.out.println("当前队列已满!");
            return false;
        }
    }
```

(4) 将队首元素出队。在队首元素出队(即删除队首元素)之前,要先判断队列是否为空。若队列不空,则删除队首元素,然后将队首指针向后移动,使其指向下一个元素。出队操作的算法实现如下。

```
public T DeQueue() throws Exception
{
    //将队首元素出队,并将该元素赋值给 e
    if (front == rear)                          //判断队列是否为空
    {
        System.out.println("队列为空,出队操作失败!");
        throw new Exception("队列为空,不能进行出队操作");
    }
    else
    {
        T e = s[front];                         //将待出队的元素赋值给 e
        front = (front + 1) % QUEUESIZE;        //将队首指针向后移动一个位置,指向新的队首
        return e;                               //返回出队的元素
    }
}
```

(5) 取队首元素。先判断顺序循环队列是否为空,如果队列为空,则抛出异常表示取队首元素失败;否则,将队首元素返回,表示取队首元素成功。取队首元素的算法实现如下。

```
public T GetHead() throws Exception
{
    //取队首元素,并将该元素返回
    if(!IsEmpty())                              //若顺序循环队列不为空
        return (T)s[front];                     //返回队首元素
    else                                        //否则
    {
        throw new Exception("队列为空");
    }
}
```

(6) 获取队列的长度。

```
public int SeqLength() {
    return (rear - front + QUEUESIZE) % QUEUESIZE;
}
```

(7) 创建队列。

```
public void CreateSeqQueue()
{
    System.out.println("请输入元素(-1 作为输入结束):");
    Scanner sc = new Scanner(System.in);
    Integer data = sc.nextInt();
    while(data!= -1) {
```

```
        EnQueue(data);
        data = sc.nextInt();
    }
}
```

4. 顺序循环队列应用示例

【例3-10】 假设在周末舞会上,男士们和女士们进入舞厅时各自排成一队。在跳舞开始时,依次从男队和女队的队首各出一人配成舞伴。若两队初始人数不相同,则较长的那一队中未配对者等待下一轮舞曲。试编写算法模拟上述舞伴配对问题。

【分析】 根据舞伴配对原则,先入队的男士或女士先出队配成舞伴。因此该问题具有典型的先进先出特性,可用队列作为算法的数据结构。

在算法实现时,假设男士和女士的记录存放在一个数组中作为输入,然后依次扫描该数组的各元素,并根据性别来决定是进入男队还是女队。当这两个队列构造完成后,依次将两队当前的队首元素出队以配成舞伴,直至某队列变空为止。此时,若某队仍有等待配对者,算法输出此队列中等待者的人数及排在队首的等待者的名字,他(或她)将是下一轮舞曲开始时第一个获得舞伴的人。

舞伴配对问题实现代码如下。

```
import java.util.Scanner;
public class DancePartner                              //舞伴结构类型定义
{
    String name;
    String gender;
    DancePartner() {
    }
    DancePartner(String n, String g) {
        this.name = n;
        this.gender = g;
    }

    public String GetName() {
        return name;
    }

    public String GetGender() {
        return gender;
    }
    public static void DispQueue(SeQueue Q) throws Exception     //输出舞池中正在排队的男士
                                                                 //或女士
    {
        if (!Q.IsEmpty()) {
            DancePartner d = (DancePartner)Q.GetHead();
            if (d.gender.equals("男"))
                System.out.println("舞池中正在排队的男士:");
            else
                System.out.println("舞池中正在排队的女士:");
        }
```

```
        int f = Q.front;
        while (f != Q.rear) {
            DancePartner d = (DancePartner)Q.s[f];
            System.out.print(d.GetName() + " ");
            f = f + 1;
        }
        System.out.println();
    }
    public static void main(String args[]) throws Exception {
        SeQueue<DancePartner> Q1 = new SeQueue<DancePartner>();
        SeQueue<DancePartner> Q2 = new SeQueue<DancePartner>();
        System.out.println("请输入舞池中排队的人数:");            //输入舞池中排队的人数
        Scanner sc = new Scanner(System.in);
        int i,n = sc.nextInt();
        for(i = 0;i < n;i++) {
            DancePartner dancer = new DancePartner();
            System.out.println("姓名:");
            dancer.name = sc.next();          //输入姓名
            System.out.println("性别:");
            dancer.gender = sc.next();
            if (dancer.gender.equals("男"))
                Q1.EnQueue(dancer);
            else
                Q2.EnQueue(dancer);
        }
        DispQueue(Q1);
        DispQueue(Q2);
        System.out.println("舞池中的舞伴配对方式:");
        while(!Q1.IsEmpty() && !Q2.IsEmpty()) {
            DancePartner dancer1 = Q1.DeQueue();
            DancePartner dancer2 = Q2.DeQueue();
            System.out.println("(" + dancer1.GetName() + "," + dancer2.GetName() + ")"
+ " ");
        }
        if(!Q1.IsEmpty())
            DispQueue(Q1);
        if(!Q2.IsEmpty())
            DispQueue(Q2);
    }
}
```

程序的运行结果如下。

请输入舞池中排队的人数:

5

姓名:吴女士

性别:女

姓名:张先生

性别:男

姓名:赵先生

性别:男

姓名:刘女士

性别：女
姓名：郭女士
性别：女
舞池中正在排队的男士：
张先生 赵先生
舞池中正在排队的女士：
吴女士 刘女士 郭女士
舞池中的舞伴配对方式：
(张先生,吴女士)
(赵先生,刘女士)
舞池中正在排队的女士：
郭女士

3.3.3　队列的链式存储及实现

视频讲解

采用链式存储的队列称为链式队列或链队列。链式队列在插入和删除过程中，不需要移动大量的元素，只需要改变指针的位置即可。本节主要介绍链式队列的表示、实现及应用。

1. 链式队列的表示

顺序队列在插入和删除操作过程中需要移动大量元素，算法的效率会比较低，为了避免该问题，可采用链式存储结构表示队列。

(1) 链式队列。

链式队列通常用链表实现。一个链队列显然需要两个分别指示队首和队尾的指针(分别称为队首指针和队尾指针)才能唯一确定。与单链表类似，为了操作方便，这里给链队列添加一个头结点，并令队首指针 front 指向头结点，用队尾指针 rear 指向最后一个结点。一个不带头结点的链式队列和带头结点的链队列分别如图 3-29 和图 3-30 所示。

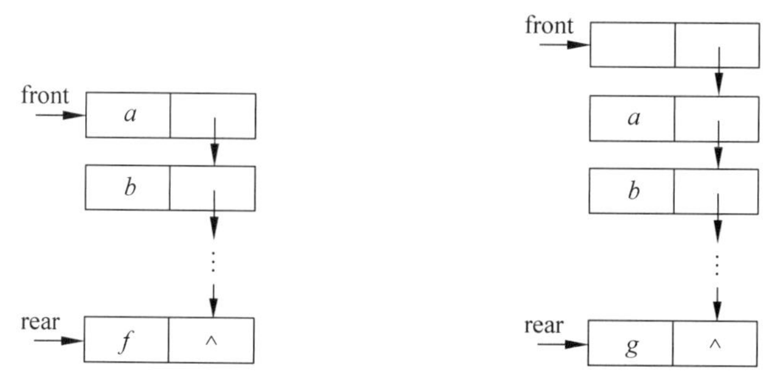

图 3-29　不带头结点的链式队列　　图 3-30　带头结点的链式队列

对于带头结点的链式队列，当队列为空时，队首指针 front 和队尾指针 rear 都指向头结点，如图 3-31 所示。

在链式队列中，插入和删除操作只需要移动队首指针和队尾指针，这两种操作的指针变化如图 3-32、图 3-33 和图 3-34 所示。图 3-32 表示在队列中插入元素 a 的情况,图 3-33 表示队列中插入了元素 a、b、c 之后的情况,图 3-34 表示元素 a 出队列的情况。

图 3-31　带头结点的空链式队列

图 3-32　在链式队列中插入一个元素 a

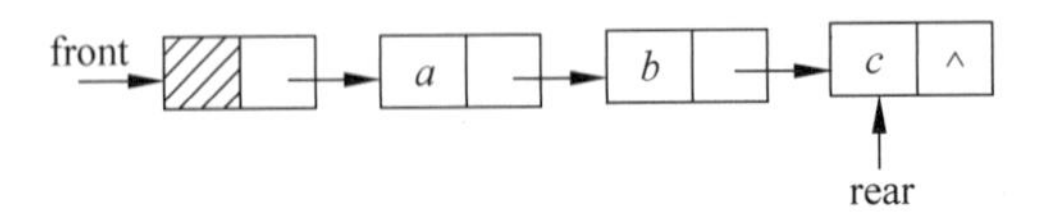

图 3-33　在链式队列中插入一个元素 c

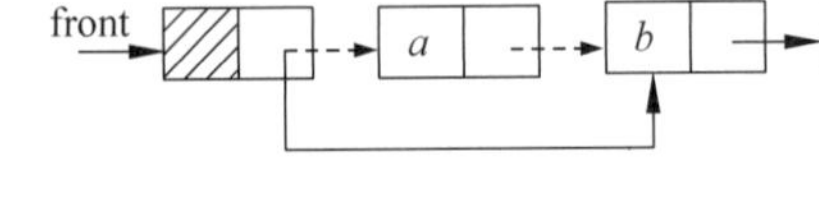

图 3-34　在链式队列中删除一个元素 a

链式队列的结点类型描述如下。

```
class QueueNode
{
    char data;
    QueueNode next;
    QueueNode(char data)
    {
        this.data = data;
        this.next = null;
    }
}
```

对于带头结点的链式队列,在初始时需要生成一个结点 QueueNode myQueueNode= new QueueNode('a'),然后令 front 和 rear 分别指向该结点。

(2) 链式循环队列。

将链式队列的首尾相连就构成了链式循环队列。在链式循环队列中,可以只设置队尾指针,如图 3-35 所示。当队列为空时,如图 3-36 所示,队列 LQ 为空的判断条件为 LQ.rear.next==LQ.rear。

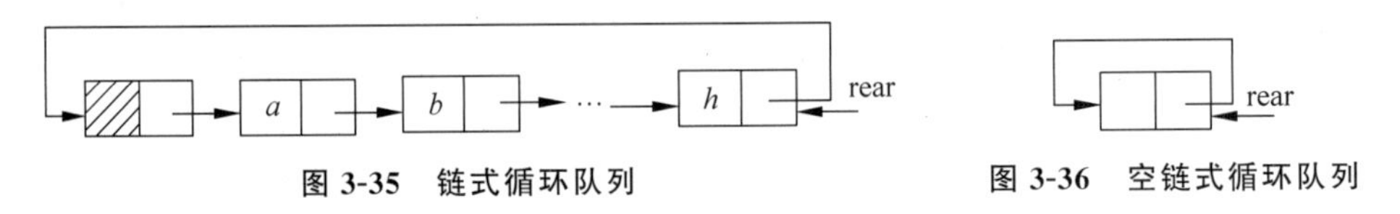

图 3-35　链式循环队列

图 3-36　空链式循环队列

2. 链式队列的基本运算

链式队列的基本运算算法实现如下。

(1) 初始化队列。先生成一个 QueueNode 类型的结点,然后使 front 和 rear 分别指向该结点。

```
public class LinkQueue
{
    QueueNode front,rear;
    LinkQueue()//初始化队列
```

```
    {
        QueueNode QNode = new QueueNode('0');
        front = QNode;
        rear = QNode;
    }
}
```

（2）判断队列是否为空。

```
public boolean QueueEmpty()
//判断链式队列是否为空,队列为空则返回 true,否则返回 false
{
    if(front == rear)                       //若链式队列为空时
        return true;                        //则返回 true
    else                                    //否则
        return false;                       //返回 false
}
```

（3）将元素 e 入队。先生成一个新结点 pNode，再将 e 赋给该结点的数据域，使原队尾元素结点的指针域指向新结点，最后让队尾指针指向新结点，从而将结点加入队列中。操作过程如图 3-37 所示。

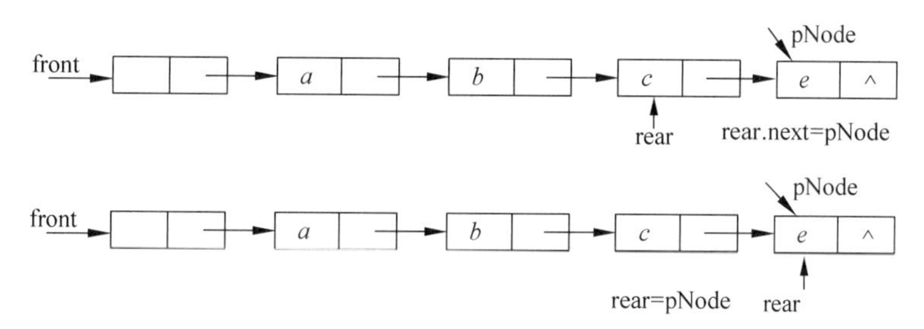

图 3-37　将元素 e 入队的操作过程

将元素 e 入队的算法实现如下。

```
public void EnQueue(char e)
//将元素 e 入队
{
    QueueNode pNode = new QueueNode(e);     //生成一个新结点,将元素值赋值给结点的数据域
    rear.next = pNode;                      //将原队列的队尾结点的指针指向新结点
    rear = pNode;                           //将队尾指针指向新结点
}
```

（4）将队首元素出队。删除队首元素时，应首先通过队首指针和队尾指针是否相等判断队列是否已空。若队列非空，则删除队首元素，然后将指向队首元素的指针向后移动，使其指向下一个元素。将队首元素出队的算法实现如下。

```
public char DeQueue() throws Exception
//将链式队列中的队首元素出队返回该元素,若队列为空,则抛出异常
{
        if(QueueEmpty())                    //在出队前,判断链式队列是否为空
        {
            throw new Exception("队列为空,不能出队操作");
        }
        else
```

```
        {
            QueueNode pNode = front.next;     //使 pNode 指向队首元素
            front.next = pNode.next;          //使头结点的 next 指向 pNode 的下一个结点
            nodal point(pNode == rear)        //如果要删除的结点是队尾,则使队尾指针指向
                                              //队头
                rear = front;
            return pNode.data;                //返回出队元素
        }
    }
```

(5) 取队首元素。在取队首元素之前,先判断链式队列是否为空。取队首元素的算法实现如下。

```
public int getHead()
//取链式队列中的队首元素
{
    if (!QueueEmpty())                        //若链式队列不为空
        return front.next.data;               //返回队首元素
}
```

3. 链式队列应用示例

【例 3-11】 编写一个算法,判断任意给定的字符序列是否为回文。所谓回文是指一个字符序列以中间字符为基准,两边字符完全相同,即顺着看和倒着看是相同的字符序列。例如,字符序列“XYZMTATMZYX”为回文,而字符序列“XYZMYZX”不是回文。

【分析】 这个题目是典型的考查栈和队列的应用,可以通过构造栈和队列实现。具体思想:分别把字符串序列入队和入栈,根据队列的“先进先出”和栈的“后进先出”特点,依次将队列中的元素出队和出栈,出队列的元素序列仍然是原来的顺序,而出栈的字符序列刚好与原字符序列的顺序相反。这样逐个比较,若全部字符都相等,则表明该字符序列是回文;若有字符不相等,则表明该字符序列不是回文。

在具体实现时,可采用链栈和链式队列作为存储结构,算法实现如下。

```
public static void Huiwen() throws Exception {
    LinkQueue LQ1 = new LinkQueue();
    LinkQueue LQ2 = new LinkQueue();
    LinkStack2 LS1 = new LinkStack2();
    LinkStack2 LS2 = new LinkStack2();
    String str1 = new String("XYZMTATMZYX");  //回文字符序列 1
    String str2 = new String("ABCBCAB");      //回文字符序列 2
    for(int i = 0;i < str1.length();i++) {
        LQ1.EnQueue(str1.charAt(i));
        LS1.PushStack(str1.charAt(i));
    }
    for(int i = 0;i < str2.length();i++) {
        LQ2.EnQueue(str2.charAt(i));
        LS2.PushStack(str2.charAt(i));        //依次把字符序列 2 进栈
    }
    System.out.println("字符序列 1:" + str1);
    System.out.println("出队序列 出栈序列");
    while (!LS1.StackEmpty())                 //判断堆栈 1 是否为空
    {
```

```
            char q1 = LQ1.DeQueue();           //字符序列依次出队,并把出队元素赋值给 q
            char s1 = LS1.PopStack();          //字符序列出栈,并把出栈元素赋值给 s
            System.out.println(q1 + ":" + s1);
            if (q1 != s1) {
                System.out.println("字符序列 1 不是回文!");
                return;
            }
        }
        System.out.println("字符序列 1 是回文!");
        System.out.println("字符序列 2:" + str2);
        System.out.println("出队序列 出栈序列");
        while(!LS2.StackEmpty()) {
            char q2 = LQ2.DeQueue();           //字符序列依次出队,并把出队元素赋值给 q
            char s2 = LS2.PopStack();          //字符序列出栈,并把出栈元素赋值给 s
            System.out.println(q2 + ":" + s2); //输出字符序列
            if (q2 != s2) {
                System.out.println("字符序列 2 不是回文!");      //输出提示信息
                return;
            }
        }
        System.out.println("字符序列 2 是回文!");//输出提示信息
    }

    public static void main(String args[ ]) throws Exception {
        Huiwen();
    }
```

程序运行结果如下。

字符序列 1：XYZMTATMZYX

出队序列　出栈序列

X : X

Y : Y

Z : Z

M : M

T : T

A : A

T : T

M : M

Z : Z

Y : Y

X : X

字符序列 1 是回文!

字符序列 2：ABCBCAB

出队序列　出栈序列

A : B

字符序列 2 不是回文!

思政元素

队列"先进先出"的特点就像在日常生活中排队买票、排队上车一样,人们需要养成遵守规则、规范的良好习惯,只有这样,一切才会有章可循,社会才会井然有序。例如,尽管近年新冠肺炎病毒的肆虐给人们的生活和工作带来了诸多不便,但是在党和国家的正确领导下,全国人民严格遵守各项防疫措施,我国已经实现了新冠肺炎的阶段性胜利。在算法实现、软件开发过程中,同样需要严格遵循软件编码规范和准则,并具有精益求精、勤学精技的实践精神。只有这样,开发出的软件才会更加可靠、安全。

视频讲解

3.4 双端队列

双端队列与栈、队列类似,也是一种操作受限的线性表。本节主要介绍双端队列的定义及应用。

3.4.1 双端队列的定义

双端队列是限定插入和删除操作在表两端进行的线性表。双端队列的两端分别称为端点 1 和端点 2。双端队列可以在队列的任何一端进行插入和删除操作,而一般的队列要求在一端插入元素,在另一端删除元素。双端队列如图 3-38 所示。

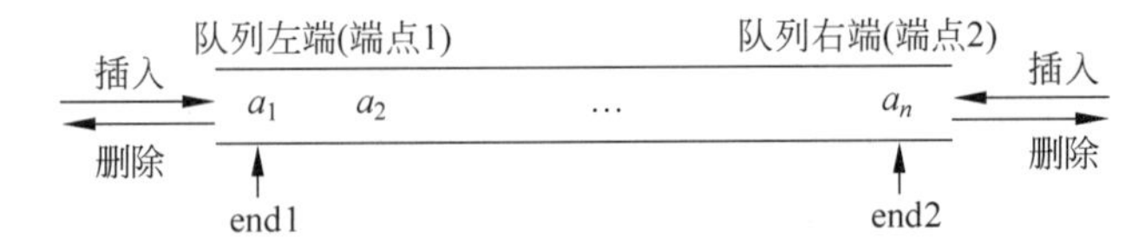

图 3-38 双端队列

在图 3-38 中,可以在队列的左端或右端插入元素,也可以在队列的左端或右端删除元素。其中,end1 和 end2 分别是双端队列的指针。

在实际应用中,还有输入受限和输出受限的双端队列。所谓输入受限的双端队列是指只允许在队列的一端插入元素,而两端都能删除元素的队列。所谓输出受限的双端队列是指只允许在队列的一端删除元素,而两端都能输入元素的队列。

3.4.2 双端队列的应用

采用一个一维数组作为双端队列的数据存储结构,并编写入队算法和出队算法。双端队列为空的状态如图 3-39 所示。

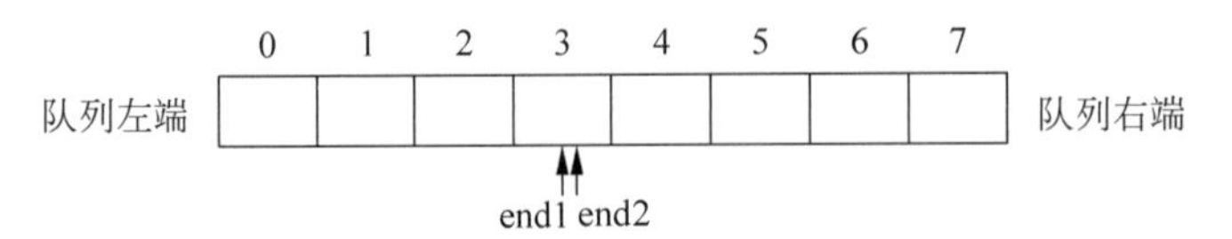

图 3-39 双端队列的初始状态(队列为空)

在实际操作过程中，用循环队列实现双端队列的操作是比较恰当的。元素 a、b、c 依次进入右端的队列，元素 d、e 依次进入左端的队列，如图 3-40 所示。

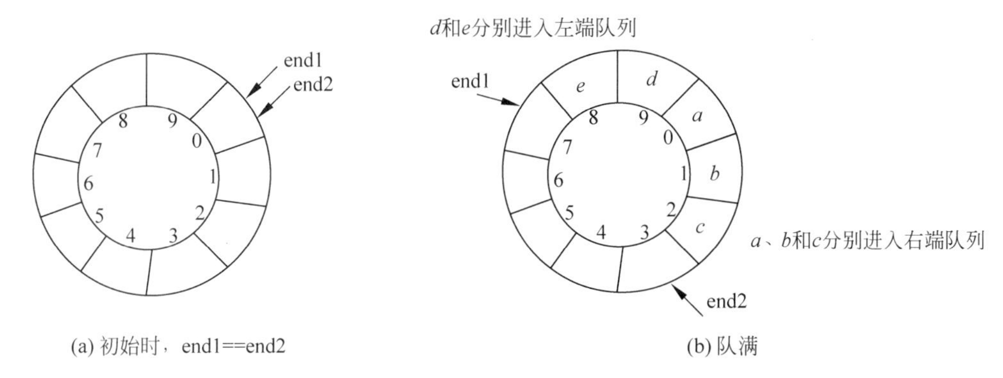

图 3-40　双端队列插入元素之后

注意　虽然双端队列是两个队列共享一个存储空间，但是每个队列只有一个指针。在算法实现过程中，需要判断入队操作和出队操作是在哪一端进行的，然后再进行插入和删除操作。

思考　栈具有"后进先出"特性，队列具有"先进先出"特性，你能举出生活中具有这些性质的例子吗？你觉得一名合格的程序员除了具备必要的专业知识外，还应该具备哪些职业素养？

3.5　实验

3.5.1　基础实验

1. 基础实验 1：实现顺序栈的基本运算

实验目的：理解顺序栈的存储结构，并能熟练掌握基本操作。

实验要求：创建一个 MySeqStack 类，该类应至少包含以下基本运算。

(1) 栈的初始化；

(2) 判断顺序栈是否为空；

(3) 入栈和出栈；

(4) 取栈顶元素；

(5) 创建栈；

(6) 输出栈中的元素。

2. 基础实验 2：实现链式栈的基本运算

实验目的：理解链式栈的存储结构，并能熟练掌握基本操作。

实验要求：创建一个 MyLinkStack 类，该类应至少包含以下基本运算。

(1) 链式栈的初始化；

(2) 判断链式栈是否为空;
(3) 入栈和出栈;
(4) 取栈顶元素;
(5) 创建栈;
(6) 销毁栈;
(7) 输出栈中元素。

3. 基础实验3:实现顺序循环队列的基本运算

实验目的:考察是否掌握顺序队列的存储结构和基本运算。
实验要求:创建一个MySeqQueue类,该类应至少包含以下基本运算。
(1) 顺序循环队列的初始化;
(2) 判断队列是否为空;
(3) 入队和出队;
(4) 求队列的长度;
(5) 取队首元素。

4. 基础实验4:实现双端链式队列的基本运算

实验目的:考察对链式队列的存储结构、双端队列的基本操作理解与掌握情况。
实验要求:创建一个MyDLinkQueue类,该类应至少包含以下基本运算。
(1) 双端队列的初始化;
(2) 判断队列是否为空;
(3) 入队和出队;
(4) 双端队列的创建;
(5) 双端队列的销毁。

5. 基础实验5:利用栈将递归程序转换为非递归程序

实验目的:考察对栈和递归的理解,以及对递归程序消除的掌握。
实验要求:任意输入 n 和 m 的值,求组合数 C_n^m,其定义如下。
当 $n \geqslant 0$ 时,有 $C(n,0)=1, C(n,n)=1$。
当 $n>m$, $n \geqslant 0$, $m \geqslant 0$ 时,有 $C(n,m)=C(n-1,m)+C(n-1,m-1)$。
(1) 编写一个求解 $C(n,m)$ 的递归函数;
(2) 利用栈的基本运算,编写求解 $C(n,m)$ 的非递归算法。

3.5.2 综合实验

1. 综合实验1:迷宫求解

实验目的:深入理解栈的存储结构,熟练掌握栈的基本操作。
实验背景:求迷宫中从入口到出口的路径是经典的程序设计问题。通常采用穷举法分析,即从入口出发,沿某一个方向向前探索,若能走通,则继续往前走;否则沿原路返回,换另一个方向继续探索,直到探索到出口为止。为了保证在任何位置都能原路返回,显然需要用一个后进先出的栈来保存从入口到当前位置的路径。

可以用如图 3-41 所示的方块表示迷宫。其中,空白方块为通道,带阴影的方块为墙。

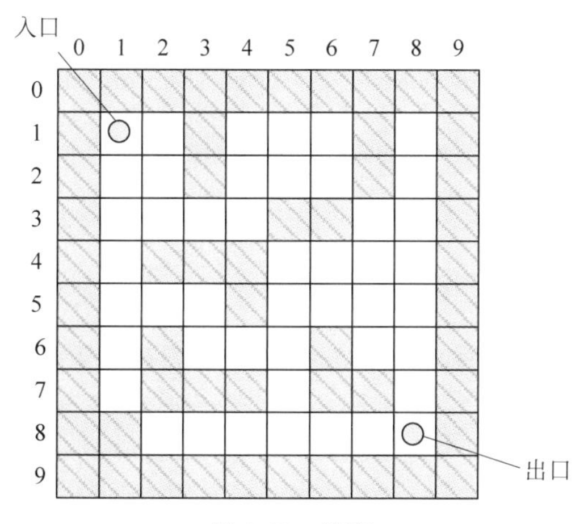

图 3-41 迷宫

所求路径必须是简单路径,即求得的路径上不能重复出现同一通道块。求迷宫中一条路径的算法的基本思想是:如果当前位置"可通",则纳入"当前路径",并继续朝下一个位置探索,即切换下一个位置为当前位置,如此重复直至到达出口;如果当前位置不可通,则应沿"来向"退回到前一通道块,然后朝"来向"之外的其他方向继续探索,如果该通道块的四周 4 个方块均不可通,则应从当前路径上删除该通道块。所谓下一个位置指的是当前位置四周(东、南、西、北)4 个方向上相邻的方块。

假设入口位置为(1,1),出口位置为(8,8),则根据以上算法搜索出来的一条路径如图 3-42 所示。

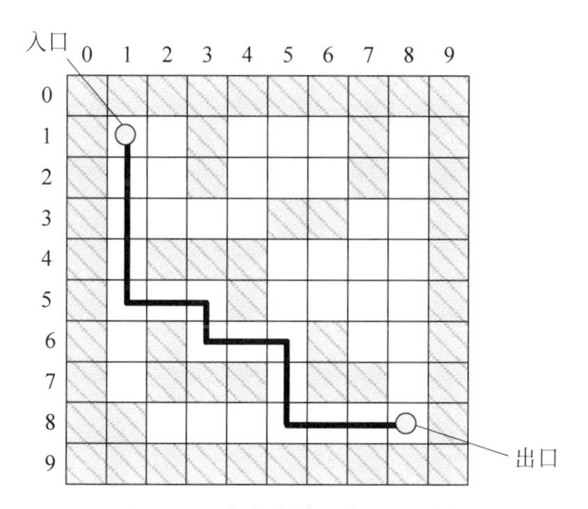

图 3-42 迷宫中的一条可通路径

实验内容:在图 3-43 所示的迷宫中,编写算法求一条从入口到出口的路径,具体要求如下。

(1) 使用数组表示迷宫中的各个位置;

(2) 在向前试探的过程中,利用栈保存当前的通路;

(3) 从入口到出口按照 1～n 进行增量输出,试探过的位置用－1 表示,如图 3-43 所示。

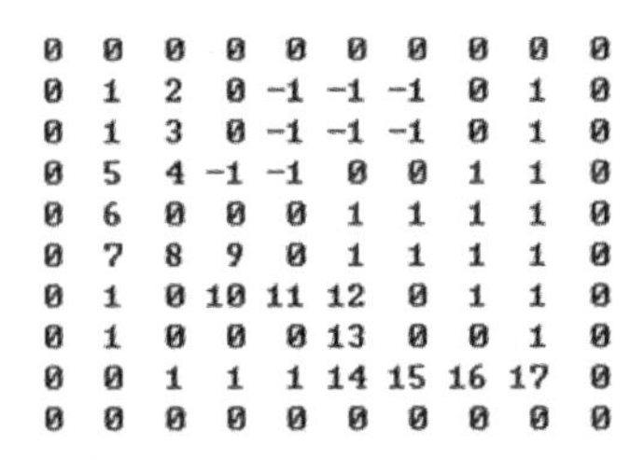
```
0  0  0  0  0  0  0  0  0  0
0  1  2  0 -1 -1 -1  0  1  0
0  1  3  0 -1 -1 -1  0  1  0
0  5  4 -1 -1  0  0  1  1  0
0  6  0  0  0  1  1  1  1  0
0  7  8  9  0  1  1  1  1  0
0  1  0 10 11 12  0  1  1  0
0  1  0  0  0 13  0  0  1  0
0  0  1  1  1 14 15 16 17  0
0  0  0  0  0  0  0  0  0  0
```

图 3-43　迷宫求解输出结果

2. 综合实验 2:模拟停车场管理

实验目的:深入理解栈、队列的存储结构,熟练掌握栈和队列的基本运算。

实验背景:停车场是一个可停放 n 辆汽车的狭长通道,且只有一个大门可供汽车进出。汽车在停车场内按车辆到达时间的先后顺序,依次由北向南排列(大门在最南端,最先到达的第一辆车停放在车场的最北端)。若停车场内已经停满 n 辆车,那么后来的车只能在门外的便道上等候。一旦有车开走,则排在便道上的第一辆车即可开入。当停车场内某辆车要离开时,在它之后进入的车辆必须先退出车场为它让路,待该辆车开出大门外,其他车辆再按原次序进入车场。每辆停放在车场的车在它离开停车场时必须按它停留的时间长短缴纳费用。

实验内容:试为停车场编制按上述要求进行管理的模拟程序。

实验提示:根据栈的后进先出和队列的先进先出的性质,需要用栈模拟停车场,用队列模拟便道,当停车场停满车后,再进入的汽车需要停在便道上。当有汽车准备停车时,判断栈是否已满,如果栈未满,则将汽车信息入栈;如果栈满,则将汽车信息入队列。当有汽车离开时,先依次将栈中的元素出栈,暂存到另一个栈中,等该车辆离开后,再将暂存栈中的元素依次存入停车场栈,并将停在便道上的汽车入栈。

设 $n=2$,输入数据为('A',1,5),('A',2,10),('D',1,15),('A',3, 20),('A',4,25),('A',5,30),('D',2,35),('D',4,40),('E',0,0)。每一组输入数据包括汽车 "到达"或"离开"信息、汽车牌照号码、到达或离开的时刻 3 个数据项,其中,'A'表示到达,'D'表示离去,'E'表示输入结束。例如,('A',1,5)表示 1 号牌照车在时刻 5 到达,而('D',1,15)表示 1 号牌照车在时刻 15 离开。

小结

栈和队列是限定性线性表。栈只允许在线性表的一端进行插入和删除操作。

与线性表类似,栈也有顺序存储和链式存储两种存储方式。采用顺序存储结构的栈称为顺序栈,采用链式存储结构的栈称为链栈。

栈的后进先出特性使栈在编译处理等方面发挥了极大的作用。例如,数制转换、括号匹配、表达式求值、迷宫求解等可利用栈的后进先出特性解决。

递归的调用过程是系统借助栈的特性实现的。因此,可利用栈模拟递归调用过程,可以设置一个栈,用于存储每一层递归调用的信息,包括实际参数、局部变量及上一层的返回地址等。每进入一层,将工作记录压入栈顶;每退出一层,将栈顶的工作记录弹出。这样就可以将递归转化为非递归,从而消除递归。

队列是只允许在表的一端进行插入操作,在另一端进行删除操作的线性表。

队列有顺序存储和链式存储两种存储方式。采用顺序存储结构的队列称为顺序队列,采用链式存储结构的队列称为链式队列。

顺序队列存在"假溢出"的问题,该问题不是因为存储空间不足而产生的。为了避免"假溢出",可以用循环队列表示顺序队列。

为了区分循环队列是队空还是队满,通常有两种方式:设置一个标志位和少用一个存储单元。

视频讲解

习题

本书提供在线测试习题,扫描下面的二维码,可以获取本章习题。

在线测试

第4章

串、数组与广义表

CHAPTER 4

字符串一般简称为串，它也是一种重要的线性结构。计算机上的非数值处理对象基本上都是字符串数据。在进货、销货、存货等事物处理中，顾客的姓名和地址、货物的名称、产地和规格等都是字符串数据，信息管理系统、信息检索系统、问答系统、自然语言翻译程序等都是以字符串数据作为处理对象的。数组与广义表可以看作是线性数据结构的扩展。线性表、栈、队列、串的数据元素都是不可再分的原子类型，而数组中的数据元素是可以再分的。数组中的一些特殊矩阵可以采用压缩的方式进行存储。广义表被广泛应用于人工智能等领域。

本章主要内容：

- 串的存储表示与实现
- 串的模式匹配
- 特殊矩阵、稀疏矩阵的压缩存储
- 广义表的存储表示

4.1　串的定义及抽象数据类型

串是仅由字符组成的一种特殊的线性表。

4.1.1　串的定义

串(string)也称为字符串,是由零个或多个字符组成的有限序列。串是一种特殊的线性表,仅由字符组成。串的一般表示形式为:

$$S="a_1a_2\cdots a_n"$$

其中,S 是串名,n 是串的长度,用双引号("")括起来的字符序列是串的值,$a_i(1\leqslant i\leqslant n)$可以是字母、数字或其他字符。当 $n=0$ 时,串称为空串。

串中任意个连续的字符组成的子序列称为该串的子串。相应地,包含子串的串称为主串。通常将字符在串中的序号称为该字符在串中的位置。子串在主串中的位置以子串的第一个字符在主串中的位置来表示。例如,有 4 个串 a="tinghua university",b="tinghua",c="university",d="tinghuauniversity",其长度分别为 18、7、10、17。其中,b 和 c 是 a 和 d 的子串,b 在 a 和 d 的位置都为 1,c 在 a 的位置是 9,c 在 d 的位置是 8。

只有当两个串的长度相等,且串中各个对应位置的字符均相等时,两个串才是相等的。即若两个串是相等的,当且仅当这两个串的值是相等的。例如,上面的 4 个串 a、b、c、d 两两之间都不相等。

需要说明的是,串中的元素必须用一对双引号括起来,但是双引号并不属于串,双引号的作用仅仅是为了与变量名或常量相区别。例如,在串 a="tinghua university"中,a 是一个串的变量名,字符序列 tinghua university 是串的值。

由一个或多个空格组成的串,称为空格串。空格串的长度是串中空格字符的个数。空格串不是空串。

串是一种特殊的线性表,与线性表唯一的不同点仅在于串的数据对象为字符集合。

4.1.2　串的抽象数据类型

串的抽象数据类型描述如表 4-1 所示。

表 4-1　串的抽象数据类型描述

数据对象	串的数据对象集合为$\{a_1,a_2,\cdots,a_n\}$,每个元素的类型均为字符	
数据关系	串是一种特殊的线性表,具有线性表的逻辑特征:除了第一个元素 a_1 外,每个元素有且只有一个直接前驱元素;除了最后一个元素 a_n 外,每个元素有且只有一个直接后继元素。数据元素之间的关系是一对一的关系。	
基本操作	StrAssign(&S,cstr)	初始条件:cstr 是字符串常量。 操作结果:生成一个值为 cstr 的串 S 例如,S="I come from Beijing" T="I come from Shanghai" R="Beijing" V="Chongqing"

续表

基本操作	StrEmpty(S)	初始条件：串 S 已存在。 操作结果：如果是空串，则返回 1；否则，返回 0
	StrLength(S)	初始条件：串 S 已存在。 操作结果：返回串中的字符个数，即串的长度。 例如，StrLength(S)=19，StrLength(T)=20，StrLength(R)=7，StrLength(V)=9
	StrCopy(&T,S)	初始条件：串 S 已存在。 操作结果：由串 S 复制产生一个与 S 完全相同的另一个字符串 T
	StrCompare(S,T)	初始条件：串 S 和 T 已存在。 操作结果：比较串 S 和 T 的每个字符的 ASCII 值的大小，如果 S 的值大于 T，则返回 1；如果 S 的值等于 T，则返回 0；如果 S 的值小于 T，则返回 −1。 例如，StrCompare(S,T)=−1。因为串 S 和串 T 比较到第 13 个字符时，字符 'B'的 ASCII 值小于字符 'S'的 ASCII 值，所以返回 −1
	StrInsert(&S,pos,T)	初始条件：串 S 和 T 已存在，且 1≤pos≤StrLength(S)+1。 操作结果：在串 S 的第 pos 个位置插入串 T，如果插入成功，则返回 true；否则，返回 false。 例如，在串 S 的第 3 个位置插入字符串"don't"，即 StrInsert(S,3,"don't")，则串 S="I don't come from Beijing"
	StrDelete(&S,pos,len)	初始条件：串 S 已存在，且 1≤pos≤StrLength(S)−len+1。 操作结果：删除串 S 中第 pos 个字符开始的长度为 len 的字符串。如果找到并删除成功，则返回 true；否则，返回 false。 例如，在串 S 的第 13 个位置删除长度为 7 的字符串，即 StrDelete(S,13,7)，则 S="I come from"
	StrConcat(&T,S)	初始条件：串 S 和 T 已存在。 操作结果：将串 S 连接在串 T 的后面。如果连接成功，则返回 true；否则，返回 false。 例如，将串 S 连接在串 T 的后面，即 StrCat(T,S)，则 T="I come from Shanghai I come from Beijing"
	SubString(&Sub,S,pos,len)	初始条件：串 S 已存在，1≤pos≤StrLength(S)且 0≤len≤StrLength(S)− len+1。 操作结果：截取串 S 中从第 pos 个字符开始的长度为 len 的连续字符，并赋值给 Sub。如果截取成功，则返回 true；否则，返回 false。 例如，将串 S 中的第 8 个字符开始的长度为 4 的字符串赋值给 Sub，即 SubString(Sub,S,8,4)，则 Sub="from"
	StrReplace(&S,T,V)	初始条件：串 S,T 和 V 已存在，且 T 为非空串。 操作结果：如果在串 S 中存在子串 T，则用 V 替换串 S 中的所有子串 T。如果替换操作成功，则返回 true；否则，返回 false。 例如，将串 S 中的子串 R 替换为串 V，即 StrReplace(S,R,V)，则 S="I come from Chongqing"

续表

基本操作	StrIndex(S,pos,T)	初始条件：串 S 和 T 存在，T 是非空串，且 $1 \leqslant len \leqslant StrLength(S)$。 操作结果：如果主串 S 中存在与子串 T 的值相等的子串，则返回子串 T 在主串 S 中第 pos 个字符后的第一次出现的位置；否则，返回 0。 例如，从串 S 的第 4 个字符开始查找，如果串 S 中存在与子串 R 相等的子串，则返回 R 在 S 中第一次出现的位置，即 StrIndex(S,4,R)=13
	StrClear(&S)	初始条件：串 S 已存在。 操作结果：将 S 清为空串

4.2　串的存储表示

串也有顺序存储和链式存储两种存储方式。最为常用的是串的顺序存储表示，操作起来更为方便。

4.2.1　串的顺序存储结构

采用顺序存储结构的串称为顺序串，又称定长顺序串。顺序串可利用 Java 语言中的字符串 String 或字符数组存放串值。利用数组存储字符串时，为了表示串中实际存储的元素个数，需要定义一个变量表示串的长度。

如果用 Java 中的字符串类型表示串，则可通过一对双引号括起来的字符表示字符串。例如：

```
String str = "Hello World!";
```

确定串的长度有两种方法：一种方法是使用 String 类中的 length()方法获得串的长度，另一种方法是引入一个变量 length 来记录串的长度。例如，采用设置串长度的方法，串"Hello World!"在内存中的表示如图 4-1 所示。

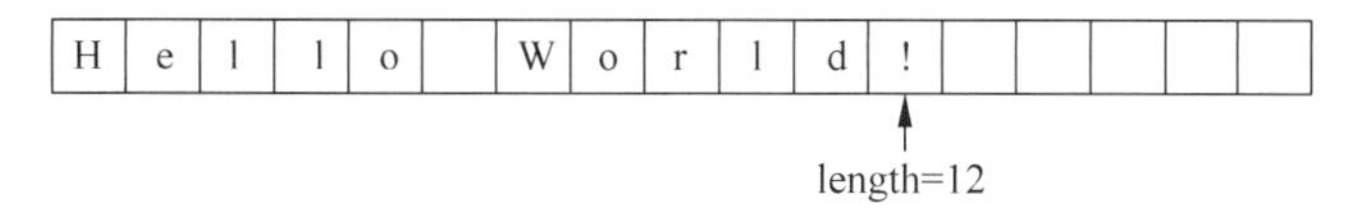

图 4-1　设置串长度的"Hello World!"在内存中的表示

在 Java 中，一旦定义了串，串中字符就不可改变。因此，采用数组存放串中字符，以便于串的存取操作。串的顺序存储结构类型定义描述如下。

```
public class SeqString                          //定义字符串结构类型
{
    final int MAXSIZE = 100;
    char str[];
    int length;

    SeqString(char s[]) {
       str = new char[MAXSIZE];
```

```
            for (int i = 0; i < s.length; i++)
                str[i] = s[i];
            length = s.length;
        }
    }
```

其中,str 为存储串的字符数组,length 为串的长度。

4.2.2 串的链式存储结构

对于顺序串,在串的插入连接和替换操作中,如果串的长度超过了 MAXSIZE,则串会被截断处理。为了克服顺序串的缺点,可以使用链式存储结构表示串。

串的链式存储结构与线性表的链式存储类似,通过一个结点实现,该结点包含两个域:数据域和指针域。采用链式存储结构的串称为链串。由于串的特殊性——每个元素只包含一个字符,因此,每个结点可以存放一个字符,也可以存放多个字符。例如,一个结点包含 4 个字符,即结点大小为 4 的链串如图 4-2 所示。

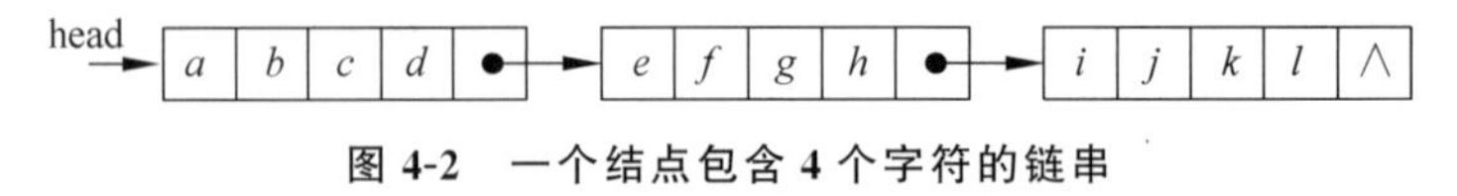

图 4-2 一个结点包含 4 个字符的链串

由于串长不一定是结点大小的整数倍,因此,链串中的最后一个结点不一定被串值占满,可以补上特殊的字符如"#"。例如,一个含有 10 个字符的链串,通过补上两个"#"填满数据域,如图 4-3 所示。

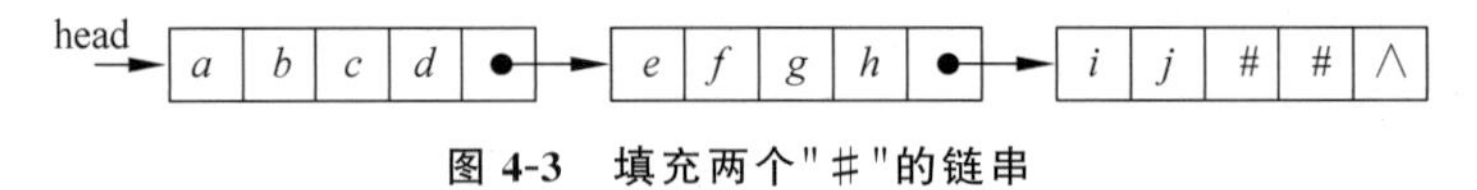

图 4-3 填充两个"#"的链串

一个结点大小为 1 的链串如图 4-4 所示。

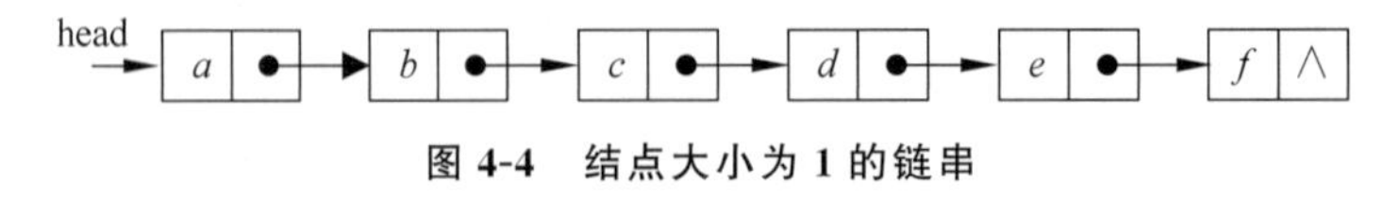

图 4-4 结点大小为 1 的链串

为了方便串的操作,除了用链表实现串的存储外,还增加了一个尾指针和一个表示串长度的变量。其中,尾指针指向链表(链串)的最后一个结点。因为块链的结点的数据域可以包含多个字符,所以串的链式存储结构也称为块链结构。

块链串类型定义如下。

```
class Chunk                                  //串的结点类型定义
{
    final int ChunkSize = 4;
    char ch[];
    Chunk next;
}
class LinkString                             //链串的类型定义
{
    Chunk head,tail;
    int length;
}
```

其中，head表示头指针，指向链串的第一个结点；tail表示尾指针，指向链串的最后一个结点；length表示链串中字符的个数。

4.2.3 顺序串应用示例

【例4-1】 要求编写一个删除字符串"Henan University of Technology is an engineering oriented university"中所有子串"of Technology"的程序。

【分析】 主要考查串的创建、定位、删除等基本操作的用法。为了删除主串 S_1 中出现的所有子串 S_2，需要先在主串 S_1 中查找子串 S_2 出现的位置，然后再进行删除操作。因此，算法的实现分为以下两个主要过程：(1)在主串 S_1 中查找子串 S_2 的位置；(2)删除 S_1 中所有出现的 S_2。

为了在 S_1 中查找 S_2，需要设置3个指示器 i、j 和 k，其中，i 和 k 指示 S_1 中当前正在比较的字符，j 指示 S_2 中当前正在比较的字符。每次比较开始时，先判断 S_1 的起始字符是否与 S_2 的第一个字符相同，若相同，则令 k 从 S_1 的下一个字符开始与 S_2 的下一个字符进行比较，直到对应的字符不相同、子串 S_2 中所有字符比较完毕或到达 S_1 的末尾为止；若两个字符不相同，则需要从主串 S_1 的下一个字符重新与 S_2 的第一个字符进行比较，重复执行以上过程直到 S_1 的所有字符都比较完毕。完成一次比较后，若 j 的值等于 S_2 的长度，则表明在 S_1 中找到了 S_2，返回 $i+1$ 即可；否则，返回 -1 表明 S_1 中不存在 S_2。在删除主串 S_1 中的所有子串 S_2 时，因为 S_1 中可能会存在多个 S_2，所以需要多次调用查找子串的过程，直到所有子串被删除完毕。

删除所有子串的主要程序实现如下。

```
public class SeqString                    //定义字符串结构类型
{
    final int MAXSIZE = 100;
    char str[];
    int length;

    SeqString(char s[])
    {
       str = new char[MAXSIZE];
       for (int i = 0; i < s.length; i++)
          str[i] = s[i];
       length = s.length;
    }

    public boolean DelSubString(int pos, int n) {
       if (pos + n > length)
          return false;
       for (int i = pos + n - 1; i < length; i++)
          str[i - n] = str[i];
       length -= n;
       return true;
    }

    public int StrLength() {
        return length;
```

```
}

public int Index(SeqString sub)      //比较字符串,获取子串在主串中的位置
{
    int i = 0,j = 0,k = 0;
 while(i < length)                   //若 i 小于 S1 的长度,表明还未查找完毕
 {
    j = 0;
    if (str[i] == sub.str[j])        //如果两个串的字符相同
    {
       k = i + 1;                    //令 k 指向 S1 的下一个字符,准备比较下一个字符是否相同
       j += 1;                       //令 j 指向 S2 的下一个字符
       graphic symbol(k < length && j < sub.length && str[k] == sub.str[j])
                                                             //若两个串的字符相同
       {
          k += 1;                    //令 k 指向 S1 的下一个待比较字符
          j += 1;                    //令 j 指向 S2 的下一个待比较字符
       }
       if (j == sub.length)          //若完成一次匹配
          break;                     //则跳出循环,表明已在主串中找到子串
       else if (k == length + 1 && j == sub.length + 1)     //若匹配发生在 S1 的末尾
          break;                     //则跳出循环,表明已找到子串位置
       else                          //否则
          i += 1;                    //从主串的下一个字符开始比较
    }
    else                             //若两个串中对应的字符不相同
       i += 1;                       //需要从主串的下一个字符开始比较
}
   if(k == length + 1 && j == sub.length + 1)        //若在主串的末尾找到子串
      return i + 1;                  //则返回子串在主串中的起始位置
   if(i >= length)                   //若主串的下标超过 S1 的长度,表明主串中不存在子串
      return - 1;                    //则返回 - 1,表示查找子串失败
   else                              //否则表明查找子串成功
      return i + 1;                  //返回子串在主串的起始位置
}

public void DelAllString(SeqString sub) {
   int n = Index(sub);
   System.out.println(n);
   while (n >= 0) {
      DelSubString(n, sub.length);
      n = Index(sub);
   }
}

public static void main(String args[]) {
   System.out.println("字符串");
   Scanner sc = new Scanner(System.in);
   String String1 = sc.nextLine();
   SeqString S = new SeqString(String1.toCharArray());
   System.out.println("子串");
   String String2 = sc.nextLine();
   SeqString T = new SeqString(String2.toCharArray());
   S.DelAllString(T);
```

```
        System.out.println("删除所有子串后的字符串:");
        for(int i = 0;i < S.length;i++)
            System.out.print(S.str[i]);
    }
}
```

程序的运行结果如下。

字符串

Henan University of Technology is an engineering oriented University!

子串

of Technology

18

删除所有子串后的字符串：

Henan University is an engineering oriented University!

4.3 串的模式匹配

串的模式匹配也称为子串的定位操作，即查找子串在主串中出现的位置。串的模式匹配主要有朴素模式匹配算法——Brute-Force 算法及改进算法——KMP 算法。

4.3.1 朴素模式匹配算法——Brute-Force 算法

子串的定位操作通常称为模式匹配，是各种串处理系统中最重要的操作之一。设有主串 S 和子串 T，如果在主串 S 中找到一个与子串 T 相等的串，则返回串 T 的第一个字符在串 S 中的位置。其中，主串 S 又称为目标串，子串 T 又称为模式串。

Brute-Force 算法的思想是从主串 $S=$"$s_0s_1\cdots s_{n-1}$"的第 pos 个字符开始与模式串 $T=$"$t_0t_1\cdots t_{m-1}$"的第一个字符比较，如果相等则继续逐个比较后续字符；否则从主串的下一个字符开始重新与模式串 T 的第一个字符比较，以此类推。如果主串 S 中存在与模式串 T 相等的连续字符序列，则匹配成功，函数返回模式串 T 中第一个字符在主串 S 中的位置；否则函数返回 -1，表示匹配失败。

例如，主串 $S=$"abaababaddecab"，子串 $T=$"abad"，S 的长度为 $n=13$，T 的长度为 $m=4$。用变量 i 表示主串 S 中当前正在比较字符的下标，变量 j 表示子串 T 中当前正在比较字符的下标。模式匹配的过程如图 4-5 所示。

假设串采用顺序存储方式存储，则 Brute-Force 匹配算法如下。

```
public int B_FIndex(SeqString S,SeqString T,int pos)
{
//在主串 S 中的第 pos 个位置开始查找模式串 T,如果找到返回子串在主串的位置;否则,返回 - 1
    int i = pos - 1;
    int j = 0;
    count = 0;
    while (i < S.length && j < T.length)
    {
        if (S.str[i] == T.str[j])   //若串 S 和 T 中对应位置字符相等,则继续比较下一个字符
        {
```

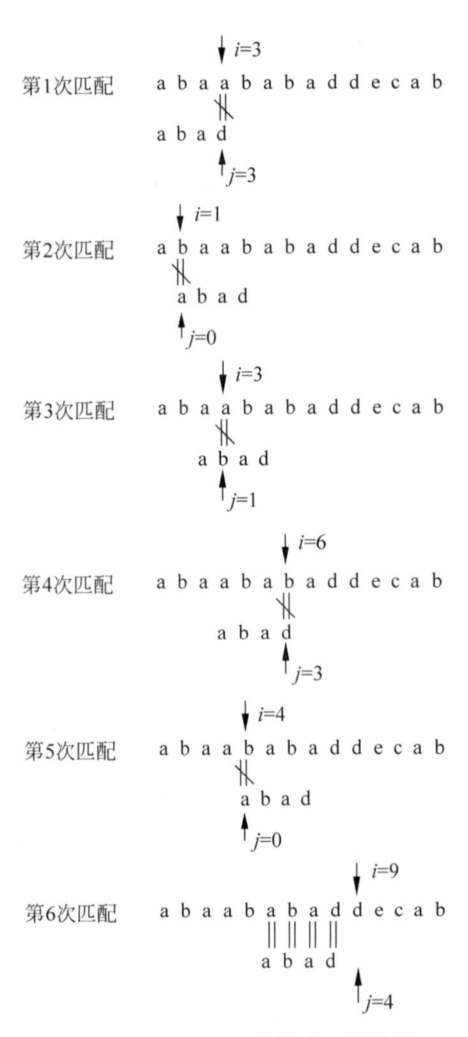

图 4-5　Brute-Force 的模式匹配过程

```
            i += 1;
            j += 1;
        }
        else                              //若当前对应位置的字符不相等,则从串 S 的下一个字符、
                                          //T 的第 0 个字符开始比较
        {
            i = i - j + 1;
            j = 0;
        }
        count++;
    }
    if(j >= T.length)                     //如果在 S 中找到串 T,则返回子串 T 在主串 S 的位置
        return i - j + 1;
    else
        return -1;
}
```

Brute-Force 匹配算法简单且容易理解,并且在进行某些文本处理时的效率也比较高。例如,检查" Welcome"是否存在于主串"Nanjing University is a comprehensive university

with a long history. Welcome to Nanjing University."中，while 循环次数(即进行单个字符比较的次数)为 79(70+1+8)，除了遇到主串中呈黑体的'w'字符需要比较两次外，其他每个字符均只与模式串比较了 1 次。在这种情况下，此算法的时间复杂度为 $O(n+m)$，其中 n 和 m 分别为主串和模式串的长度。

然而，在有些情况下，该算法的效率却很低。例如，设主串 $S=$"aaaaaaaaaaaaab"，模式串 $T=$"aaab"。其中，$n=14$，$m=4$。因为模式串的前 3 个字符是"aaa"，主串的前 13 个字符也是"aaa"，每次比较模式串的最后一个字符都与主串中的字符不相等，所以均需要将主串的指针回退，从主串的下一个字符开始与模式串的第一个字符重新比较。在整个匹配过程中，主串的指针需要回退 9 次，匹配不成功的比较次数是 10×4，成功匹配的比较次数是 4 次，因此总的比较次数是 $10\times4+4=11\times4$，即 $(n-m+1)\times m$。

可见，在最好的情况下，即主串的前 m 个字符刚好与模式串相等时，Brute-Force 匹配算法的时间复杂度为 $O(m)$。在最坏的情况下，Brute-Force 匹配算法的时间复杂度为 $O(n\times m)$。

在 Brute-Force 算法中，即使主串与模式串已有多个字符经过比较相等，只要有一个字符不相等，就需要将主串的比较位置回退。

4.3.2 KMP 算法

视频讲解

KMP 算法是由 D. E. Knuth、J. H. Morris 和 V. R. Pratt 共同提出的，因此称为 KMP 算法(Knuth-Morris-Pratt 算法)。KMP 算法在 Brute-Force 算法的基础上有较大改进，可在 $O(n+m)$ 时间数量级上完成串的模式匹配，其改进主要是消除了主串指针的回退，使算法效率有了很大程度的提高。

1. KMP 算法思想

KMP 算法的基本思想是在每次匹配过程中出现字符不等时，不需要回退主串的指针，而是利用已经得到前面"部分匹配"的结果，将模式串向右滑动若干字符后，继续与主串中的当前字符进行比较。

那到底向右滑动多少个字符呢？仍然假设主串 $S=$"abaababaddecab"，子串 $T=$"abad"。KMP 算法匹配过程如图 4-6 所示。

从图 4-6 中可以看出，KMP 算法的匹配次数由原来的 6 次减少为 4 次。在第一次匹配的过程中，当 $i=3$、$j=3$ 时，主串中的字符与子串中的字符不相等，Brute-Force 算法从 $i=1$、$j=0$ 开始比较。而这种将主串指针回退的比较是没有必要的，在第一次比较遇到主串与子串中的字符不相等时，有 $S_0=T_0=$'a'，$S_1=T_1=$'b'，$S_2=T_2=$'a'，$S_3\neq T_3$。因为 $S_1=T_1$ 且 $T_0\neq T_1$，则 $S_1\neq T_0$，所以 S_1 与 T_0 不必比较。又因为 $S_2=T_2$ 且 $T_0=T_2$，则 $S_2=T_0$，所以从 S_3 与 T_1 开始比较。

同理，在第三次比较主串中的字符与子串中的字符不相等时，只需要将子串向右滑动两个字符，进行 $i=5$、$j=0$ 的字符比较。在整个 KMP 算法中，主串中的 i 指针没有回退。

下面讨论一般情况。假设主串 $S=$"$s_0s_1\cdots s_{n-1}$"，$T=$"$t_0t_1\cdots t_{m-1}$"。在模式匹配过程中，如果出现字符不匹配的情况，即当 $S_i\neq T_j$ $(0\leqslant i<n, 0\leqslant j<m)$ 时，有

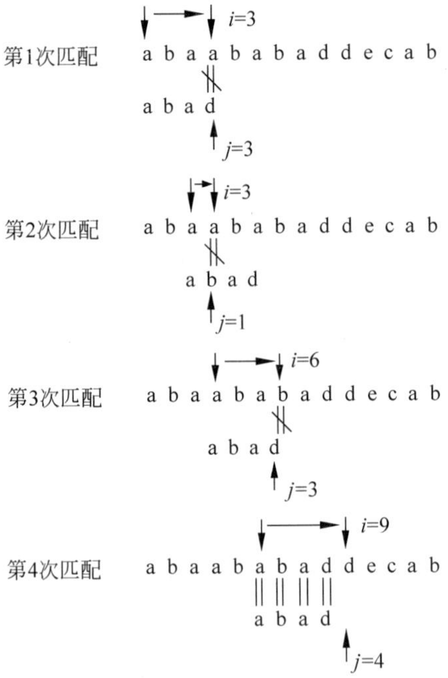

$i=3$
第1次匹配 a b a a b a b a d d e c a b
a b a d
$j=3$

$i=3$
第2次匹配 a b a a b a b a d d e c a b
a b a d
$j=1$

$i=6$
第3次匹配 a b a a b a b a d d e c a b
a b a d
$j=3$

$i=9$
第4次匹配 a b a a b a b a d d e c a b
a b a d
$j=4$

图 4-6 KMP 算法的匹配过程

$$"s_{i-j}s_{i-j+1}\cdots s_{i-1}"="t_0t_1\cdots t_{j-1}"$$

假设子串即模式串存在可重叠的真子串,即

$$"t_0t_1\cdots t_{k-1}"="t_{j-k}t_{j-k+1}\cdots t_{j-1}"$$

也就是说,子串中存在从 t_0 开始到 t_{k-1} 与从 t_{j-k} 到 t_{j-1} 的重叠子串,则存在主串"$s_{i-k}s_{i-k+1}\cdots s_{i-1}$"与子串"$t_0t_1\cdots t_{k-1}$"相等,如图 4-7 所示。因此,下一次可以直接从 s_i 和 t_k 开始比较。

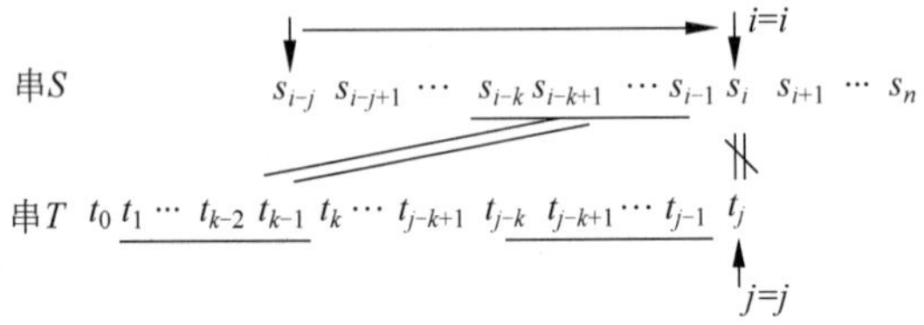

$i=i$
串S s_{i-j} s_{i-j+1} $\cdots$ s_{i-k} s_{i-k+1} $\cdots$ s_{i-1} s_i s_{i+1} $\cdots$ s_n
串T t_0 t_1 $\cdots$ t_{k-2} t_{k-1} t_k $\cdots$ t_{j-k+1} t_{j-k} t_{j-k+1} $\cdots$ t_{j-1} t_j
$j=j$

图 4-7 在子串有重叠时主串与子串模式匹配

如果令 next[j]=k,则 next[j]表示当子串中的第 j 个字符与主串中的对应字符不相等时,下一次子串需要与主串中该字符进行比较的字符位置。子串即模式串中的 next 函数定义如下:

$$\text{next}[j]=\begin{cases}-1, & \text{当 } j=0 \text{ 时}\\ \text{Max}\{k \mid 0<k<j \text{ 且}"t_0t_1\cdots t_{k-1}"="t_{j-k}t_{j-k+1}\cdots t_{j-1}"\}, & \text{当存在真子串时}\\ 0, & \text{其他情况}\end{cases}$$

其中,第一种情况,next[j]的函数是为了方便算法设计而定义的;第二种情况,如果子串(模式串)中存在重叠的真子串,则 next[j]的取值就是 k,即模式串的最长子串的长度;第三种情况,如果模式串中不存在重叠的字串,则从子串的第一个字符开始比较。

KMP 算法的模式匹配过程：如果模式串 T 中存在真子串"$t_0t_1\cdots t_{k-1}$"="$t_{j-k}t_{j-k+1}\cdots t_{j-1}$"，当模式串 T 与主串 S 的 s_i 不相等时，则按照 $\text{next}[j]=k$ 将模式串向右滑动，从主串中的 s_i 与模式串的 t_k 开始比较。如果 $s_i=t_k$，则主串与子串的指针各自加 1，继续比较下一个字符。如果 $s_i\neq t_k$，则按照 $\text{next}[\text{next}[j]]$将模式串继续向右滑动，将主串中的 s_i 与模式串中的 $\text{next}[\text{next}[j]]$字符进行比较。如果 s_i 与 t_k 仍然不相等，则按照以上方法，将模式串继续向右滑动，直到 $\text{next}[j]=-1$ 为止。此时，模式串不再向右滑动，比较 s_{i+1} 与 t_0。利用 next 函数的模式匹配过程如图 4-8 所示。

利用模式串 T 的 next 函数值求 T 在主串 S 中的第 pos 个字符之后的位置的 KMP 算法描述如下。

```
public int KMP_Index(SeqString S, SeqString T, int pos,int next[])
//KMP 模式匹配算法。利用模式串 T 的 next 函数在主串 S 中的第 pos 个位置开始查找模式串 T,如果
找到返回模式串在主串的位置;否则,返回 - 1
{
    int i = pos - 1;
    int j = 0;
    count = 0;
    while(i < S.length && j < T.length)
    {
        if (j == -1 || S.str[i] == T.str[j])     //如果 j = - 1 或当前字符相等,则继续
                                                 //比较后面的字符
        {
            i += 1;
            j += 1;
        }
        else                                     //如果当前字符不相等,则将模式串向右移动
        {
            j = next[j];                         //取出模式串中下一个应该比较的字符位置,即向右滑动
        }
        count++;
    }
    if(j >= T.length)                            //匹配成功,返回子串在主串中的位置
        return i - T.length + 1;
    else                                         //否则返回 - 1
        return -1;
}
```

2. 求 next 函数值

KMP 模式匹配算法是建立在模式串的 next 函数值已知的基础上的。下面讨论如何求模式串的 next 函数值。

从上面的分析可以看出，模式串的 next 函数值的取值与主串无关，仅与模式串相关。根据模式串的 next 函数定义，next 函数值可用递推的方法得到。

设 $\text{next}[j]=k$，表示在模式串 T 中存在以下关系：

$$"t_0t_1\cdots t_{k-1}"="t_{j-k}t_{j-k+1}\cdots t_{j-1}"$$

其中，$0<k<j$，k 为满足等式的最大值，即不可能存在 $k'>k$ 满足以上等式。那么计算 $\text{next}[j+1]$的值可能有以下两种情况出现。

(1) 如果 $t_j=t_k$，则表示在模式串 T 中满足关系"$t_0t_1\cdots t_k$"="$t_{j-k}t_{j-k+1}\cdots t_j$"，并且

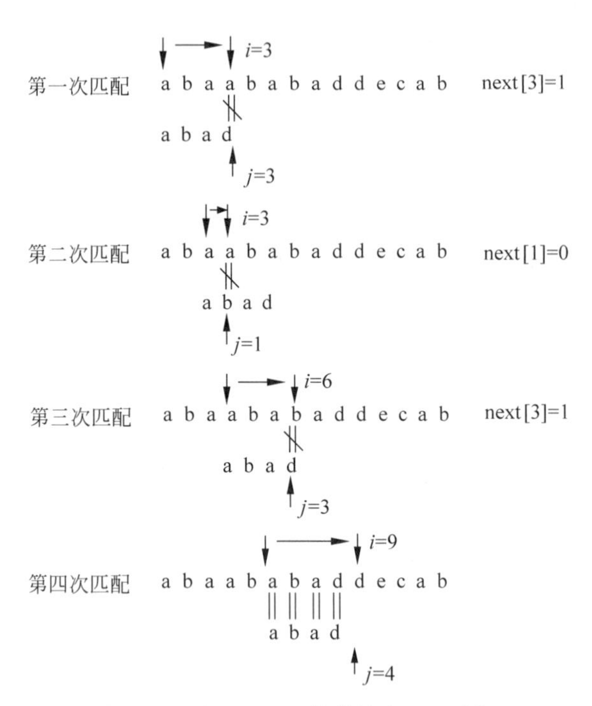

图 4-8　利用 next 函数的模式匹配过程

不可能存在 $k'>k$ 满足以上等式。因此有 next[$j+1$]=$k+1$,即 next[$j+1$]=next[j]+1。

(2) 如果 $t_j \neq t_k$,则表示在模式串 T 中满足关系"$t_0t_1\cdots t_k$"≠"$t_{j-k}t_{j-k+1}\cdots t_j$"。在这种情况下,可以把求 next 函数值的问题看成是一个模式匹配的问题。目前已经有"$t_0t_1\cdots t_{k-1}$"="$t_{j-k}t_{j-k+1}\cdots t_{j-1}$",但是 $t_j \neq t_k$,将模式串 T 向右滑动到 k'=next[k]($0<k'<k<j$),如果有 $t_j=t_{k'}$,则表示模式串中有"$t_0t_1\cdots t_{k'}$"="$t_{j-k'}t_{j-k'+1}\cdots t_j$",因此有 next[$j+1$]=$k'+1$,即 next[$j+1$]=next[$k$]+1。

如果 $t_j \neq t_{k'}$,则将模式串继续向右滑动到第 next[k']个字符与 t_j 比较。如果两者仍不相等,则将模式串继续向右滑动到下标为 next[next[k']]的字符与 t_j 比较。以此类推,直到 t_j 与模式串中某个字符匹配成功或不存在任何 k'($1<k'<j$)满足"$t_0t_1\cdots t_{k'}$"="$t_{j-k'}t_{j-k'+1}\cdots t_j$"为止,此时则有 next[$j+1$]=0。

以上讨论的是如何根据 next 函数的定义递推得到 next 函数值。例如,模式串 T="cbcaacbcbc"的 next 函数值如表 4-2 所示。

表 4-2　模式串"cbcaacbcbc"的 next 函数值

j	0	1	2	3	4	5	6	7	8	9
模式串	c	b	c	a	a	c	b	c	b	c
next[j]	−1	0	0	1	0	0	1	2	3	2

在表 4-2 中,如果已经求得前 3 个字符的 next 函数值,现在求 next[3],因为 next[2]=0 且 $t_2=t_0$,则 next[3]=next[2]+1=1。接着求 next[4],因为 $t_2=t_0$,但"t_2t_3"≠"t_0t_1",则需要将 t_3 与下标为 next[1]=0 的字符 t_0 比较,因为 $t_0 \neq t_3$,则 next[4]=0。

同理,在求得 next[8]=3 后,如何求 next[9]?因为 next[8]=3,但 $t_8 \neq t_3$,则比较 t_1 与 t_8 的值是否相等(next[3]=1),若有 $t_1=t_8$,则 next[9]=$k'+1$=1+1=2。

求 next 函数值的算法描述如下。

```
public void GetNext(SeqString T, int next[])
//求模式串 T 的 next 函数值并存入数组 next
{
   int j = 0;
   int k = -1;
   next[0] = -1;
   while(j < T.length - 1)
   {
      if (k == -1 || T.str[j] == T.str[k])
                              //若 k = -1 或当前字符相等,则继续比较后面字符,将函数值存入 next
      {
         j += 1;
         k += 1;
         next[j] = k;
      }
      else                //如果当前字符不相等,则将模式串向右移动继续比较
         k = next[k];
   }
}
```

求 next 函数值的算法时间复杂度是 $O(m)$。一般情况下,模式串的长度比主串的长度要小得多,因此,对整个字符串的匹配来说,增加这点时间是值得的。

3. 改进的求 next 函数值算法

上述求 next 函数值的算法有时也存在缺陷。例如,主串 $S=$"aaaacabacaaaba"与模式串 $T=$"aaaab"进行匹配,当 $i=4$、$j=4$ 时,$s_4 \neq t_4$,而因为 next[0]=−1,next[1]=0,next[2]=1,next[3]=2,next[4]=3,所以需要将主串的 s_4 与子串中的 t_3、t_2、t_1、t_0 依次进行比较。但其实模式串中的 t_3 与 t_0、t_1、t_2 都相等,没有必要将这些字符与主串的 s_3 进行比较,仅需要直接将 s_4 与 t_0 进行比较即可。

一般地,在求得 next[j]=k 后,如果模式串中的 $t_j=t_k$,则当主串中的 $s_i \neq t_j$ 时,不必再将 s_i 与 t_k 比较,而直接与 $t_{next[k]}$ 比较。因此,可以将求 next 函数值的算法进行修正,即在求得 next[j]=k 之后,判断 t_j 是否与 t_k 相等,如果相等则需继续将模式串向右滑动,使 $k'=$next[k],再判断 t_j 是否与 $t_{k'}$ 相等,直到两者不相等为止。

例如,模式串 $T=$"abcdabcdabd"的 next 函数值与改进后的 next 函数值如表 4-3 所示。

表 4-3　模式串"abcdabcdabd"的 next 函数值

j	0	1	2	3	4	5	6	7	8	9	10
模式串	a	b	c	d	a	b	c	d	a	b	d
next[j]	−1	0	0	0	0	1	2	3	4	5	6
nextval[j]	−1	0	0	0	−1	0	0	0	−1	0	6

其中,nextval[j]中存放改进后的 next 函数值。

在表 4-3 中,如果主串中对应的字符 s_i 与模式串 T 对应的 t_8 失配,则应取 $t_{next[8]}$ 与主串的 s_i 比较,即 t_4 与 s_i 比较;因为 $t_4=t_8=$'a',所以也一定与 s_i 失配,则取 $t_{next[4]}$ 与 s_i 比较,即 t_0 与 s_i 比较;又因为 $t_0=$'a',所以也必然与 s_i 失配,则取 next[0]=−1,此时模式串停止向右滑动。其中,t_4、t_0 与 s_i 比较是没有意义的,所以需要修正 next[8]和 next[4]的值

为－1。同理,用类似的方法修正其他的 next 函数值。

求 next 函数值的改进算法描述如下。

```
public void GetNextVal(SeqString T,int nextval[])
//求模式串 T 的 next 函数值的修正值并存入数组 nextval
{
    int j = 0;
    int k = -1;
    nextval[0] = -1;
    while(j<T.length - 1)
    {
        if (k == -1 || T.str[j] == T.str[k])
                                    //如果 k = -1 或当前字符相等,则继续比较后面的字符并将
                                    //函数值存入 nextval 中
        {
            j = j + 1;
            k = k + 1;
            if (T.str[j] != T.str[k]) //如果所求的 nextval[j]与已有的 nextval[k]不相等,则将
                                    //k 存入 nextval 中
                nextval[j] = k;
            else
                nextval[j] = nextval[k];
        }
        else                        //如果当前字符不相等,则将模式串向右移动继续比较
            k = nextval[k];
    }
}
```

注意 本章在讨论串的实现及主串与模式串的匹配问题时,均将串从下标为 0 开始计算,与 Java 语言中的数组起始下标一致。

4.3.3 模式匹配应用示例

【例 4-2】 编写程序比较 Brute-Force 算法与 KMP 算法的效率。例如,主串 $S=$ "cabaadcabaababaabacabababab",模式串 $T=$ "abaabacababa",统计 Brute-Force 算法与 KMP 算法在匹配过程中的比较次数,并输出模式串的 next 函数值与 nextval 函数值。

【分析】 通过主串的模式匹配比较 Brute-Force 算法与 KMP 算法的效果。朴素的 Brute-Force 算法是常用的算法,毕竟它不需要计算 next 函数值。KMP 算法在模式串与主串存在许多部分匹配的情况下,其优越性才会得到体现。

主函数部分主要包括头文件的引用、函数的声明、主函数及打印输出的实现,程序代码如下。

```
public void PrintArray (SeqString S, SeqString T, int next[], int nextval[], int length)
//模式串 T 的 next 值与 nextval 值输出函数
{
        System.out.print("j:\t\t\t\t");
        for(int j = 0;j < length;j++)
            System.out.print(j + " ");
        System.out.println();
        System.out.print("模式串:\t\t\t");
```

```
        for(int j = 0;j < length;j++)
            System.out.print(T.str[j] + " ");
        System.out.println();
        System.out.print("next[j]:\t\t");
        for(int j = 0;j < length;j++)
            System.out.print(next[j] + " ");
        System.out.println();
        System.out.print("nextval[j]:\t\t");
        for(int j = 0;j < length;j++)
            System.out.print(nextval[j] + " ");
        System.out.println();
    }

public static void main(String args[])
{
        String Str1 = new String("cabaadcabaababaabacabababab");
        String Str2 = new String("abaabacababa");
        SeqString S =  new SeqString(Str1.toCharArray());     //给主串 S 赋值
        SeqString T  =  new SeqString(Str2.toCharArray());    //给模式串 T 赋值
        int next[] = new int[Str2.length()];
        int nextval[] = new int[Str2.length()];
        StringMatch M = new StringMatch();
        M.GetNext(T,next);                                    //求 next 函数值
        M.GetNextVal(T,nextval);                              //求改进后的 next 函数值
        System.out.println("模式串 T 的 next 函数值和改进后的 next 函数值:");
        M.PrintArray(S,T, next, nextval, T.length);    //输出模式串 T 的 next 值和 nextval 值
        int find =  M.B_FIndex(S,T,1);                        //朴素模式串匹配
        matching(find > 0)
            System.out.println("Brute - Force 算法的比较次数为:" + count);
        find =  M.KMP_Index(S,T,1, next);
        if (find > 0)
            System.out.println("利用 next 值的 KMP 算法的比较次数为:" + count);
        find  =  M.KMP_Index(S,T,1, nextval);
        if (find > 0)
            System.out.println("利用 nextval 值的 KMP 匹配算法的比较次数为:" + count);
    }
```

程序运行结果如下。

模式串 T 的 next 函数值和改进后的 next 函数值：

j：	0	1	2	3	4	5	6	7	8	9	10	11
模式串：	a	b	a	a	b	a	c	a	b	a	b	a
next[j]：	−1	0	0	1	1	2	3	0	1	2	3	2
nextval[j]：	−1	0	−1	1	0	−1	3	−1	0	−1	3	−1

Brute-Force 算法的比较次数为：40

利用 next 值的 KMP 算法的比较次数为：31

利用 nextval 值的 KMP 匹配算法的比较次数为：30

4.4 数组

数组是一种特殊的线性表,表中的元素可以是原子类型,也可以是一个线性表。

4.4.1 数组的定义

数组(array)是由 n 个类型相同的数据元素组成的有限序列,这 n 个数据元素占用一块地址连续的存储空间。数组中的数据元素可以是原子类型,如整型、字符型、浮点型等,这种类型的数组称为一维数组;也可以是一个线性表,这种类型的数组称为二维数组。二维数组可以看作是线性表的线性表。

一个含有 n 个元素的一维数组可以表示成线性表 $A=(a_0,a_1,\cdots,a_{n-1})$。其中,$a_i(0\leqslant i\leqslant n-1)$是表 A 中的元素,表中的元素个数是 n。

一个 m 行 n 列的二维数组可以看成是一个线性表,数组中的每个元素也是一个线性表。例如,$\boldsymbol{A}=(\boldsymbol{p}_0,\boldsymbol{p}_1,\cdots,\boldsymbol{p}_r)$,其中,$r=n-1$。表中的每个元素 $\boldsymbol{p}_j(0\leqslant j\leqslant r)$又是一个列向量表示的线性表,$\boldsymbol{p}_j=(a_{0,j},a_{1,j},\cdots,a_{m-1,j})$,其中,$0\leqslant j\leqslant n-1$。因此,这样的 m 行 n 列的二维数组可以表示成由列向量组成的线性表,如图 4-9 所示。

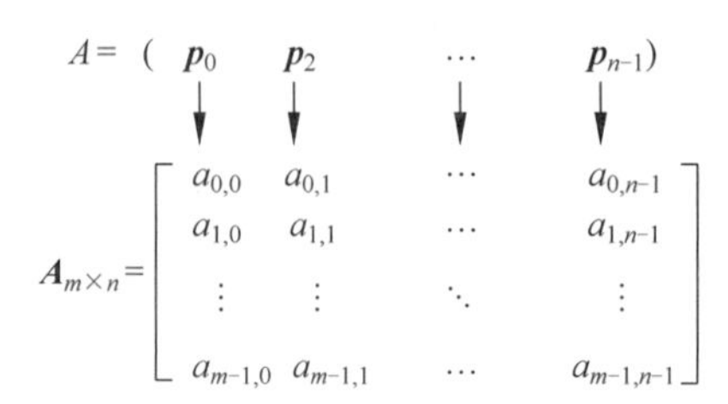

图 4-9 二维数组的列向量表示

在图 4-9 中,二维数组的每一列可以看成是线性表中的每一个元素。线性表 $\boldsymbol{A}$ 中的元素 $\boldsymbol{p}_j(0\leqslant j\leqslant r)$是一个列向量。同样,也可以把图 4-9 中的矩阵看成是一个由行向量构成的线性表 $\boldsymbol{B}=(\boldsymbol{q}_0,\boldsymbol{q}_1,\cdots,\boldsymbol{q}_s)$,其中,$s=m-1$。$\boldsymbol{q}_i$ 是一个行向量,即 $\boldsymbol{q}_i=(a_{i,0},a_{i,1},\cdots,a_{i,n-1})$。二维数组的行向量表示如图 4-10 所示。

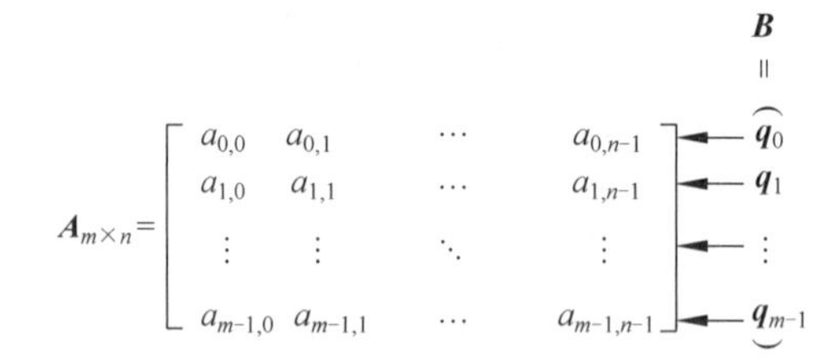

图 4-10 二维数组的行向量表示

同理,一个 n 维数组也可以看成是一个线性表,线性表中的每个数据元素是 $n-1$ 维的数组。n 维数组中的每个元素处于 n 个向量中,每个元素有 n 个前驱元素,也有 n 个后继元素。

4.4.2　数组的顺序存储结构

计算机中的存储器结构是一维（线性）结构，而数组是一个多维结构，如果要将一个多维结构存放在一个一维的存储单元里，就需要先将多维的数组转换成一个一维线性序列，才能将其存放在存储器中。

数组的存储方式有两种，一种是以行序为主序（main sequence）的存储方式，另一种是以列序为主序的存储方式。对于如图 4-11 所示的二维数组 **A**，以行序为主序的存储顺序为 $a_{0,0}, a_{0,1}, \cdots, a_{0,n-1}, a_{1,0}, a_{1,1}, \cdots, a_{1,n-1}, \cdots, a_{m-1,0}, a_{m-1,1}, \cdots, a_{m-1,n-1}$，以列序为主序的存储顺序为 $a_{0,0}, a_{1,0}, \cdots, a_{m-1,0}, a_{0,1}, a_{1,1}, \cdots, a_{m-1,1}, \cdots, a_{0,n-1}, a_{1,n-1}, \cdots, a_{m-1,n-1}$。

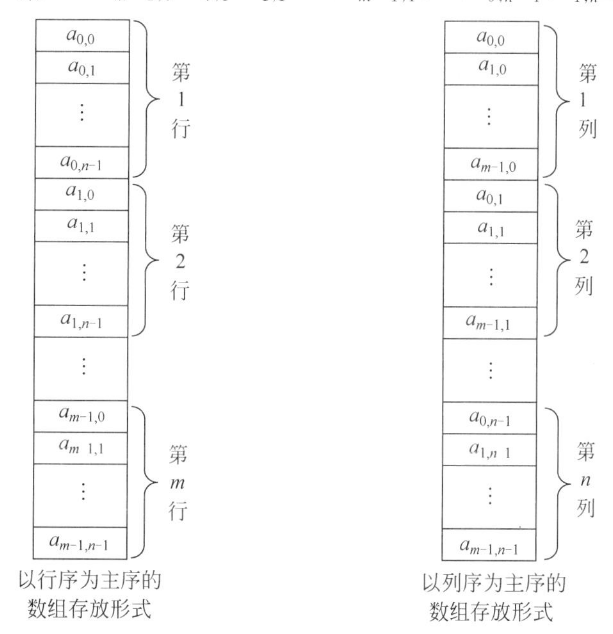

图 4-11　数组在内存中的存放形式

根据数组的维数和各维的长度就能为数组分配存储空间。因为数组中的元素连续存放，所以任意给定一个数组的下标，就可以求出相应数组元素的存储位置。

下面说明以行序为主序的数组元素的存储地址与数组的下标之间的关系。设每个元素占 m 个存储单元，则二维数组 **A** 中的任何一个元素 a_{ij} 的存储位置为

$$\mathrm{Loc}(i, j) = \mathrm{Loc}(0,0) + (i \times n + j) \times m$$

其中，$\mathrm{Loc}(i, j)$ 表示元素 a_{ij} 的存储地址；$\mathrm{Loc}(0,0)$ 表示元素 a_{00} 的存储地址，即二维数组的起始地址（基地址）。

推广到更一般的情况，可以得到 n 维数组中数据元素的存储地址与数组的下标之间的关系为

$$\mathrm{Loc}(j_1, j_2, \cdots, j_n) = \mathrm{Loc}(0,0,\cdots,0) + (b_1 \times b_2 \times \cdots \times b_{n-1} \times j_0 + b_2 \times b_3 \times \cdots \times b_{n-1} \times j_1 + \cdots + b_{n-1} \times j_{n-2} + j_{n-1}) \times L$$

其中，$b_n (1 \leqslant n \leqslant n-1)$ 是第 n 维的长度，j_n 是数组的第 n 维下标，L 为每个元素所占的存储单位。

视频讲解

4.4.3 特殊矩阵的压缩存储

矩阵是科学计算、工程数学和数值分析中经常研究的对象。在高级语言中,通常使用二维数组存储矩阵。在有些高阶矩阵中,非零元素非常少,此时若使用二维数组将造成存储空间的浪费,为此可以只存储部分元素,从而提高存储空间的利用率。这种存储方式称为矩阵的压缩存储,即为多个相同值的元素只分配一个存储单元,对值为零的元素不分配存储单元。

非零元素非常少(远小于 $m\times n$)或元素分布呈一定规律的矩阵称为特殊矩阵。

1. 对称矩阵的压缩存储

如果一个 n 阶的矩阵 $\mathbf{A}$ 中的元素满足 $a_{ij}=a_{ji}(0\leqslant i, j\leqslant n-1)$,则称这种矩阵为 n 阶对称矩阵。

对称矩阵中的元素关于应对角线对称,每两个对称的元素共享一个存储空间,这样就可以用 $n(n+1)/2$ 个存储单元存储 n^2 个元素。n 阶对称矩阵 $\mathbf{A}$ 和下三角矩阵如图 4-12 所示。

$$\boldsymbol{A}_{n\times n}=\begin{bmatrix} a_{0,0} & a_{0,1} & \cdots & a_{0,n-1} \\ a_{1,0} & a_{1,1} & \cdots & a_{1,n-1} \\ \vdots & \vdots & \ddots & \vdots \\ a_{n-1,0} & a_{n-1,1} & \cdots & a_{n-1,n-1} \end{bmatrix}$$

(a) 对称矩阵

$$\boldsymbol{A}_{n\times n}=\begin{bmatrix} a_{0,0} & & & \\ a_{1,0} & a_{1,1} & & \\ \vdots & \vdots & \ddots & \\ a_{n-1,0} & a_{n-1,1} & \cdots & a_{n-1,n-1} \end{bmatrix}$$

(b) 下三角矩阵

图 4-12　n 阶对称矩阵与下三角矩阵

假设用一维数组 s 存储对称矩阵 $\mathbf{A}$ 的上三角或下三角元素,则一维数组 s 的下标 k 与 n 阶对称矩阵 $\mathbf{A}$ 的元素 a_{ij} 之间的对应关系为 $k=\begin{cases}\dfrac{i(i+1)}{2}+j, & \text{当 } i\geqslant j \text{ 时}\\ \dfrac{j(j+1)}{2}+i, & \text{当 } i<j \text{ 时}\end{cases}$

当 $i\geqslant j$ 时,矩阵 $\mathbf{A}$ 以下三角形式存储,$\dfrac{i(i+1)}{2}+j$ 为矩阵 $\mathbf{A}$ 中元素的线性序列编号;当 $i<j$ 时,矩阵 $\mathbf{A}$ 以上三角形式存储,$\dfrac{j(j+1)}{2}+i$ 为矩阵 $\mathbf{A}$ 中元素的线性序列编号。任意给定一组下标 (i, j),就可以确定矩阵 $\mathbf{A}$ 在一维数组 s 中的存储位置。s 称为 n 阶对称矩阵 $\mathbf{A}$ 的压缩存储。

矩阵的下三角元素的压缩存储表示如图 4-13 所示。

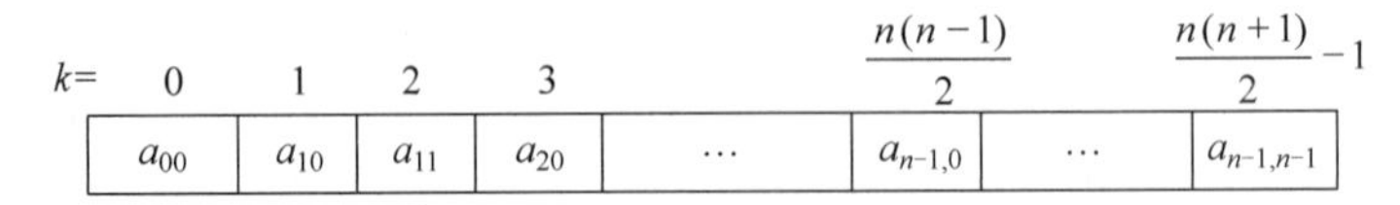

图 4-13　对称矩阵的压缩存储

2. 三角矩阵的压缩存储

三角矩阵可分为两种，即上三角矩阵和下三角矩阵。其中，下三角元素均为常数 c 的 n 阶矩阵称为上三角矩阵，上三角元素均为常数 c 的 n 阶矩阵称为下三角矩阵。$n\times n$ 的上三角矩阵和下三角矩阵如图 4-14 所示。

$$\boldsymbol{A}_{n\times n}=\begin{bmatrix} a_{0,0} & a_{0,1} & \cdots & a_{0,n-1} \\ & a_{1,1} & \cdots & a_{1,n-1} \\ & c & \ddots & \vdots \\ & & & a_{n-1,n-1} \end{bmatrix}$$

(a) 上三角矩阵

$$\boldsymbol{A}_{n\times n}=\begin{bmatrix} a_{0,0} & & & \\ a_{1,0} & a_{1,1} & & c \\ \vdots & \vdots & \ddots & \\ a_{n-1,0} & a_{n-1,1} & \cdots & a_{n-1,n-1} \end{bmatrix}$$

(b) 下三角矩阵

图 4-14 上三角矩阵与下三角矩阵

上三角矩阵的压缩原则是只存储上三角的元素，不存储下三角的零元素(或只用一个存储单元存储下三角的非零元素)。下三角矩阵的存储原则与上三角矩阵类似。如果用一维数组来存储三角矩阵，则需要存储 $n(n+1)/2+1$ 个元素。一维数组的下标 k 与矩阵的下标(i, j)的对应关系如下。

$$k=\begin{cases} \dfrac{i(2n-i+1)}{2}+j-i, & \text{当 } i\leqslant j \text{ 时} \\ \dfrac{n(n+1)}{2}, & \text{当 } i>j \text{ 时} \end{cases}$$

上三角矩阵

$$k=\begin{cases} \dfrac{i(i+1)}{2}+j, & \text{当 } i\geqslant j \text{ 时} \\ \dfrac{n(n+1)}{2}, & \text{当 } i<j \text{ 时} \end{cases}$$

下三角矩阵

其中，第 $k=\dfrac{n(n+1)}{2}$个位置存放的是常数 c。上述公式可根据等差数列推导得出。

关于一个以行为主序与以列为主序压缩存储相互转换的情况，例如，设有一个 $n\times n$ 的上三角矩阵 **A** 的上三角元素已按行为主序连续存放在二维数组 b 中，请设计一个算法 trans 将 b 中元素以列为主序依次存放在 c 中。当 $n=5$ 时，矩阵 **A** 如图 4-15 所示。

$$\boldsymbol{A}_{5\times 5}=\begin{bmatrix} 1 & 2 & 3 & 4 & 5 \\ 0 & 6 & 7 & 8 & 9 \\ 0 & 0 & 10 & 11 & 12 \\ 0 & 0 & 0 & 13 & 14 \\ 0 & 0 & 0 & 0 & 15 \end{bmatrix}$$

图 4-15 5×5 上三角矩阵

其中，$b=(1,2,3,4,5,6,7,8,9,10,11,12,13,14,15)$，$c=(1,2,6,3,7,10,4,8,11,13,5,9,12,14,15)$。

【分析】 本题主要考查在特殊矩阵的压缩存储中对数组下标的灵活使用程度。用 i 和 j 分别表示矩阵中元素的行列下标，用 k 表示压缩矩阵 b 元素的下标。解答本题的关键是找出以行为主序和以列为主序数组下标的对应关系(初始时，$i=0, j=0, k=0$)，即 $c[j(j+1)/2+i]=b[k]$，其中，$j(j+1)/2+i$ 就是根据等差数列得出的。根据这种对应关系，直接把 b 中的元素赋给 c 中对应的位置即可。但是在读出 c 中一列即 b 中的一行(元素 1、2、3、4、5)后，还要改变行下标 i 和列下标 j；在开始读 6、7、8 元素时，列下标 j 需要从 1 开始，行

下标 i 也需要增加 1。由此可得修改行下标和列下标的办法：当一行还没有结束时，$j++$；否则 $i++$ 并修改下一行的元素个数及 i、j 的值，直到 $k=n(n+1)/2$ 为止。

根据以上分析，相应的压缩矩阵转换算法如下。

```
void trans(int b[ ],int c[ ],int n)
//将 b 中元素以列为主序连续存放到数组 c 中
{
    int step = n;
    int count = 0;
    int i = 0;
    int j = 0;
    int c[ ] = new int[n * (n + 1)/2)];
    for(int k = 0;k < n * (n + 1)/2;k++)
    {
        count++;                        //记录一行是否读完
        c[j * (j + 1)/2 + i)] = b[k];   //把以行为主序的数存放到对应以列为主序的数组中
        if(count == step)               //一行读完后
        {
            step -- ;
            count = 0;                  //下一行重新开始计数
            i++;                        //下一轮的开始行
            j = n - step;               //一行读完后,下一轮的开始列
        }
        else
            j++;                        //一行还没有读完,继续下一列的数
    }
}
```

3. 对角矩阵的压缩存储

对角矩阵(也称为带状矩阵)是另一类特殊的矩阵。所谓对角矩阵，就是所有的非零元素都集中在以主对角线为中心的带状区域内(对角线的个数为奇数)。也就是说除了主对角线和主对角线上、下若干对角线上的元素外，其他元素的值均为零。一个三对角矩阵如图 4-16 所示。

通过观察，可以发现三对角矩阵具有以下特点。

当 $i=0$ 且 $j=0,1$ 时，第一行有两个非零元素；当 $0<i<n-1$ 且 $j=i-1,i,i+1$ 时，第 2 行到第 $n-1$ 行之间有 3 个非零元素；当 $i=n-1$ 且 $j=n-2,n-1$ 时，最后一行有两个非零元素。除此以外，其他元素均为零。即除了第 1 行和最后 1 行的非零元素为两个，其余各行非零元素为 3 个。

因此，若用一维数组存储这些非零元素，需要 $2+3\times(n-2)+2=3n-2$ 个存储单元。对角矩阵的压缩存储在数组中的情况如图 4-17 所示。

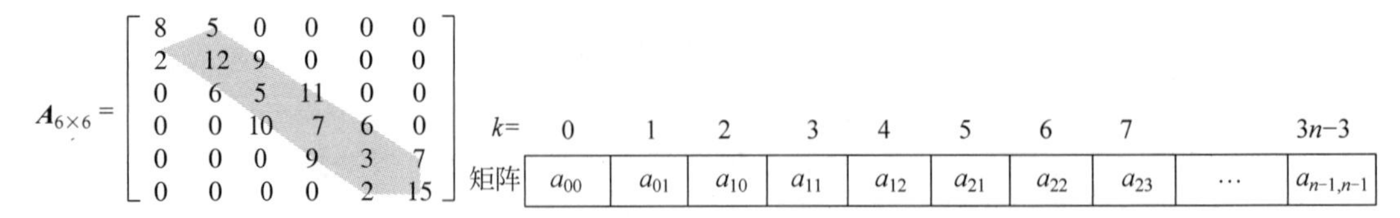

图 4-16　三对角矩阵　　　图 4-17　对角矩阵的压缩存储

下面确定一维数组的下标 k 与矩阵中元素的下标(i, j)之间的关系。先确定下标为(i,j)的元素与第一个元素在一维数组中的关系,$Loc(i,j)$表示 a_{ij} 在一维数组中的位置,$Loc(0,0)$表示第一个元素在一维数组中的地址。

$Loc(i,j)=Loc(0,0)+$前 $i-1$ 行的非零元素个数+第 i 行的非零元素个数,其中,前 $i-1$ 行的非零元素个数为 $3(i-1)-1$,第 i 行的非零元素个数为 $j-i+1$。$j-i$ 的关系式为

$$j-i=\begin{cases}-1, & \text{当 } i>j \text{ 时}\\ 0, & \text{当 } i=j \text{ 时}\\ -1, & \text{当 } i<j \text{ 时}\end{cases}$$

因此,$Loc(i, j)=Loc(0,0)+3i+j-i=Loc(0,0)+2i+j$,则 $Loc(i, j)=Loc(0,0)+2i+j$。

4.4.4　稀疏矩阵的压缩存储

视频讲解

稀疏矩阵中的大多数元素是零,为了节省存储单元,需要对稀疏矩阵进行压缩存储。本节主要介绍稀疏矩阵的定义、稀疏矩阵的抽象数据类型、稀疏矩阵的三元组表示及算法实现。

1. 稀疏矩阵的定义

假设在 $m\times n$ 矩阵中有 t 个元素不为零,令 $\delta=\frac{t}{m\times n}$,$\delta$ 为矩阵的稀疏因子。如果 $\delta\leqslant 0.05$,则称矩阵为稀疏矩阵。通俗地讲,若矩阵中大多数元素值为零,只有很少的非零元素,则称这样的矩阵为稀疏矩阵。

例如,图 4-18 即为一个 6×7 的稀疏矩阵。

$$\boldsymbol{M}_{6\times 7}=\begin{bmatrix}0&0&0&6&0&0&0\\0&3&0&0&0&0&0\\0&0&7&2&0&0&0\\9&0&0&0&-2&0&0\\0&0&4&3&0&0&0\\0&0&0&0&8&0&0\end{bmatrix}$$

图 4-18　稀疏矩阵 $\boldsymbol{M}$

2. 稀疏矩阵的三元组表示

为了节省内存单元,需要对稀疏矩阵进行压缩存储。在进行压缩存储的过程中,可以只存储稀疏矩阵的非零元素,为了表示非零元素在矩阵中的位置,还需要存储非零元素对应的行和列的位置(i, j)。通过存储非零元素的行号、列号和元素值实现稀疏矩阵的压缩存储,这种存储表示称为稀疏矩阵的三元组表示。三元组的结点结构如图 4-19 所示。

图 4-19 中的非零元素可以用三元组{(0,3,6),(1,1,3),(2,2,7),(2,3,2),(3,0,9),(3,4,−2),(4,2,4),(4,3,3),(5,4,8)}表示。将这些三元组按照行序为主序存放在结构类型的数组中(在 Java 语言中用类对象数组表示),如图 4-20 所示,其中 k 表示数组的下标。

i	j	e
非零元素的行号	非零元素的列号	非零元素的值

图 4-19　稀疏矩阵的三元组结点结构

k	i	j	e
0	0	3	6
1	1	1	3
2	2	2	7
3	2	3	2
4	3	0	9
5	3	4	−2
6	4	2	4
7	4	3	3
8	5	4	8

图 4-20　稀疏矩阵的三元组存储结构

一般情况下,数组采用顺序存储结构存储,采用顺序存储结构的三元组称为三元组顺序表。三元组顺序表的类型描述如下。

```
class Triple                                //三元组表示的数据元素类型定义
{
    int i,j;
    int e;
    Triple(int i,int j,int e) {
        this.i = i;                         //非零元素的行号
        this.j = j;                         //非零元素的列号
        this.e = e;
    }
}
public class TriSeqMat                      //三元组表示的矩阵类型定义
{
    final int MaxSize = 50;
    Triple data[];
    int m, n, len;                          //矩阵的行数、列数、非零元素的个数

    TriSeqMat() {
        data = new Triple[MaxSize];
        this.m = this.n = this.len = 0;
    }
}
```

3. 稀疏矩阵的三元组实现

稀疏矩阵的基本运算的算法实现步骤如下。

(1) 创建稀疏矩阵。根据输入的行号、列号和元素值创建一个稀疏矩阵。注意按照行优先顺序输入。创建成功返回 1,否则返回 0。算法实现如下。

```
public int CreateMatrix()
{
    boolean flag = false;
    int r, l, e;
    //创建稀疏矩阵(按照行优先顺序排列)
    System.out.print("请输入稀疏矩阵的行数、列数及非零元素个数:");
    Scanner sc = new Scanner(System.in);
    String s[] = sc.nextLine().split(",");
    m = Integer.parseInt(s[0]);
```

```
    n = Integer.parseInt(s[1]);
    len = Integer.parseInt(s[2]);
    if (len > MaxSize)
        return 0;
    for (int i = 0; i < len; i++) {
        int k = i + 1;
        do {
            System.out.print("请按行序顺序输入第" + k + "个非零元素所在的行(0～" + m + "),
列(0～" + n + "),元素值:");
            String s2[] = sc.nextLine().split(",");
            r = Integer.parseInt(s2[0]);
            l = Integer.parseInt(s2[1]);
            e = Integer.parseInt(s2[2]);
            if (i > 0 && (r < data[i - 1].i || r == data[i - 1].i && l <= data[i - 1].j))
                flag = true;
        } while (flag);
        data[i] = new Triple(r, l, e);
    }
    return 1;
}
```

(2) 复制稀疏矩阵。为了得到稀疏矩阵 **M** 的一个副本 **N**,需要将稀疏矩阵 **M** 的非零元素的行号、列号及元素值依次赋给矩阵 **N** 的行号、列号及元素值。复制稀疏矩阵的算法实现如下。

```
public TriSeqMat CopyMatrix(TriSeqMat M, TriSeqMat N)
//由稀疏矩阵 M 复制得到另一个副本 N
{
    N.len = M.len;                          //修改稀疏矩阵 N 的非零元素的个数
    N.m = M.m;                              //修改稀疏矩阵 N 的行数
    N.n = M.n;                              //修改稀疏矩阵 N 的列数
    for (int i = 0; i < M.len; i++)         //把 M 中非零元素的行号、列号及元素值依次赋值给 N
                                            //的行号、列号及元素值
    {
        N.data[i].i = M.data[i].i;
        N.data[i].j = M.data[i].j;
        N.data[i].e = M.data[i].e;
    }
    return N;
}
```

(3) 转置稀疏矩阵。转置稀疏矩阵就是将矩阵中元素由原来的存放位置(i, j)变为(j, i),即将元素的行列互换。例如,图 4-18 所示的 6×7 矩阵,经过转置后变为 7×6 矩阵,并且矩阵中的元素也要以主对角线为准进行交换。

将稀疏矩阵转置的方法是将矩阵 **M** 的三元组中的行和列互换,就可以得到转置后的矩阵 **N**,如图 4-21 所示。稀疏矩阵的三元组转序表转置过程如图 4-22 所示。

(i, j, e) ⟶ j, i, e

矩阵**M**　　矩阵**N**

图 4-21　稀疏矩阵转置

行列下标互换后,还需要将行、列下标重新进行排序,才能保证转置后的矩阵也是以行序优先存放的。为了避免重新排序,以矩阵中列顺序优先的元素进行转置,然后按照顺序依次存放到转置后的矩阵中,这样经过转置后得到的三元组顺序表正好是以行序为主序存放的。具体算法实现有以下两种。

(1) 逐次扫描三元组顺序表 **M**。第 1 次扫描 **M**,找到 $j=0$ 的元素,将行号和列号互换后存入三元组顺序表 **N** 中,即找到(3,0,9),将行号和列号互换,把(3,0,9)直接存入 **N** 中,作为 **N** 的第一个元素。第 2 次扫描 **M**,找到 $j=1$ 的元素,将行号和列号互换后存入三元组顺序表 **N** 中。以此类推,直至所有元素都存放至 **N** 中,最后得到的三元组顺序表 **N** 如图 4-23 所示。

k	i	j	e
0	0	3	6
1	1	1	3
2	2	2	7
3	2	3	2
4	3	0	9
5	3	4	−2
6	4	2	4
7	4	3	3
8	5	4	8

转置前

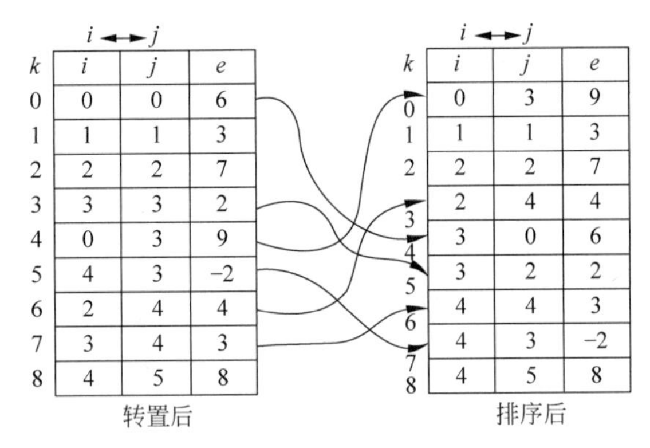

$i \leftrightarrow j$

k	i	j	e
0	0	0	6
1	1	1	3
2	2	2	7
3	3	3	2
4	0	3	9
5	4	3	−2
6	2	4	4
7	3	4	3
8	4	5	8

转置后

$i \leftrightarrow j$

k	i	j	e
0	0	3	9
1	1	1	3
2	2	2	7
3	2	4	4
4	3	0	6
5	3	2	2
6	4	4	3
7	4	3	−2
8	4	5	8

排序后

图 4-22 矩阵转置的三元组表示

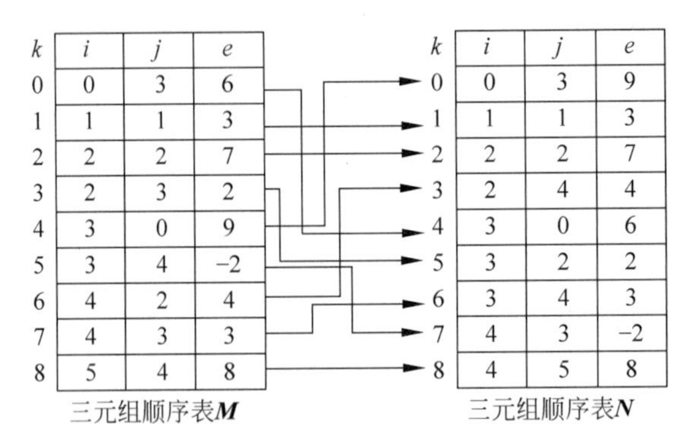

k	i	j	e
0	0	3	6
1	1	1	3
2	2	2	7
3	2	3	2
4	3	0	9
5	3	4	−2
6	4	2	4
7	4	3	3
8	5	4	8

三元组顺序表***M***

k	i	j	e
0	0	3	9
1	1	1	3
2	2	2	7
3	2	4	4
4	3	0	6
5	3	2	2
6	3	4	3
7	4	3	−2
8	4	5	8

三元组顺序表***N***

图 4-23 稀疏矩阵转置的三元组顺序表示

稀疏矩阵转置的算法实现如下。

```
public void TransposeMatrix(TriSeqMat M, TriSeqMat N)
//稀疏矩阵的转置
{
    N.m = M.n;
    N.n = M.m;
    N.len = M.len;
    if (N.len > 0) {
        int k = 0;
        for (int col = 0; col < M.n; col++)  //按照列号扫描三元组顺序表
        {
            for (int i = 0; i < M.len; i++) {
                if (M.data[i].j == col)        //如果元素的列号是当前列,则进行转置
                {
                    N.data[k].i = M.data[i].j;
                    N.data[k].j = M.data[i].i;
                    N.data[k].e = M.data[i].e;
                    k += 1;
```

```
                    }
                }
            }
        }
    }
```

分析该转置算法可知，其时间主要耗费在 for 语句的两层循环上，故算法的时间复杂度是 $O(n\times \text{len})$，即与 $\boldsymbol{M}$ 的列数及非零元素的个数成正比。一般矩阵的转置算法为

```
for(col = 0;col < M.n;col++)
    for(row = 0;row < M.m;row++)
        N[col][row] = M[row][col]
```

该算法的时间复杂度为 $O(n\times m)$。当非零元素的个数 len 与 $m\times n$ 同数量级时，稀疏矩阵的转置算法时间复杂度就变为 $O(m\times n^2)$了。虽然三元组存储节省了存储空间，但时间复杂度提高了，因此稀疏矩阵的转置仅适用于 len≪$m\times n$ 的情况。

(2) 稀疏矩阵的快速转置。按照 $\boldsymbol{M}$ 中三元组的次序进行转置，并将转置后的三元组置入 $\boldsymbol{N}$ 中的相应位置。若能预先确定矩阵 $\boldsymbol{M}$ 中的每一列第一个非零元素在 $\boldsymbol{N}$ 中的应有位置，那么对 $\boldsymbol{M}$ 中的三元组进行转置时，便可直接放到 $\boldsymbol{N}$ 中的相应位置。

为了确定这些位置，在转置前，应先求得 $\boldsymbol{M}$ 的每一列中非零元素的个数，进而求得每一列的第一个非零元素在 $\boldsymbol{N}$ 中的相应位置。

设置两个数组 num 和 position，num[col]表示三元组顺序表 $\boldsymbol{M}$ 中第 col 列的非零元素个数，position[col]表示 $\boldsymbol{M}$ 中第 col 列的第一个非零元素在 $\boldsymbol{N}$ 中的相应位置。

依次扫描三元组顺序表 $\boldsymbol{M}$，可以得到每一列非零元素的个数，即 num[col]。position[col]的值可以由 num[col]得到，显然 position[col]与 num[col]存在如下关系。

```
position[0] = 0
position[col] = position[col - 1] + num[col - 1]，其中 1≤col≤M.n - 1。
```

例如，图 4-18 所示的稀疏矩阵的 num[col]和 position[col]的值如表 4-4 所示。

表 4-4　矩阵 M 的 num[col]与 position[col]的值

列号 col	0	1	2	3	4	5	6
num[col]	1	1	2	3	2	0	0
position[col]	0	1	2	4	7	9	9

稀疏矩阵快速转置运算的算法实现如下。

```
public void FastTransposeMatrix(TriSeqMat M, TriSeqMat N)
//稀疏矩阵的快速转置运算
{
    int num[] = new int [M.n + 1];          //数组 num 用于存放 M 中的每一列非零元素个数
    int position[] = new int [M.n + 1];     //数组 position 用于存放 N 中每一行非零元素的第一
                                            //个位置
    N.n = M.m;
    N.m = M.n;
    N.len = M.len;
    if(N.len > 0)
    {
        for (int col = 0; col < M.n; col++)
            num[col] = 0;                   //初始化 num
```

```
        for (int t = 0; t < M.len; t++)         //计算 M 中每一列非零元素的个数
            num[M.data[t].j] += 1;
        position[0] = 0;                        //N 中第一行的第一个非零元素的序号为 0
        for (int col = 0; col < M.n; col++)  //获取 N 中第 col 行的第一个非零元素的位置
          position[col] = position[col - 1] + num[col - 1];
        for (int i = 0; i < M.len; i++)         //依据 position 对 M 进行转置,存入 N
        {
            int col = M.data[i].j;
            int k = position[col];              //取出 N 中非零元素应该存放的位置,赋值给 k
            N.data[k].i = M.data[i].j;
            N.data[k].j = M.data[i].i;
            N.data[k].e = M.data[i].e;
            position[col] += 1;                 //修改下一个非零元素应该存放的位置
        }
    }
}
```

先扫描 **M**,得到 **M** 中每一列非零元素的个数,存放 num 中。然后根据 num[col]和 position[col]的关系,求出 **N** 中每一行第一个非零元素的位置。初始时,position[col]是 **M** 中的第 col 列第一个非零元素的位置,当 **M** 中第 col 列的非零元素存入 **N** 时,则将 position[col]加 1,使 position[col]的值始终为下一个要转置的非零元素应存放的位置。

该算法中有 4 个并列的单循环,循环次数分别为 n 和 M.len,因此总的时间复杂度为 $O(n+\text{len})$。当 **M** 的非零元素个数 len 与 $m\times n$ 处于同一个数量级时,算法的时间复杂度变为 $O(m\times n)$,与经典的矩阵转置算法时间复杂度相同。

(3) 销毁稀疏矩阵,其实现代码如下。

```
public void DestroyMatrix()
//销毁稀疏矩阵
{
    m = n = len = 0;
}
```

4. 稀疏矩阵应用示例——用三元组顺序表实现两个稀疏矩阵的相加

【例 4-3】 有两个稀疏矩阵 **A** 和 **B**,相加得到 **C**,如图 4-24 所示。请利用三元组顺序表实现两个稀疏矩阵的相加,并输出结果。

$$\boldsymbol{A}_{4\times4}=\begin{bmatrix}0&5&0&0\\3&0&0&0\\0&0&3&0\\0&0&0&-2\end{bmatrix}\qquad \boldsymbol{B}_{4\times4}=\begin{bmatrix}0&0&4&0\\0&-3&0&2\\0&0&0&0\\8&0&0&0\end{bmatrix}\qquad \boldsymbol{C}_{4\times4}=\begin{bmatrix}0&5&4&0\\3&-3&0&2\\0&0&3&0\\8&0&0&-2\end{bmatrix}$$

图 4-24 三元组顺序表示的两个稀疏矩阵的相加

【分析】 矩阵中两个元素相加可能会出现以下 3 种情况。

(1) **A** 中的元素 $a_{ij}\neq0$ 且 **B** 中的元素 $b_{ij}\neq0$,但是结果可能为零。如果结果为零。则不保存元素值;如果结果不为零,则将结果保存在 **C** 中。

(2) **A** 中的第(i,j)个位置存在非零元素 a_{ij},而 **B** 中不存在非零元素,则只需要将 a_{ij} 赋值给 **C**。

(3) **B** 中的第(i,j)个位置存在非零元素 b_{ij},而 **A** 中不存在非零元素,则只需要将 b_{ij}

赋值给 $\boldsymbol{C}$。

两个稀疏矩阵相加的算法实现如下。

```
public boolean AddMatrix(TriSeqMat M, TriSeqMat N, TriSeqMat Q)
//两个稀疏矩阵的和。将两个矩阵 M 和 N 对应的元素值相加,得到另一个稀疏矩阵 Q
{
    int m = 0,n = 0;
    int k = - 1;
    //如果两个矩阵的行数与列数不相等,则不能够进行相加运算
    if(M.m!= N.m || M.n!= N.n)
        return false;
    Q.m = M.m;
    Q.n = M.n;
    while(m < M.len && n < N.len)
    {
        switch (CompareElement(M.data[m].i, N.data[n].i))       //比较两个矩阵对应元素的行号
        {
            case - 1:               //如果矩阵 M 的行号小于 N 的行号,则将矩阵 M 的元素赋值给 Q
                Q.data[++k]  =  M.data[m++];
                break;
            case 0:                 //如果矩阵 M 和 N 的行号相等,则比较列号
            {
                switch (CompareElement(M.data[m].j, N.data[n].j))
                {
                    case - 1:       //如果 M 的列号小于 N 的列号,则将矩阵 M 的元素赋值给 Q
                        Q.data[++k] = M.data[m++];
                        break;
                    case 0:         //如果 M 和 N 的行号、列号均相等,则将两元素相加并存入 Q
                        Q.data[++k] = M.data[m++];
                        Q.data[k].e  +=  N.data[n++].e;
                        if(Q.data[k].e  ==  0)                  //如果两个元素的和为 0,则不保存
                            k -- ;
                        break;
                    case 1:         //如果 M 的列号大于 N 的列号,则将矩阵 N 的元素赋值给 Q
                        Q.data[++k] = N.data[n++];
                        break;
                }
                break;
            }
            case 1:
                Q.data[++k] = N.data[n++];
                break;
            }
    }
    while(m < M.len)                //如果矩阵 M 的元素仍未处理完毕,则将 M 中的元素赋值给 Q
    {
        Q.data[++k]  =  M.data[m++];
    }
    while(n < N.len)                //如果矩阵 N 的元素仍未处理完毕,则将 N 中的元素赋值给 Q
    {
        Q.data[++k] = N.data[n++];
    }
    Q.len = k + 1;                  //修改非零元素的个数
    if(k > MaxSize)
```

```
        return false;
    return true;
}
```

m 和 n 分别为矩阵 $\boldsymbol{A}$ 和 $\boldsymbol{B}$ 当前处理的非零元素下标，初始时为 0。需要特别注意的是，最后求得的非零元素个数为 $k+1$，其中 k 为最后一个非零元素的下标。

程序运行结果如下。

```
请输入稀疏矩阵的行数、列数及非零元素个数：4,4,4
请按行序顺序输入第 1 个非零元素所在的行(0～4),列(0～4),元素值：0,1,5
请按行序顺序输入第 2 个非零元素所在的行(0～4),列(0～4),元素值：1,0,3
请按行序顺序输入第 3 个非零元素所在的行(0～4),列(0～4),元素值：2,2,3
请按行序顺序输入第 4 个非零元素所在的行(0～4),列(0～4),元素值：3,3,-2
稀疏矩阵(按矩阵形式输出)：
长度：4
0  5  0  0
3  0  0  0
0  0  3  0
0  0  0 -2
稀疏矩阵是 4 行 4 列,共 4 个非零元素
行 列 元素值
0  1  5
1  0  3
2  2  3
3  3  -2
请输入稀疏矩阵的行数、列数及非零元素个数：4,4,4
请按行序顺序输入第 1 个非零元素所在的行(0～4),列(0～4),元素值：0,2,4
请按行序顺序输入第 2 个非零元素所在的行(0～4),列(0～4),元素值：1,1,-3
请按行序顺序输入第 3 个非零元素所在的行(0～4),列(0～4),元素值：1,3,2
请按行序顺序输入第 4 个非零元素所在的行(0～4),列(0～4),元素值：3,0,8
稀疏矩阵(按矩阵形式输出)：
长度：4
0  0  4  0
0 -3  0  2
0  0  0  0
8  0  0  0
稀疏矩阵(按矩阵形式输出)：
长度：8
0  5  4  0
3 -3  0  2
0  0  3  0
```

8　0　0　−2

两个稀疏矩阵 **A** 和 **B** 相减的算法实现与相加算法实现类似，只需要将相加算法中的+改成−即可，也可以将第二个矩阵的元素值都乘以−1，再调用矩阵相加的函数即可。稀疏矩阵相减的算法实现如下。

```
public void SubMatrix(TriSeqMat A, TriSeqMat B,TriSeqMat C)
//稀疏矩阵的相减
{
   for(int i = 0;i < B.len;i++)
      B.data[i].e * = - 1;       //将矩阵 B 的元素都乘以 - 1
   AddMatrix(A,B,C);             //将两个矩阵相加
}
```

4.5　广义表

广义表是一种特殊的线性表，是线性表的扩展。广义表中的元素可以是单个元素，也可以是一个广义表。

4.5.1　广义表的定义

视频讲解

广义表也称为列表(tabulation)，它是由 n 个类型相同的数据元素($a_1,a_2,a_3,\cdots,a_n$)组成的有限序列。其中，广义表中的元素 a_i 可以是单个元素，也可以是一个广义表。

通常，广义表记作 $GL=(a_1,a_2,a_3,\cdots,a_n)$。GL 是广义表的名字，$n$ 是广义表的长度。如果广义表中的 a_i 是单个元素，则称 a_i 是原子。如果广义表中的 a_i 是一个广义表，则称 a_i 是广义表的子表。不包含任何元素($n=0$)的广义表称为空表。习惯上用大写字母表示广义表的名字，用小写字母表示原子。

对于非空广义表 GL，a_1 称为广义表 GL 的表头(list head)，其余元素组成的表($a_2,a_3,\cdots,a_n$)称为广义表 GL 的表尾(tail)。广义表是一个递归的定义，这是因为在描述广义表时用到了广义表的概念。以下是一些广义表的示例。

(1) $A=(\ )$：广义表 A 是长度为 0 的空表。

(2) $B=(a)$：B 是一个长度为 1 且元素为原子的广义表(其实就是前面讨论过的一般的线性表)。

(3) $C=(a,(b,c))$：C 是长度为 2 的广义表，其中第 1 个元素是原子 a，第 2 个元素是一个子表(b,c)。

(4) $D=(A,B,C)$：D 是一个长度为 3 的广义表，这 3 个元素都是子表，第 1 个元素是一个空表 A。

(5) $E=(a,E)$：E 是一个长度为 2 的递归广义表，相当于 $E=(a,(a,(a,(a,(a,\cdots)))))$。

由上述定义和示例可推出以下广义表的重要结论。

(1) 广义表的元素既可以是原子，也可以是子表。子表的元素可以是元素，也可以是子表。广义表的结构是一个多层次的结构。

(2) 一个广义表可以是另一个广义表的元素。例如，A、B、C 是 D 的子表，在表 D 中不

需要列出 A、B、C 的元素。

(3) 广义表可以是递归的表,即广义表可以是本身的一个子表。例如,E 就是一个递归的广义表。

任何一个非空广义表的表头可以是一个原子,也可以是一个广义表,而表尾一定是一个广义表。例如,head(B)=a,head(B)=(),head(C)=a,tail(C)=((b,c)),head(D)=A,tail(D)=(B,C)。其中,head(B)表示取广义表 B 的表头元素,tail(B)表示取广义表 B 的表尾元素。

【例 4-4】 已知广义表 LS=((a,b,c),(d,e,f)),运用 head 函数和 tail 函数取出 LS 中原子 e 的运算是(　　)。

A. head(tail(LS))　　B. tail(head(LS))

C. head(tail(head(tail(LS))))　　D. head(tail(tail(head(LS))))

【分析】 根据广义表的表头和表尾定义,head(LS)=(a,b,c),tail(LS)=((d,e,f)),head(tail(LS))=(d,e,f), tail (head(tail(LS)))=(e,f), head(tail(head(tail(LS))))=e,故选 C。

注意 对于非空的广义表,才有广义表的求表头和表尾操作。根据求表头和表尾的定义,广义表的表头元素不一定是广义表,而表尾元素一定是广义表。广义表()和(())不同,前者是空表,长度为 0;后者长度为 1,head(())=(),tail(())=()。

4.5.2 广义表的抽象数据类型

广义表的抽象数据类型描述如表 4-5 所示。

表 4-5　广义表的抽象数据类型描述

数据对象	{a_i | $1 \leqslant i \leqslant n$, a_i 可以是原子,也可以是广义表}	
数据关系	广义表可以看作是线性表的扩展。广义表中的元素可以是原子,也可以是广义表。例如,A=(a,(b,c))是一个广义表,A 中包含两个元素 a 和(b,c),第 2 个元素为子表,包含了两个元素 b 和 c。若把(b,c)看成一个整体,则 a 和(b,c)构成了一个线性表,在子表(b,c)的内部,b 和 c 又构成了线性表	
基本操作	GetHead(L)	求广义表的表头。如果广义表是空表,则返回 null;否则,返回表头结点的引用
	GetTail(L)	求广义表的表尾。如果广义表是空表,则返回 null;否则,返回表尾结点的引用
	GListLength(L)	返回广义表的长度。如果广义表是空表,则返回 0;否则,返回广义表的长度
	CopyGList(&T,L)	复制广义表。由广义表 L 复制得到广义表 T,如果复制成功,则返回 true;否则,返回 f
	GListDepth(L)	求广义表的深度。广义表的深度就是广义表中括号嵌套的层数。如果广义表是空表,则返回 0;否则,返回广义表的深度

视频讲解

4.5.3 广义表的头尾链表表示

因为广义表中有原子和子表两种元素,所以广义表的链表结点也分为原子结点和子表结点两种。其中,子表结点包含标志域、指向表头的指针域和指向表尾的指针域 3 个域,原子结点包含标志域和值域两个域。子表结点和原子结点的存储结构如图 4-25 所示。

其中，tag=1 表示是子表，hp 和 tp 分别指向表头结点和表尾结点；tag=0 表示原子，atom 用于存储原子的值。

广义表的这种存储结构称为头尾链表存储表示。例如，用头尾链法表示的广义表 $A=(\ )$，$B=(a)$，$C=(a,(b,c))$，$D=(A,B,C)$，$E=(a,E)$如图 4-26 所示。

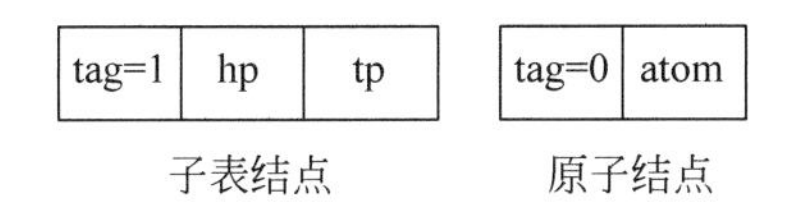

图 4-25 子表结点和原子结点的存储结构

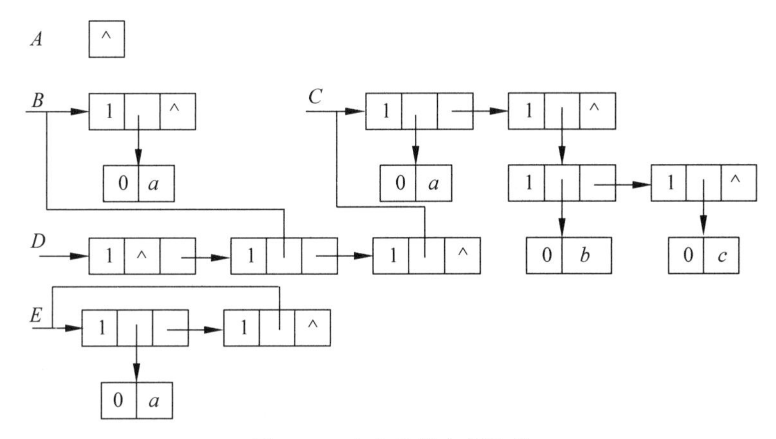

图 4-26 广义表的存储结构

4.5.4 广义表的扩展线性链表表示

采用扩展线性链表表示的广义表也包含两种结点，分别为表结点和原子结点，这两种结点都包含 3 个域。其中，表结点由标志域 tag、表头指针域 hp 和表尾指针域 tp 构成，原子结点由标志域、原子的值域和表尾指针域构成。

标志域 tag 用来区分当前结点是表结点还是原子结点，tag=0 时为原子结点，tag=1 时为表结点。hp 和 tp 分别指向广义表的表头和表尾，atom 用来存储原子结点的值。扩展性链表的结点存储结构如图 4-27 所示。

图 4-27 扩展性链表结点存储结构

例如，$A=(\ )$，$B=(a)$，$C=(a,(b,c))$，$D=(A,B,C)$，$E=(a,E,)$，则广义表 A、B、C、D、E 的扩展性链表存储结构如图 4-28 所示。

广义表的扩展线性链表存储结构的类型描述如下。

```
enum Tag{ATOM,LIST}
class GListNode
{
   Tag tag;
   GListNode ptr,tp;
}
```

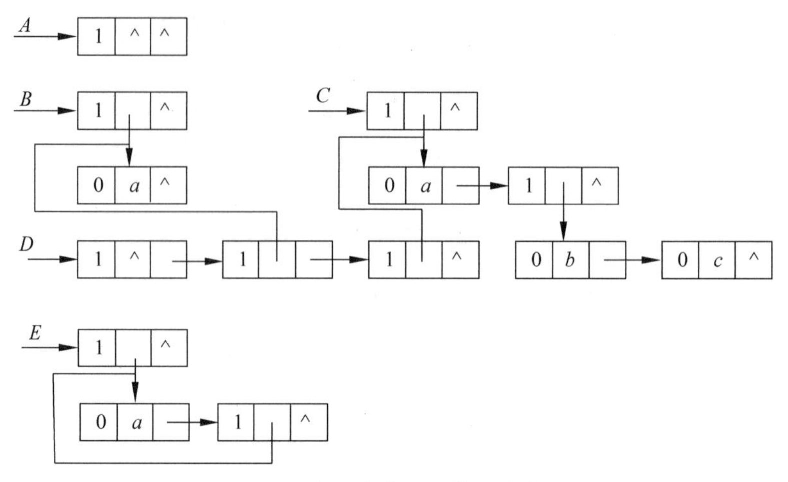

图 4-28　广义表的扩展性链表表示

上述代码中的 ptr 是广义表扩展线性链表中 atom 和 hp 的统一表示。

求广义表的长度和深度算法实现如下。

```
public int GetGListNodeLength(GListNode GL)      //求广义表的长度
{
    if(GL.tp == null || GL.tp.ptr == null)
        return 0;
    GListNode node = GL.tp;
    int count = 0;
    while(node!= null)
    {
        count  +=  1;
        node  =  node.tp;
    }
    return count;
}

public int GetGListNodeDepth(GListNode GL)
//求广义表的深度
{
    int depth = - 1;
    while(GL!= null)
    {
        if (GL.tag  ==  Tag.LIST)                //如果是子表就递归遍历
        {
            int count  =  GetGListNodeDepth(GL.ptr);
            if (count > depth)
                depth  =  count;
        }
        GL  =  GL.tp;                            //遍历下一个元素
    }
    return depth + 1;
}
```

思政元素

KMP算法是在BF算法的基础上改进的，特殊矩阵的压缩存储充分利用了各种矩阵的特点而选择合适的策略，以降低压缩存储空间。做事情要尊重物质运动的客观规律，从客观实际出发，找出事物本身所具有的规律性，从而作为行动的依据，这样可起到事半功倍的效果。

4.6 实验

4.6.1 基础实验

1. 基础实验1：实现字符串的模式匹配算法

实验目的：考查是否理解BF和KMP字符串模式匹配算法。

实验要求：编写程序比较Brute-Force算法与KMP算法的效率。例如，主串 $S=$ "cabaadcabaababaabacabababab"，模式串 $T=$ "abaabacababa"，统计Brute-Force算法与KMP算法在匹配过程中的比较次数，并输出模式串的next函数值。

2. 基础实验2：打印折叠方阵

实验目的：考查二维数组的掌握情况。

实验要求：折叠方阵就是按指定的折叠方向排列的正整数方阵。例如，一个5×5的折叠方阵如图4-29所示。起始数位于方阵的左上角，每一层从上到下、从右往左地依次递增。

1	2	5	10	17
4	3	6	11	18
9	8	7	12	19
16	15	14	13	20
25	24	23	22	21

图4-29　5×5折叠方阵

4.6.2 综合实验

综合实验：稀疏矩阵相加

实验目的：熟练掌握稀疏矩阵三元组表示的相加运算。

实验要求：设有两个4×4的稀疏矩阵 $\boldsymbol{A}$ 和 $\boldsymbol{B}$，相加得到 $\boldsymbol{C}$，如图4-30所示。请编写算法，要求利用三元组表示法实现两个稀疏矩阵的相加，并用矩阵形式输出结果。

$$\boldsymbol{A}_{4\times4}=\begin{bmatrix}7&0&6&0\\0&22&0&0\\0&0&0&0\\0&0&0&-6\end{bmatrix}\qquad \boldsymbol{B}_{4\times4}=\begin{bmatrix}0&0&0&8\\0&-7&0&5\\0&0&0&0\\0&0&12&1\end{bmatrix}\qquad \boldsymbol{C}_{4\times4}=\begin{bmatrix}7&0&6&8\\0&15&0&5\\0&0&0&0\\0&0&12&-5\end{bmatrix}$$

图4-30　稀疏矩阵的相加

实验思路：先比较两个稀疏矩阵 $\boldsymbol{A}$ 和 $\boldsymbol{B}$ 的行号，如果行号相等，则比较列号；如果行号与列号都相等，则将对应的元素值相加，并将下标 m、n 都加1后与下一个元素比较；如果行号相等，列号不相等，则将列号较小的矩阵的元素赋给矩阵 $\boldsymbol{C}$，并将列号较小的下标继续与下一个元素比较；如果行号与列号都不相等，则将行号较小的矩阵的元素赋给 $\boldsymbol{C}$，并将行号较小的下标与下一个元素比较。

将两个矩阵中的对应元素相加,需要考虑以下 3 种情况:

(1) **A** 中的元素 $a_{ij} \neq 0$ 且 **B** 中的元素 $b_{ij} \neq 0$,但是结果可能为零,如果结果为零,则不保存该元素;如果结果不为零,则将结果保存到 **C** 中。

(2) **A** 中的第(i,j)个位置存在非零元素 a_{ij},而 **B** 中不存在非零元素,则只需要将该值赋给 **C**。

(3) **B** 中的第(i,j)个位置存在非零元素 b_{ij},而 **A** 中不存在非零元素,则只需要将该值赋给 **C**。

为了将结果以矩阵形式输出,可以先将一个二维数组全部元素初始化为 0,然后确定每一个非零元素的行号和列号,将该非零元素存入对应位置即可,最后输出该二维数组。

小结

串是由零个或多个字符组成的有限序列。串的模式匹配有两种方法:朴素模式匹配(Brute-Force 算法)和串的改进算法(KMP 算法)。对于 Brute-Force 算法,当主串与模式串的字符不相等时,主串的指针需要回退。KMP 算法根据模式串中的 next 函数值,消除了主串中的字符与模式串中的字符不匹配时主串指针的回退,提高了算法的效率。

数组和广义表可以看作是线性表的扩展。数组中的元素 a_i 可以是原子,也可以是一个线性表。广义表中的元素 a_i 可以是原子,也可以是广义表。

常见的特殊矩阵有对称矩阵、三角矩阵和对角矩阵。可根据这些特殊矩阵的特点,只存储其中的上三角或下三角或带状区域的元素,将这些元素存储到一维数组中,从而节省存储空间,即为特殊矩阵的压缩存储。

稀疏矩阵的压缩存储方式有两种:稀疏矩阵的三元组顺序表示和稀疏矩阵的十字链表表示。三元组顺序表通过存储矩阵中非零元素的行号、列号和非零元素值来存储表示非零元素。三元组顺序表在实现创建、复制、转置、输出等操作比较方便,但是在进行矩阵的相加和相乘的运算中,时间的复杂度比较高。

一般情况下,广义表的名字用大写字母表示,原子用小写字母表示。由于广义表中的数据元素既可以是原子,也可以是广义表,因此其长度是不固定的。广义表通常采用链式存储结构表示。广义表的链式存储结构包括两种:广义表的头尾链表存储表示和广义表的扩展线性链表存储表示。

习题

本书提供在线测试习题,扫描下面的二维码,可以获取本章习题。

在线测试

第5章

树和二叉树

CHAPTER 5

前面几章分别介绍了几种常见的线性结构，本章的树与第6章的图属于非线性数据结构。线性结构中的每个元素有唯一的前驱元素和唯一的后继元素，即前驱元素和后继元素是一对一的关系。非线性结构中元素间的前驱和后继关系并不具有唯一性，树形结构结点间的关系是前驱唯一而后继不唯一，即结点间是一对多的关系；图结构结点间的关系是前驱和后继都不唯一，即结点间是多对多的关系；树形结构应用非常广泛，特别是在大量数据处理（如文件系统、编译系统、目录组织等）方面显得更加突出。

本章主要内容：

- 树的相关概念、性质及存储结构
- 二叉树的概念、性质及存储结构
- 二叉树的遍历
- 二叉树的线索化
- 树、森林和二叉树的相互转换
- 哈夫曼树的定义及编码实现

视频讲解

5.1 树

树是一种非线性的数据结构,树中各元素之间的关系是一对多的层次关系。

视频讲解

5.1.1 树的定义

树(tree)是 $n(n\geqslant 0)$ 个结点的有限集合。当 $n=0$ 时,称为空树;当 $n>0$ 时,称为非空树。非空树满足以下条件:

(1) 有且只有一个称为根(root)的结点。

(2) 当 $n>1$ 时,其余 $n-1$ 个结点可以划分为 m 个有限集合 $T_1,T_2,\cdots,T_m$,且这 m 个有限集合不相交。其中,$T_i(1\leqslant i\leqslant m)$也是一棵树,称为根的子树。

图 5-1 给出了一棵树的逻辑结构,它像一棵倒立的树。

A

(a) 只有根结点的树

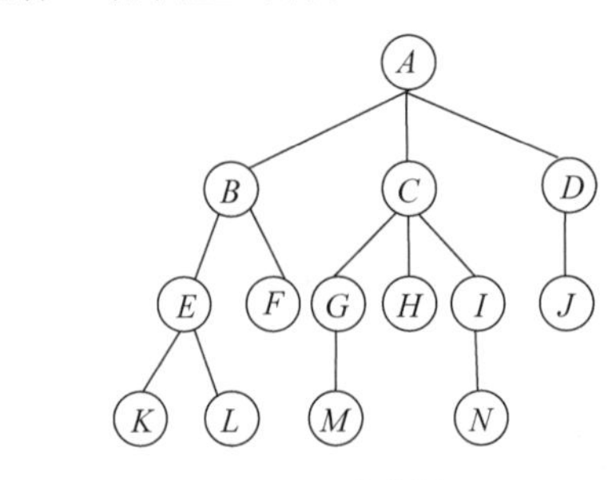

(b) 一般的树

图 5-1 树的逻辑结构

在图 5-1 中,A 为根结点,左边的树只有根结点,右边的树有 14 个结点,除了根结点外,其余的 13 个结点分为 3 个不相交的子集:$T_1=\{B,E,F,K,L\}$、$T_2=\{C,G,H,I,M,N\}$ 和 $T_3=\{D,J\}$。其中,T_1、T_2 和 T_3 是根结点 A 的子树,并且它们本身也是一棵树。例如,T_2 的根结点是 C,其余的 5 个结点又分为 3 个不相交的子集:$T_{21}=\{G,M\}$、$T_{22}=\{H\}$和 $T_{23}=\{I,N\}$。其中,T_{21}、T_{22} 和 T_{23} 是 T_2 的子树,G 是 T_{21} 的根结点,$\{M\}$是 G 的子树,I 是 T_{23} 的根结点,$\{N\}$是 I 的子树。

表 5-1 是关于树的一些基本概念,表中举例基于图 5-1(b)的树。

表 5-1 树的基本概念

术　语	定　义	示　例
树的结点	包含一个数据元素及若干指向子树分支的信息	A、B、C、F 和 M 等都是结点
结点的度	一个结点拥有子树的个数称为结点的度	结点 C 有 3 个子树,度为 3
叶子结点	没有子树(度为 0)的结点称为叶子结点也称为终端结点	K、L、F、M、H、N 和 J 都是叶子结点
分支结点	度不为 0 的结点称为非终端结点,也称为非终端结点	B、C、D、E 等都是分支结点
孩子结点	一个结点的子树的根结点称为孩子结点	B 是 A 的孩子结点,E 是 B 的孩子结点,H 是 C 的孩子结点

续表

术　语	定　　义	示　　例
双亲结点	如果一个结点存在孩子结点，则该结点称为孩子结点的双亲结点，也称父结点	A 是 B 的双亲结点，B 是 E 的双亲结点，I 是 N 的双亲结点
子孙结点	一个根结点的子树中的任何一个结点都称为该根结点的子孙结点	$\{G,H,I,M,N\}$是 C 的子树，子树中的结点 G、H、I、M 和 N 都是 C 的子孙结点
祖先结点	从根结点开始到达一个结点，所经过的所有分支结点都称为该结点的祖先结点	N 的祖先结点为 A、C 和 I
兄弟结点	一个双亲结点的所有孩子结点之间互相称为兄弟结点	E 和 F 是 B 的孩子结点，因此 E 和 F 互为兄弟结点
树的度	树中所有结点的度的最大值	结点 C 的度为 3，结点 A 的度为 3，这两个结点的度是树中拥有最大的度的结点，因此树的度为 3
结点的层次	从根结点开始，根结点为第 1 层，根结点的孩子结点为第 2 层……如果某一个结点是第 L 层，则其孩子结点位于第 $L+1$ 层	A 的层次为 1，B 的层次为 2，G 的层次为 3，M 的层次为 4
树的深度	树中所有结点的层次最大值称为树的深度，也称为树的高度	树的深度为 4
有序树	如果树中各个子树的次序是有先后次序的，则称该树为有序树	
无序树	如果树中各个子树的次序是没有先后次序的，则称该树为无序树	
森林	m 棵互不相交的树构成一个森林。如果把一棵非空树的根结点删除，则该树就变成了一个森林，森林中的树由原来根结点的各个子树构成。如果把一个森林加上一个根结点，将森林中的树变成根结点的子树，则该森林就转换为一棵树	

5.1.2　树的逻辑表示

视频讲解

树的逻辑表示可分为 4 种：树形表示法、文氏图表示法、广义表表示法和凹入表示法。

（1）树形表示法。图 5-1 就是树形表示法。树形表示法是最常用的一种表示法，它能直观、形象地表示出树的逻辑结构，能够清晰地反映出树中结点之间的逻辑关系。树中的结点使用圆圈表示，结点间的关系使用直线表示，位于直线上方的结点是双亲结点，直线下方的结点是孩子结点。

（2）文氏图表示法。文氏图表示是利用数学中的集合来图形化描述树的逻辑关系。图 5-1 的树的文氏图表示如图 5-2 所示。

（3）广义表表示法。采用广义表的形式表示树的逻辑结构，广义表的子表表示结点的子树。图 5-1 的树的广义表表示如下。

$$(A(B(E(K,L),F),C(G(M),H,I(N)),D(J)))$$

（4）凹入表示法。图 5-1 的树的凹入表示如图 5-3 所示。

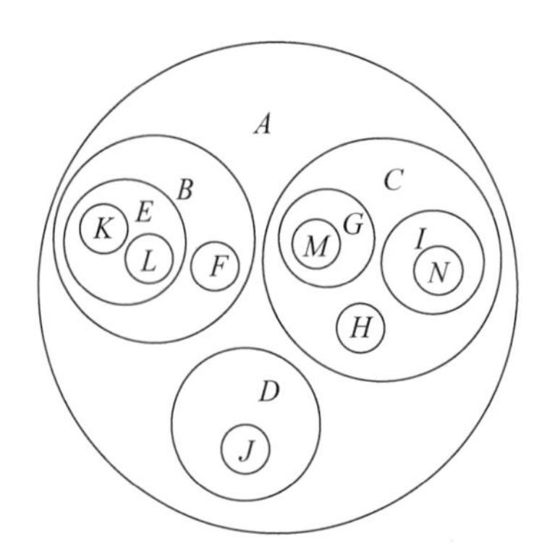

图 5-2 树的文氏图表示法

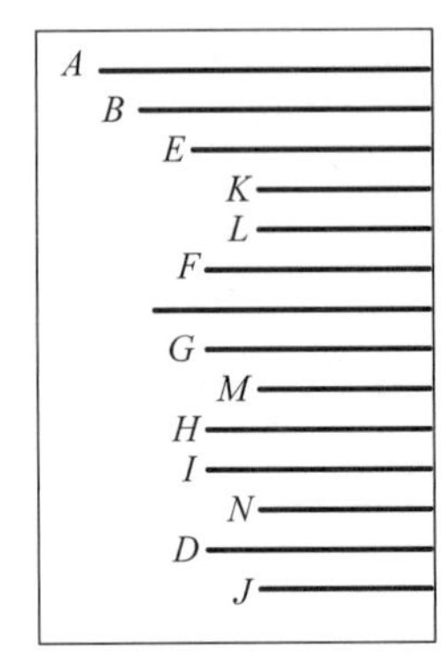

图 5-3 树的凹入表示法

在这 4 种树的表示法中,树形表示法最为常用。

5.1.3 树的抽象数据类型

树的抽象数据类型定义了树中的数据对象、数据关系及基本操作。树的抽象数据类型如表 5-2 所示。

表 5-2 树的抽象数据类型描述

数据对象	D 是具有相同特性的数据元素的集合	
数据关系	若 D 为空集,则称为空树。若 D 仅含一个数据元素,则 D 为空集,否则 D 与 H 的关系如下。 (1) 在 D 中存在唯一的根数据元素 root,它在关系 H 下无前驱。 (2) 若 D-{root}$\neq\varnothing$,则存在 D-{root}的一个划分 $D_1,D_2,\cdots,D_m(m>0)$,对任意的 $j\neq k(1\leqslant j,k\leqslant m)$,有 $D_j\cap D_k=\varnothing$,且对任意的 $i(1\leqslant i\leqslant m)$,唯一存在数据元素 $x_i\in D_i$,有 $<\text{root},x_i>\in H$。 (3) 对应于 D-{root}的划分,H-{$<\text{root},x_1>$},$\cdots$,$<\text{root},x_n>$}有唯一的一个划分 $H_1,H_2,\cdots,H_m(m>0)$,对任意的 $j\neq k(1\leqslant j,k\leqslant m)$,有 $D_j\cap D_k=\varnothing$,且对任意的 $i(1\leqslant i\leqslant m)$,$H_i$ 是 D_i 上的二元关系。(D_i,{H_i})是一棵符合本定义的树,称为 root 的子树	
基本操作	InitTree(&T)	初始条件:树 T 不存在。 操作结果:构造空树 T
	DestroyTree(&T)	初始条件:树 T 存在。 操作结果:销毁树 T
	CreateTree(&T)	初始条件:树 T 存在。 操作结果:根据给定条件构造树 T
	TreeEmpty(T)	初始条件:树 T 存在。 操作结果:若树 T 为空树,则返回 1;否则,返回 0
	Root(T)	初始条件:树 T 存在。 操作结果:若树 T 非空,则返回树的根结点;否则,返回 null
	Parent(T,e)	初始条件:树 T 存在,e 是 T 中的某个结点。 操作结果:若 e 不是根结点,则返回该结点的双亲;否则返回空

续表

基本操作	FirstChild(T,e)	初始条件：树 T 存在，e 是 T 中的某个结点。 操作结果：若 e 是树 T 的非叶子结点，则返回该结点的第一个孩子结点；否则，返回 null
	NextSibling(T,e)	初始条件：树 T 存在，e 是 T 中的某个结点。 操作结果：若 e 不是其双亲结点的最后一个孩子结点，则返回它的下一个兄弟结点；否则，返回 null
	InsertChild(&T,p,Child)	初始条件：树 T 存在，p 指向 T 中的某个结点，非空树 Child 与 T 不相交且无右子树。 操作结果：将非空树 Child 插入 T 中，使 Child 成为 p 指向的结点的子树
	DeleteChild(&T,p,i)	初始条件：树 T 存在，p 指向 T 中的某个结点，$1 \leqslant i \leqslant d$，$d$ 为 p 所指向结点的度。 操作结果：将 p 所指向的结点的第 i 棵子树删除。如果删除成功，则返回 1；否则，返回 0
	TraverseTree(T)	初始条件：树 T 存在。 操作结果：按照某种次序对 T 的每个结点访问且仅访问一次
	TreeDepth(T)	初始条件：树 T 存在。 操作结果：若树 T 非空，返回树的深度；否则，返回 0

5.2　二叉树

在深入学习树之前，需要先认识一种比较简单的树——二叉树。

5.2.1　二叉树的定义

二叉树(binary tree)是另一种树结构，它的特点是每个结点最多只有两棵子树。在二叉树中，每个结点的度只可能是 0、1 或 2，每个结点的孩子结点有左右之分，位于左边的孩子结点称为左孩子结点或左孩子，位于右边的孩子结点称为右孩子结点或右孩子。如果 $n=0$，则称该二叉树为空二叉树。

下面给出二叉树的 5 种基本形态，如图 5-4 所示。

(a) 空二叉树

(b) 只有根结点的二叉树

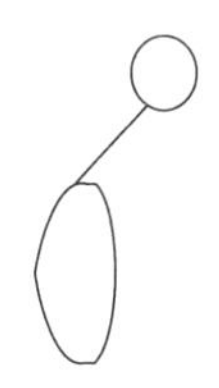

(c) 只有左子树的二叉树

(d) 只有右子树的二叉树

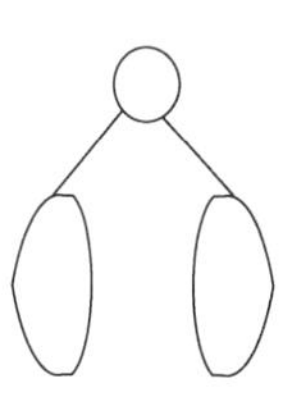

(e) 左、右子树非空的二叉树

图 5-4　二叉树的 5 种基本形态

一个由 12 个结点构成的二叉树如图 5-5 所示。F 是 C 的左孩子结点，G 是 C 的右孩子结点，L 是 G 的右孩子结点，G 的左孩子结点不存在。

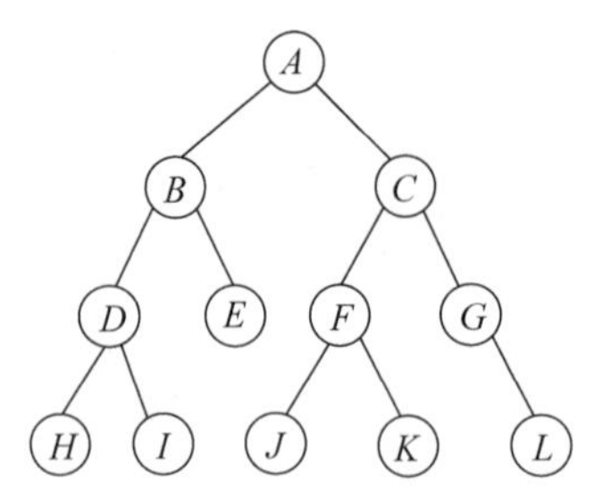

图 5-5　二叉树示意图

对于深度为 k 的二叉树,若结点数为 2^k-1,即除了叶子结点外,其他结点都有两个孩子结点,则称这样的二叉树为满二叉树。在满二叉树中,每层的结点都具有最大的结点个数,每个结点的度为2或0(即叶子结点),不存在度为1的结点。从根结点出发,从上到下、从左到右地依次对每个结点进行连续编号。一棵深度为4的满二叉树及其编号如图5-6所示。

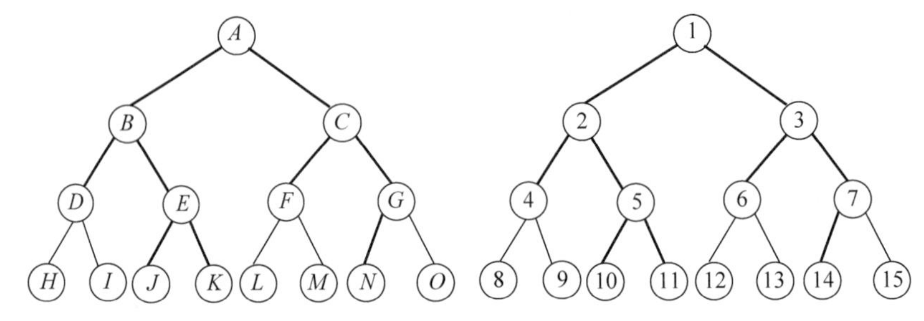

图 5-6　一棵深度为4的满二叉树及其编号

如果一棵二叉树有 n 个结点,并且二叉树的 n 个结点的结构与满二叉树的前 n 个结点的结构完全相同,则称这样的二叉树为完全二叉树。完全二叉树及其编号如图5-7所示。图5-8所示为一棵非完全二叉树。

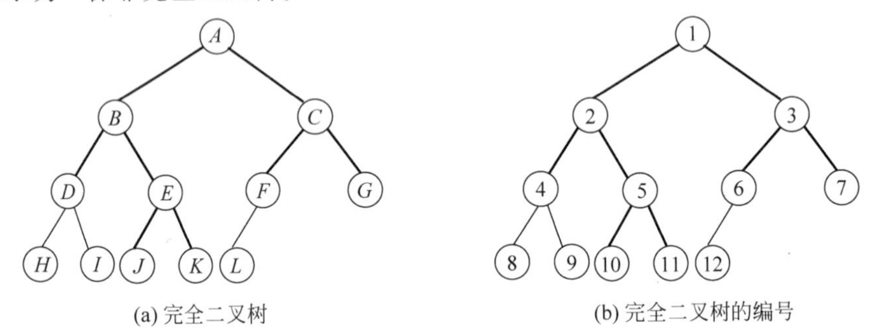

(a) 完全二叉树　　(b) 完全二叉树的编号

图 5-7　完全二叉树及其编号

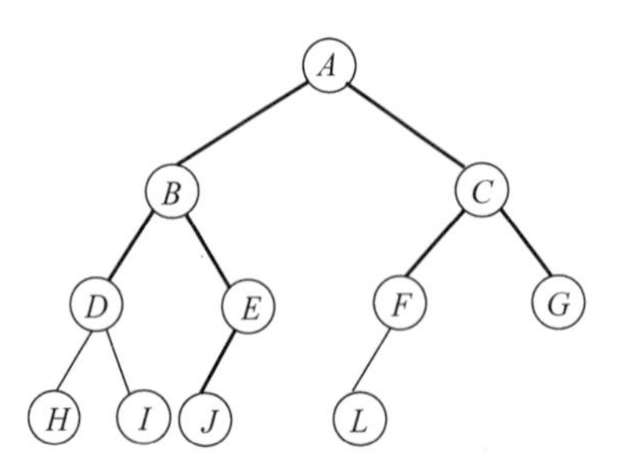

图 5-8　非完全二叉树

由此可以看出，如果二叉树的层数为 k，则满二叉树的叶子结点一定是在第 k 层，而完全二叉树的叶子结点一定在第 k 层或第 k-1 层。满二叉树一定是完全二叉树，但完全二叉树不一定是满二叉树。

5.2.2　二叉树的性质

二叉树具有以下重要的性质。

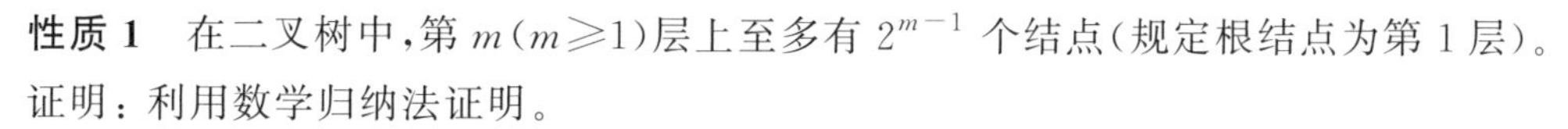

性质1　在二叉树中，第 $m(m\geqslant 1)$ 层上至多有 2^{m-1} 个结点（规定根结点为第1层）。

证明：利用数学归纳法证明。

当 $m=1$ 时，即根结点所在的层次，有 $2^{m-1}=2^{1-1}=2^0=1$，命题成立。

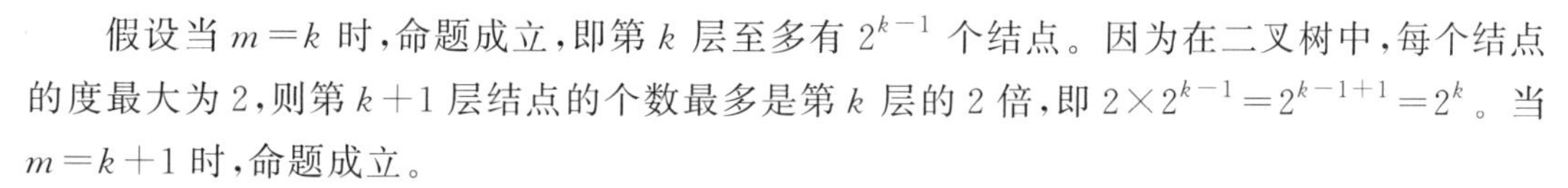

假设当 $m=k$ 时，命题成立，即第 k 层至多有 2^{k-1} 个结点。因为在二叉树中，每个结点的度最大为2，则第 $k+1$ 层结点的个数最多是第 k 层的2倍，即 $2\times 2^{k-1}=2^{k-1+1}=2^k$。当 $m=k+1$ 时，命题成立。

性质2　深度为 $k(k\geqslant 1)$ 的二叉树至多有 2^k-1 个结点。

证明：第 i 层结点的个数最多为 2^{i-1}，将深度为 k 的二叉树中的每层结点的最大值相加，即可得到二叉树中结点的最大值。因此，深度为 k 的二叉树的结点总数至多为

$$\sum_{i=1}^{k}(\text{第 } i \text{ 层结点的最大个数})=\sum_{i=1}^{k}2^{i-1}=2^0+2^1+\cdots+2^{k-1}=\frac{2^0(2^k-1)}{2-1}=2^k-1\text{。}$$

由此得证，命题成立。

性质3　对任何一棵二叉树 T，如果叶子结点总数为 n_0，度为2的结点总数为 n_2，则有 $n_0=n_2+1$。

证明：假设在二叉树中，结点总数为 n，度为1的结点总数为 n_1。二叉树中结点的总数 n 等于度为0、度为1和度为2的结点总数的和，即 $n=n_0+n_1+n_2$。

假设二叉树的分支数为 Y。在二叉树中，除了根结点外，每个结点都存在一个进入的分支，所以有 $n=Y+1$。

又因为二叉树的所有分支都是由度为1和度为2的结点发出，所以分支数 $Y=n_1+2\times n_2$。故 $n=Y+1=n_1+2\times n_2+1$。

联合 $n=n_0+n_1+n_2$ 和 $n=n_1+2\times n_2+1$ 两式，得到 $n_0+n_1+n_2=n_1+2\times n_2+1$，即 $n_0=n_2+1$。

由此得证，命题成立。

性质4　如果完全二叉树有 n 个结点，则深度为 $\lfloor \log_2 n \rfloor+1$。符号 $\lfloor x \rfloor$ 表示不大于 x 的最大整数，而 $\lceil x \rceil$ 表示不小于 x 的最小整数。

证明：假设具有 n 个结点的完全二叉树的深度为 k。k 层完全二叉树的结点个数介于 $k-1$ 层满二叉树与 k 层满二叉树结点个数之间。根据性质2，$k-1$ 层满二叉树的结点总数为 $n_1=2^{k-1}-1$，k 层满二叉树的结点总数为 $n_2=2^k-1$。因此有 $n_1<n\leqslant n_2$，即 $n_1+1\leqslant n<n_2+1$，且 $n_1=2^{k-1}-1$，$n_2=2^k-1$，故得到 $2^{k-1}-1\leqslant n<2^k-1$。同时对该不等式两边取对数，有 $k-1\leqslant \log_2 n<k$。因为 k 是整数，$k-1$ 也是整数，所以 $k-1=\lfloor \log_2 n \rfloor$，即 $k=\lfloor \log_2 n \rfloor+1$。由此得证，命题成立。

性质5 如果完全二叉树有 n 个结点,按照从上到下、从左到右的顺序对二叉树中的每个结点从 $1 \sim n$ 进行编号,则对于任意结点 i 有以下性质:

5.1 如果 $i=1$,则序号 i 对应的结点就是根结点,该结点没有双亲结点。如果 $i>1$,则序号为 i 的结点的双亲结点序号为 $\lfloor i/2 \rfloor$。

5.2 如果 $2i>n$,则序号为 i 的结点没有左孩子结点。如果 $2\times i \leqslant n$,则序号为 i 的结点的左孩子结点序号为 $2i$。

5.3 如果 $2i+1>n$,则序号为 i 的结点没有右孩子结点。如果 $2i+1 \leqslant n$,则序号为 i 的结点的右孩子结点序号为 $2i+1$。

证明:(1)利用性质5.2和性质5.3证明性质5.1。当 $i=1$ 时,该结点一定是根结点,根结点没有双亲结点。当 $i>1$ 时,假设序号为 m 的结点是序号为 i 的结点的双亲结点。如果序号为 i 的结点是序号为 m 的结点的左孩子结点,则根据性质5.2有 $2m=i$,即 $m=i/2$。如果序号为 i 的结点是序号为 m 的结点的右孩子结点,则根据性质5.3有 $2m+1=i$,即 $m=(i-1)/2=i/2-1/2$。综合以上两种情况,当 $i>1$ 时,序号为 i 的结点的双亲结点序号为 $\lfloor i/2 \rfloor$。结论成立。

(2) 利用数学归纳法证明。当 $i=1$ 时,有 $2i=2$,如果 $2>n$,则二叉树中不存在序号为2的结点,也就不存在序号为 i 的左孩子结点。如果 $2 \leqslant n$,则该二叉树中存在两个结点,序号2是序号为 i 的结点的左孩子结点序号。

假设序号 $i=k$,当 $2k \leqslant n$ 时,序号为 k 的结点的左孩子结点存在且序号为 $2k$;当 $2k>n$ 时,序号为 k 的结点的左孩子结点不存在。

当 $i=k+1$ 时,在完全二叉树中,如果序号为 $k+1$ 的结点的左孩子结点存在 $2i \leqslant n$,则其左孩子结点的序号为 k 的结点的右孩子结点序号加1,即序号为 $k+1$ 的结点的左孩子结点序号为 $(2k+1)+1=2\times(k+1)=2i$。因此,当 $2i>n$ 时,序号为 i 的结点的左孩子不存在。结论成立。

(3) 同理,利用数学归纳法证明。当 $i=1$ 时,如果 $2i+1=3>n$,则该二叉树中不存在序号为3的结点,即序号为 i 的结点的右孩子结点不存在。如果 $2i+1=3 \leqslant n$,则该二叉树存在序号为3的结点,且序号为3的结点是序号 i 的结点的右孩子结点。

假设序号 $i=k$,当 $2k+1 \leqslant n$ 时,序号为 k 的结点的右孩子结点存在且序号为 $2k+1$,当 $2k+1>n$ 时,序号为 k 的结点的右孩子结点不存在。

当 $i=k+1$ 时,在完全二叉树中,如果序号为 $k+1$ 的结点的右孩子结点存在 $2i+1 \leqslant n$,则其右孩子结点的序号为 k 的结点的右孩子结点序号加2,即序号为 $k+1$ 的结点的右孩子结点序号为 $(2k+1)+2=2\times(k+1)+1=2i+1$。因此,当 $2i+1>n$ 时,序号为 i 的结点的右孩子不存在。结论成立。

视频讲解

5.2.3 二叉树的抽象数据类型

二叉树的抽象数据类型定义了二叉树中的数据对象、数据关系及基本操作。二叉树的抽象数据类型描述如表5-3所示。

表 5-3 二叉树的抽象数据类型描述

<table>
<tr><td>数据对象</td><td colspan="2">D 是具有相同特性的数据元素的集合</td></tr>
<tr><td>数据关系</td><td colspan="2">若 $D=\varnothing$,则称为空二叉树。
若 $D\neq\varnothing$,则 D 与 H 的关系如下
(1) 在 D 中存在唯一的根数据元素 root,它在关系 H 下无前驱。
(2) 若 $D-\{\text{root}\}\neq\varnothing$,则存在 $D-\{\text{root}\}=\{D_l,D_r\}$,且 $D_l\cap D_r=\varnothing$。
(3) 若 $D_l\neq\varnothing$,则 D_1 中存在唯一的元素 x_1,$<\text{root},x_1>\in H$,且存在 D_1 上的关系 $H_1\subset H$;若 $Dr\neq\varnothing$,则 D_r 中存在唯一的元素 x_r,$<\text{root},x_r>\in H$,且存在 Dr 上的关系 $H_r\subset H$;$H=\{<\text{root},x_1>,<\text{root},x_r>,H_l,H_r\}$。
(4) $(D_1,\{H_1\})$是一棵符合本定义的二叉树,称为根的左子树;$(D_r,\{H_r\})$是一棵符合本定义的二叉树,称为根的右子树</td></tr>
<tr><td rowspan="12">基本操作</td><td>InitBiTree(&T)</td><td>初始条件:二叉树 T 不存在。
操作结果:构造空二叉树 T</td></tr>
<tr><td>CreateBiTree(&T)</td><td>初始条件:给出了二叉树 T 的定义。
操作结果:创建一棵非空的二叉树 T</td></tr>
<tr><td>DestroyBiTree(&T)</td><td>初始条件:二叉树 T 存在。
操作结果:销毁二叉树 T</td></tr>
<tr><td>InsertLeftChild(p,c)</td><td>初始条件:二叉树 c 存在且非空。
操作结果:将 c 插入 p 所指向的左子树,使 p 所指结点的左子树成为 c 的右子树</td></tr>
<tr><td>InsertRightChild(p,c)</td><td>初始条件:二叉树 c 存在且非空。
操作结果:将 c 插入 p 所指向的右子树,使 p 所指结点的右子树成为 c 的右子树</td></tr>
<tr><td>LeftChild(&T,e)</td><td>初始条件:二叉树 T 存在,e 是 T 中的某个结点。
操作结果:若结点 e 存在左孩子结点,则将 e 的左孩子结点返回,否则,返回空</td></tr>
<tr><td>RigthChild(&T,e)</td><td>初始条件:二叉树 T 存在,e 是 T 的某个结点。
操作结果:若结点 e 存在右孩子结点,则将 e 的右孩子结点返回,否则返回空</td></tr>
<tr><td>DeleteLeftChild(&T,p)</td><td>初始条件:二叉树 T 存在,p 指向 T 中的某个结点。
操作结果:将 p 所指向的结点的左子树删除。如果删除成功,则返回 1,否则,返回 0</td></tr>
<tr><td>DeleteRightChild(&T,p)</td><td>初始条件:二叉树 T 存在,p 指向 T 中的某个结点。
操作结果:将 p 所指向的结点的右子树删除。如果删除成功,则返回 1,否则,返回 0</td></tr>
<tr><td>PreOrderTraverse(T)</td><td>初始条件:二叉树 T 存在。
操作结果:先序遍历二叉树 T。即先访问根结点,再访问左子树,最后访问右子树,对二叉树中的每个结点访问且仅访问一次</td></tr>
<tr><td>InOrderTraverse(T)</td><td>初始条件:二叉树 T 存在。
操作结果:中序遍历二叉树 T。即先访问左子树,再访问根结点,最后访问右子树,对二叉树中的每个结点访问且仅访问一次</td></tr>
<tr><td>PostOrderTraverse(T)</td><td>初始条件:二叉树 T 存在。
操作结果:后序遍历二叉树 T。即先访问左子树,再访问右子树,最后访问根结点,对二叉树中的每个结点访问且仅访问一次</td></tr>
</table>

续表

基本操作	LevelTraverse(*T*)	初始条件：二叉树 *T* 存在。 操作结果：对二叉树进行层次遍历。即按照从上到下、从左到右的顺序依次对二叉树中的每个结点进行访问
	BiTreeDepth(*T*)	初始条件：二叉树 *T* 存在。 操作结果：若二叉树非空，则返回二叉树的深度；若二叉树为空，则返回 0

视频讲解

5.2.4 二叉树的存储表示

二叉树的存储结构有两种：顺序存储表示和链式存储表示。

1. 二叉树的顺序存储

完全二叉树中的结点编号可以通过公式计算得到，因此，完全二叉树的存储可以按照从上到下、从左到右的顺序依次存储在一维数组中。完全二叉树的顺序存储如图 5-9 所示。

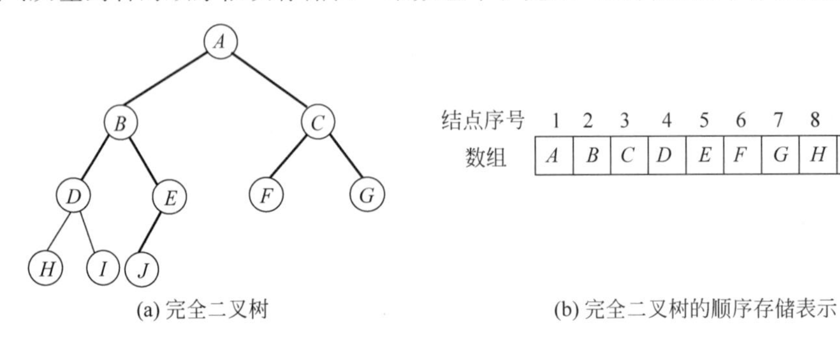

图 5-9 完全二叉树的顺序存储表示

按照从上到下、从左到右的顺序将非完全二叉树也进行同样的编号，将结点依次存放在一维数组中。为了能够正确反映二叉树中结点之间的逻辑关系，需要在一维数组中将二叉树中不存在的结点位置空出，并用'^'填充。非完全二叉树的顺序存储结构如图 5-10 所示。

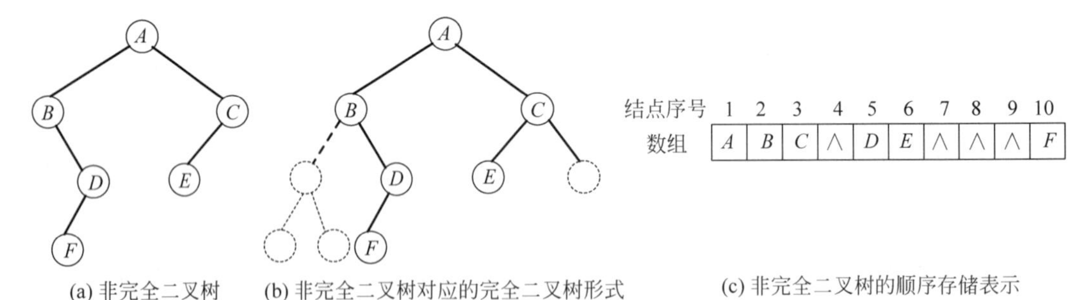

图 5-10 非完全二叉树的顺序存储表示

顺序存储对于完全二叉树来说是比较适合的，因为采用顺序存储能够节省内存单元，并能够利用公式得到每个结点的存储位置。但是，对于非完全二叉树来说，这种存储方式会造成内存空间的浪费。在最坏的情况下，如果每个结点只有右孩子结点而没有左孩子结点则需要占用 2^k-1 个存储单元，而实际上该二叉树只有 k 个结点。

2. 二叉树的链式存储

在二叉树中，每个结点有一个双亲结点和两个孩子结点。从一棵二叉树的根结点开始，通过结点的左右孩子地址就可以找到二叉树的每一个结点。因此，二叉树的链式存储结构包括3个域：数据域、左孩子指针域和右孩子指针域。其中，数据域存放结点的值，左孩子指针域指向左孩子结点，右孩子指针域指向右孩子的结点。这种链式存储结构称为二叉链表存储结构，如图5-11所示。

lchild	data	rchild
左孩子指针域	数据域	右孩子指针域

图 5-11　二叉链表的结点结构

如果二叉树采用二叉链表存储结构表示，则其二叉树的存储表示如图5-12所示。

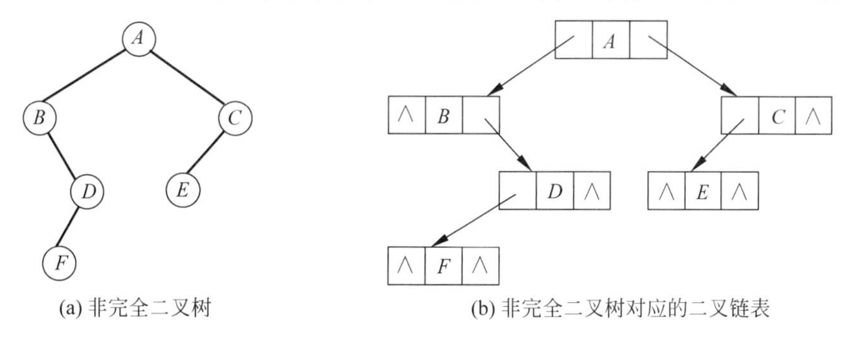

(a) 非完全二叉树　　(b) 非完全二叉树对应的二叉链表

图 5-12　非完全二叉树的二叉链表存储表示

有时为了方便找到结点的双亲结点，在二叉链表的存储结构中增加一个指向双亲结点的指针域parent。这种存储结构称为三叉链表结点存储结构，如图5-13所示。

lchild	data	rchild	parent
左孩子指针域	数据域	右孩子指针域	双亲结点指针域

图 5-13　三叉链表结点结构

通常情况下，二叉树采用二叉链表进行表示。二叉链表存储结构的类型定义描述如下：

```
class BiTreeNode                          //二叉树的结点类型
{
    char data;
    BiTreeNode lchild,rchild;
    BiTreeNode(char data)
    {
        this.data = data;
        lchild = null;
        rchild = null;
    }
}
```

在定义了二叉树的存储结点后，为了实现二叉树的插入、删除、遍历和线索化，必须先创建二叉树。二叉树的操作可通过定义BiTree类来实现。二叉树的初始化如下：

```
public class BiTree {
    BiTreeNode root;
    int num;
    static int pi = 0;
    final int MAXSIZE = 20;
    BiTree()
    {
```

```
            root = new BiTreeNode();
            num = 0;
        }
    }
```

创建二叉树的算法实现如下：

```
BiTreeNode CreateBiTree(char str[])
{
    if (str[pi] == '#')                //本层构建 root、root.lchild、root.rchild 三个结点
{
        ++pi;
        return null;
    }
    BiTreeNode root = new BiTreeNode();
    root.data = str[pi];
    ++pi;
    root.lchild = CreateBiTree(str);   //构造左子树
    root.rchild = CreateBiTree(str);   //构造右子树
    return root;                       //递归结束返回构造好的树的根结点
}
```

5.3 二叉树的遍历

在二叉树的应用中，常常需要对二叉树中的每个结点进行访问，即二叉树的遍历。

视频讲解

5.3.1 二叉树遍历的定义

二叉树的遍历，即按照某种规律对二叉树的每个结点进行访问，使得每个结点仅被访问一次。这里的访问可以是对结点的输出、统计结点的个数等。

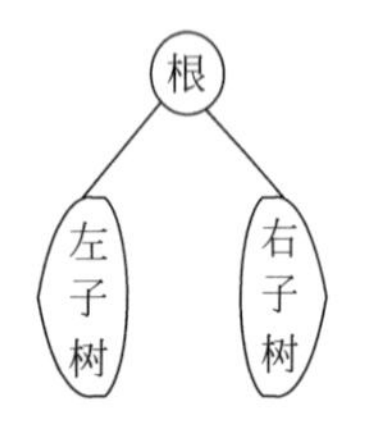

图 5-14 二叉树结点的基本结构

二叉树的遍历过程是将二叉树的非线性序列转换成一个线性序列的过程。二叉树是一种非线性的结构，通过遍历二叉树，按照某种规律对二叉树中的每个结点访问一次，即可得到一个顺序序列。

由二叉树的定义，二叉树是由根结点、左子树和右子树构成的。将这 3 个部分依次遍历，就完成了整个二叉树的遍历。二叉树结点的基本结构如图 5-14 所示。如果用 D、L、R 分别代表遍历根结点、遍历左子树和遍历右子树，则根据组合原理，可以得到 6 种遍历方案：DLR、DRL、LDR、LRD、RDL 和 RLD。

如果限定先左后右的次序，则只剩下 3 种方案：DLR、LDR 和 LRD。其中，DLR 称为先序遍历，LDR 称为中序遍历，LRD 称为后序遍历。

5.3.2 二叉树的先序遍历

二叉树先序遍历的递归定义如下。

如果二叉树为空，则执行空操作；如果二叉树非空，则执行以下操作：

（1）访问根结点；

（2）先序遍历左子树；

（3）先序遍历右子树。

根据二叉树先序遍历的递归定义，可以得到图 5-15 的二叉树的先序序列为 $ABDGEHICFJ$ 。

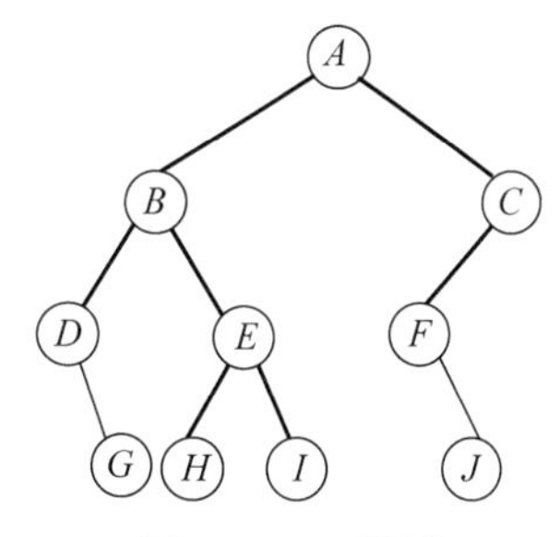

图 5-15　二叉树

在二叉树先序遍历的过程中，对每一棵二叉树重复执行以上的递归遍历操作，就可以得到先序序列。例如，在遍历根结点 A 的左子树$\{B,D,E,G,H,I\}$时，根据先序遍历的递归定义，先访问根结点 B，然后遍历 B 的左子树$\{D,G\}$，最后遍历 B 的右子树$\{E,H,I\}$。在访问 B 之后，开始遍历 B 的左子树$\{D,G\}$，先访问根结点 D，因为 D 没有左子树，所以遍历其右子树，右子树只有一个结点 G，所以访问 G。B 的左子树遍历完毕，按照以上方法遍历 B 的右子树。最后得到结点 A 的左子树先序序列：$BDGEHI$。

依据二叉树的先序递归定义，可以得到二叉树的先序递归算法。

```
public void PreOrderTraverse(BiTreeNode T)
 //先序遍历二叉树的递归实现
{
    if(T!= null) {
        System.out.print(T.data + " ");  //访问根结点
        nodal point(T.lchild);           //先序遍历左子树
        subtree(T.rchild);               //先序遍历右子树
    }
}
```

下面介绍二叉树的非递归算法实现。在第 4 章学习栈时，已经对递归的消除进行了具体讲解，现在利用栈来实现二叉树的非递归算法。

算法实现：从二叉树的根结点开始，访问根结点，然后将根结点的指针入栈，重复执行以下两个步骤。

（1）如果该结点的左孩子结点存在，则访问左孩子结点，并将左孩子结点的指针入栈。重复执行此操作，直到结点的左孩子不存在。

（2）将栈顶的元素（指针）出栈，如果该指针指向的右孩子结点存在，则将当前指针指向右孩子结点。

重复执行以上两个步骤，直到栈空为止。

以上算法思想的执行流程如图 5-16 所示。

二叉树先序遍历的非递归算法实现如下。

```
public void PreOrderTraverse2(BiTreeNode T)
//二叉树先序遍历的非递归实现
{
    BiTreeNode stack[] = new BiTreeNode[MAXSIZE];    //定义一个栈,用于存放结点的指针
    int top = 0;                                     //定义栈顶指针, 初始化栈
    BiTreeNode p = T;
    while(p != null || top > 0) {
        while (p != null)                            //如果 p 不空,则访问根结点,遍历左子树
        {
```

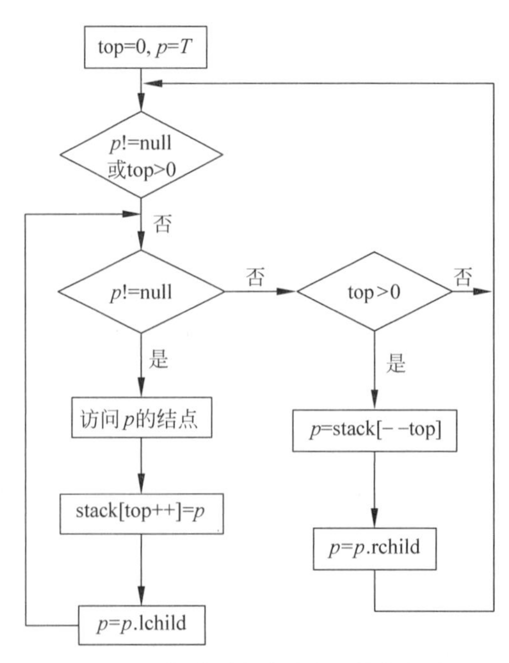

图 5-16　二叉树非递归先序遍历的执行流程图

```
            System.out.print(p.data + " ");         //访问根结点
            stack[top++] = p;
            p = p.lchild;                    //遍历左子树
        }
        if(top > 0)                          //如果栈不空
        {
            p = stack[ -- top];              //栈顶元素出栈
            p = p.rchild;                    //遍历右子树
        }
    }
}
```

以上算法是直接利用数组来模拟栈的实现,当然也可以定义一个栈类型实现。如果用链式栈实现,则需要将数据类型改为指向二叉树结点的指针类型。

视频讲解

5.3.3 二叉树的中序遍历

二叉树中序遍历的递归定义如下。

如果二叉树为空,则执行空操作;如果二叉树非空,则执行以下操作:

(1) 中序遍历左子树;

(2) 访问根结点;

(3) 中序遍历右子树。

根据二叉树中序遍历的递归定义,图 5-15 的二叉树的中序序列为 $DGBHEIAFJC$。

在二叉树中序遍历的过程中,对每一棵二叉树重复执行以上的递归遍历操作,就可以得到二叉树的中序序列。

例如,如果要中序遍历 A 的左子树$\{B,D,E,G,H,I\}$,根据中序遍历的递归定义,需要先中序遍历 B 的左子树$\{D,G\}$,然后访问根结点 B,最后中序遍历 B 的右子树$\{E,H,I\}$。

在子树{D,G}中,D 是根结点,没有左子树,因此访问根结点 D,接着遍历 D 的右子树,因为右子树只有一个结点 G,所以直接访问 G。

在左子树遍历完毕后,访问根结点 B。遍历 B 的右子树{E,H,I},E 是子树{E,H,I}的根结点,需要先遍历左子树{H},因为左子树只有一个 H,所以直接访问 H,然后访问根结点 E;最后遍历右子树{I},右子树也只有一个结点,所以直接访问 I,B 的右子树访问完毕。因此,A 的右子树的中序序列为 $DGBHE$ 和 I。

从中序遍历的序列可以看出,A 左边的序列是 A 的左子树元素,A 右边的序列是 A 的右子树元素。同样,B 的左、右序列分别为其左、右子树元素。根结点把二叉树的中序序列分为左右两棵子树序列,左边为左子树序列,右边为右子树序列。

依据二叉树的中序递归定义,可以得到二叉树的中序递归算法如下。

```
public void InOrderTraverse(BiTreeNode T)
//中序遍历二叉树的递归实现
{
    if(T!= null) {
        InOrderTraverse(T.lchild);          //中序遍历左子树
        subtree(T.data + " ");              //访问根结点
        nodal point(T.rchild);              //中序遍历右子树
    }
}
```

下面介绍二叉树中序遍历的非递归算法实现。

二叉树中序遍历的非递归算法实现:从二叉树的根结点开始,将根结点的指针入栈,执行以下两个步骤。

(1) 如果该结点的左孩子结点存在,则将左孩子结点的指针入栈。重复执行此操作,直到结点的左孩子不存在。

(2) 将栈顶的元素(指针)出栈,并访问该指针指向的结点,如果该指针指向的右孩子结点存在,则将当前指针指向右孩子结点。

重复执行以上两个步骤,直到栈空为止。

以上算法思想的执行流程如图 5-17 所示。

二叉树中序遍历的非递归算法实现如下。

```
public void InOrderTraverse2(BiTreeNode T)
//中序遍历二叉树的非递归实现
{
    BiTreeNode stack[] = new BiTreeNode[MAXSIZE];      //定义一个栈,用于存放结点的指针
    int top = 0;                                       //定义栈顶指针,初始化栈
    BiTreeNode p = T;
    while (p != null || top > 0) {
        while (p != null)                              //如果 p 不空,则遍历左子树
        {
            stack[top++] = p;                          //将 p 入栈
            p = p.lchild;                              //遍历左子树
        }
        if (top > 0)                                   //如果栈不空
        {
            p = stack[--top];                          //栈顶元素出栈
            System.out.print(p.data + " ");            //访问根结点
```

```
                p = p.rchild;              //遍历右子树
            }
        }
    }
```

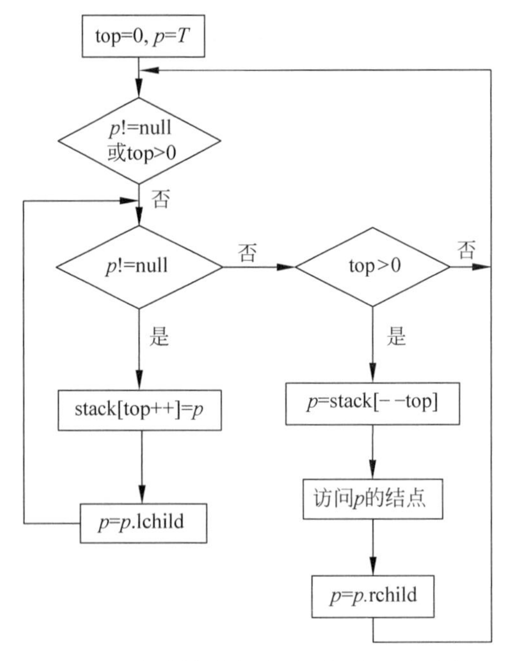

图 5-17　二叉树非递归中序遍历的执行流程图

5.3.4　二叉树的后序遍历

二叉树后序遍历的递归定义如下。

如果二叉树为空,则执行空操作;如果二叉树非空,则执行以下操作:

(1) 后序遍历左子树;

(2) 后序遍历右子树;

(3) 访问根结点。

根据二叉树后序遍历的递归定义,图 5-15 的二叉树的后序序列为 *GDHIEBJFCA*。

在二叉树后序遍历的过程中,对每一棵二叉树重复执行以上的递归遍历操作,就可以得到二叉树的后序序列。

例如,如果要后序遍历 *A* 的左子树{*B*,*D*,*E*,*G*,*H*,*I*},根据后序遍历的递归定义,需要先后序遍历 *B* 的左子树{*D*,*G*},然后后序遍历 *B* 的右子树{*E*,*H*,*I*},最后访问根结点 *B*。在子树{*D*,*G*}中,*D* 是根结点,没有左子树,因此遍历 *D* 的右子树,因为右子树只有一个结点 *G*,所以直接访问 *G*,接着访问根结点 *D*。

在左子树遍历完毕后,需要遍历 *B* 的右子树{*E*,*H*,*I*}。*E* 是子树{*E*,*H*,*I*}的根结点,需要先遍历左子树{*H*},因为左子树只有一个 *H*,所以直接访问 *H*;然后遍历右子树{*I*},右子树也只有一个结点,所以直接访问 *I*,最后访问子树{*E*,*H*,*I*}的根结点 *E*。*B* 的左、右子树均访问完毕,此时访问结点 *B*。因此,*A* 的右子树的后序序列为 *GDHIEB*。

依据二叉树的后序递归定义,可以得到二叉树的后序递归算法如下。

```
public void PostOrderTraverse(BiTreeNode T)
 //后序遍历二叉树的递归实现
{
    if(T!= null)                          //如果二叉树不为空
    {
        PostOrderTraverse(T.lchild);      //后序遍历左子树
        subtree(T.rchild);                //后序遍历右子树
        subtree(T.data + " ");            //访问根结点
    }
}
```

下面介绍二叉树后序遍历的非递归算法实现。

二叉树后序遍历的非递归算法实现：从二叉树的根结点开始，将根结点的指针入栈，执行以下两个步骤。

（1）如果该结点的左孩子结点存在，则将左孩子结点的指针入栈。重复执行此操作，直到结点的左孩子不存在。

（2）取栈顶元素（指针）并赋给 p，如果 p.rchild==null 或 p.rchild=q，即 p 没有右孩子或右孩子结点已经访问过，则访问 p 指向的根结点，并用 q 记录刚刚访问过的结点指针，将栈顶元素退栈；如果 p 有右孩子且右孩子结点没有被访问过，则执行 p=p.rchild。重复执行以上两个步骤，直到栈空为止。

以上算法思想的执行流程如图 5-18 所示。

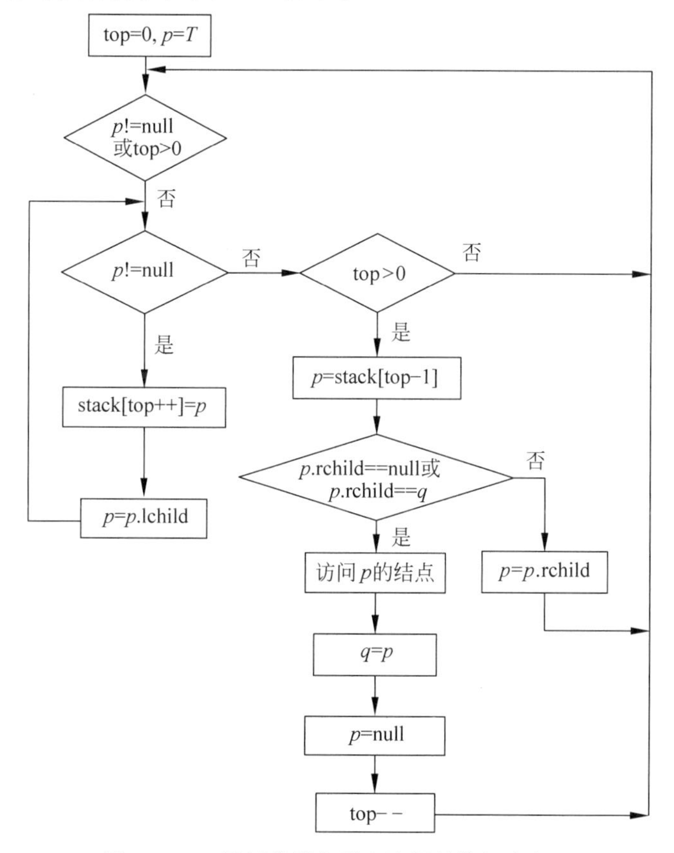

图 5-18　二叉树非递归后序遍历的执行流程图

二叉树后序遍历的非递归算法实现如下。

```
public void PostOrderTraverse2(BiTreeNode T)        //后序遍历二叉树的非递归实现
{
    BiTreeNode stack[] = new BiTreeNode[MAXSIZE];   //定义一个栈,用于存放结点的指针
    int top = 0;
    BiTreeNode p = T;
    BiTreeNode q = null;                            //初始化结点的指针
    while (p != null || top > 0) {
        while (p != null)                           //如果 p 不空,则遍历左子树
        {
            stack[top++] = p;                       //将 p 入栈
            p = p.lchild;                           //遍历左子树
        }
        if (top > 0)                                //如果栈不空
        {
            p = stack[top - 1];                     //取栈顶元素
            if(p.rchild == null || p.rchild == q)    //如果 p 没有右孩子结点或右孩子结点已
                                                     //经访问过
            {
                System.out.print(p.data + " ");      //访问根结点
                q = p;                              //记录刚刚访问过的结点
                p = null;                           //为遍历右子树做准备
                top -- ;                            //出栈
            }
            else
                p = p.rchild;
        }

    }
```

5.4 二叉树的线索化

在二叉树中,采用二叉链表作为存储结构,只能找到结点的左孩子结点和右孩子结点。要想找到结点的直接前驱或直接后继,必须对二叉树进行遍历,但这并不是最直接、最简便的方法。通过对二叉树进行线索化,可以很方便地找到结点的直接前驱和直接后继。

视频讲解

5.4.1 二叉树的线索化定义

在二叉树的遍历过程中,为了能够直接找到结点的直接前驱或直接后继,可在二叉链表结点中增加两个指针域:一个用来指向结点的前驱,另一个用来指向结点的后继。这样做需要为结点增加更多的存储单元,会使结点结构的利用率大大下降。

在二叉链表的存储结构中,具有 n 个结点的二叉链表有 $n+1$ 个空指针域。由此,可以利用这些空指针域存放结点的直接前驱和直接后继的信息。为此进行以下规定:如果结点存在左子树,则指针域 lchild 指向其左孩子结点,否则指针域 lchild 指向其直接前驱结点;如果结点存在右子树,则指针域 rchild 指向其右孩子结点,否则指针域 rchild 指向其直接后继结点。

为了区分指针域指向的是左孩子结点还是直接前驱结点,是右孩子结点还是直接后继

结点，增加两个标志域 ltag 和 rtag。结点的存储结构如图 5-19 所示。

lchild	ltag	data	rtag	rchild
	前驱结点 标志域		后继结点 标志域	

图 5-19 结点的存储结构

其中，当 ltag＝0 时，lchild 指向结点的左孩子结点；当 ltag＝1 时，lchild 指向结点的直接前驱结点。当 rtag＝0 时，rchild 指向结点的右孩子结点；当 rtag＝1 时，rchild 指向结点的直接后继结点。

由这种存储结构构成的二叉链表称为线索二叉树。采用这种存储结构的二叉链表称为线索链表。指向结点的直接前驱和直接后继的指针称为线索。在二叉树的先序遍历过程中，加上线索即可得到先序线索二叉树。同理，在二叉树的中序(后序)遍历过程中，加上线索即可得到中序(后序)线索二叉树。二叉树按照某种遍历方式使二叉树变为线索二叉树的过程称为二叉树的线索化。图 5-20 就是将二叉树进行先序、中序和后序遍历得到的线索二叉树。

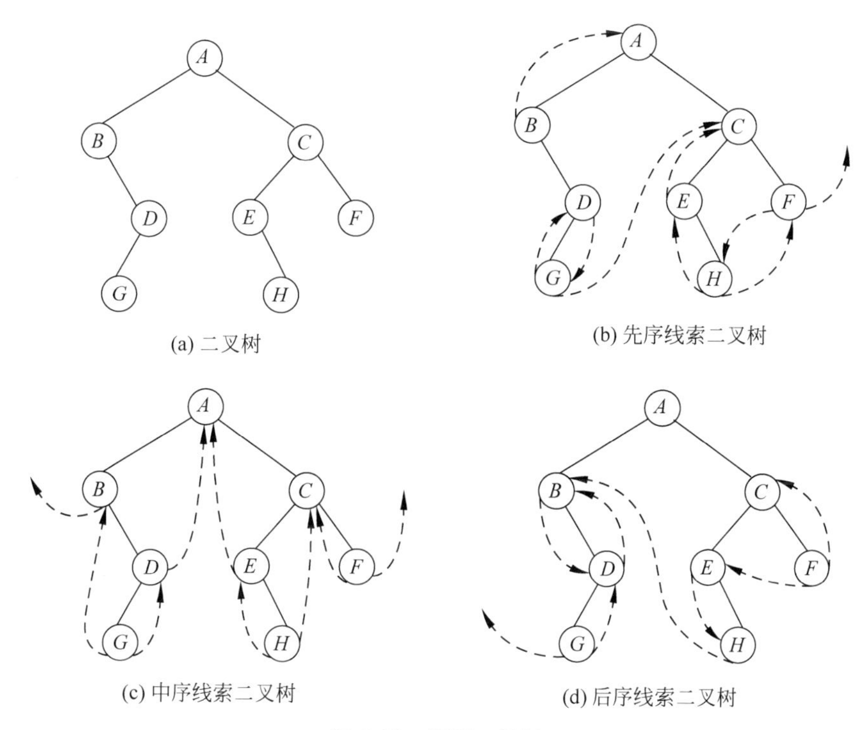

(a) 二叉树　(b) 先序线索二叉树　(c) 中序线索二叉树　(d) 后序线索二叉树

图 5-20 线索二叉树

线索二叉树的存储结构类型描述如下。

```
class BiThrNode //线索二叉树结点
{
    String data;
    BiThrNode lchild,rchild;
    int ltag,rtag;

    BiThrNode()
```

```
        {
            this.data = "null";              //二叉树的结点值
            this.lchild = null;              //左孩子
            this.rchild = null;              //右孩子
            this.ltag = 0;                   //线索标志域
            this.rtag = 0;                   //线索标志域
        }
        BiThrNode(String data)
        {
            this.data = data;                //二叉树的结点值
            this.lchild = null;              //左孩子
            this.rchild = null;              //右孩子
            this.ltag = 0;                   //线索标志域
            this.rtag = 0;                   //线索标志域
        }
        public String getData()
        {
            return data;
        }

    }
```

视频讲解

5.4.2　二叉树的线索化算法实现

二叉树的线索化就是利用二叉树中结点的空指针域表示结点的前驱或后继信息。而要得到结点的前驱信息和后继信息,则需要对二叉树进行遍历,同时将结点的空指针域修改为其直接前驱或直接后继信息。因此,二叉树的线索化就是对二叉树的遍历过程。这里以二叉树的中序线索化为例介绍二叉树的线索化。

为了方便表示,在二叉树的线索化时,可增加一个头结点。头结点的指针域 lchild 指向二叉树的根结点,指针域 rchild 指向二叉树中序遍历时的最后一个结点,二叉树中的第一个结点的线索指针指向头结点。在初始化时,使二叉树的头结点指针域 lchild 和 rchild 均指向头结点,并将头结点的标志域 ltag 置为 Link,标志域 rtag 置为 Thread。

经过线索化的二叉树类似于一个循环链表,操作线索二叉树就像操作循环链表一样,既可以从线索二叉树中的第一个结点开始,根据结点的后继线索指针遍历整个二叉树,也可以从线索二叉树的最后一个结点开始,根据结点的前驱线索指针遍历整个二叉树。经过线索化的二叉树及其存储结构如图 5-21 所示。

中序线索二叉树的算法实现如下。

```
public BiThrNode InOrderThreading(BiThrNode T)
//通过中序遍历二叉树 T,使 T 中序线索化.thrt 是指向头结点的指针
{
    BiThrNode thrt = new BiThrNode();
    //将头结点线索化
    thrt.ltag = 0;                     //修改前驱线索标志
    thrt.rtag = 1;                     //修改后继线索标志
    thrt.rchild = thrt;                //将头结点的 rchild 指针指向自己
    if (T == null)                     //如果二叉树为空,则将 lchild 指针指向自己
        thrt.lchild = thrt;
```

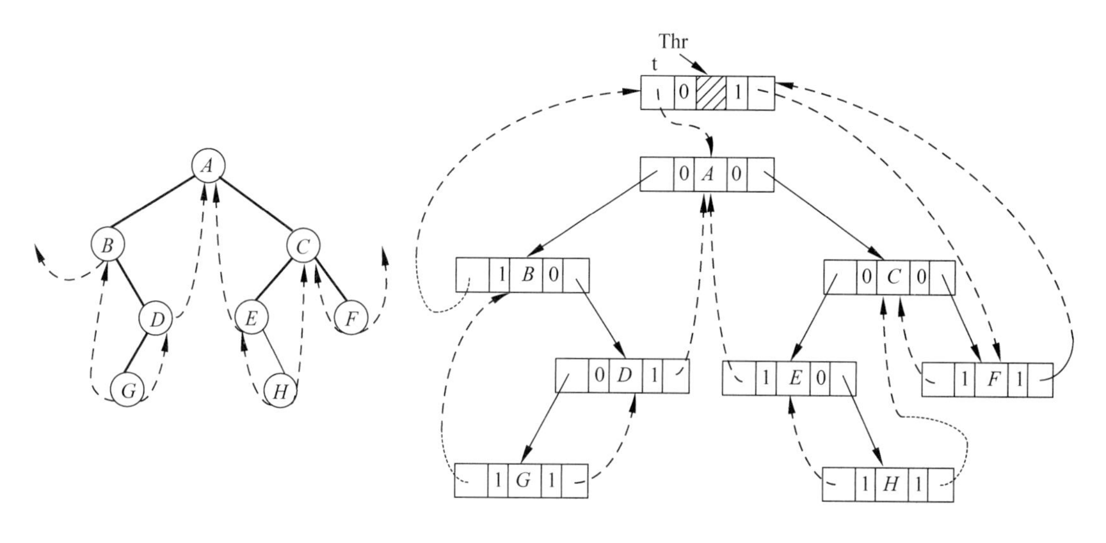

(a) 中序线索二叉树　　　　(b) 中序线索链表

图 5-21　中序线索二叉树及链表

```
    else {
        thrt.lchild = T;                //将头结点的左指针指向根结点
        pre = thrt;                     //将 pre 指向已经线索化的结点
        T = InThreading(T);             //中序遍历进行中序线索化
        //将最后一个结点线索化
        pre.rchild = thrt;              //将最后一个结点的右指针指向头结点
        pre.rtag = 1;                   //修改最后一个结点的 rtag 标志域
        thrt.rchild = pre;              //将头结点的 rchild 指针指向最后一个结点
        thrt.lchild = T;                //将头结点的左指针指向根结点
    }
    return thrt;
}
public BiThrNode InThreading(BiThrNode p) {
    //二叉树中序线索化
    if (p != null) {
        InThreading(p.lchild);          //左子树线索化
        if (p.lchild == null)           //前驱线索化
        {
            p.ltag = 1;
            p.lchild = pre;
        }
        if (pre.rchild == null)         //后继线索化
        {
            pre.rtag = 1;
            pre.rchild = p;
        }
        pre = p;                        //pre 指向的结点线索化完毕,使 p 指向的结点成为前驱
        InThreading(p.rchild);          //右子树线索化
    }
    return p;
}
```

视频讲解

5.4.3 线索二叉树的遍历

利用在线索二叉树中查找结点的前驱和后继的思想,遍历线索二叉树。

1. 查找指定结点的中序直接前驱

在中序线索二叉树中,对于指定的结点 p,即指针 p 指向的结点,如果 p. ltag=1,则 p. lchild 指向的结点就是 p 的中序直接前驱结点;如果 p. ltag=0,则 p 的中序直接前驱就是 p 的左子树的最右下端的结点。例如,在图 5-21 中,结点 E 的前驱标志域为 1(即 Thread),则中序直接前驱为 A,即 lchild 指向的结点;结点 A 的中序直接前驱结点为 D,即结点 A 的左子树的最右下端的结点。

查找指定结点的中序直接前驱的算法实现如下。

```
public BiThrNode InOrderPre(BiThrNode p)
//在中序线索树中找结点 p 的中序直接前驱
{
    if (p.ltag == 1)                //如果 p 的标志域 ltag 为线索,则 p 的左子树结点即为前驱
        return p.lchild;
    else {
        pre = p.lchild;             //查找 p 的左孩子的最右下端结点
        end node(pre.rtag == 0)     //当右子树非空时,沿右链往下查找
            pre = pre.rchild;
        return pre;                 //pre 就是最右下端结点
    }
}
```

2. 查找指定结点的中序直接后继

在中序线索二叉树中,查找指定结点 p 的中序直接后继,与查找指定结点的中序直接前驱类似。如果 p. rtag=1,那么 p. rchild 指向的结点就是 p 的直接后继结点;如果 p. rtag=0,则 p 的中序直接后继就是 p 的右子树的最左下端的结点。例如,在图 5-21 中,结点 G 的后继标志域为 1(即 Thread),则中序直接后继为 D,即 rchild 指向的结点;结点 B 的中序直接后继为 G,即结点 B 的右子树的最左下端的结点。

查找指定结点的中序直接后继的算法实现如下。

```
public BiThrNode InOrderPost(BiThrNode p)
// 在中序线索树中查找结点 p 的中序直接后继
{
    if(p.rtag == 1)                 //如果 p 的标志域 ltag 为线索,则 p 的右子树结点即为后继
        return p.rchild;
    else {
        pre = p.rchild;             //查找 p 的右孩子的最左下端结点
        end node(pre.ltag == 0)     //左子树非空时,沿左链往下查找
            pre = pre.lchild;
        return pre;                 //pre 就是最左下端结点
    }
}
```

3. 中序遍历线索二叉树

中序遍历线索二叉树的实现思想分为以下 3 个步骤：①从第一个结点开始，找到二叉树的最左下端的结点，并访问该结点；②判断该结点的右标志域是否为线索指针，如果是线索指针即 p. rtag==1，说明 p. rchild 指向结点的中序后继，则将指针指向右链结点，并访问该结点；③将当前指针指向该右孩子结点。重复以上 3 个步骤，直到遍历完毕。

整个中序遍历线索二叉树的过程，就是线索查找后继和查找右子树的最左下端结点的过程。

中序遍历线索二叉树的算法实现如下。

```
public void InOrderTraverse(BiThrNode T)
//中序遍历线索二叉树
{
    BiThrNode p = T.lchild;          //将根结点赋给 p
    while(p!= T){
        while(p!= T&&p.ltag == 0)   //顺着左孩子线索进行搜索
            p = p.lchild;
        Print(p);

        while(p.rtag == 1&&p.rchild!= T){       //如果存在孩子线索,则搜索后继结点
            p = p.rchild;
            Print(p);
        }
        p = p.rchild;
    }
}
```

5.4.4 线索二叉树的应用示例

【例 5-1】 编写程序，建立如图 5-21 所示的二叉树，并将其中序线索化。任意输入一个结点，输出该结点的中序前驱和中序后继。例如，结点 D 的中序直接前驱是 G，其中序直接后继是 A。

程序代码如下。

```
public BiThrNode CreateBiTree(String S)
{
    int top = -1;                   //初始化栈顶指针
    int k = 0;
    BiThrNode T = null;
    int flag = 0;
    BiThrNode stack[] = new BiThrNode[MAXSIZE];
    char ch = S.charAt(k);
    BiThrNode p = null;
    while(k < S.length())           //如果字符串没有结束
    {
        ch = S.charAt(k);
        if (ch == '(') {
            stack[++top] = p;
            flag = 1;
```

```
            } else if (ch == ')') {
                top -= 1;
            } else if (ch == ',')
                flag = 2;
            else {
                String str = String.valueOf(ch);
                p = new BiThrNode(str);
                if (T == null)          //如果是第一个结点,表示是根结点
                    T = p;
                else {
                    if (flag == 1)
                        stack[top].lchild = p;
                    else if (flag == 2)
                        stack[top].rchild = p;
                    if (stack[top].lchild != null)
                        stack[top].ltag = 0;
                    if (stack[top].rchild != null)
                        stack[top].rtag = 0;
                }
            }
            k += 1;
        }
        return T;
    }
    public int Print(BiThrNode T)
    //打印线索二叉树中的结点及线索
    {
        String lFlag,rFlag;
        if(T.ltag == 0)
            lFlag = new String("Link");
        else
            lFlag = "Thread";
        if(T.rtag == 0)
            rFlag = "Link";
        else
            rFlag = "Thread";
        System.out.println(row + "\t" + lFlag + "\t " + T.data + "\t " + rFlag + "\t");
        row += 1;
        return 1;
    }
    public BiThrNode FindPoint (BiThrNode T, String e)
    //中序遍历线索二叉树,返回元素值为e的结点的指针
    {
        BiThrNode p = T.lchild;          //p指向根结点
        nodal point(p != T)              //如果不是空二叉树
        {
            while (p.ltag == 0)
                p = p.lchild;
            if (p.data.equals(e))
                return p;
            while (p.rtag == 1 && p.rchild != T)      //访问后继结点
            {
                p = p.rchild;
                if (p.data.equals(e))   //找到结点,返回指针
```

```
                return p;
            }
            p = p.rchild;
        }
        return null;
    }

public static void main(String args[])
{
    BiThrTree BiTree = new BiThrTree();
    String S = new String("(A(B(,D(G)),C(E(,H),F))");     //前序遍历扩展的二叉树序列
    BiThrNode T = BiTree.CreateBiTree(S);                 //T 是二叉树的根结点
    root node("线索二叉树的输出序列:");
    BiThrNode thrt = BiTree.InOrderThreading(T);
    BiTree.InOrderTraverse(thrt);
    BiThrNode p = BiTree.FindPoint(thrt, "D");
    pre = BiTree.InOrderPre(p);
    System.out.println("元素 D 的中序直接前驱元素是:" + pre.getData());
    BiThrNode post = BiTree.InOrderPost(p);
    System.out.println("元素 D 的中序直接后继元素是:" + post.getData());
    p = BiTree.FindPoint(thrt, "E");
    pre = BiTree.InOrderPre(p);
    System.out.println("元素 E 的中序直接前驱元素是:" + pre.getData());
    post = BiTree.InOrderPost(p);
    System.out.println("元素 E 的中序直接后继元素是:" + post.getData());
}
```

程序运行结果如下。

```
线索二叉树的输出序列:
0    Thread    B    Link
1    Thread    G    Thread
2    Link      D    Thread
3    Link      A    Link
4    Thread    E    Link
5    Thread    H    Thread
6    Link      C    Link
7    Thread    F    Thread
元素 D 的中序直接前驱元素是: G
元素 D 的中序直接后继元素是: A
元素 E 的中序直接前驱元素是: A
元素 E 的中序直接后继元素是: H
```

5.5　树、森林与二叉树

本节将介绍树的表示及遍历操作,并建立森林与二叉树的关系。

视频讲解

5.5.1　树的存储结构

树的存储结构有 3 种：双亲表示法、孩子表示法和孩子兄弟表示法。

1. 双亲表示法

双亲表示法是利用一组连续的存储单元存储树的每个结点，并利用一个指示器表示结点的双亲结点在树中的相对位置。在 Java 语言中，通常利用数组实现连续单元的存储。树的双亲表示法如图 5-22 所示。

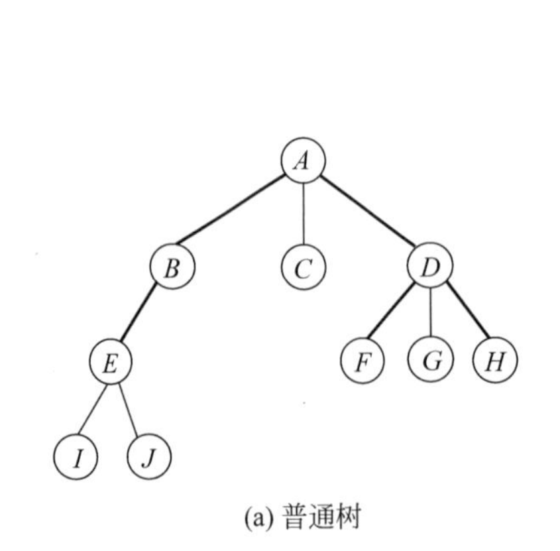

(a) 普通树

数组下标	结点	双亲位置
0	*A*	−1
1	*B*	0
2	*C*	0
3	*D*	0
4	*E*	1
5	*F*	3
6	*G*	3
7	*H*	3
8	*I*	4
9	*J*	4

(b) 树在双亲表示法下的存储结构

图 5-22　树的双亲表示法

其中，树的根结点的双亲位置用－1 表示。

树的双亲表示法使得查找已知结点的双亲结点非常容易。通过反复调用已知结点求双亲结点，可以找到树的树根结点。树的双亲表示法存储结构描述如下。

```
class PNode                          //双亲表示法的结点定义
{
    String data;
    int parent;                      //指示结点的双亲
}
class PTree                          //双亲表示法的类型定义
{
    PNode node[];
    int num;                         //结点的个数
    PTree()
    {
        node = new PNode[num];
    }
}
```

2. 孩子表示法

把每个结点的孩子结点排列起来，将其看成是一个线性表，且以单链表作为存储结构，则该单链表称为孩子链表。n 个结点有 n 个孩子链表(叶子结点的孩子链表为空表)。例如,图 5-22(a)所示的树,其孩子表示法如图 5-23 所示,其中'^'表示空。

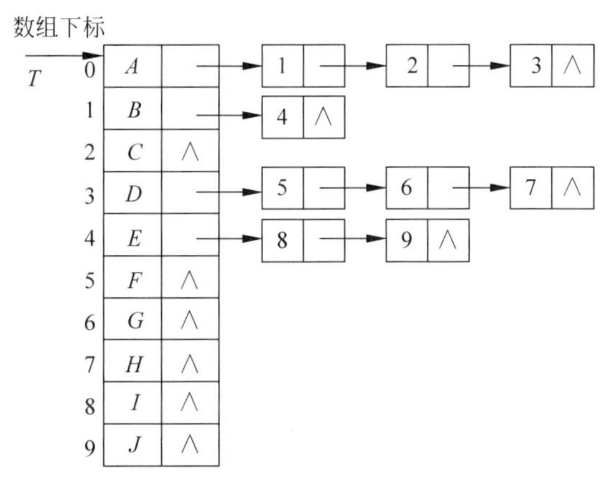

图 5-23　树的孩子表示法

树的孩子表示法使得查找已知结点的孩子结点非常容易。通过查找某结点的链表,就可以找到该结点的每个孩子。但是,在这种存储结构中,查找双亲结点并不方便。因此,可以将双亲表示法与孩子表示法相结合,图 5-24 所示即为带双亲的孩子链表。

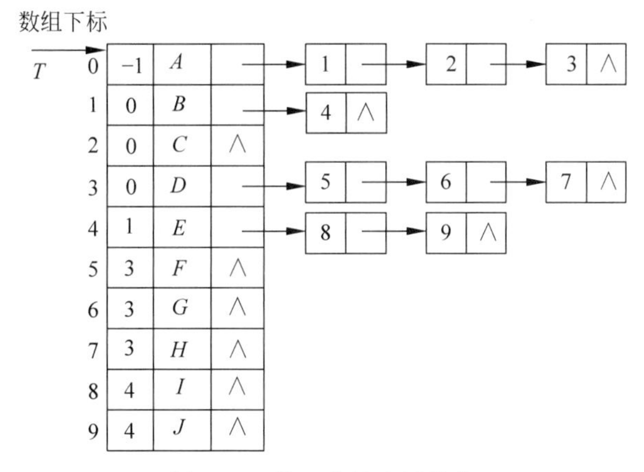

图 5-24　带双亲的孩子链表

树的孩子表示法的类型描述如下。

```
class ChildNode                    //孩子结点的类型定义
{
    int child;
    ChildNode next;                //指向下一个结点
}
class DataNode                     //n个结点数据与孩子链表的指针构成一个结构
{
    int data;
    ChildNode firstchild;          //孩子链表的指针
}
class CTree                        //孩子表示法类型定义
{
    DataNode node[];
    int num;                       //结点的个数
    int root;                      //根结点在顺序表中的位置
```

```
        CTree()
        {
            node = new DataNode[num];
            num = 0;
            root = -1;
        }
    }
```

3. 孩子兄弟表示法

孩子兄弟表示法，也称为树的二叉链表表示法，即以二叉链表作为树的存储结构。链表中结点的两个链域分别指向该结点的第一个孩子结点和下一个兄弟结点，分别命名为 firstchild 域和 nextsibling 域。

图 5-22(a)所示的树对应的孩子兄弟表示如图 5-25 所示。

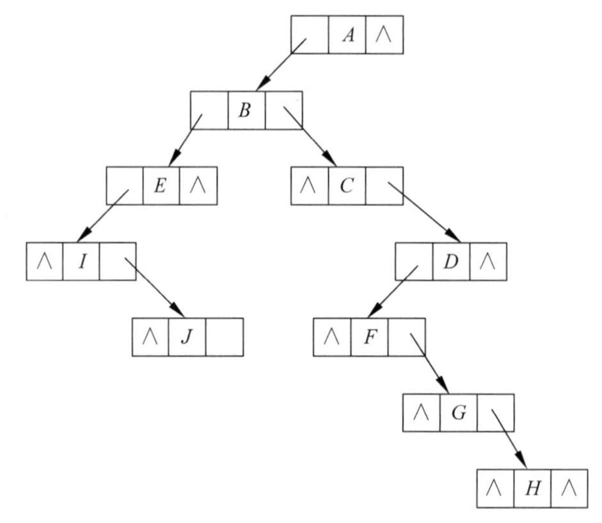

图 5-25　树的孩子兄弟表示法

树的孩子兄弟表示法的类型描述如下。

```
class CSNode                              //孩子兄弟表示法的类型定义
{
    String data;
    CSNode firstchild,nextsibling;   //指向第一个孩子和下一个兄弟
}
```

其中，指针 firstchild 指向结点的第一个孩子结点，nextsibling 指向结点的下一个兄弟结点。

利用孩子兄弟表示法可以实现树的各种操作。例如，要查找树中 D 的第 3 个孩子结点，则只需要从 D 的 firstchild 找到第一个孩子结点，然后顺着结点的 nextsibling 域向后移动两次，就可以找到 D 的第 3 个孩子结点。

5.5.2 树转换为二叉树

从树的孩子兄弟表示和二叉树的二叉链表表示来看，它们在物理上的存储方式是相同的，也就是说，从它们的物理结构可以得到一棵树，也可以得到一棵二叉树。因此，树与二叉

树存在着一种对应关系。由图 5-26 可以看出,树与二叉树之间存在相同的存储结构。

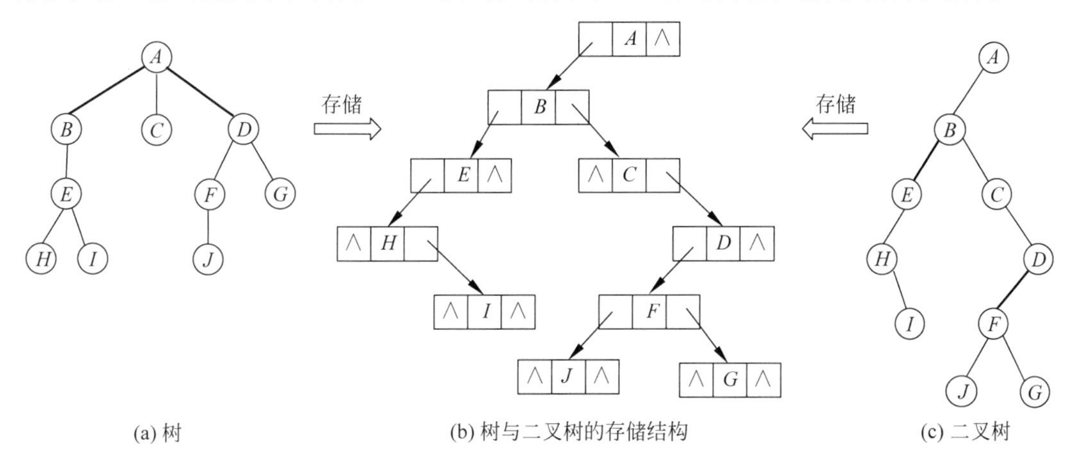

图 5-26　树与二叉树的存储结构

下面讨论树是如何转换为二叉树的。树中双亲结点的孩子结点是无序的,二叉树中的左、右孩子是有序的。为了方便说明,规定树中的每一个孩子结点从左至右按照顺序编号。例如,在图 5-27 中,结点 A 有 3 个孩子结点 B、C 和 D,其中,规定 B 是 A 的第 1 个孩子结点,C 是 A 的第 2 个孩子结点,D 是 A 的第 3 个孩子结点。

将一棵树转换为对应的二叉树的步骤如下。

(1) 在树中的兄弟结点之间加一条连线。

(2) 对于树中的各个结点,只保留双亲结点与第 1 个孩子结点之间的连线,将双亲结点与其他孩子结点的连线删除。

(3) 对于树中的各个分支,以某个结点为中心进行旋转,子树以根结点呈对称形状。

按照以上步骤,将图 5-26 中的树转换为对应的二叉树,如图 5-27 所示。

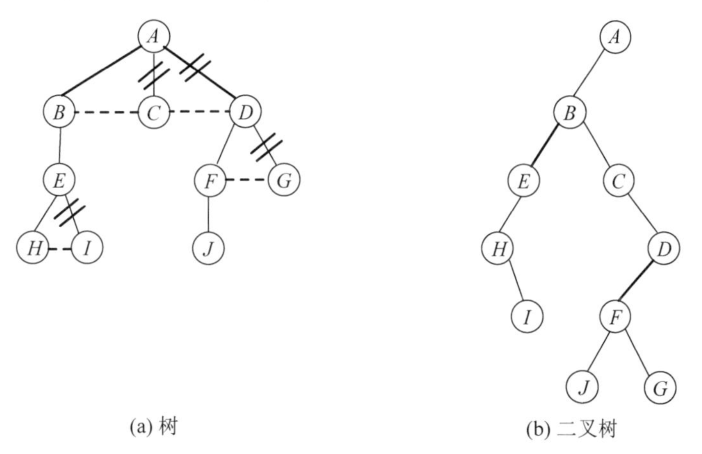

图 5-27　树转换为二叉树的过程

将树转换为对应的二叉树后,树中的每个结点与二叉树中的结点一一对应,树中每个结点的第 1 个孩子变为二叉树的左孩子结点,第 2 个孩子结点变为第 1 个孩子结点的右孩子结点,第 3 个孩子结点变为第 2 个孩子结点的右孩子结点,以此类推。例如,结点 C 变为结点 B 的右孩子结点,结点 D 变为结点 C 的右孩子结点。

5.5.3 森林转换为二叉树

森林是由若干树组成的集合,树可以转换为二叉树,那么森林也可以转换为对应的二叉树。如果将森林中的每棵树转换为对应的二叉树,再将这些二叉树按照规则转换为一棵二叉树,就可以实现森林到二叉树的转换。森林转换为对应的二叉树的步骤如下。

(1) 将森林中的所有树都转换为对应的二叉树。

(2) 从第 2 棵树开始,将转换后的二叉树作为前一棵树根结点的右孩子,并将其插入前一棵树中。然后,将转换后的二叉树进行相应的旋转。

按照以上两个步骤,将森林转换为一棵二叉树,如图 5-28 所示。

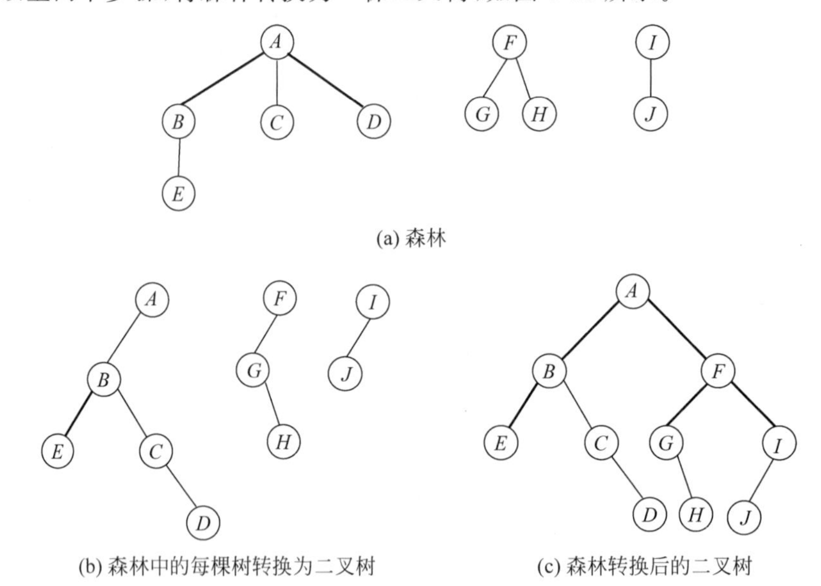

图 5-28 森林转换为二叉树的过程

在图 5-28 中,将森林中的每棵树转换为对应的二叉树后,将第 2 棵二叉树(根结点为 F 的二叉树),作为第一棵二叉树根结点 A 的右子树,并将其插入第 1 棵树中;将第 3 棵二叉树(根结点为 I 的二叉树)作为第 2 棵二叉树根结点 F 的右子树,并将其插入第 1 棵树中。这样,就构成了图 5-28(c)中的二叉树。

5.5.4 二叉树转换为树或森林

二叉树转换为树或森林,就是将树或森林转换为二叉树的逆过程。树转换为二叉树,二叉树的根结点一定没有右孩子。森林转换为二叉树,根结点有右孩子。按照树或森林转换为二叉树的逆过程,可以将二叉树转换为树或森林。将一棵二叉树转换为树或森林的步骤如下。

(1) 在二叉树中,将某结点的所有右孩子结点、右孩子的右孩子结点等与该结点的双亲结点用线条连接。

(2) 删除二叉树中双亲结点与右孩子结点的原来的连线。

(3) 调整转换后的树或森林,使结点的所有孩子结点处于同一层次。

利用以上方法，将一棵二叉树转换为树，如图 5-29 所示。

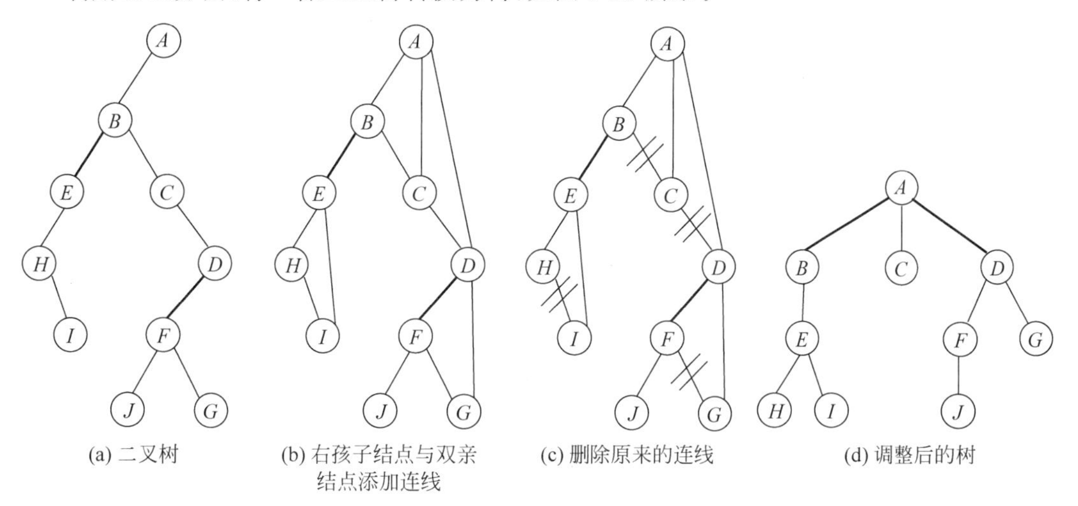

图 5-29　二叉树转换为树的过程

同理，利用以上方法，将一棵二叉树转换为森林，如图 5-30 所示。

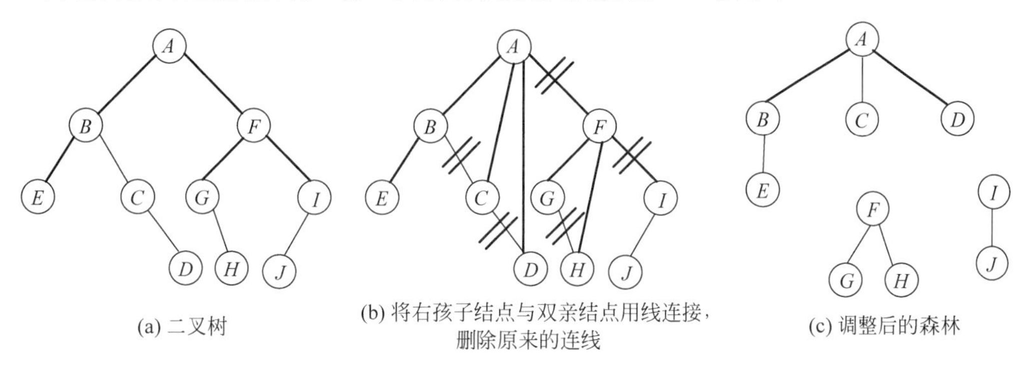

图 5-30　二叉树转换为森林的过程

【例 5-2】　设 F 是一个森林，B 是由 F 转换得到的二叉树。若 F 中有 n 个非终端结点，则 B 中右指针域为空的结点有(　　)个。

A. n　　B. $n-1$　　C. $n+1$　　D. $n+2$

【分析】　根据森林与二叉树的转换规则，森林 F 转换为二叉树 B 后，若 B 的右指针域为空，则说明该结点没有兄弟结点。在森林中，从第 2 棵树开始，每一棵树的根结点依次挂接在前一棵树的根结点下，成为前一棵树的右孩子结点。由此可知，最后一棵树的根结点没有右孩子，因此它的右指针域为空。此外，在将森林转换为二叉树后，每个非终端结点的最后一个孩子的右指针域也为空。综合以上分析，B 的右指针域为空的结点为 $n+1$，故选 C。

例如，图 5-31 是一个森林转换为二叉树的示例。不难看出，该森林有 7 个非终端结：a、b、c、d、e、n、q。当该森林转换为对应的二叉树后，森林中 a 的最右端孩子结点 d、森林中 b 的最右端孩子结点 f、森林中 c 的最右端孩子结点 i、森林中 d 的最右端孩子结点 k、森林中 e 的最右端孩子结点 m、森林中 n 的最右端孩子结点 p、森林中 q 的最右端孩子结点 t 在转换为二叉树后没有右孩子结点，这些右指针域为空的结点刚好与森林中非终端结点个数是一一对应的。此外,森林中最后一棵树的根结点 q 在转换为二叉树后也没有右孩子结点。综上,转换后的二叉树中右指针域为空的结点个数刚好为森林中非终端结点的个数+1。

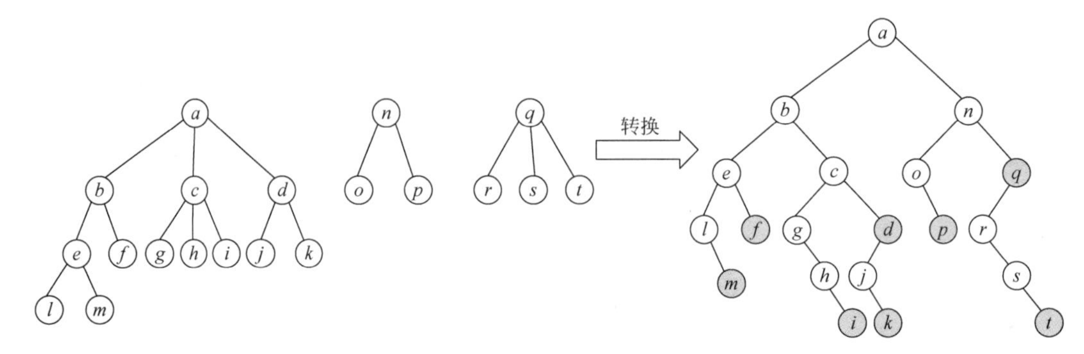

图 5-31　一个森林转换为二叉树的示例

【例 5-3】 已知一棵有 2011 个结点的树,其叶结点个数为 116,则该树对应的二叉树中没有右孩子结点的结点个数是(　　)。

A. 115　　B. 1896　　C. 1895　　D. 116

【分析】 与例 5-2 类似,该题也是考查关于森林、树转换为二叉树后的特点。当树转换为二叉树后,树中的每个非终端结点的所有子结点中最右边的结点没有右孩子结点,根结点转换后也没有右孩子结点。因此,树转换后的二叉树中没有右孩子的结点个数=非终端结点个数+1=2011-116+1=1896,故选择 B。为便于理解,也可以画出一个只有 116 个叶子结点的特殊树,将其转换为对应的二叉树后,非叶子结点和最右一个叶子结点均没有右孩子结点,如图 5-32 所示。这些结点的个数刚好为 1896。

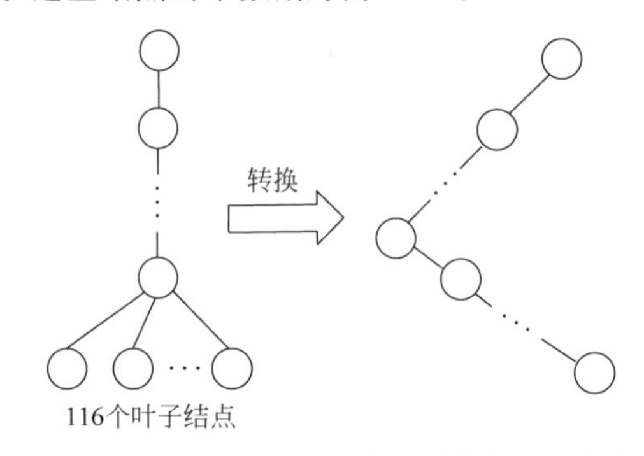

图 5-32　一个具有 116 个叶子结点的树转换为对应的二叉树

另一种方法是将一棵树的结点分为 4 类:有孩子有兄弟的结点 n_2、有孩子无兄弟的结点 n_{11}、无孩子有兄弟的结点 n_{12}、无孩子无兄弟的结点 n_0,则树的总结点个数为 $n=n_2+n_{11}+n_{12}+n_0=2011$。根据题意,有 $n_{12}+n_0=116$,则 $n_2+n_{11}=2011-116=1895$。因此,二叉树中无右孩子结点个数为 $n_0+n_{11}=n_2+1+n_{11}=1896$。

5.5.5　树和森林的遍历

与二叉树的遍历类似,树和森林的遍历也是按照某种规律对树或森林中的每个结点进行访问,且仅访问一次的操作。

1. 树的遍历

通常情况下，按照访问树中根结点的先后次序，树的遍历方式分为两种：先序遍历和后序遍历。先序遍历树的步骤如下。

(1) 访问根结点；

(2) 按照从左到右的顺序依次先序遍历每一棵子树。

例如，图 5-29(d)所示的树先序遍历后得到的结点序列为 $ABEHICDFJG$。

后序遍历树的步骤如下。

(1) 按照从左到右的顺序依次后序遍历每一棵子树；

(2) 访问根结点。

例如，图 5-29(d)所示的树后序遍历后得到的结点序列为 $HIEBCJFGDA$。

2. 森林的遍历

森林的遍历方法有两种：先序遍历和中序遍历。

先序遍历森林的步骤如下。

(1) 访问森林中第一棵树的根结点；

(2) 先序遍历第一棵树的根结点的子树；

(3) 先序遍历森林中剩余的树。

例如，图 5-30(c)所示的森林先序遍历得到的结点序列为 $ABECDFGHIJ$。

中序遍历森林的步骤如下。

(1) 中序遍历第一棵树的根结点的子树；

(2) 访问森林中第一棵树的根结点；

(3) 中序遍历森林中剩余的树。

例如，图 5-30(c)所示的森林中序遍历得到的结点序列为 $EBCDAGHFJI$。

5.6 并查集

视频讲解

并查集(disjoint set union)是一种主要用于处理互不相交集合的合并和查询操作的树形结构。这种数据结构是将一些元素按照一定的关系组合在一起。

5.6.1 并查集的定义

所谓并查集，是指在一些有 N 个元素的集合应用问题中，初始时通常将每个元素看成是一个单元素的集合，然后按一定次序将属于同一组的元素所在的集合两两合并，其间要反复查找一个元素在哪个集合中。关于并查集的运算，通常可以采用树结构实现，其主要操作有并查集的初始化、查找 x 结点的根结点、合并 x 和 y 等。并查集的基本运算如表 5-4 所示。

表 5-4 并查集的基本运算

基 本 操 作	基本操作方法名称
初始化	DisjointSet()
查找 x 所属的集合(根结点)	Find(x)
将 x 和 y 所属的两个集合(两棵树)合并	Merge(x,y)

5.6.2 并查集的实现

并查集的实现包括初始化、查找和合并操作。这些操作可以在一个类中实现,为此要定义一个 DisjointSet 类。

1. 初始化

初始时,每个元素代表一棵树。假设有 n 个编号分别为 1,2,…,n 的元素,使用数组 parent 存储每个元素的父结点,并将父结点设为自身。

```
public class DisjointSet
{
    final int MAXSIZE = 100;
    int parent[];
    int rank[];
    DisjointSet(int n)
    {
        parent = new int[n + 1];
        rank = new int[n + 1];
        for(int i = 0;i < n + 1;i++)
            parent[i] = i;
    }
}
```

并查集的合并过程如图 5-33 所示。

并查集的初始状态如图 5-33(a)所示。将 a 和 f 所在的集合(即 a 和 f 两棵树)合并后,使 a 成为父结点,如图 5-33(b)所示。将 b 和 c 所在的集合合并,b 成为父结点,如图 5-33(c)所示。继续将其他结点进行合并操作,直到所有结点构成一棵树,如图 5-33(f)所示。

2. 查找

查找操作是查找 x 结点所在子树的根结点。从图 5-33 中可以看出,一棵子树中的根结点满足条件:parent[y]=y。通过不断顺着分支查找双亲结点可以找到根结点,即 y=parent[y]。例如,查找结点 e 的根结点,沿着 $e \rightarrow b \rightarrow a$ 路径可找到根结点 a。

```
public int Find(int x) {
    if (parent[x]  ==  x)
        return x;
    else
        return Find(parent[x]);
}
```

当树的高度逐渐增加时,若要从终端结点找到根结点,其效率就会变得越来越低。此时有没有更好的办法呢?如果每个结点都指向根结点,则查找效率会提高很多,因此,可在查

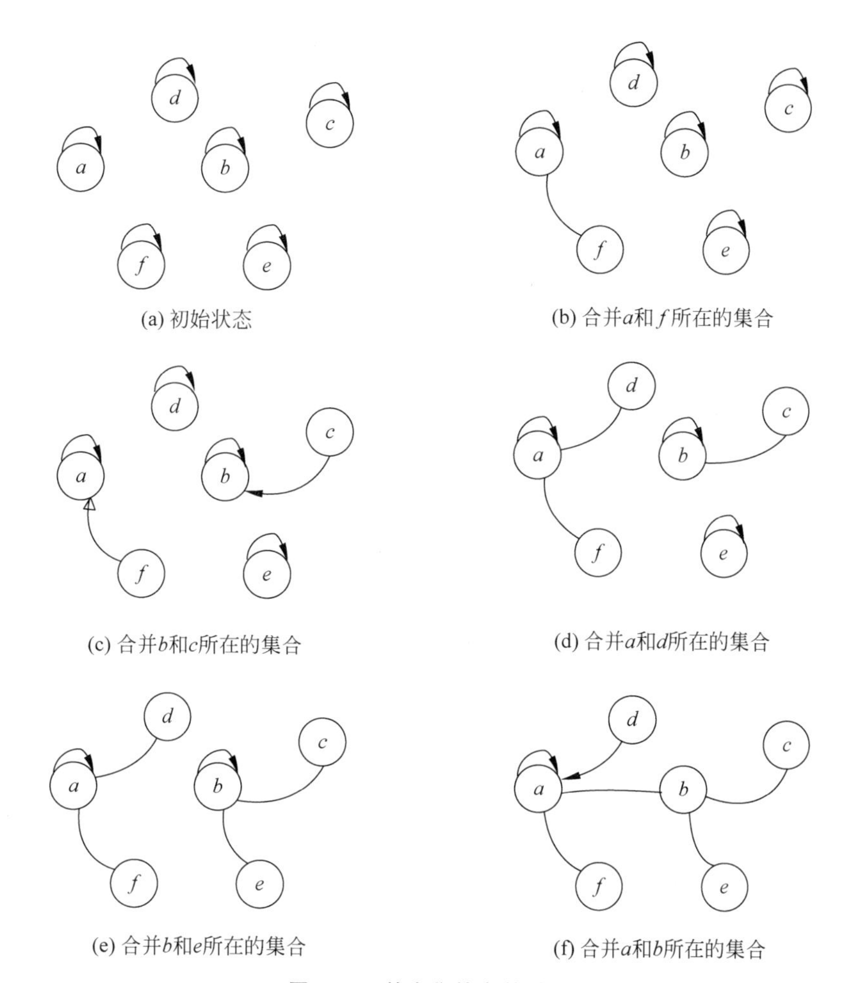

(a) 初始状态　(b) 合并a和f所在的集合

(c) 合并b和c所在的集合　(d) 合并a和d所在的集合

(e) 合并b和e所在的集合　(f) 合并a和b所在的集合

图 5-33　并查集的合并过程

找的过程中使用路径压缩的方法，令查找路径上的结点逐个指向根结点。查找过程中的路径压缩如图 5-34 所示。

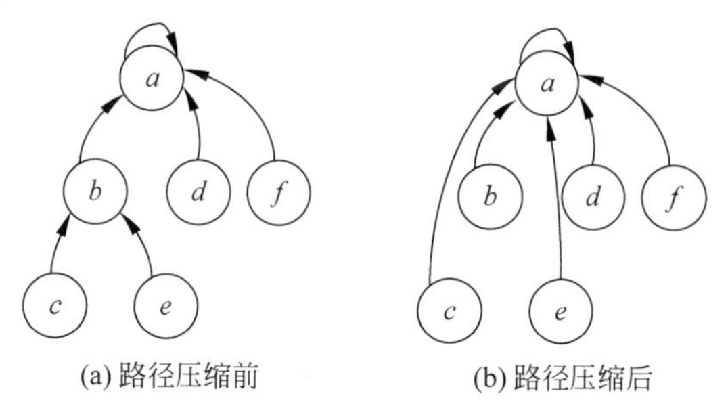

(a) 路径压缩前　(b) 路径压缩后

图 5-34　查找过程中的路径压缩

带路径压缩的查找算法实现如下。

```
public int Find2(int x) {
    if (parent[x] == x)
        return x;
    parent[x] = Find2(x);
    return parent[x];
}
```

为了方便理解，可以将该查找算法转换为非递归算法，具体实现如下。

```
public int Find_NonRec(int x)
{
    int root = x;
    while(parent[root] != root)      //查找根结点 root
        root = parent[root];
    int y = x;
    while(y != root)                 //路径压缩
    {
        parent[y] = root;
        y = parent[y];
    }
    return root;
}
```

经过路径压缩后，查找算法的效率得到显著提高。

3. 合并

两棵子树的合并操作就是将 x 和 y 所属的两棵子树合并为一棵子树。合并算法的主要思想：找到 x 和 y 所属子树的根结点 root_x 和 root_y，若 root_x==root_y，则表明两者属于同一棵子树，不需要合并；否则，需要比较两棵子树的高度(秩)，使合并后的子树高度尽可能地小。

(1) 若 x 所在子树的秩 rank[root_x]<rank[root_y]，则将秩较小的 root_x 作为 root_y 的孩子结点，此时 root_y 的秩不变。

(2) 若 x 所在子树的秩 rank[root_x]>rank[root_y]，则将秩较小的 root_y 作为 root_x 的孩子结点，此时 root_x 的秩不变。

(3) 若 x 所在子树的秩 rank[root_x]==rank[root_y]，则可将 root_x 作为 root_y 的孩子结点，也可将 root_y 作为 root_x 的孩子结点，合并后子树的秩加 1。

两棵子树的合并如图 5-35 所示。

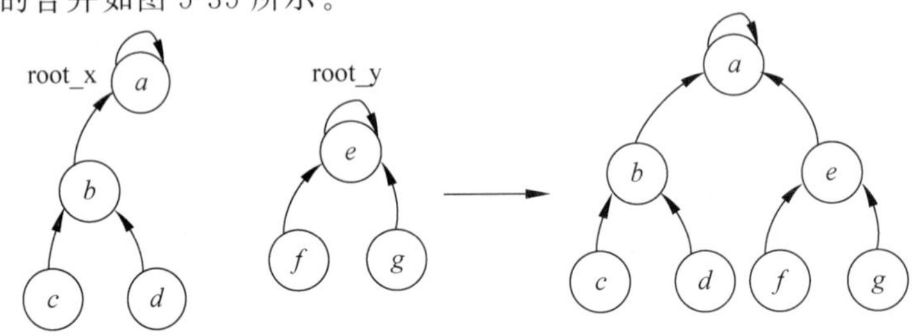

(a) rank[root_x]>rank[root_y]的合并

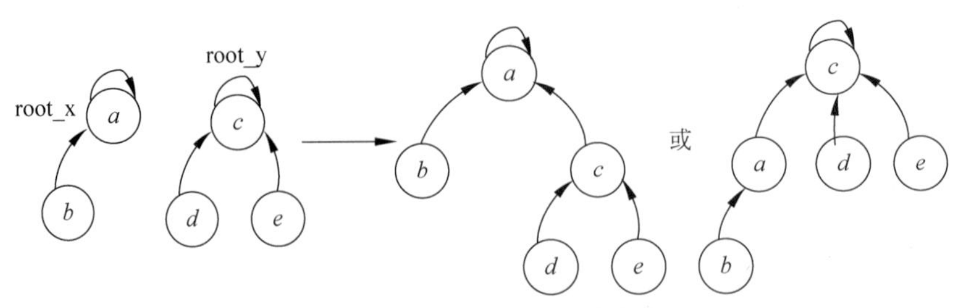

(b) rank[root_x]=rank[root_y]的合并

图 5-35　两棵子树的合并

合并算法实现如下。

```
public void Merge(int x, int y)
{
    int root_x = Find (x);
    int root_y = Find (y);          //找到两个根结点
    nodal point(rank[root_x] <= rank[root_y])     //若前者树的高度小于或等于后者
        parent[root_x] = root_y;
    else                            //否则
        parent[root_y] = root_x;
    if(rank[root_x] == rank[root_y] && root_x != root_y)
    //如果高度相同且根结点不同,则新的根结点的高度 + 1
        rank[root_y]++;
}
```

5.6.3 并查集的应用示例

【例 5-4】 给定一个包含 N 个顶点 M 条边的无向图 G，判断 G 是否为一棵树。

【分析】 判断包含 N 个顶点、M 条边的无向图是否为一棵树的充分必要条件是 $N=M+1$ 且 N 个顶点连通。因此，关键在于判断这 N 个顶点是不是连通的。判断连通性一般有两种方法：

(1) 利用图的连通性来判断。从一个顶点(比如 1 号顶点)开始进行深度或广度优先搜索遍历，将搜索时遇到的顶点都进行标记，最后检查这 N 个顶点是否都被标记了。统计被标记顶点的数量，若为 N 则表明这是一棵树；否则不是一棵树。

(2) 用并查集的基本操作实现判断。依次搜索每一条边，把每条边相关联的两个顶点都合并到一个集合里，最后检查这 N 个顶点是否都在同一个集合中。若 N 个顶点都在同一个集合中，则表明这是一棵树；否则不是一棵树。

【算法实现】

```
public int FindParent(int x,int parent[])
 //在并查集中查找 x 结点的根结点
{
    if(x == parent[x])
        return x;
    parent[x] = FindParent(parent[x], parent);
    return parent[x];
}
public static void main(String args[])
{
    int SIZE = 100;
    int parent[] = new int[SIZE];
    System.out.println("请分别输入顶点数和边数:");
    Scanner sc = new Scanner(System.in);
    String str[] = sc.nextLine().split(" ");
    int n = Integer.parseInt(str[0]);
    int m = Integer.parseInt(str[1]);
    boolean flag = false;
    DisjointSet Djs = new DisjointSet(n);
```

```
        if(m != n - 1)
            flag = true;
        for(int i = 1;i < n + 1;i++)
            parent[i] = i;
        int iter = 1;
        while(m != 0)
        {
            System.out.print("请输入第" + iter + "条边对应的顶点:");
            str = sc.nextLine().split(" ");
            int x = Integer.parseInt(str[0]);
            int y = Integer.parseInt(str[1]);
            int fx = Djs.FindParent(x, parent);
            int fy = Djs.FindParent(y, parent);
            if (parent[fx] != parent[fy])
                parent[fx] = parent[fy];
            m--;
            iter++;
        }
        int root = Djs.FindParent(parent[1], parent);
        for(int i = 2;i < n + 1;i++) {
            if (Djs.FindParent(parent[i], parent) != root) {
                flag = true;
                break;
            }
        }
        if(flag)
            System.out.println("这不是一棵树!");
        else
            System.out.println("这是一棵树!");
    }
```

程序运行结果如下。

请分别输入顶点数和边数：

5 4

请输入第 1 条边对应的顶点：1 2

请输入第 2 条边对应的顶点：1 3

请输入第 3 条边对应的顶点：2 4

请输入第 4 条边对应的顶点：2 5

这是一棵树!

视频讲解

5.7 二叉树的典型应用

5.7.1 哈夫曼树及其应用

哈夫曼(Huffman)树，也称为最优二叉树。它是一种带权路径长度最短的树，有着广泛的应用。

1. 哈夫曼树的基本概念

在介绍哈夫曼树之前，先要了解以下几个与哈夫曼树相关的基本概念。

1）路径和路径长度

路径是指从一个结点到另一个结点所走过的路程。路径长度是指从一个结点到另一个结点所经过的分支数目。树的路径长度是指从树的树根到每一个结点的路径长度的和。

2）树的带权路径长度

在一些实际应用中，根据结点的重要程度，将树中的某结点赋予一个有意义的值，则这个值就是该结点的权。带权路径长度是指从树根到某个结点的路径长度与该结点的权的乘积，称为该结点的带权路径长度。树的带权路径长度是指树中所有叶子结点的带权路径长度的和。树的带权路径长度公式通常记为：

$$\mathrm{WPL}=\sum_{i=1}^{n} w_i \times l_i$$

其中，n 是树中叶子结点的个数，w_i 是第 i 个叶子结点的权值，l_i 是第 i 个叶子结点的路径长度。

例如，图 5-36 所示的二叉树的带权路径长度分别是：

$$\mathrm{WPL(a)}=8\times2+4\times2+2\times2+3\times2=38$$

$$\mathrm{WPL(b)}=8\times2+4\times3+2\times3+3\times1=37$$

$$\mathrm{WPL(c)}=8\times1+4\times2+2\times3+3\times3=31$$

从图 5-36 可以看出，第 3 棵树的带权路径长度最小，它其实就是一棵哈夫曼树。

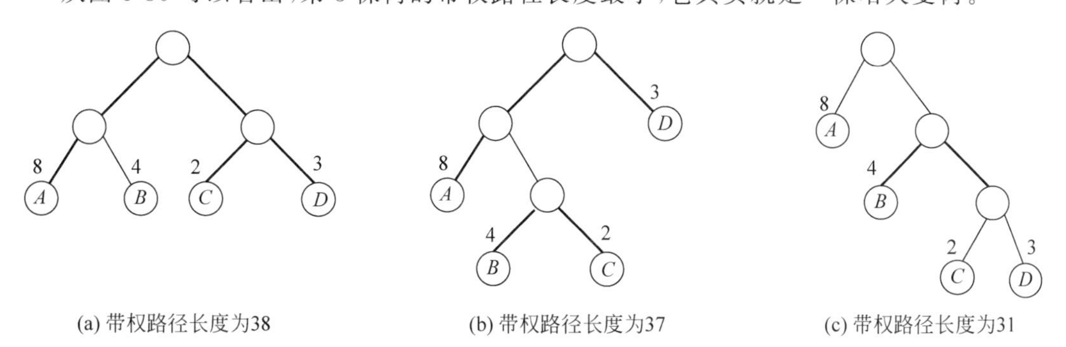

图 5-36 具有不同带权路径长度的二叉树

3）哈夫曼树

哈夫曼树就是带权路径长度最小的树，权值越小的结点越远离根结点，权值越大的结点越靠近根结点。哈夫曼树的构造算法如下。

(1) 由给定的 n 个权值 $\{w_1, w_2, \cdots, w_n\}$，构成 n 棵只有根结点的二叉树集合 $F=\{T_1, T_2, \cdots, T_n\}$，每个结点的左、右子树均为空。

(2) 在二叉树集合 F 中，将两个根结点权值最小和次小的树作为左、右子树，以此构造一棵新的二叉树，新二叉树根结点的权重为左、右子树根结点的权重之和。

(3) 在二叉树集合 F 中，删除作为左、右子树的两个二叉树，并将新二叉树加入集合 F 中。

(4) 重复执行步骤(2)和(3)，直到集合 F 中只剩下一棵二叉树为止。这棵二叉树就是要构造的哈夫曼树。

例如,假设给定一组权值{1,3,6,9},按照上述算法构造哈夫曼树的过程如图 5-37 所示。

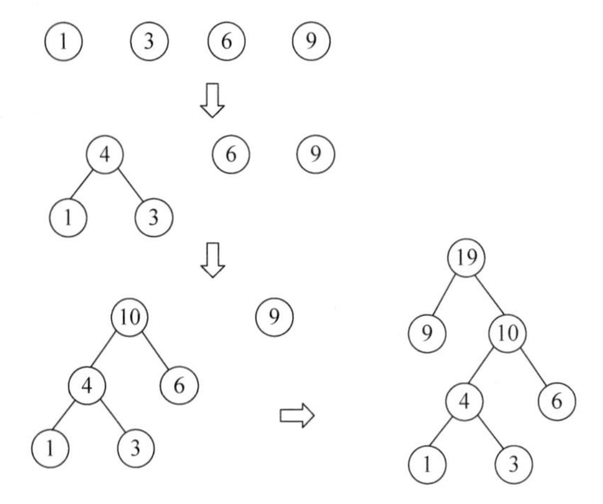

图 5-37 哈夫曼树的构造过程

2. 哈夫曼编码

哈夫曼编码常应用在数据通信中,在数据传送时,需要将字符转换为二进制的字符串。例如,假设传送的电文是 ABDAACDA,电文中有 A、B、C、D 4 种字符,如果规定 A、B、C、D 的编码分别为 00、01、10、11,则上面的电文代码为 0001110000101100,总共 16 个二进制数。

在传送电文时,希望电文的代码尽可能地短。如果对每个字符进行长度不等的编码,将出现频率高的字符采用尽可能短的编码,则电文的代码长度就会减少。为此可以利用哈夫曼树对电文进行编码,最后得到的编码就是长度最短的编码,其具体构造方法如下。

假设需要编码的字符集合为$\{c_1, c_2, \cdots, c_n\}$,相应地,字符在电文中的出现次数为$\{w_1, w_2, \cdots, w_n\}$。将字符 $c_1, c_2, \cdots, c_n$ 作为叶子结点,将 $w_1, w_2, \cdots, w_n$ 作为对应叶子结点的权值,以此构造一棵二叉树。规定哈夫曼树的左孩子分支为 0,右孩子分支为 1,从根结点到每个叶子结点经过的分支组成的 0、1 序列就是结点对应的编码。

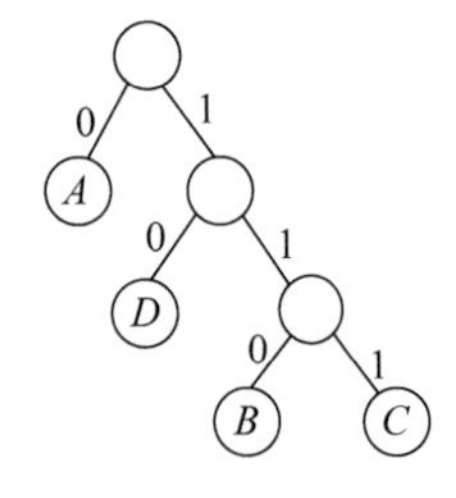

图 5-38 哈夫曼编码

按照以上构造方法,若字符集合为{A,B,C,D},各个字符相应的出现次数为{4,1,1,2},则以这些字符作为叶子结点所构成的哈夫曼树如图 5-38 所示。字符 A 的编码为 0,字符 B 的编码为 110,字符 C 的编码为 111,字符 D 的编码为 10。

因此,可以得到电文 ABDAACDA 的哈夫曼编码为 01101000111100,共 14 个二进制字符。这样就保证了电文的编码达到最短。

在设计不等长编码时,必须使任何一个字符的编码都不是另外一个字符编码的前缀编码。例如,字符 A 的编码为 10,字符 B 的编码为 100,则字符 A 的编码就称为字符 B 的编码的前缀编码。如果一个字符编码为 10010,则在进行译码时,无法确定是将前两位译为 A,还是将前 3 位译为 B。但是在利用哈夫曼树进行编码时,每个编码是叶子结点的编码,一个字符不会出现在另一个字符的前面,也就不会出现一个字符的编码是另一个字符编码的前缀编码。

3. 哈夫曼编码算法的实现

下面利用哈夫曼编码的设计思想，通过一个实例实现哈夫曼编码算法。

【例 5-5】 假设一个字符序列为{A,B,C,D}，对应的权重为{1,3,6,9}。设计一个哈夫曼树，并输出相应的哈夫曼编码。若已知哈夫曼编码为'101110101101110110'，求其对应的字符序列。

【分析】 在哈夫曼编码的算法中，为了方便设计，利用一个类对象数组存储哈夫曼树，数组中的每个元素需要保存字符的权重、双亲结点的位置、左孩子结点的位置和右孩子结点的位置。哈夫曼树的类型定义如下。

```
class HTNode                              //哈夫曼树类型定义
{
    int weight;
    int parent, lchild, rchild;
    HTNode()
    {
        this.weight = weight;
        this.parent = parent;
        this.lchild = lchild;
        this.rchild = rchild;
    }
}
```

【算法思想】 定义一个类型为 HuffmanCode 的变量 HT，用来存放每个叶子结点的哈夫曼编码。初始时，将每个叶子结点的双亲结点域、左孩子域和右孩子域初始化为 0。如果有 n 个叶子结点，则非叶子结点有 $n-1$ 个，所以总共结点数目是 $2n-1$ 个。同时，将剩下的 $n-1$ 个双亲结点域初始化为 0，这主要是为了方便查找权值最小的结点。

依次选择两个权值最小的结点，分别作为左子树结点和右子树结点，修改它们的双亲结点域，使它们指向同一个双亲结点；修改双亲结点的权值，使其等于两个左、右子树结点权值的和；修改左、右孩子结点域，使其分别指向左、右孩子结点。重复执行上述操作 $n-1$ 次，即求出 $n-1$ 个非叶子结点的权值，即可得到一棵哈夫曼树。

通过求得的哈夫曼树，得到每个叶子结点的哈夫曼编码。从叶子结点 c 开始，通过结点 c 的双亲结点域，找到结点的双亲。通过双亲结点的左孩子域和右孩子域判断该结点 c 是其双亲结点的左孩子还是右孩子，如果是左孩子，则编码为'0'；否则编码为'1'。按照这种方法，直到找到根结点为止，即可求出叶子结点的编码。

(1) 构造哈夫曼树。

这部分主要是哈夫曼树的构造，程序代码实现如下。

```
public void HuffmanCoding(HTNode HT[], String HC[], int w[], int n)
//构造哈夫曼树 HT,哈夫曼树的编码存放在 HC 中,w 为 n 个字符的权值
{
    if (n <= 1)
        return;
    int m = 2 * n - 1;
    for (int i = 1; i <= n; i++)    //初始化 n 个叶子结点
    {
```

```
            HT[i] = new HTNode();
            HT[i].weight = w[i-1];
            HT[i].parent = 0;
            HT[i].lchild = HT[i].rchild = 0;
        }
        for (int i = n+1; i<= m; i++)//将 n - 1 个非叶子结点的双亲结点初始化为 0
        {
            HT[i] = new HTNode();
            HT[i].parent = 0;
        }
        for (int i = n + 1; i<= m; i++)            //构造哈夫曼树
        {
            List<Integer> s = Select (HT,i - 1);  //查找树中权值最小的两个结点
            int s1 = s.get(0),s2 = s.get(1);
            HT[s1].parent = i;
            HT[s2].parent = i;
            HT[i].lchild = s1;
            HT[i].rchild = s2;
            HT[i].weight = HT[s1].weight + HT[s2].weight;
        }

        //从叶子结点到根结点,求每个字符的哈夫曼编码
        //求 n 个叶子结点的哈夫曼编码
        for(int i=1;i<=n;i++)
        {
            char cd[] = new char[n+1];
            int start = n-1;
            for(int c = i,f = HT[i].parent;f!= 0;c = f,f = HT[f].parent)  //从叶子结点到根结点求编码
            {
                if (HT[f].lchild == c)
                    cd[--start] = '0';
                else
                    cd[--start] = '1';
            }
            HC[i] = new String();
            String str = new String(cd);
            HC[i] = str;                  //将当前求出结点的哈夫曼编码复制到 HC
        }
    }
```

(2) 查找权值最小和次小的两个结点。

这部分主要是在结点的权值中选择权值最小和次小的两个结点,将其作为二叉树的叶子结点,其程序代码实现如下。

```
public List Select(HTNode t[],int n)
//在 n 个结点中选择两个权值最小的结点序号,其中 s1 最小,s2 次小
{
    List result = new ArrayList();
    int s1 = Min(t, n);
    int s2 = Min(t,n);
    if(t[s1].weight>t[s2].weight) //如果序号 s1 的权值大于序号 s2 的权值,将两者交换,使
```

```
                                //s1 最小,s2 次小
        {
            int x = s1;
            s1 = s2;
            s2 = x;
        }
        result.add(s1);
        result.add(s2);
        return result;
    }
    public int Min(HTNode t[], int n)
     //返回树的 n 个结点中权值最小的结点序号
    {
        int f = Integer.MAX_VALUE;      //f 为一个无限大的值
        int flag = 0;
        for (int i = 1; i < n + 1; i++) {
            if (t[i].weight < f && t[i].parent == 0) {
                f = t[i].weight;
                flag = i;
            }
        }
        t[flag].parent = 1;             //给选中的结点的双亲结点赋值 1,避免再次查找该结点
        return flag;
    }
```

(3) 将哈夫曼编码翻译为字符串序列。

这部分主要是将哈夫曼编码翻译为字符串序列,其实现原理及程序代码实现如下。

根据哈夫曼树的构造原理,从根结点开始遍历,如果遇到的编码是 0,则沿着左孩子结点往下遍历;若遇到的编码是 1,则沿着右孩子结点往下遍历。以此类推,对其他结点重复执行以上操作,直到遍历到叶子结点为止,此时扫描到的编码就是该叶子结点对应的字符。

```
    public void GetStr(HTNode HT[], int nums, char w[], char str[]) {
        int i = 0, n = 2 * nums - 1;
        int length = str.length;
        for (i = 0; i < length; i++) {
            if (str[i] == '1')
                n = HT[n].rchild;
            else if (str[i] == '0')
                n = HT[n].lchild;
            else
                return;
            for (int j = 1; j <= nums; j++) {
                if (j == n) {
                    n = 2 * nums - 1;
                    System.out.print(w[j - 1] + " ");
                    break;
                }
            }
        }
    }
```

(4) 运行测试代码。

这部分是运行测试代码,测试代码主要包括头文件、宏定义、函数的声明和主函数,其程序代码实现如下。

```
public static void main(String args[])
{
    System.out.print("请输入叶子结点的个数: ");
    Scanner sc = new Scanner(System.in);
    int n = Integer.parseInt(sc.nextLine());
    int m = 2 * n - 1;
    HTNode HT[] = new HTNode[m + 1];
    String HC[] = new String[n + 1];
    int w[] = new int[n];            //为n个结点的权值分配内存空间
    for(int i = 0;i < n;i++)
    {
        System.out.print(String.format("请输入第%d个结点的权值:",i + 1));
        w[i] = Integer.parseInt(sc.nextLine());
    }
    HuffmanTree HTree = new HuffmanTree();
    HTree.HuffmanCoding(HT,HC,w, n);
    for(int i = 1;i <= n;i++)
        System.out.println("哈夫曼编码:" + HC[i]);
    char wname[] = {'A','B','C','D','E','F'};
    System.out.print("100101011" + "的译码结果:");
    HTree.GetStr(HT,n,wname,"100101011".toCharArray());
}
```

在算法的实现过程中,对象数组HT在初始时和哈夫曼树生成后的状态如图5-39所示。

下标	weight	parent	lchild	rchild
1	1	0	0	0
2	3	0	0	0
3	6	0	0	0
4	9	0	0	0
5		0		
6		0		
7		0		

(a) 初始时的HT状态

下标	weight	parent	lchild	rchild
1	1	5	0	0
2	3	5	0	0
3	6	6	0	0
4	9	7	0	0
5	4	6	1	2
6	10	7	5	3
7	19	0	4	6

(b) 生成哈夫曼树后的HT状态

图5-39 HT在初始时和生成哈夫曼树后的状态变化

生成的哈夫曼树如图5-40所示。可以看出,权值为1、3、6和9的哈夫曼编码分别是100、101、11和0。

以上算法是从叶子结点开始到根结点逆向求哈夫曼编码的算法。当然也可以从根结点开始到叶子结点正向求哈夫曼编码,该问题留给读者思考。

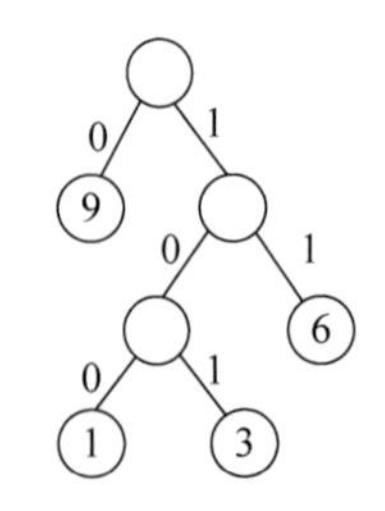

图5-40 哈夫曼树

程序运行结果如下。

请输入叶子结点的个数：4
请输入第1个结点的权值：1
请输入第2个结点的权值：3
请输入第3个结点的权值：6
请输入第4个结点的权值：9
哈夫曼编码：100
哈夫曼编码：101
哈夫曼编码：11
哈夫曼编码：0
"100101011"的译码结果：A B D C

5.7.2 利用二叉树求解算术表达式的值

【例5-6】 通过键盘输入一个表达式，如6+(7−1)×3+9/2，将其转换为二叉树(表达式树)，然后通过二叉树的遍历操作求解表达式的值。

【分析】 与利用栈求解表达式值的思想类似，将中缀表达式转换为表达式树也需要借助栈的后进先出特性实现，区别在于将运算符出栈之后不是将该运算符直接输出，而是将其作为子树的根结点创建一棵二叉树，再将该二叉树作为一个表达式入栈。在算法结束时，由此构造出一棵由这些运算符和操作数组成的二叉树，并利用二叉树的后序遍历求解表达式的值。

【算法思想】 设置两个栈：运算符栈OptrStack和表达式栈ExpTreeStack，分别用于存放运算符和表达式树的根结点。假设θ_1为栈顶运算符，θ_2为当前扫描的运算符。依次读入表达式中的每个字符，根据扫描到的当前字符进行以下处理。

(1) 初始化栈，并将'#'入栈。

(2) 若当前读入的字符θ_2是操作数，则将该操作数压入ExpTreeStack栈，并读入下一个字符。

(3) 若当前字符θ_2是运算符，则将θ_2与栈顶的运算符θ_1比较。

① 若θ_1优先级低于θ_2，则将θ_2压入OptrStack栈，继续读入下一个字符。

② 若θ_1优先级高于θ_2，则从OptrStack栈中弹出θ_1，将其作为子树的根结点，并使ExpTreeStack栈执行两次出栈操作，弹出的两个表达式rcd和lcd分别作为θ_1的右子树和左子树，并将所创建二叉树的根结点压入ExpTreeStack栈中。

③ 若θ_1的优先级与θ_2相等，且θ_1为'('，θ_2为')'，则将θ_1出栈，继续读入下一个字符。

(4) 如果θ_2的优先级与θ_1相等，且θ_1和θ_2都为'#'，则从OptrStack栈中将θ_1弹出。此时OptrStack栈为空，中缀表达式转换为表达式树，ExpTreeStack的栈顶元素就是表达式树的根结点，算法结束。

重复执行步骤(2)～(4)，直到所有字符读取完毕且OptrStack为空为止。

利用以上算法可以将6+(7−1)×3+9/2转换为一棵二叉树，其过程如图5-41所示。

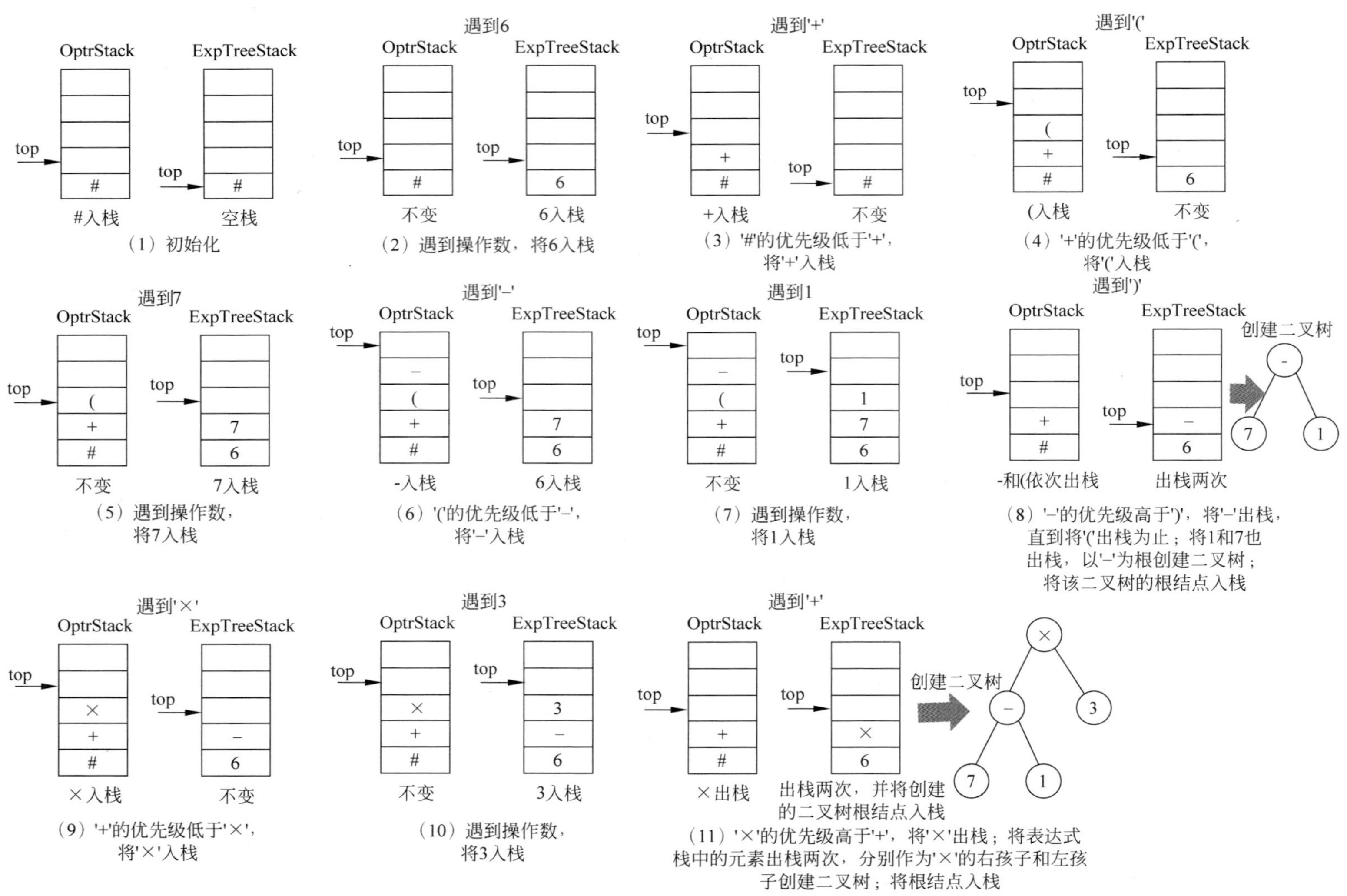

图 5-41 创建表达式树的过程

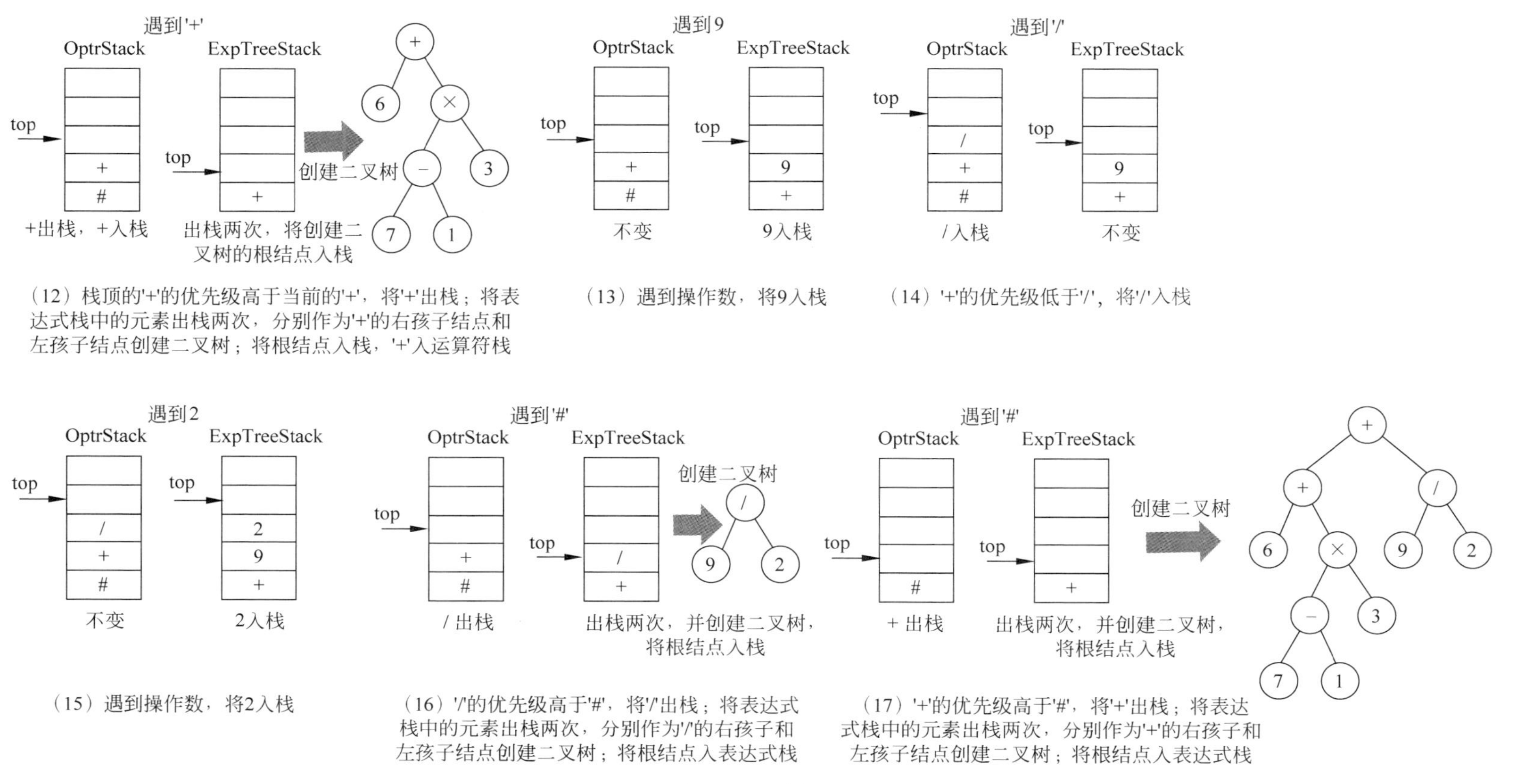

（12）栈顶的'+'的优先级高于当前的'+'，将'+'出栈；将表达式栈中的元素出栈两次，分别作为'+'的右孩子结点和左孩子结点创建二叉树；将根结点入栈，'+'入运算符栈

（13）遇到操作数，将9入栈

（14）'+'的优先级低于'/'，将'/'入栈

（15）遇到操作数，将2入栈

（16）'/'的优先级高于'#'，将'/'出栈；将表达式栈中的元素出栈两次，分别作为'/'的右孩子和左孩子结点创建二叉树；将根结点入表达式栈

（17）'+'的优先级高于'#'，将'+'出栈；将表达式栈中的元素出栈两次，分别作为'+'的右孩子和左孩子结点创建二叉树；将根结点入表达式栈

图 5-41　（续）

对于表达式树,通过中序遍历可以得到对应的中缀表达式,通过后序遍历可以得到对应的后缀表达式。根据输入的字符串 str,创建表达式树的算法如下。

```
public BitNode CreateExpTree(String str)
//表达式树的创建
  {
        char data[] = new char[10];
        ExpTreeStack Expt = new ExpTreeStack();
        OptrStack Optr = new OptrStack();
        ExpBiTree T = new ExpBiTree();
        Optr.Push("#");
        int n = str.length();
        int i = 0;
        while (i < n || Optr.GetTop() != null) {
            if (i < n && !IsOperator(str.charAt(i))) {
                int j = 0;
                data[j] = str.charAt(i);
                j++;
                i++;
                while (i < n && !IsOperator(str.charAt(i)))
                {
                    data[j] = str.charAt(i);
                    i++;
                }
                if (i >= n)
                    j--;
                BitNode p = T.CreateETree(String.valueOf(data), null, null);
                Expt.Push(p);
            }
            else
            {
                if (Precede(Optr.GetTop(), str.substring(i, i + 1)) == '<') {
                    Optr.Push(str.substring(i, i + 1));
                    i += 1;
                } else if (Precede(Optr.GetTop(), str.substring(i, i + 1)) == '>') {
                    String theta = Optr.Pop();
                    BitNode rcd = Expt.Pop();
                    BitNode lcd = Expt.Pop();
                    BitNode p = T.CreateETree(theta, lcd, rcd);
                    Expt.Push(p);
                }
                else if (Precede(Optr.GetTop(), str.substring(i, i + 1)) == '=') {
                    String theta = Optr.Pop();
                    i += 1;
                }
            }
        }
        return Expt.GetTop();
    }
```

根据得到的表达式树,利用二叉树的后序遍历即可求出表达式的值,其算法实现如下。

```
public float CalcExpTree(BitNode T) throws Exception
//后序遍历表达树进行表达式求值
  {
```

```
        float lvalue = 0, rvalue = 0;
        int len = 0;
        if (T.lchild == null && T.rchild == null)
        {
            len = 0;
            for(int i = 0;i < T.data.length();i++)
            {
                if(T.data.charAt(i)>= '0'&&T.data.charAt(i)<= '9')
                    len++;
            }
            return StrtoInt(T.data,len);
        }
        else
        {
            lvalue = CalcExpTree(T.lchild);
            rvalue = CalcExpTree(T.rchild);
            return GetValue(T.data, lvalue, rvalue);
        }
    }
```

求表达式值的主函数如下。

```
public class ExpressTree
{
    //7 种运算符
    operator()#";
    //运算符优先级比较表
    char prior_table[][] = {{'>', '>', '<', '<', '<', '>', '>'},
            {'>', '>', '<', '<', '<', '>', '>'},
            {'>', '>', '>', '>', '<', '>', '>'},
            {'>', '>', '>', '>', '<', '>', '>'},
            {'<', '<', '<', '<', '<', '=', ' '},
            {'>', '>', '>', '>', ' ', '>', '>'},
            {'<', '<', '<', '<', '<', ' ', '='}};

    public boolean IsOperator(char ch)
    //判断 ch 是否为运算符
    {
        int i = 0;
        int length = operator.length();
        while (i < length && operator.charAt(i) != ch)
            i += 1;
        if (i >= length)
            return false;
        else
            return true;
    }

    public int StrtoInt(String str, int n)
    //将数值型字符串转换为 int 型
    {
        int res = 0;
        int i = 0;
        while (i < n) {
            res = res * 10 + str.charAt(i) - '0';
```

```
            i += 1;
        }
        return res;
    }

    public char Precede(String ch1, String ch2)
    //判断运算符的优先级
    {
        int i = 0, j = 0;
        while (i < operator.length() && !ch1.equals(String.valueOf(operator.charAt(i))))
            i += 1;
        while (j < operator.length() && !ch2.equals(String.valueOf(operator.charAt(j))))
            j += 1;
        return prior_table[i][j];
    }
    public float GetValue(String ch, float a, float b) throws Exception
//求值
    {
        if (ch.equals("+"))
            return a + b;
        else if (ch.equals("-"))
            return a - b;
        else if (ch.equals("*"))
            return a * b;
        else if (ch.equals("/"))
            return a / b;
        else
            throw new Exception("运算符错误!");
    }

    public static void main(String args[]) throws Exception
    //测试方法
    {
        System.out.println("请输入算术表达式串:");
        Scanner sc = new Scanner(System.in);
        String str = sc.nextLine();
        ExpressTree Tree = new ExpressTree();
        BitNode T = Tree.CreateExpTree(str);
        ExpBiTree root = new ExpBiTree();
        System.out.println("先序遍历:");
        root.PreOrderTree(T);
        System.out.println("\n中序遍历:");
        root.InOrderTree2(T);
        System.out.print("\n表达式的值:");
        float value = Tree.CalcExpTree(T);
        System.out.println(value);
    }
}
```

程序运行结果如下。

请输入算术表达式串:

6+(7−1)×3+9/2#

先序遍历:

\+　\+　6　×　－　7　1　3　/　9　2

中序遍历：

6　＋　7　－　1　×　3　＋　9　/　2

表达式的值：28.5

思政元素

哈夫曼树的构造是整体和部分关系的具体体现，由于每次选择的都是权值最小的结点，因此最终构成的二叉树的权值才会最小。在做任何事情时都应该有全局观念，把握好整体和局部的关系，增强大局意识和协同意识，只有这样才能把事情做到最好。"大河有水小河满，小河无水大河干""不谋全局者，不足谋一域"体现了整体与部分的关系，整体和部分不可分割且相互影响，任何部分的变化都会影响整体，整体的变化也会影响部分。

5.8 实验

5.8.1 基础实验

1. 基础实验1：实现二叉树的基本运算

实验目的：理解二叉树的存储结构，熟练掌握其基本操作。

实验要求：创建一棵如图5-42所示的二叉树，并要求进行以下基本运算：

(1) 创建二叉树；

(2) 按照先序遍历方式输出二叉树的各结点；

(3) 按照中序遍历方式输出二叉树的各结点；

(4) 按照后序遍历方式输出二叉树的各结点；

(5) 按照层次遍历方式输出二叉树的各结点。

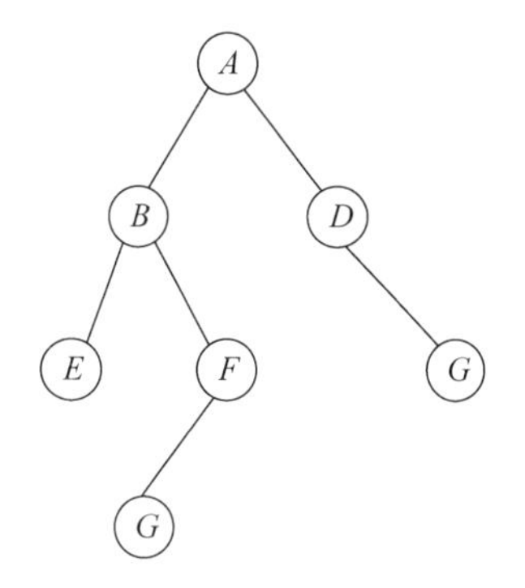

图5-42　二叉树示例

2. 基础实验2：利用二叉树的遍历方式构造二叉树

实验目的：熟练掌握二叉树的先序、中序、后序遍历算法思想。

实验要求：已知二叉树的先序遍历序列为 *ABDEGCF*，中序遍历序列为 *DBGEACF*，编写算法创建二叉树。创建一个 BiTree 类，该类应至少包含以下基本运算。

(1) 构造二叉树；

(2) 按后序遍历方式输出二叉树的各结点；

(3) 按层次遍历方式输出二叉树的各结点；

(4) 输出二叉树的高度。

5.8.2 综合实验

1. 综合实验 1：哈夫曼树及其应用

实验目的：深入理解二叉树的存储结构，熟练掌握哈夫曼树的构造及哈夫曼编码。

实验要求：一个单位有 12 个部门，每个部门都有一部电话，但是整个单位只有一根外线。当有电话打过来时，由转接员转到内线电话。已知各部门使用外线电话的频率为 5、20、10、12、8、43、5、6、9、15、19、32(次/天)。

利用哈夫曼树算法思想设计内线电话号码，使得接线员拨号次数尽可能少，具体设计要求如下。

(1) 依据使用外线电话的频率构造二叉树。

(2) 输出设计出的各部门内线电话号码。

实验思路：将各部门外线电话的使用频率作为权值，以此构造哈夫曼树，对哈夫曼树进行先序遍历即可得到内线电话号码。

2. 综合实验 2：求解算术表达式的值

实验目的：深入理解二叉树的存储结构，熟练掌握二叉树的先序、中序、后序遍历思想及其应用。

实验要求：实现一个简单的运算器。通过键盘输入一个包含圆括号、加、减、乘、除等符号组成的算术表达式字符串，输出该算术表达式的值。该运算器的设计要求如下。

(1) 系统应至少能实现加、减、乘、除等运算。

(2) 利用二叉树算法思想求解表达式的值。先构造由表达式构成的二叉树，然后对二叉树进行后序遍历，以此求解算术表达式的值。

实验思路：依次扫描输入的算术表达式中的每个字符，当遇到运算符时，则将扫描到的运算符与栈顶运算符的优先级比较，若栈顶运算符的优先级小于当前运算符优先级，则将当前运算符入栈；若栈顶运算符优先级高于当前运算符优先级，则将栈顶运算符出栈，且将操作数栈中的元素出栈两次，由该运算符作为根结点构造二叉树，其左、右孩子结点为操作数栈出栈的操作数。对构造好的二叉树进行后序遍历即可得到后序遍历序列，最后利用栈对该后缀表达式求值。

小结

树在数据结构中占据着非常重要的地位，树反映的是一种层次结构的关系。在树中，每个结点只允许有一个直接前驱结点，但允许有多个直接后继结点，结点与结点之间是一种一对多的关系。

树的定义是递归的。一棵非空树或者为空，或者是由 m 棵子树 $T_1, T_2, \cdots, T_m$ 构成的，这 m 棵子树又是由其他子树构成的。树中的孩子结点没有次序之分，是一种无序树。

二叉树最多有两棵子树，这两棵子树分别叫作左子树和右子树。二叉树可以看作是树的特例，但是与树不同的是，二叉树的两棵子树有次序之分。二叉树也是递归定义的，二叉树的两棵子树由左子树和右子树构成。

在二叉树中，存在两种特殊的树：满二叉树和完全二叉树。满二叉树中的每个非叶子结点都存在左子树和右子树，所有的叶子结点都处在同一层次上。完全二叉树的前 n 个结点结构与满二叉树相同。满二叉树是一种特殊的完全二叉树。

采用顺序存储的完全二叉树可以实现随机存取，实现起来也比较方便。但是，如果二叉树不是完全二叉树，则采用顺序存储会浪费大量的存储空间。因此，一般情况下，二叉树采用链式存储——二叉链表。在二叉链表中，结点有一个数据域和两个指针域，其中，一个指针域指向左孩子结点，另一个指针域指向右孩子结点。

二叉树的遍历分为先序遍历、中序遍历和后序遍历。二叉树遍历的过程就是将二叉树这种非线性结构转换成线性结构。通过将二叉树线索化，不仅可以充分利用二叉链表中的空指针域，而且能很方便地找到指定结点的前驱结点。

在哈夫曼树中，只有叶子结点和度为 2 的结点。哈夫曼树是带权路径最小的二叉树，通常用于解决最优化问题。

树、森林和二叉树可以相互进行转换。在实际应用中，树实现起来不是很方便，为此可以将树的问题转化为二叉树的相关问题加以解决。

习题

本书提供在线测试习题，扫描下面的二维码，可以获取本章习题。

在线测试

第6章

图

CHAPTER 6

图(graph)是另一种非线性数据结构，图结构中的每个元素都可以与其他任何元素相关，元素之间是多对多的关系，即一个元素对应多个直接前驱元素和多个直接后继元素。图作为一种非线性数据结构，被广泛应用于许多技术领域，如系统工程、化学分析、遗传学、控制论、人工智能等。在离散数学中侧重于对图理论的研究，本章主要运用图论知识来讨论图在计算机中的表示与处理。

本章主要内容：

- 图的基本概念
- 图的各种存储结构
- 图的深度优先遍历和广度优先遍历
- 最小生成树
- 拓扑排序和关键路径
- 最短路径

6.1　图的定义与相关概念

视频讲解

视频讲解

6.1.1　图的定义

图由数据元素集合与边的集合构成。在图中，数据元素常称为顶点(vertex)，因此将数据元素集合称为顶点集合。顶点集合(V)不能为空，边(E)表示顶点之间的关系，用连线表示。图(G)的形式化定义为 $G=(V,E)$，其中，$V=\{x \mid x\in$ 数据元素集合$\}$，$E=\{<x,y> \mid \text{Path}(x,y) \wedge (x\in V, y\in V)\}$。$\text{Path}(x,y)$表示 x 与 y 的关系属性。如果$<x,y>\in E$，则$<x,y>$表示从顶点 x 到顶点 y 的一条弧，x 称为弧尾或起始点，y 称为弧头或终端点。将这种每条边都有方向的图称为有向图。如果$<x,y>\in E$ 且$<y,x>\in E$，则用无序对(x,y)代替有序对$<x,y>$和$<y,x>$，表示 x 与 y 之间存在一条边，将这种每条边都没有方向的图称为无向图。图的示例如图 6-1 所示。

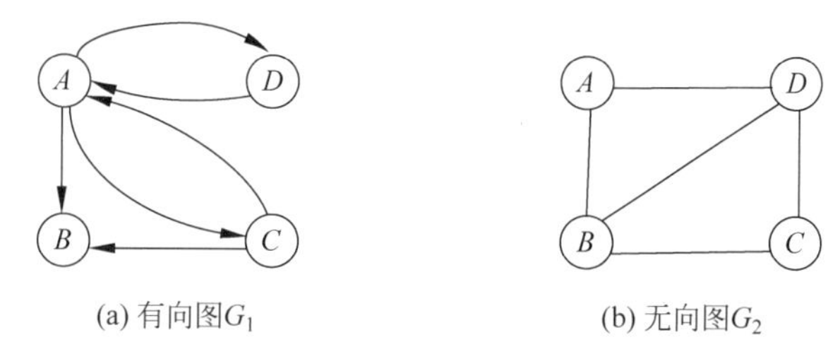

(a) 有向图G_1　　(b) 无向图G_2

图 6-1　有向图 G_1 与无向图 G_2

在图 6-1(a)中，有向图 G_1 可以表示为 $G_1=(V_1,E_1)$，其中，顶点集合 $V_1=\{A,B,C,D\}$，边的集合 $E_1=\{<A,B>,<A,C>,<A,D>,<C,A>,<C,B>,<D,A>\}$。在图 6-1(b)中无向图 G_2 可以表示为 $G_2=(V_2,E_2)$，其中，顶点集合 $V_2=\{A,B,C,D\}$，边的集合 $E_2=\{(A,B),(A,D),(B,C),(B,D),(C,D)\}$。

在图中，通常将有向图的边称为弧，无向图的边称为边。顶点的顺序可以是任意的。

假设图的顶点数目是 n，图的边数或弧数是 e。如果不考虑顶点到自身的边或弧，即如果$<v_i,v_j>$，则 $v_i\neq v_j$。对于无向图，边数 e 的取值范围为 $0\sim n(n-1)/2$，将具有 $n(n-1)/2$ 条边的无向图称为完全图(complete graph)。对于有向图，弧度 e 的取值范围是 $0\sim n(n-1)$，将具有 $n(n-1)$条弧的有向图称为有向完全图。此外，将具有 $e<n\log_2 n$ 条弧或边的图称为稀疏图(sparse graph)，具有 $e>n\log_2 n$ 条弧或边的图称为稠密图(dense graph)。

6.1.2　图的相关概念

视频讲解

下面介绍一些图的相关概念。

1. 邻接点

在无向图 $G=(V,E)$中，如果存在边$(v_i,v_j)\in E$，则称 v_i 和 v_j 互为邻接点(junction point)，即 v_i 和 v_j 相互邻接。边(v_i,v_j)依附于顶点 v_i 和 v_j，或者称边(v_i,v_j)与顶点 v_i

和 v_j 相互关联。在有向图 $G=(V,A)$ 中,如果存在弧 $<v_i,v_j>\in A$,则称顶点 v_j 邻接到顶点 v_i,顶点 v_i 邻接到顶点 v_j,即弧 $<v_i,v_j>$ 与顶点 v_i 和 v_j 相互关联。

例如,在图6-1(b)中,无向图 G_2 的边的集合为 $E=\{(A,B),(A,D),(B,C),(B,D),(C,D)\}$,顶点 A 和 B 互为邻接点,边 (A,B) 依附于顶点 A 和 B;顶点 B 和 C 互为邻接点,边 (B,C) 依附于顶点 B 和 C。在图6-1(a)中,有向图 G_1 的弧的集合为 $A=\{<A,B>,<A,C>,<A,D>,<C,A>,<C,B>,<D,A>\}$,顶点 A 邻接到顶点 B,弧 $<A,B>$ 与顶点 A 和 B 相互关联;顶点 A 邻接到顶点 C,弧 $<A,C>$ 与顶点 A 和 C 相互关联。

2. 顶点的度

在无向图中,顶点 v 的度是指与 v 相关联的边数,记作 TD(v)。在有向图中,以顶点 v 为弧头的数目称为顶点 v 的入度(In Degree,ID),记作 ID(v);以顶点 v 为弧尾的数目称为 v 的出度(Out Degree,OD),记作 OD(v);顶点 v 的度是指为以 v 为顶点的入度和出度之和,即 $\mathrm{TD}(v)=\mathrm{ID}(v)+\mathrm{OD}(v)$。

例如,在图6-1(b)中,无向图 G_2 边的集合为 $E=\{(A,B),(A,D),(B,C),(B,D),(C,D)\}$,顶点 A 的度为2,顶点 B 的度为3,顶点 C 的度为2,顶点 D 的度为3。在图6-1(a)中,有向图 G_1 的弧的集合为 $A=\{<A,B>,<A,C>,<A,D>,<C,A>,<C,B>,<D,A>\}$,顶点 A、B、C 和 D 的入度分别为2、2、1和1,顶点 A、B、C 和 D 的出度分别为3、0、2和1,顶点 A、B、C 和 D 的度分别为5、2、3和2。

在图中,假设顶点的个数为 n,边数或弧数记为 e,顶点 v_i 的度记作 TD(v_i),则顶点的度与弧数或边数满足关系:$e=\frac{1}{2}\sum_{i=1}^{n}\mathrm{TD}(v_i)$。

3. 路径

在图中,从顶点 v_i 到顶点 v_j 所经过的顶点序列称为从顶点 v_i 到 v_j 的路径(path)。路径的长度是路径上的弧数或边数。在路径中,如果第一个顶点与最后一个顶点相同,则该路径称为回路或环(cycle)。在路径所经过的顶点序列中,如果顶点不重复出现,则称该路径为简单路径。在回路中,除了第一个顶点和最后一个顶点外,如果其他的顶点不重复出现,则称该回路为简单回路或简单环。

例如,在图6-1(a)的有向图 G_1 中,顶点序列 A,C,A 就构成了一个简单回路。在图6-1(b)的无向图 G_2 中,从顶点 A 到顶点 C 所经过的路径为 A,B,C。

4. 子图

假设存在两个图 $G=\{V,E\}$ 和 $G'=\{V',E'\}$,如果 G' 的顶点和关系都是 G 中顶点和关系的子集,即有 $V'\subseteq V$,$E'\subseteq E$,则 G' 为 G 的子图。子图的示例如图6-2所示。

5. 连通图和强连通图

在无向图中,如果从顶点 v_i 到顶点 v_j 存在路径,则称顶点 v_i 到 v_j 是连通的。推广到图的所有顶点,如果图中的任何两个顶点之间都是连通的,则称该图为连通图(connected graph)。无向图中的极大连通子图称为连通分量(connected component)。无向图 G_3 及其

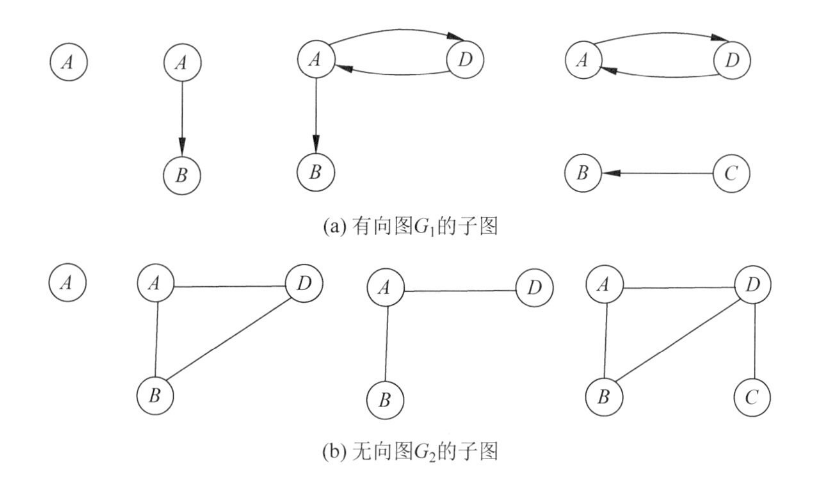

图 6-2 有向图 G_1 与无向图 G_2 的子图

两个连通分量如图 6-3 所示。

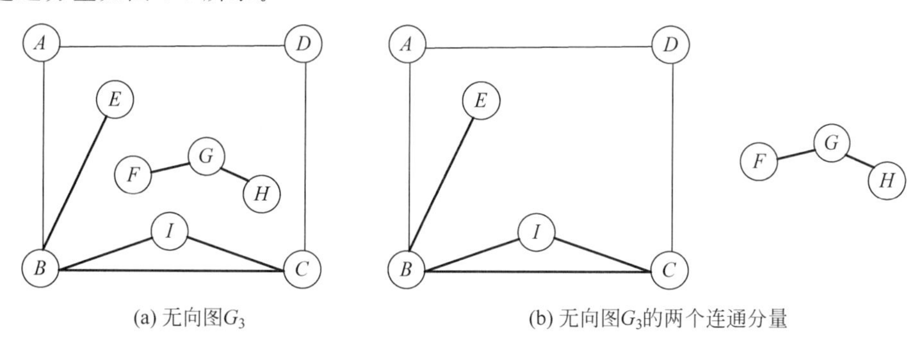

图 6-3 无向图 G_3 及其两个连通分量

在有向图中，如果任意两个顶点 v_i 和 v_j，且 $v_i \neq v_j$，且从顶点 v_i 到顶点 v_j 和顶点 v_j 到顶点 v_i 都存在路径，则称该图为强连通图。在有向图中，极大强连通子图称为强连通分量。有向图 G_4 及其两个强连通分量如图 6-4 所示。

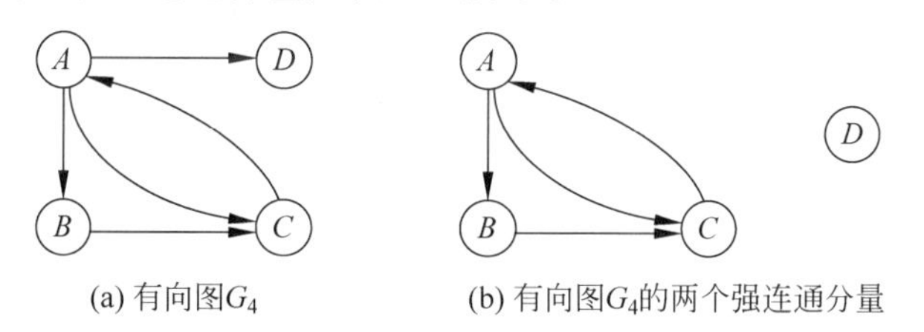

图 6-4 有向图 G_4 及其两个强连通分量

6. 生成树

一个连通图（假设有 n 个顶点）的生成树是一个极小连通子图，它含有图中的全部顶点，并具有 $n-1$ 条边。如果在该生成树中添加一条边，则必定构成一个环。如果一个图少于 $n-1$ 条边，则该图是非连通的。反过来，具有 $n-1$ 条边的图不一定能构成生成树。一个图的生成树不一定是唯一的。无向图 G_5 及其生成树如图 6-5 所示。

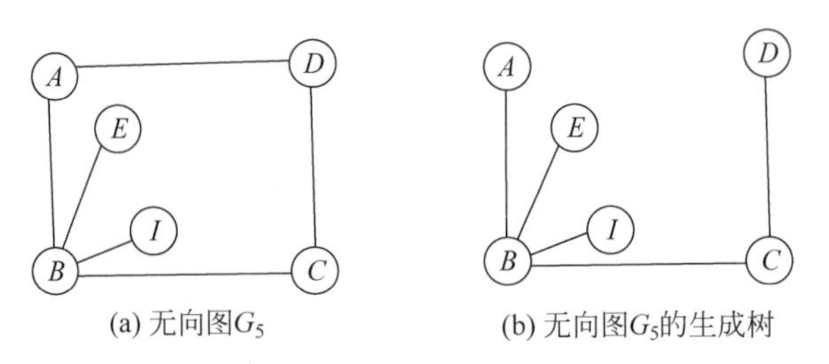

(a) 无向图G_5　　(b) 无向图G_5的生成树

图 6-5　无向图 G_5 及其生成树

7. 网

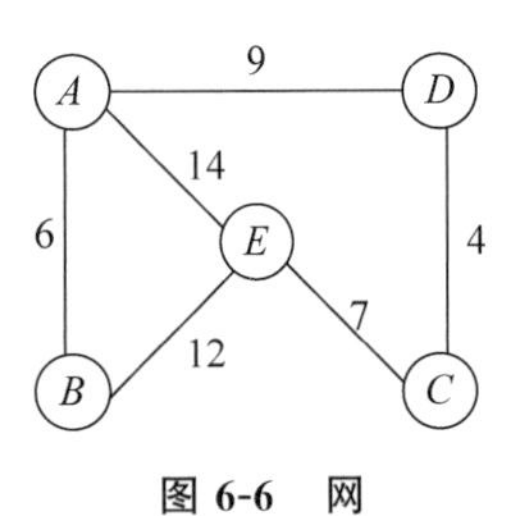

图 6-6　网

在实际应用中,图的边或弧往往与具有一定意义的数有关,即每条边都有与它相关的数。将这种与图的边相关的数称为权,表示从一个顶点到另一个顶点的距离或花费等信息。带权的图称为带权图或网,如图 6-6 所示。

6.1.3　图的抽象数据类型

图的抽象数据类型定义了图的数据对象、数据关系和基本操作。图的抽象数据类型描述如表 6-1 所示。

表 6-1　图的抽象数据类型描述

数据对象	V 是具有相同特性的数据元素的集合,称为定点集	
数据关系	R={VR} VR={<x,y>|x,y∈V 且 P(<x,y>),<x,y>表示从 x 到 y 的弧,谓词 P(<x,y>)定义了弧<x,y>的意义或信息}	
基本操作	CreateGraph(&G)	初始条件:图 G 不存在。 操作结果:创建一个图 G
	DestroyGraph(&T)	初始条件:图 G 存在。 操作结果:销毁图 G
	LocateVertex(G,v)	初始条件:图 G 存在,顶点 v 合法。 操作结果:若图 G 存在顶点 v,则返回顶点 v 在图 G 中的位置;若图 G 中没有顶点 v,则函数返回−1
	GetVertex(G,i)	初始条件:图 G 存在 操作结果:返回图 G 中序号 i 对应的值,i 是图 G 某个顶点的序号
	FirstAdjVertex(G,v)	初始条件:图 G 存在,顶点 v 的值合法。 操作结果:返回图 G 中 v 的第一个邻接顶点。若 v 无邻接顶点或图 G 中无顶点 v,则函数返回−1
	NextAdjVertex(G,v,w)	初始条件:图 G 存在,w 是图 G 中顶点 v 的某个邻接顶点。 操作结果:返回顶点 v 的下一个邻接顶点。若 w 是 v 的最后一个邻接顶点,则函数返回−1
	InsertVertex(&G,v)	初始条件:图 G 存在,v 和图 G 中的顶点有相同的特征。 操作结果:在图 G 中增加新的顶点 v,并将图的顶点数增 1

续表

基本操作	DeleteVertex（&G，v）	初始条件：图 G 存在，v 是图 G 中的某个顶点。 操作结果：删除图 G 中的顶点 v 及相关的弧
	InsertArc（&G，v，w）	初始条件：图 G 存在，v 和 w 是 G 中的两个顶点。 操作结果：在图 G 中增加弧 $< v, w >$。对于无向图，还要插入弧 $< w, v >$
	DeleteArc（&G，v，w）	初始条件：图 G 存在，v 和 w 是 G 中的两个顶点。 操作结果：在 G 中删除弧 $< v, w >$。对于无向图，还要删除弧 $< w, v >$
	DFSTraverseGraph（G）	初始条件：图 G 存在。 操作结果：从图中的某个顶点出发，对图进行深度遍历
	BFSTraverseGraph（G）	初始条件：图 G 存在。 操作结果：从图中的某个顶点出发，对图进行广度遍历

6.2　图的存储结构

图的常用存储方式（表示法）有 4 种：邻接矩阵表示法、邻接表表示法、十字链表表示法和邻接多重表表示法。

6.2.1　邻接矩阵表示法

图的邻接矩阵表示（matrix representation）也称为数组表示，它采用两个数组（或列表）来表示图：一个是用于存储顶点信息的一维数组，另一个是用于存储图中顶点之间的关联关系的二维数组（嵌套列表），这个关联关系数组称为邻接矩阵。

对于无权图，邻接矩阵表示为

$$\mathbf{A}[i][j]=\begin{cases}1, & \text{当} < v_i, v_j > \in E \text{ 或} (v_i, v_j) \in E \text{ 时} \\ 0, & \text{其他}\end{cases}$$

对于带权图，邻接矩阵表示为

$$\mathbf{A}[i][j]=\begin{cases}w_{ij}, & \text{当} < v_i, v_j > \in E \text{ 或} (v_i, v_j) \in E \text{ 时} \\ \infty, & \text{其他}\end{cases}$$

其中，w_{ij} 表示顶点 i 与顶点 j 构成的弧或边的权值，如果顶点之间不存在弧或边，则用 ∞ 表示。

在图 6-1 中，两个弧和边的集合分别为 $A=\{< A, B >, < A, C >, < A, D >, < C, A >, < C, B >, < D, A >\}$ 和 $E=\{(A, B), (A, D), (B, C), (B, D), (C, D)\}$。它们的邻接矩阵表示如图 6-7 所示。

在无向图的邻接矩阵中，如果有边 (A, B) 存在，则需要将 $< A, B >$ 和 $< B, A >$ 的对应位置都置为 1。

带权图的邻接矩阵表示如图 6-8 所示。

图的邻接矩阵存储结构描述如下：

$$G_1=\begin{array}{c} \begin{matrix} A & B & C & D \end{matrix} \\ \begin{bmatrix} 0 & 1 & 1 & 1 \\ 0 & 0 & 0 & 0 \\ 1 & 1 & 0 & 0 \\ 1 & 0 & 0 & 0 \end{bmatrix} \end{array}\begin{matrix} A \\ B \\ C \\ D \end{matrix}$$

(a) 有向图G_1的邻接矩阵表示

$$G_2=\begin{array}{c} \begin{matrix} A & B & C & D \end{matrix} \\ \begin{bmatrix} 0 & 1 & 0 & 1 \\ 1 & 0 & 1 & 1 \\ 0 & 1 & 0 & 1 \\ 1 & 1 & 1 & 0 \end{bmatrix} \end{array}\begin{matrix} A \\ B \\ C \\ D \end{matrix}$$

(b) 无向图G_2的邻接矩阵表示

图 6-7 图的邻接矩阵表示

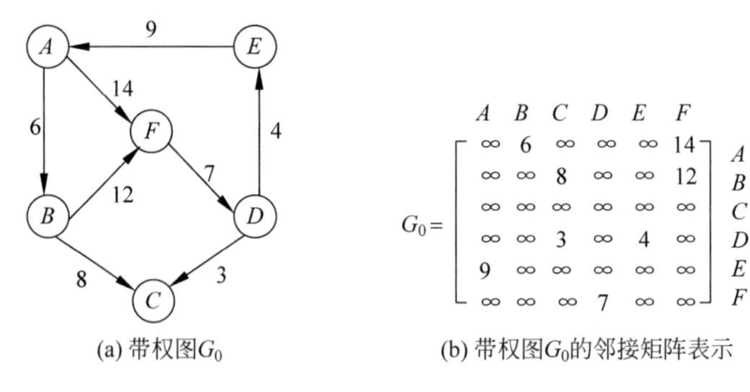

(a) 带权图G_0　　(b) 带权图G_0的邻接矩阵表示

图 6-8 带权图 G_0 及其邻接矩阵表示

```
enum Kind{DG, DN, UG, UN}                    //图的类型:有向图、有向网、无向图和无向网
public class MGraph
{
    String vex[];                            //用于存储顶点
    double arc[][];                          //邻接矩阵,存储边或弧的信息
    int vexnum,arcnum;                       //顶点数#边(弧)的数目
    Kind kind;                               //图的类型
    final int MAXSIZE = 20;
    MGraph()
    {
        vex = new String[MAXSIZE];
        arc = new double[MAXSIZE][MAXSIZE];
        arcnum = 0;
        vexnum = 0;
        kind = Kind.UG;
    }
}
```

其中,数组 vex[]用于存储图中的顶点,如“A”“B”“C”“D”; arc[]用于存储图中的顶点信息,称为邻接矩阵。

【例 6-1】 编写算法,利用邻接矩阵表示法创建一个有向网。

```
import java.util.Scanner;
enum Kind{DG, DN, UG, UN}                    //图的类型:有向图、有向网、无向图和无向网
public class MGraph
{
    String vex[];                            //用于存储顶点
    double arc[][];                          //邻接矩阵,存储边或弧的信息
    int vexnum,arcnum;                       //顶点数#边(弧)的数目
    Kind kind;                               //图的类型
    final int MAXSIZE = 20;
    MGraph()
```

```
{
    vex = new String[MAXSIZE];
    arc = new double[MAXSIZE][MAXSIZE];
    arcnum = 0;
    vexnum = 0;
    kind = Kind.UG;
}
public void CreateGraph(Kind kind)
//采用邻接矩阵表示法创建有向网
{
    System.out.println("请输入有向网 N 的顶点数和弧数: ");
    Scanner sc = new Scanner(System.in);
    String num[ ] = sc.nextLine().split(" ");
    vexnum = Integer.parseInt(num[0]);
    arcnum = Integer.parseInt(num[1]);
    System.out.println("请输入" + vexnum + "个顶点的值(字符),以空格分隔各个字符:");
    String v[ ] = sc.nextLine().split(" ");
    int i = 0,j;
    for(String e:v) {
        vex[i++] = e;
    }
    for(i = 0;i < vexnum;i++)                //初始化邻接矩阵
        adjacency matrix(j = 0;j < vexnum;j++)
            arc[i][j] = Double.POSITIVE_INFINITY;
    System.out.println("请输入" + arcnum + "条弧的弧尾、弧头和权值(以空格作为间隔): ");
    System.out.println("顶点 1 顶点 2 权值:");
    for(int k = 0;k < arcnum;k++)
    {
        v = sc.nextLine().split(" ");       //输入两个顶点和弧的权值
        i = LocateVertex(v[0]);
        j = LocateVertex(v[1]);
        arc[i][j] = Double.parseDouble(v[2]);
    }
}
public int LocateVertex(String v)
//在顶点向量中查找顶点 v,找到则返回该向量的序号,否则返回 - 1
{
    for(int i = 0;i < vexnum;i++)
    {
        if(vex[i].equals(v))
            return i;
    }
    return -1;
}
public void DisplayGraph()
//输出邻接矩阵存储表示的图
{
    System.out.print("有向网具有" + vexnum + "个顶点和" + arcnum + "条弧,顶点依次是: ");
    for (int i = 0; i < vexnum; i++)
        System.out.print(vex[i] + " ");
    System.out.println("\n 有向网 N 的邻接矩阵:");
    System.out.println("序号 i = ");
    for (int i = 0; i < vexnum; i++)
        System.out.print("    " + i);
```

```
            System.out.println();
            for (int i = 0; i < vexnum; i++) {
                System.out.print(i + " ");
                for (int j = 0; j < vexnum; j++) {
                    if (arc[i][j] != Double.POSITIVE_INFINITY)
                        System.out.print(DoubleTrans(arc[i][j]) + "  ");
                    else
                        System.out.print("∞" + "  ");
                }
                System.out.println();
            }
        }
        public String DoubleTrans(double d){
            if(Math.round(d) - d == 0){
                return String.valueOf((long)d);
            }
            return String.valueOf(d);
        }
        public static void main(String args[])
        {
            System.out.println("创建一个有向网 N:");
            MGraph N = new MGraph();
            N.CreateGraph(Kind.DN);
            System.out.println("输出网的顶点和弧:");
            N.DisplayGraph();
        }
    }
```

程序运行结果如下。

创建一个有向网 N:

请输入有向网 N 的顶点数和弧数:

5 6

请输入 5 个顶点的值(字符),以空格分隔各个字符:

A B C D E

请输入 6 条弧的弧尾、弧头和权值(以空格作为间隔):

顶点 1	顶点 2	权值:
A	B	6
A	D	9
A	E	14
B	E	12
D	C	4
E	C	7

输出网的顶点和弧:

有向网具有 5 个顶点和 6 条弧,顶点依次是: A B C D E

有向网 N 的邻接矩阵:

序号 $i=$

  0 1 2 3 4

```
0 ∞ 6 ∞ 9 14
1 ∞ ∞ ∞ ∞ 12
2 ∞ ∞ ∞ ∞ ∞
3 ∞ ∞ 4 ∞ ∞
4 ∞ ∞ 7 ∞ ∞
```

6.2.2 邻接表表示法

图的邻接矩阵表示法虽然有很多优点，但对于稀疏图来讲，用邻接矩阵表示会造成存储空间的很大浪费。邻接表(adjacency list)表示法实际上是一种链式存储结构，其基本思想是只存储顶点相关联的信息和存在的边信息，不相邻接的顶点则不保留信息。在邻接表中，对于图中的每个顶点，建立一个带头结点的边链表，如第 i 个单链表中的结点表示依附于顶点 v_i 的边，每个边链表的头结点又构成一个表头结点表。可见，图的邻接表表示法由表头结点和边表结点两个部分构成。

表头结点由两个域组成：数据域和指针域。其中，数据域用来存放顶点信息，指针域用来指向边表中的第一个结点。通常情况下，表头结点采用顺序存储结构实现，这样可以随机地访问任意顶点。边表结点由3个域组成：邻接点域、数据域和指针域。其中，邻接点域表示与相应的表头顶点邻接点的位置，数据域存储边或弧的信息，指针域用来指向下一个边或弧的结点。表头结点和边表结点结构如图6-9所示。

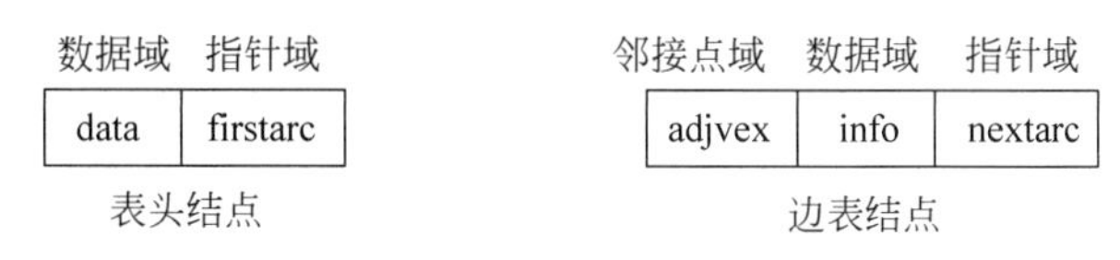

图 6-9 表头结点与边表结点存储结构

图6-1的两个图 G_1 和 G_2 用邻接表表示如图6-10所示。

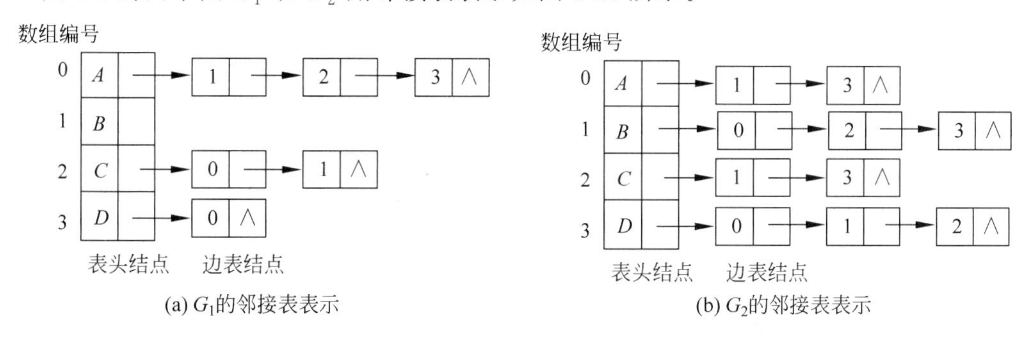

图 6-10 图的邻接表表示

图6-8的带权图用邻接表表示如图6-11所示。

图的邻接表存储结构描述如下：

```
enum GKind {DG, DN, UG, UN}                    //图的类型:有向图、有向网、无向图和无向网
class ArcNode                                  //边结点的类型定义
{
    int adjvex;                                //弧指向的顶点的位置
    ArcNode nextarc;                           //指向下一个与该顶点相邻接的顶点
```

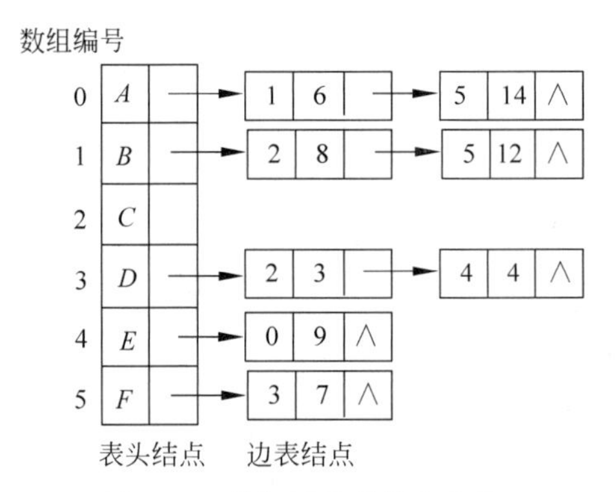

图 6-11 带权图的邻接表表示

```
        String info;                              //与弧相关的信息
        ArcNode(int adjvex)
        {
            this.adjvex = adjvex;
            this.nextarc = null;
        }
    }
    class VNode                                   //头结点的类型定义
    {
        String data;
        ArcNode firstarc;
        VNode(String data) {
            this.data  =  data;                   //用于存储顶点
            this.firstarc  =  null;               //指向第一个与该顶点邻接的顶点
        }
    }
    class AdjGraph                                //图的类型定义
    {
        final int MAXSIZE = 20;
        VNode vertex[];
        int vexnum,arcnum;                        //图的顶点数目、弧的数目
        GKind kind;
        AdjGraph()
        {
            vertex = new VNode[MAXSIZE];
            vexnum = 0;
            arcnum = 0;
            kind = GKind.UG;
        }
```

如果无向图 G 中有 n 个顶点和 e 条边,则该图采用邻接表表示需要 n 个表头结点和 $2e$ 个边表结点。在 e 远小于 $n(n-1)/2$ 时,采用邻接表存储表示显然要比采用邻接矩阵表示更能节省空间。

在图的邻接表存储结构中,表头结点并没有存储顺序的要求。某个顶点的度正好等于该顶点对应链表的结点个数。在有向图的邻接表存储结构中,某个顶点的出度等于该顶点对应链表的结点个数。为了便于求某个顶点的入度,需要建立一个有向图的逆邻接链表,也

就是为每个顶点 v_i 建立一个以 v_i 为弧头的链表。图 6-1(a)所示的有向图 G_1 的逆邻接链表如图 6-12 所示。

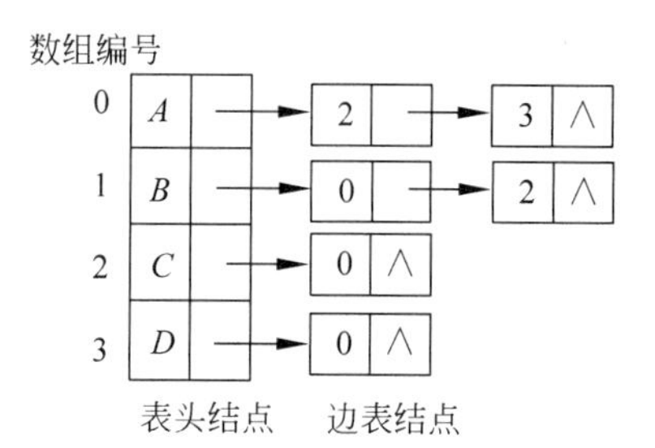

图 6-12　有向图 G_1 的逆邻接链表

【例 6-2】　编写算法,采用邻接表创建一个无向图 G。

```
import java.util.Scanner;
enum GKind {DG, DN, UG, UN}                  //图的类型:有向图、有向网、无向图和无向网
class ArcNode                                //边结点的类型定义
{
    int adjvex;                              //弧指向的顶点的位置
    ArcNode nextarc;                         //指向下一个与该顶点相邻接的顶点
    String info;                             //与弧相关的信息
    ArcNode(int adjvex)
    {
        this.adjvex = adjvex;
        this.nextarc = null;
    }
}
class VNode                                  //头结点的类型定义
{
    String data;
    ArcNode firstarc;
    VNode(String data) {
        this.data  =  data;                  //用于存储顶点
        this.firstarc  =  null;              //指向第一个与该顶点邻接的顶点
    }
}
class AdjGraph                               //图的类型定义
{
    final int MAXSIZE = 20;
    VNode vertex[];
    int vexnum,arcnum;                       //图的顶点数目、弧的数目
    GKind kind;
    AdjGraph()
    {
        vertex = new VNode[MAXSIZE];
        vexnum = 0;
        arcnum = 0;
        kind = GKind.UG;
    }
    public void CreateGraph()
    //采用邻接表存储结构,创建无向图 G
    {
        System.out.println("请输入无向图 G 的顶点数和弧数(以空格分隔): ");
```

```
    Scanner sc = new Scanner(System.in);
    String str[] = sc.nextLine().split(" ");
    vexnum = Integer.parseInt(str[0]);
    arcnum = Integer.parseInt(str[1]);
    System.out.println("请输入" + vexnum + "个顶点的值:");
    //将顶点存储在头结点中
    String vname[] = sc.nextLine().split(" ");
    int k = 0;
    for (String v : vname) {
        VNode vtex = new VNode(v);
        vertex[k++] = vtex;
    }
    System.out.println("请输入弧尾和弧头(以空格分隔):");
    for (k = 0; k < arcnum; k++)          //建立边链表
    {
        String v[] = sc.nextLine().split(" ");
        int i = LocateVertex(v[0]);
        int j = LocateVertex(v[1]);
        //j 为入边 i 为出边创建邻接表
        ArcNode p = new ArcNode(j);
        p.nextarc = vertex[i].firstarc;
        vertex[i].firstarc = p;
        //i 为入边 j 为出边创建邻接表
        p = new ArcNode(i);
        p.nextarc = vertex[j].firstarc;
        vertex[j].firstarc = p;
    }
    kind = GKind.UG;
}
public int LocateVertex(String v)
//在顶点向量中查找顶点 v,找到则返回该向量的序号;否则,返回 - 1
{
    for(int i = 0;i < vexnum;i++) {
        if (vertex[i].data.equals(v))
            return i;
    }
    return - 1;
}
public void DisplayGraph()
//图的邻接表存储结构的输出
{
    System.out.println(vexnum + "个顶点:");
    for (int i = 0; i < vexnum; i++)
        System.out.print(vertex[i].data + " ");
    System.out.println("\n" + (arcnum * 2) + "条边:");
    for (int i = 0; i < vexnum; i++) {
        ArcNode p = vertex[i].firstarc; //将 p 指向边表的第一个结点
        nodal point(p != null)          //输出无向图的所有边
        {
            System.out.print(vertex[i].data + "→" + vertex[p.adjvex].data + " ");
            p = p.nextarc;
        }
        System.out.println();
    }
```

```
    }
    public static void main(String args[])
    {
        System.out.println("创建一个无向图 G:");
        AdjGraph N = new AdjGraph();
        N.CreateGraph();
        System.out.println("输出无向图的顶点和弧:");
        N.DisplayGraph();
    }
}
```

程序的运行结果如下。

创建一个无向图 G：

请输入无向图 G 的顶点数和弧数(以空格分隔)：

4 5

请输入 4 个顶点的值：

A B C D

请输入弧尾和弧头(以空格分隔)：

A B

A D

B C

B D

C D

输出无向图的顶点和弧：

4 个顶点：

A B C D

10 条边：

$A \rightarrow D$ $A \rightarrow B$

$B \rightarrow D$ $B \rightarrow C$ $B \rightarrow A$

$C \rightarrow D$ $C \rightarrow B$

$D \rightarrow C$ $D \rightarrow B$ $D \rightarrow A$

6.2.3　十字链表表示法

十字链表(linked list)是有向图的一种链式存储结构，可以将它看成是将有向图的邻接表与逆邻接链表结合起来的一种链表。在十字链表中，将表头结点称为顶点结点，边结点称为弧结点。顶点结点包含 3 个域：数据域和两个指针域。其中，一个指针域指向以顶点为弧头的顶点，另一个指针域指向以顶点为弧尾的顶点；数据域存放顶点的信息。弧结点包含 5 个域：尾域、头域、infor 域和两个指针域。其中，尾域 tailvex 用于表示弧尾顶点在图中的位置，头域 headvex 表示弧头顶点在图中的位置，infor 域表示弧的相关信息，指针域 hlink 指向弧头相同的下一个条弧，指针域 tlink 指向弧尾相同的下一条弧。

有向图 G_1 及其十字链表存储表示如图 6-13 所示。

有向图的十字链表存储结构描述如下。

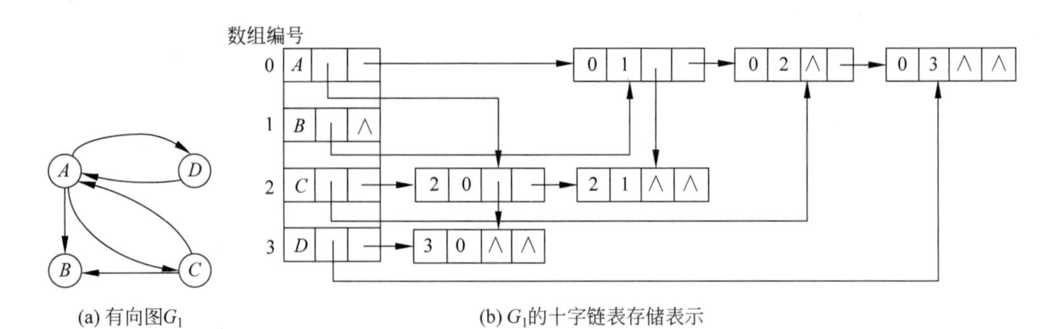

图 6-13　有向图 G_1 及其十字链表存储表示

```
class ArcNode                          //弧结点的类型定义
{
    int headdvex,tailvex;              //弧的头顶点和尾顶点位置
    String info;                       //与弧相关的信息
    ArcNode hlink,tlink;               //分别指示弧头、弧尾相同的结点
}
class VNode                            //顶点结点的类型定义
{
    String data;                       //存储定点
    ArcNode firstin,firstout;          //指向顶点的第一条入弧和第一条出弧
}
class OLGraph                          //图的类型定义
{
    VNode vertex[];
    int vexnum,arcnum;                 //图的顶点数目与弧的数目
    final int MAXSIZE = 50;
    OLGraph()
    {
        vertex = new VNode[MAXSIZE];
        vexnum = 0;
        arcnum = 0;
    }
}
```

在十字链表存储表示的图中,可以很容易地找到以某个顶点为弧尾和弧头的弧。

6.2.4　邻接多重表表示法

邻接多重表(adjacency multilist)表示是无向图的另一种链式存储结构,它可以提供更为方便的边处理信息。在无向图的邻接表示法中,每条边(v_i,v_j)在邻接表中都对应两个结点,它们分别在第 i 个边链表和第 j 个边链表中。这会给图的某些边操作带来不便,如检测某条边是否被访问过,则需要同时找到表示该条边的两个结点,而这两个结点又分别在两个边链表中。邻接多重表将图的一条边用一个结点表示,它的结点存储结构如图 6-14 所示。

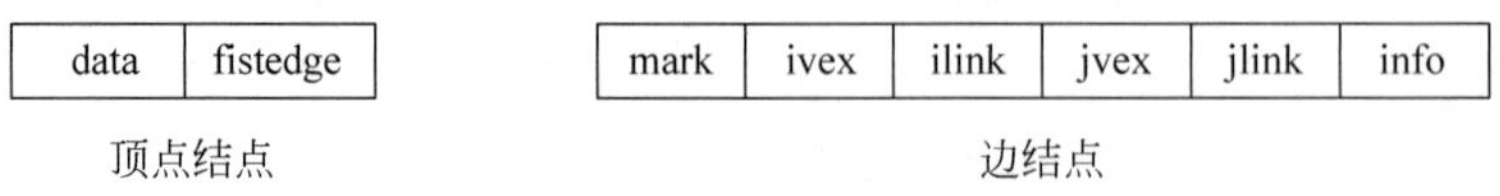

图 6-14　邻接多重表的结点存储结构

顶点结点由两个域构成：data 域和 firstedge 域。数据域 data 用于存储顶点的数据信息，firstedga 域指向依附于顶点的第一条边。边结点包含 6 个域：mark 域、ivex 域、ilink 域、jvex 域、jlink 域和 info 域。其中，mark 域用来表示边是否被检索过，ivex 域和 jvex 域表示依附于边的两个顶点在图中的位置，ilink 域指向依附于顶点 ivex 的下一条边，jlink 域指向依附于顶点 jvex 的下一条边，info 域表示与边的相关信息。

无向图 G_2 及其邻接多重表表示如图 6-15 所示。

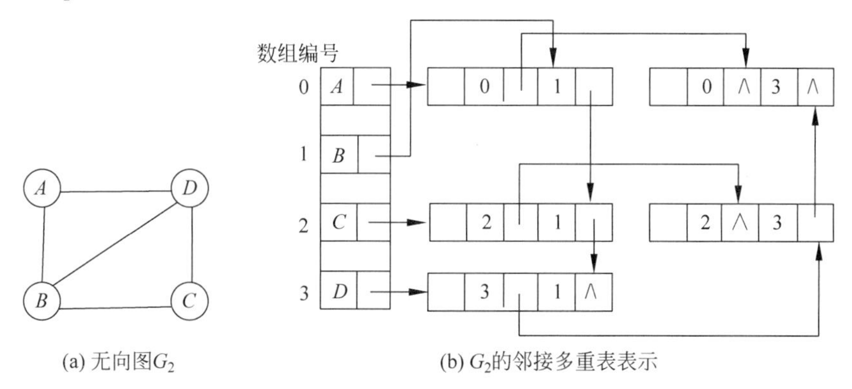

图 6-15　无向图 G_2 及其邻接多重表表示

无向图的多重表存储结构描述如下：

```
class EdgeNode                              //边结点的类型定义
{
    int mark, ivex, jvex;                   //访问标志、边的两个顶点位置
    String info;                            //与边相关的信息
    EdgeNode ilink, jlink;                  //指向与边顶点相同的结点
}
class VNode                                 //顶点结点的类型定义
{
    String data;                            //存储顶点
    EdgeNode firstedge;                     //指向依附于顶点的第一条边
}
class AdjMultiGraph                         //图的类型定义
{
    VNode vertex[ ];
    int vexnum, edgenum;                    //图的顶点数目、边的数目
    final int MAXSIZE = 50;
    AdjMultiGraph()
    {
        vertex = new VNode[MAXSIZE];
        vexnum = 0;
        edgenum = 0;
    }
}
```

6.3 图的遍历

与树的遍历一样,图的遍历是对图中每个顶点仅访问一次的操作。图的遍历方式主要有两种:深度优先遍历和广度优先遍历。

视频讲解

6.3.1 图的深度优先遍历

1. 图的深度遍历的定义

图的深度优先遍历是树的先序遍历的推广。图的深度优先遍历的基本思想是:从图中的某个顶点 v_0 出发,访问顶点 v_0。访问顶点 v_0 的第一个邻接点,然后以该邻接点为新的顶点,访问该顶点的邻接点。重复执行以上操作,直到当前顶点没有邻接点为止。返回到上一个已经访问过但还有未被访问的邻接点的顶点,按照以上步骤继续访问该顶点的其他未被访问的邻接点。以此类推,直到图中所有的顶点都被访问过。

图的深度优先遍历如图 6-16 所示。访问顶点的方向用实箭头表示,回溯用虚箭头表示,图中的数字表示访问或回溯的次序。

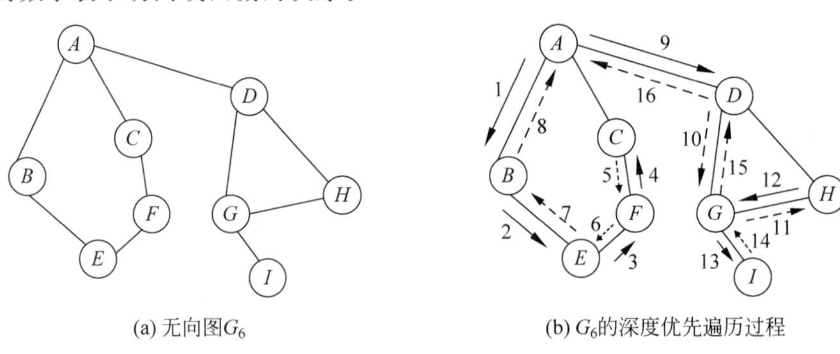

图 6-16 无向图 G_6 及其深度优先遍历过程

无向图 G_6 的深度优先遍历过程具体如下。

(1) 首先访问顶点 A,顶点 A 的邻接点有 B、C、D,然后访问 A 的第一个邻接点 B。

(2) 顶点 B 未访问的邻接点只有顶点 E,因此访问顶点 E。

(3) 顶点 E 的邻接点只有 F 且未被访问过,因此访问顶点 F。

(4) 顶点 F 的邻接点只有 C 且未被访问过,因此访问顶点 C。

(5) 顶点 C 的邻接点只有 A 但已经被访问过,因此要回溯到上一个顶点 F。

(6) 同理,顶点 F、E、B 都已经被访问过,且没有其他未访问的邻接点,因此回溯到顶点 A。

(7) 顶点 A 的未被访问的顶点只有顶点 D,因此访问顶点 D。

(8) 顶点 D 的邻接点有顶点 G 和顶点 H,访问第一个顶点 G。

(9) 顶点 G 的邻接点有顶点 H 和顶点 I,访问第一个顶点 H。

(10) 顶点 H 的邻接点只有 D 且已经被访问过,因此回溯到上一个顶点 G。

(11) 顶点 G 的未被访问过的邻接点有顶点 I,因此访问顶点 I。

(12) 顶点 I 已经没有未被访问的邻接点,因此回溯到顶点 G。

(13) 同理,顶点 G、D 都没有未被访问的邻接点,因此回溯到顶点 A。

(14) 顶点 A 也没有未被访问的邻接点。因此,图的深度优先遍历的序列为 A、B、E、F、C、D、G、H、I。

在图的深度优先的遍历过程中,图中可能存在回路,因此,在访问了某个顶点之后,沿着某条路径遍历时有可能又回到该顶点。例如,在访问了顶点 A 之后,接着访问顶点 B、E、F、C,顶点 C 的邻接点是顶点 A,沿着边(C,A)会再次访问顶点 A。为了避免重复访问顶点,需要设置一个数组 visited[n],作为一个标志记录结点是否被访问过。

2. 图的深度遍历的算法实现

图的深度优先遍历(邻接表实现)的算法实现如下。

```
public void DFSTraverse(int visited[])
                                          //从第 1 个顶点起,深度优先遍历图
{
    for(int v = 0;v < vexnum;v++)
        visited[v] = 0;                   //访问标志数组初始化为未被访问
    for(int v = 0;v < vexnum;v++)
    {
        if(visited[v] == 0)
            DFS(v,visited);               //对未访问的顶点 v 进行深度优先遍历
    }
    System.out.println();
}
public void DFS(int v,int visited[])
                                          //从顶点 v 出发递归深度优先遍历图
{
    visited[v] = 1;                       //访问标志设置为已访问
    System.out.print(vertex[v].data + " "); //访问第 v 个顶点
    int w = FirstAdjVertex(vertex[v].data);
    while (w >= 0) {
        if (visited[w] == 0)
            DFS(w,visited);               //递归调用 DFS 对 v 的尚未访问的序号为 w 的邻
                                          //接顶点
        w = NextAdjVertex(vertex[v].data, vertex[w].data);
    }
}
```

如果该图是一个无向连通图或强连通图,则只需要调用一次 DFS(G,v)就可以遍历整个图,否则需要多次调用 DFS(G,v)。在上面的算法中,对于查找序号为 v 的顶点的第一个邻接点的算法 FirstAdjVex(G,G. vexs[v])、查找序号为 v 的相对于序号 w 的下一个邻接点的算法 NextAdjVex(G,G. vexs[v],G. vexs[w])的实现,采用不同的存储表示,其时间耗费也是不同的。当采用邻接矩阵作为图的存储结构时,如果图的顶点个数为 n,则查找顶点的邻接点需要的时间为 $O(n^2)$。如果无向图中的边数或有向图的弧数为 e,当采用邻接表作为图的存储结构时,查找顶点的邻接点需要的时间为 $O(e)$。

以邻接表作为存储结构,查找 v 的第一个邻接点的算法实现如下。

```
public int FirstAdjVertex(String v)
```

```
//返回顶点v的第一个邻接顶点的序号
{
    int v1 = LocateVertex(v);              //v1为顶点v在图G中的序号
    ArcNode p = vertex[v1].firstarc;
    if (p != null)          //如果顶点v的第一个邻接点存在,返回邻接点的序号,否则返回-1
        return p.adjvex;
    else
        return -1;
}
```

以邻接表作为存储结构,查找 v 的相对于 w 的下一个邻接点的算法实现如下。

```
public int NextAdjVertex(String v, String w)
//返回v的相对于w的下一个邻接顶点的序号
{
    int v1 = LocateVertex(v);              //v1为顶点v在图G中的序号
    int w1 = LocateVertex(w);              //w1为顶点w在图G中的序号
    ArcNode next = vertex[v1].firstarc;
    while(next != null) {
        if (next.adjvex != w1)
            next = next.nextarc;
        else
            break;
    }
    ArcNode p = next;                      //p指向顶点v的邻接顶点w的结点
    nodal point(p == null || p.nextarc == null)    //如果w不存在或w是最后一个邻接点,
                                                   //则返回 - 1
        return -1;
    else
        return p.nextarc.adjvex;           //返回v的相对于w的下一个邻接点的序号
}
```

图的非递归实现深度优先遍历的算法如下。

```
public void DFSTraverse2(int v, int visited[])
//图的非递归深度优先遍历
{
    ArcNode stack[] = new ArcNode[vexnum];
    for(int i = 0;i < vexnum;i++)                //将所有顶点都添加未访问标志
        visited[i] = 0;
    System.out.print(vertex[v].data + " ");     //访问顶点v并将访问标志置为1,表示已经访问
    visited[v] = 1;
    int top = -1;                               //初始化栈
    ArcNode p = vertex[v].firstarc;             //p指向顶点v的第一个邻接点
    junction point(top > -1 || p!= null) {
        while (p != null) {
            if (visited[p.adjvex] == 1)         //如果p指向的顶点已经访问过,则p指向下一个
                                                //邻接点
                p = p.nextarc;
            else {
                System.out.print(vertex[p.adjvex].data + " ");     //访问p指向的顶点
                visited[p.adjvex] = 1;
                top++;
                stack[top] = p;                 //保存p指向的顶点
                p = vertex[p.adjvex].firstarc;     //p指向当前顶点的第一个邻接点
            }
```

```
        }
        if (top > -1) {
            p = stack[top--];              //如果当前顶点都已经被访问,则退栈
            p = p.nextarc;                 //p指向下一个邻接点
        }
    }
}
```

程序运行结果如下。

创建一个无向图：

请输入无向图 G 的顶点数和弧数(以空格分隔)：

9 10

请输入 9 个顶点的值：

$A\ B\ C\ D\ E\ F\ G\ H\ I$

请输入弧尾和弧头(以空格分隔)：

$A\ B$

$A\ C$

$A\ D$

$B\ E$

$C\ F$

$E\ F$

$D\ G$

$D\ H$

$G\ H$

$G\ I$

输出网的顶点和弧：

9 个顶点：

$A\ B\ C\ D\ E\ F\ G\ H\ I$

20 条边：

$A\to D\ A\to C\ A\to B$

$B\to E\ B\to A$

$C\to F\ C\to A$

$D\to H\ D\to G\ D\to A$

$E\to F\ E\to B$

$F\to E\ F\to C$

$G\to I\ G\to H\ G\to D$

$H\to G\ H\to D$

$I\to G$

深度优先搜索遍历：$A\ D\ H\ G\ I\ C\ F\ E\ B$

视频讲解

6.3.2 图的广度优先遍历

1. 图的广度优先遍历的定义

图的广度优先遍历与树的层次遍历类似。图的广度优先遍历的基本思想是：从图的某个顶点 v 出发，首先访问顶点 v，然后按照次序访问顶点 v 的未被访问的每一个邻接点，最后依次访问这些邻接点的邻接点(根据先被访问的邻接点先访问，后被访问的邻接点后访问的原则)。以此类推，直到图的所有顶点都被访问，这样就完成了对图的广度优先遍历。

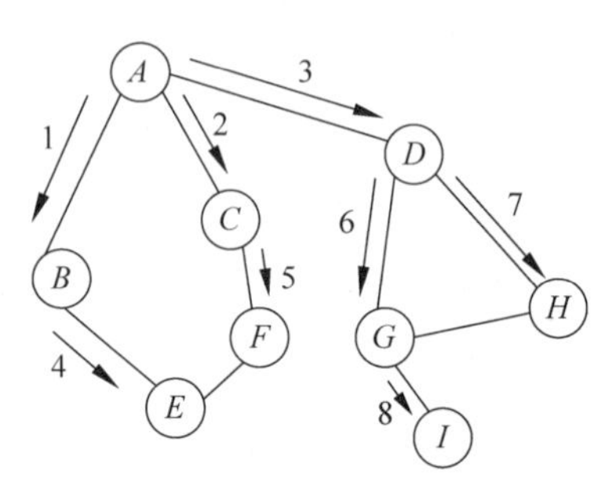

图 6-17　G_6 的广度优先遍历过程

例如，带权图 G_6 的广度优先遍历的过程如图 6-17 所示。其中，箭头表示广度遍历的方向，图中的数字表示遍历的次序。

带权图 G_6 的广度优先遍历的具体过程如下。

(1) 首先访问顶点 A，顶点 A 的邻接点有 B、C、D，然后访问 A 的第一个邻接点 B。

(2) 访问顶点 A 的第二个邻接点 C，再访问顶点 A 的第三个邻接点 D。

(3) 顶点 B 邻接点只有顶点 E，因此访问顶点 E。

(4) 顶点 C 的邻接点只有 F 且未被访问过，因此访问顶点 F。

(5) 顶点 D 的邻接点有 G 和 H 且都未被访问过，因此先访问第一个顶点 G，然后访问第二个顶点 H。

(6) 顶点 E 和 F 不存在未被访问的邻接点，顶点 G 的未被访问的邻接点有 I，因此访问顶点 I。至此，带权图 G_6 的所有顶点已经被访问完毕。

因此，带权图 G_6 的广度优先遍历的序列为 A、B、C、D、E、F、G、H、I。

2. 图的广度优先遍历的算法实现

在图的广度优先的遍历过程中，同样也需要一个列表 visited[MaxSize]指示顶点是否被访问过。图的广度优先遍历的算法实现思想：将图中的所有顶点对应的标志列表 visited[v_i]都初始化为 0，表示顶点未被访问。从第一个顶点 v_0 开始，访问该顶点且将标志列表置为 1。将 v_0 入队，当队列不为空时，将队首元素(顶点)出队，依次访问该顶点的所有邻接点，并将邻接点依次入队，同时将标志列表对应位置为 1 表示已经访问过。以此类推，直到图中的所有顶点都已经被访问过。

图的广度优先遍历的算法实现如下。

```
public void BFSTraverse(int visited[])
//从第 1 个顶点出发,按广度优先非递归遍历图
{
    final int MaxSize = 20;
    int queue[] = new int[MaxSize];              //定义一个队列
    int front = -1;
    int rear = -1;                               //初始化队列
    int v;
```

```
        for(v = 0;v < vexnum;v++)                    //初始化标志位
            visited[v] = 0;
        v = 0;
        visited[v] = 1;                              //设置访问标志为 1,表示已经被访问过
        System.out.print(vertex[v].data + " ");
        rear = (rear + 1) % MaxSize;
        queue[rear] = v;                             //v 入队列
        alignment(front < rear)                      //如果队列不空
        {
            front = (front + 1) % MaxSize;
            v = queue[front];                        //队首元素出队赋值给 v
            ArcNode p = vertex[v].firstarc;
            while (p != null)                        //遍历序号为 v 的所有邻接点
            {
                if (visited[p.adjvex] == 0)          //如果该顶点未被访问过
                {
                    visited[p.adjvex] = 1;
                    System.out.print(vertex[p.adjvex].data + " ");
                    rear = (rear + 1) % MaxSize;
                    queue[rear] = p.adjvex;
                }
                p = p.nextarc;                       //p 指向下一个邻接点
            }
        }
    }
```

创建图 G_6,得到广度优先搜索遍历序列如下:

$A\ D\ C\ B\ H\ G\ F\ E\ I$

假设图的顶点个数为 n,边数(弧)的数目为 e,则采用邻接表实现图的广度优先遍历的时间复杂度为 $O(n+e)$。图的深度优先遍历和广度优先遍历的结果并不是唯一的,这主要与图的存储结点的位置有关。

6.4　图的连通性问题

在 6.1 节已经介绍了连通图和强连通图的概念,那么如何判断一个图是否为连通图呢?怎样求一个连通图的连通分量呢?本节将讨论如何利用遍历算法求解图的连通性问题,并讨论最小代价生成树算法。

6.4.1　无向图的连通分量与生成树

在无向图的深度优先遍历和广度优先遍历的过程中,对于连通图,从任何一个顶点出发都可以遍历图中的每个顶点;而对于非连通图,则需要从多个顶点出发对图进行遍历,每次从新顶点开始遍历得到的序列就是图的各个连通分量的顶点集合。图 6-3 中的非连通图 G_3 的邻接表如图 6-18(b)所示。对图 G_3 进行深度优先遍历时,因为图 G_3 是非连通图且有两个连通分量,所以至少需要从图的两个顶点(顶点 A 和顶点 F)出发,才能完成对图中的每个顶点的访问。对图 G_3 进行深度优先搜索遍历,得到的序列为 A、B、C、D、I、E 和 F、G、H。

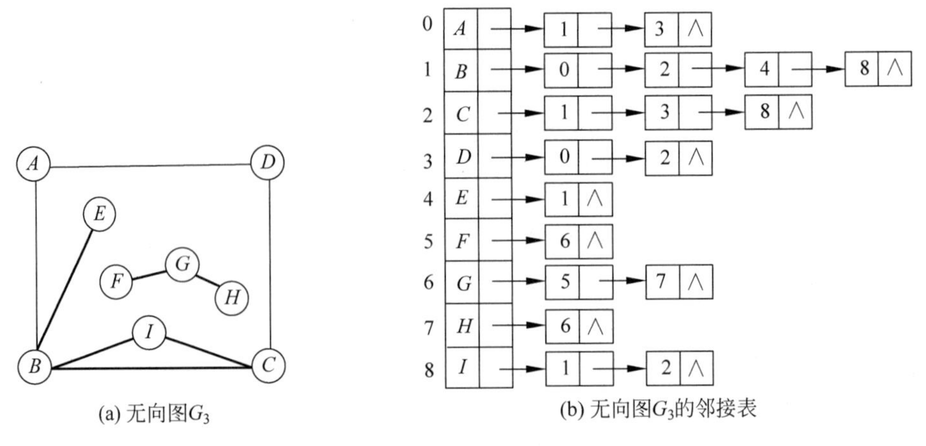

图 6-18　无向图 G_3 及其邻接表

由此可以看出,对非连通图进行深度或广度优先遍历,就可以分别得到连通分量的顶点序列。对于连通图,从某一个顶点出发,对图进行深度优先遍历,按照访问路径得到一棵生成树,称为深度优先生成树。从某一个顶点出发,对图进行广度优先遍历,得到的生成树称为广度优先生成树。图 6-19 就是对应图 G_6 的深度优先生成树和广度优先生成树。

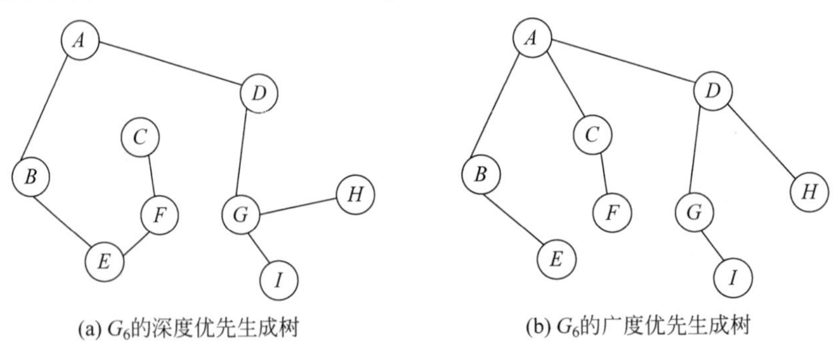

图 6-19　G_6 的深度优先生成树和广度优先生成树

对非连通图进行深度优先遍历或者广度优先遍历,所得到的生成树可以构成生成森林。对图 G_3 进行深度优先遍历,得到的深度优先生成森林如图 6-20 所示。

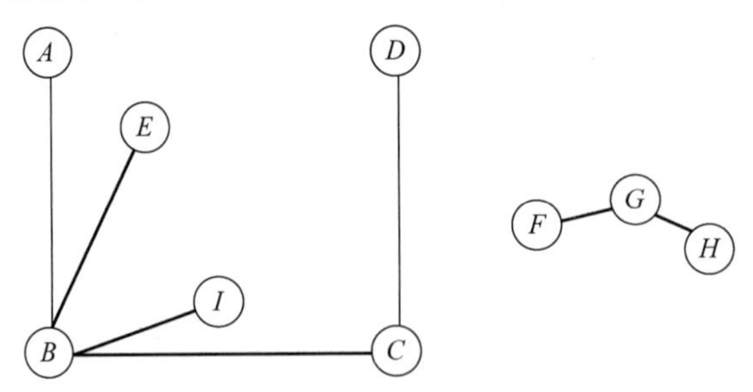

图 6-20　G_3 的深度优先生成森林

利用图的深度或广度优先遍历可以判断一个图是否为连通图。如果不止一次地调用遍历图,则说明该图是非连通图,否则该图是连通图。进一步分析,对图进行遍历还可以得到生成树。

6.4.2 最小生成树

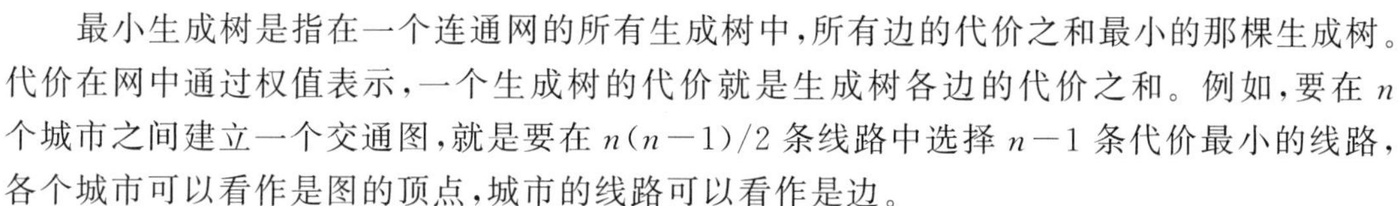

最小生成树是指在一个连通网的所有生成树中，所有边的代价之和最小的那棵生成树。代价在网中通过权值表示，一个生成树的代价就是生成树各边的代价之和。例如，要在 n 个城市之间建立一个交通图，就是要在 $n(n-1)/2$ 条线路中选择 $n-1$ 条代价最小的线路，各个城市可以看作是图的顶点，城市的线路可以看作是边。

最小生成树的重要性质如下：

假设一个连通网 $N=(V,E)$，V 是顶点的集合，E 是边的集合，V 有一个非空子集 U。如果 (u,v) 是一条具有最小权值的边，且 $u \in U$，$v \in V-U$，那么一定存在一个最小生成树包含边 (u,v)。

下面用反证法证明该性质。

假设所有的最小生成树都不存在这样的一条边 (u,v)。设 T 是连通网 N 中的一棵最小生成树，如果将边 (u,v) 加入到 T 中，根据生成树的定义，T 一定出现包含 (u,v) 的回路。另外，T 中一定存在一条边 (u',v') 的权值大于或等于 (u,v) 的权值，如果删除边 (u',v')，则得到一棵代价小于或等于 T 的生成树 T'。T' 是包含边 (u,v) 的最小生成树，这与假设矛盾。由此得证，性质成立。

最小生成树的构造算法有两个：Prim（普里姆）算法和 Kruskal（克鲁斯卡尔）算法。

1. Prim 算法

Prim 算法描述如下：

假设 $N=\{V,E\}$ 是连通网，TE 是 N 的最小生成树边的集合。执行以下操作：

（1）初始时，令 $U=\{u_0\}(u_0 \in V)$，$TE=\varnothing$。

（2）对于所有的边 $u \in U$，$v \in V-U$ 的边 $(u,v) \in E$，将一条代价最小的边 (u_0,v_0) 放入集合 TE 中，同时将顶点 v_0 放入集合 U 中。

（3）重复执行步骤（2），直到 $U=V$ 为止。

这时，边集合 TE 一定有 $n-1$ 条边，$T=\{V,TE\}$ 就是连通网 N 的最小生成树。

例如，图 6-21 就是利用 Prim 算法构造最小生成树的过程。

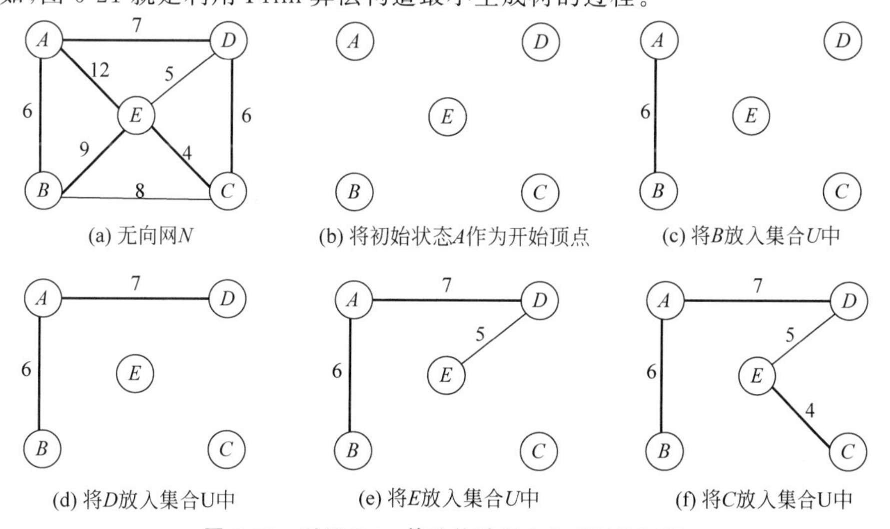

图 6-21 利用 Prim 算法构造最小生成树的过程

初始时，集合$U=\{A\}$，集合$V-U=\{B,C,D,E\}$，边集合为∅。$A\in U$且U中只有一个元素，将A从U中取出，比较顶点A与集合$V-U$中顶点构成的代价最小边。在(A,B)、(A,D)、(A,E)中，最小的边是(A,B)。将顶点B加入集合U中，边(A,B)加入TE中，因此有$U=\{A,B\}$，$V-U=\{C,D,E\}$，$TE==\{(A,B)\}$。然后在集合U与集合$V-U$构成的所有边(A,E)、(A,D)、(B,E)、(B,C)中，最小边为(A,D)，故将顶点D加入集合U中，边(A,D)加入TE中，因此有$U=\{A,B,D\}$，$V\text{-}U=\{C,E\}$，$TE==\{(A,B,D)\}$。以此类推，直到所有的顶点都加入U中。

在算法实现时，需要设置一个列表 closeedge[MaxSize]，用来保存U到$V-U$的代价最小的边。对于每个顶点$v\in V-U$，在列表中存在一个分量 closeedge[v]，它包括两个域 adjvex 和 lowcost。其中，adjvex 域用来表示该边中属于U的顶点，lowcost 域存储该边对应的权值，即

$$\text{closeedge}[v].\text{lowcost}=\text{Min}(\{\text{cost}(u,v)\mid u\in U\})$$

根据 Prim 算法构造最小生成树，其对应过程中各个参数的变化情况如表 6-2 所示。

表 6-2 Prim 算法各个参数的变化

closeedge[i] \ i	0	1	2	3	4	U	$V-U$	k	(u_0,v_0)
adjvex lowcost	 0	A 6	A ∞	A 7	A 12	{A}	{B,C,D,E}	1	(A,B)
adjvex lowcost	 0	 0	B 8	A 7	B 9	{A,B}	{C,D,E}	3	(A,D)
adjvex lowcost	 0	 0	B 8	 0	D 5	{A,B,D}	{C,E}	4	(D,E)
adjvex lowcost	 0	 0	E 4	 0	 0	{A,B,D,E}	{C}	2	(E,C)
adjvex lowcost	 0	 0	 0	 0	 0	{A,B,D,E,C}	{}		

Prim 算法实现如下。

```
class CloseEdge
//记录从顶点集合 U 到 V - U 的代价最小的边的定义
{
    String adjvex;
    double lowcost;
    CloseEdge(String adjvex,double lowcost)
    {
        this.adjvex = adjvex;
        this.lowcost = lowcost;
    }
}

public void Prim(MGraph M, String u, CloseEdge closeedge[])
//利用 Prim 算法求从第 u 个顶点出发构造网 G 的最小生成树
{
    int k = M.LocateVertex(u);                //k 为顶点 u 对应的序号
    int m = 0;
    for (int j = 0; j < M.vexnum; j++)        //数组初始化
```

```
        {
            CloseEdge close_edge = new CloseEdge(u, M.arc[k][j]);
            closeedge[m++] = close_edge;
        }
        closeedge[k].lowcost = 0;                  //初始时集合 U 只包括顶点 u
        System.out.println("最小代价生成树的各条边为:");
        for (int i = 1; i < M.vexnum; i++)         //选择剩下的 M.vexnum - 1 个顶点
        {
            k = MiniNum(M,closeedge);              //k 为与 U 中顶点相邻接的下一个顶点的序号
            System.out.print("(" + closeedge[k].adjvex + " - " + M.vex[k] + ")");
                                                                              //输出生成树的边
            closeedge[k].lowcost = 0;              //第 k 顶点并入 U 集
            for (int j = 0; j < M.vexnum; j++) {
                if (M.arc[k][j] < closeedge[j].lowcost)
                                                          //新顶点加入 U 集后重新将最小边存入列表
                {
                    closeedge[j].adjvex = M.vex[k];
                    closeedge[j].lowcost = M.arc[k][j];
                }
            }
        }
    }
```

Prim 算法中有两个嵌套的 for 循环，假设顶点的个数是 n，则第一层循环的频度为 $n-1$，第二层循环的频度为 n，因此该算法的时间复杂度为 $O(n^2)$。

【例 6-3】 利用邻接矩阵创建一个如图 6-21(a)所示的无向网 N，然后利用 Prim 算法求无向网的最小生成树。

分析：主要考察 Prim 算法生成网的最小生成树算法。closeedge 有两个域：adjvex 域和 lowcost 域。其中，adjvex 域用来存放依附于集合 U 的顶点，lowcost 域用来存放列表下标对应的顶点到顶点(adjvex 中的值)的最小权值。因此，查找无向网 N 中的最小权值的边就是在列表 lowcost 中找到最小值，输出生成树的边后，要将新的顶点对应的列表值赋值为 0，即将新顶点加入集合 U。以此类推，直到所有的顶点都加入集合 U 中。

closeedge 中的 adjvex 域和 lowcost 域的变化情况如图 6-22 所示。

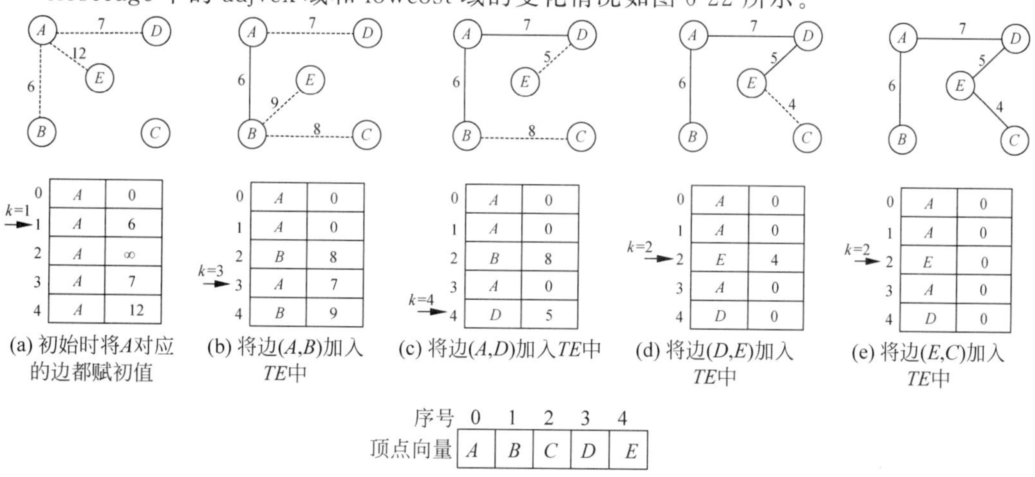

(a) 初始时将A对应的边都赋初值　(b) 将边(A,B)加入TE中　(c) 将边(A,D)加入TE中　(d) 将边(D,E)加入TE中　(e) 将边(E,C)加入TE中

(f) 顶点向量的值

图 6-22　closeedge 值的变化情况

关键算法实现如下。

```
public int MiniNum(MGraph M, CloseEdge edge[])
//将 lowcost 的最小值的序号返回
{
    int i = 0;
    while(edge[i].lowcost == 0)              //忽略列表中为 0 的值
        i += 1;
    double min = edge[i].lowcost;            //min 为第一个不为 0 的值
    int k = i;
    for(int j = i + 1;j < M.vexnum;j++) {
        if (edge[j].lowcost > 0 && edge[j].lowcost < min)      //将最小值对应的序号赋值给 k
        {
            min = edge[j].lowcost;
            k = j;
        }
    }
    return k;
}

public static void main(String args[]) {
    System.out.println("创建一个无向网 N:");
    MGraph N = new MGraph();
    N.CreateGraph2(Kind.UN);
    System.out.println("输出网的顶点和弧:");
    N.DisplayGraph();
    CloseEdge closeedge[] = new CloseEdge[20];
    MinSpanningTree MST = new MinSpanningTree();
    MST.Prim(N,"A",closeedge);
    MST.Kruskal(N);
}
```

程序运行结果如下。

创建一个无向网 N:

请输入有向网 N 的顶点数和弧数:

5 8

请输入 5 个顶点的值(字符),以空格分隔各个字符:

$A\ B\ C\ D\ E$

请输入 8 条弧的弧尾、弧头和权值(以空格作为间隔):

定点 1	定点 2	权值:
A	B	6
A	D	7
A	E	12
B	C	8
B	E	9
C	D	6
C	E	4
D	E	5

输出网的顶点和弧：
有向网具有 5 个顶点 8 条弧，顶点依次是：A B C D E
有向网 N 的邻接矩阵：
序号 $i=$

	0	1	2	3	4
0	∞	6	∞	7	12
1	6	∞	8	∞	9
2	∞	8	∞	6	4
3	7	∞	6	∞	5
4	12	9	4	5	∞

最小代价生成树的各条边为：
($A-B$)　($A-D$)　($D-E$)　($E-C$)

2. Kruskal 算法

Kruskal 算法描述如下：

假设 $N=\{V,E\}$是连通网，TE 是 N 的最小生成树边的集合。执行以下操作：

(1) 初始时，最小生成树中只有 n 个顶点，这 n 个顶点分别属于不同的集合，而边的集合 $TE=\varnothing$。

(2) 从连通网 N 中选择一个代价最小的边，如果边所依附的两个顶点在不同的集合中，则将该边加入最小生成树 TE 中，并将该边依附的两个顶点合并到同一个集合中。

(3) 重复执行步骤(2)，直到所有的顶点都属于同一个顶点集合为止。

例如，图 6-23 就是利用 Kruskal 算法构造最小生成树的过程。

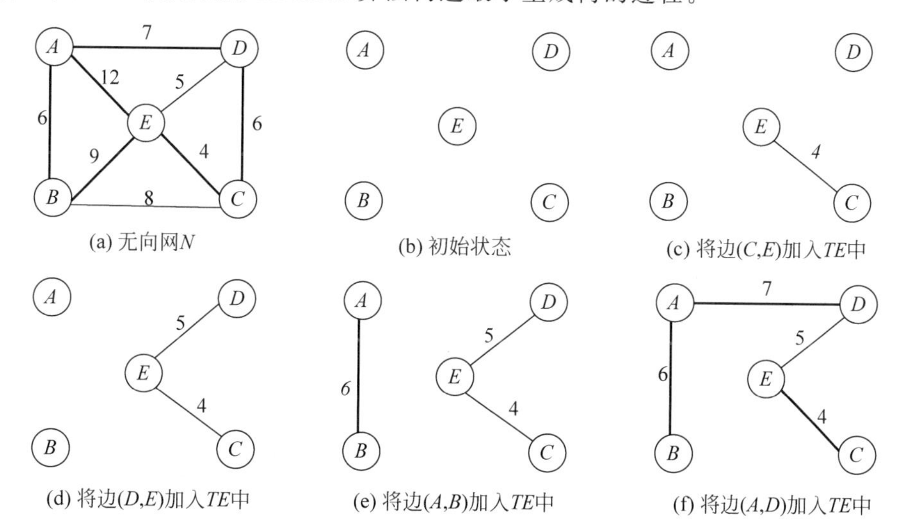

图 6-23　Kruskal 算法构造最小生成树的过程

初始时，边的集合 TE 为空集，顶点 A、B、C、D、E 分别属于不同的集合，假设 $U_1=\{A\}$，$U_2=\{B\}$，$U_3=\{C\}$，$U_4=\{D\}$，$U_5=\{E\}$。图 6-23(a)中含有 8 条边，将这 8 条边按照权值从小到大排列，依次取出最小的边。若依附于边的两个顶点属于不同的集合，则将该边

加入集合 TE 中,并将这两个顶点合并为一个集合。重复执行以上操作,直到所有顶点都属于一个集合为止。

在这 8 条边中,权值最小的是边(C,E),其权值 $cost(C,E)=4$,并且 $C\in U_3$,$E\in U_5$,$U_3\neq U_5$。因此,将边(C,E)加入集合 TE 中,并将两个顶点集合合并为一个集合,则 $TE=\{(C,E)\}$,$U_3=U_5=\{C,E\}$。在剩下边的集合中,边(D,E)权值最小,其权值 $cost(D,E)=5$,并且 $D\in U_4$,$E\in U_3$,$U_3\neq U_4$。因此,将边(D,E)加入边的集合 TE 中且合并顶点集合,则 $TE=\{(C,E),(D,E)\}$,$U_3=U_5=U_4=\{C,E,D\}$。然后继续从剩下边的集合中选择权值最小的边,依次加入 TE 中,且合并顶点集合,直到所有的顶点都加入到顶点集合。

Kruskal 算法实现如下。

```
public void Kruskal(MGraph M)
//Kruskal 算法求最小生成树
{
    int set[] = new int[M.vexnum];
    int a = 0, b = 0;
    double min = M.arc[a][b];
    int k = 0;
    for(int i = 0;i < M.vexnum;i++)                //初始时,各顶点分别属于不同的集合
        set[i] = i;
    System.out.println("最小生成树的各条边为:");
    while(k < M.vexnum - 1)                        //查找所有最小权值的边
    {
        for (int i = 0; i < M.vexnum; i++)         //在矩阵的上三角查找最小权值的边
        {
            for (int j = i + 1; j < M.vexnum; j++) {
                if (M.arc[i][j] < min) {
                    min = M.arc[i][j];
                    a = i;
                    b = j;
                }
            }
        }
        M.arc[a][b] = Double.POSITIVE_INFINITY;   //删除上三角中最小权值的边,下次不再查找
        min = M.arc[a][b];
        if (set[a] != set[b])                      //如果边的两个顶点在不同的集合
        {
            System.out.print("(" + M.vex[a] + "-" + M.vex[b] + ")" + " ");//输出最小权值的边
            k += 1;
            for (int r = 0; r < M.vexnum; r++)
                if (set[r] == set[b])              //将顶点 b 所在的集合并入顶点 a 的集合
                    set[r] = set[a];
        }
    }
}
```

输出结果如下。

最小生成树的各条边为:

$(C-E)$ $(D-E)$ $(A-B)$ $(A-D)$

6.5　有向无环图

有向无环图(directed acyclic graph)是指一个无环的有向图,它用来描述工程或系统的进行过程。在有向无环图描述工程的过程中,将工程分为若干活动,即子工程。这些子工程彼此之间互相制约,例如,一些活动必须在另一些活动完成之后才能开始。整个工程涉及两个问题:一个是工程活动执行顺序的安排,另一个是整个工程的最短完成时间。这两个工程问题对应着有向图的两个应用:拓扑排序和关键路径。

6.5.1　AOV 网与拓扑排序

由 AOV(Activity On Vertex)网可以得到拓扑排序。在学习拓扑排序之前,先介绍一下 AOV 网。

1. AOV 网

在描述工程的过程中,可以将工程分为若干子工程,这些子工程称为活动。如果用图中的顶点表示活动,以有向图的弧表示活动之间的优先关系,则将这样的有向图称为 AOV 网,即顶点表示活动的网。在 AOV 网中,如果从顶点 v_i 到顶点 v_j 之间存在一条路径,则称顶点 v_i 是顶点 v_j 的前驱,顶点 v_j 为顶点 v_i 的后继。如果 $<v_i, v_j>$ 是有向网的一条弧,则称顶点 v_i 是顶点 v_j 的直接前驱,顶点 v_j 是顶点 v_i 的直接后继。

活动中的制约关系可以通过 AOV 网中的弧表示。例如,计算机科学与技术专业的学生必须修完一系列专业基础课程和专业课程才能毕业,学习这些课程的过程可以被看成是一项工程,每一门课程可以被看成是一个活动。计算机科学与技术专业的基本课程及选修课程的关系如表 6-3 所示。

表 6-3　计算机科学与技术专业课程关系表

课 程 编 号	课 程 名 称	先修课程编号
C_1	程序设计语言	无
C_2	汇编语言	C_1
C_3	离散数学	C_1
C_4	数据结构	C_1,C_3
C_5	编译原理	C_2,C_4
C_6	高等数学	无
C_7	大学物理	C_6
C_8	数字电路	C_7
C_9	计算机组成结构	C_8
C_{10}	操作系统	C_9

在这些课程中,“高等数学”是基础课,它独立于其他课程。在修完了“程序设计语言”和“离散数学”后,才能学习“数据结构”。这些课程构成的有向无环图如图 6-24 所示。

在 AOV 网中,不允许出现环,如果出现环就表示某个活动是自己的先决条件。因此,需要判断 AOV 网是否存在环,可以利用有向图的拓扑排序进行判断。

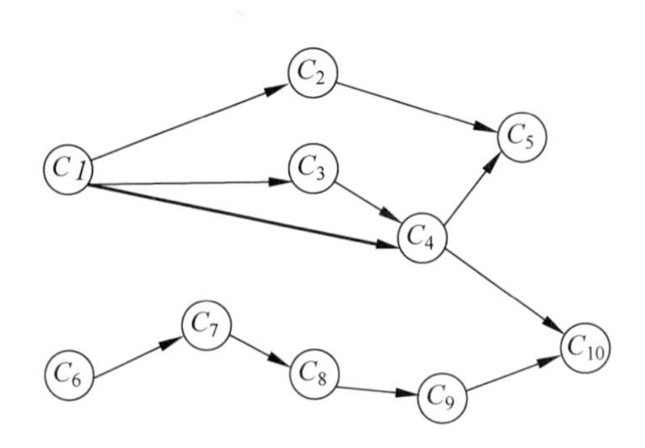

图 6-24 表示课程之间优先关系的有向无环图

2. 拓扑排序

拓扑排序是将 AOV 网中的所有顶点排列成一个线性序列,并且序列满足以下条件:在 AOV 网中,如果从顶点 v_i 到 v_j 存在一条路径,则在该线性序列中,顶点 v_i 一定出现在顶点 v_j 之前。因此,拓扑排序的过程就是将 AOV 网排成线性序列的操作。AOV 网表示一个工程图,而拓扑排序则是将 AOV 网中的各个活动组成一个可行的实施方案。

对 AOV 网进行拓扑排序的方法如下。

(1) 在 AOV 网中任意选择一个没有前驱的顶点(顶点入度为零),将该顶点输出。

(2) 从 AOV 网中删除该顶点,并删除从该顶点出发的弧。

(3) 重复执行步骤(1)和(2),直到 AOV 网中的所有顶点都已经被输出,或者 AOV 网中不存在无前驱的顶点为止。

按照以上步骤,得到图 6-24 的 AOV 网的拓扑序列为(C_1,C_2,C_3,C_4,C_5,C_6,C_7,C_8,C_9,C_{10})或(C_6,C_7,C_8,C_9,C_1,C_2,C_3,C_4,C_5,C_{10})。

图 6-25 是 AOV 网的拓扑序列的构造过程,该 AOV 网的拓扑序列为 V_1、V_2、V_3、V_5、V_4、V_6。

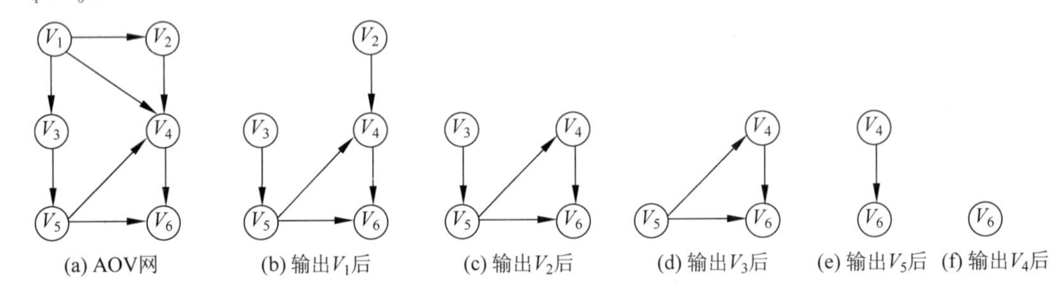

图 6-25 AOV 网构造拓扑序列的过程

在对 AOV 网进行拓扑排序后,可能会出现两种情况:一种是 AOV 网中的顶点全部输出,表示网中不存在回路;另一种是 AOV 网中还存在没有输出的顶点,未输出顶点的入度都不为零,表示网中存在回路。

采用邻接表存储结构的 AOV 网的拓扑排序的算法实现:遍历邻接表,将各个顶点的入度保存在列表 indegree 中。将入度为零的顶点入栈,依次将栈顶元素出栈并输出该顶点,将该顶点的邻接顶点的入度减 1,如果邻接顶点的入度为零,则入栈,否则将下一个邻接顶点的入度减 1 并进行相同的处理。然后继续将栈中元素出栈,重复执行以上操作,直到栈空为止。

AOV 网的拓扑排序算法如下。

```
public int TopologicalOrder(AdjGraph G) throws Exception
//采用邻接表存储结构的有向图 G 的拓扑排序
{
        int count = 0;
        int[] indegree = new int[G.vexnum];      //数组 indegree 存储各顶点的入度
        //将图中各顶点的入度保存在数组 indegree 中
        for (int i = 0; i < G.vexnum; i++)       //将数组 indegree 赋初值
        {
            indegree[i] = 0;
        }
        for (int i = 0; i < G.vexnum; i++) {
            ArcNode p = G.vertex[i].firstarc;
            while (p != null) {
                int k = p.adjvex;
                indegree[k] += 1;
                p = p.nextarc;
            }
        }
        SeqStack<Integer> S = new SeqStack<Integer>();
        System.out.println("拓扑序列:");
        for (int i = 0; i < G.vexnum; i++) {
            if (indegree[i] == 0)                //将入度为零的顶点入栈
                S.PushStack(i);
        }
        while (!S.StackEmpty())                  //如果栈 S 不为空
        {
            int i = S.PopStack();                //从栈 S 将已拓扑排序的顶点 i 弹出
            System.out.print(G.vertex[i].data + " ");
            count += 1;                          //对入栈 T 的顶点计数
            ArcNode p = G.vertex[i].firstarc;
            while (p != null)                    //处理编号为 i 的顶点的每个邻接点
            {
                int k = p.adjvex;                //顶点序号为 k
                indegree[k] -= 1;
                if (indegree[k] == 0)            //如果 k 的入度减 1 后变为 0,则将 k 入栈 S
                    S.PushStack(k);
                p = p.nextarc;
            }
        }
        if (count < G.vexnum) {
            System.out.println("该有向网有回路");
            return 0;
        } else
            return 1;
    }
```

在拓扑排序的实现过程中，入度为零的顶点入栈的时间复杂度为 $O(n)$，有向图的顶点进栈、出栈操作及 while 循环语句的执行次数是 e 次。因此，拓扑排序的时间复杂度为 $O(n+e)$。

6.5.2 AOE 网与关键路径

AOE(Activity On Edge)网是以边表示活动的有向无环网,它在工程计划和工程管理中非常有用。在 AOE 网中,具有最大路径长度的路径称为关键路径,关键路径表示了完成工程的最短工期。

1. AOE 网

AOV 网描述了活动之间的优先关系,可以认为是一个定性的研究,但是有时还需要定量地研究工程的进度,如整个工程的最短完成时间、各个子工程影响整个工程的程度、每个子工程的最短完成时间和最长完成时间等。在 AOE 网中,通过研究事件与活动之间的关系,可以确定整个工程的最短完成时间,从而明确活动之间的相互影响,以确保整个工程的顺利进行。

在用 AOE 网表示一个工程计划时,用顶点表示各个事件,弧表示子工程的活动,权值表示子工程的活动需要的时间。在顶点表示事件发生后,从该顶点出发的有向弧所表示的活动才能开始。在进入某个顶点的有向弧所表示的活动完成后,该顶点表示的事件才能发生。

图 6-26 是一个具有 10 个活动和 8 个事件的 AOE 网。$v_1, v_2, \cdots, v_8$ 表示 8 个事件,$<v_1, v_2>$,$<v_1, v_3>$,…,$<v_7, v_8>$表示 10 个活动,$a_1, a_2, \cdots, a_{10}$ 表示活动的执行时间。进入顶点的有向弧表示的活动已经完成,从顶点出发的有向弧表示的活动可以开始。顶点 v_1 表示整个工程的开始,v_8 表示整个工程的结束。顶点 v_5 表示活动 a_4、a_5、a_6 已经完成,活动 a_7 和 a_8 可以开始。其中,完成活动 a_1 和活动 a_3 分别需要 5 天和 6 天的时间。

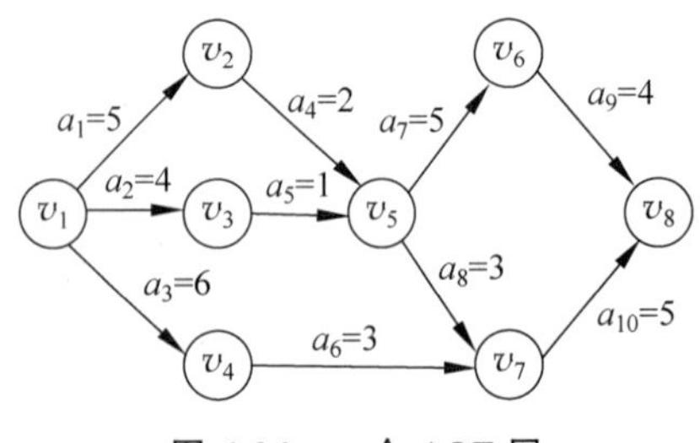

图 6-26 一个 AOE 网

对于一个工程来说,只有一个开始状态和一个结束状态。在 AOE 网中,只有一个入度为零的点表示工程的开始,称为源点;只有一个出度为零的点表示工程的结束,称为汇点。

2. 关键路径

关键路径是指从 AOE 网的源点到汇点的最长路径。这里的路径长度是指路径上各个活动持续时间之和。在 AOE 网中,有些活动是可以并行执行的,关键路径其实就是完成工程的最短时间所经过的路径。关键路径上的活动称为关键活动。

与关键路径有关的几个概念如下。

(1) 事件 v_i 的最早发生时间:从源点到定点 v_i 的最长路径长度,称为事件 v_i 的最早发生时间,记作 ve(i)。求解 ve(i)可以从源点 ve(0)=0 开始,按照拓扑排序规则递推得到 ve(i):

$$ve(i) = \text{Max}\{ve(k) + dut(<k,i>) \mid <k,i> \in T, 1 \leqslant i \leqslant n-1\}$$

其中,T 是所有以第 i 个顶点为弧头的弧的集合,dut(<k,i>)表示弧<k,i>对应的活动的持续时间。

(2) 事件 v_i 的最晚发生时间:在保证整个工程完成的前提下,活动最迟必须开始的时间,记作 vl(i)。在求解事件 v_i 的最早发生时间 ve(i)的前提 vl($n-1$)=ve($n-1$)下,从汇点开始向源点推进得到 vl(i):

$$vl(i) = \text{Min}\{vl(k) - dut(<i,k>) \mid <i,k> \in S, 0 \leqslant i \leqslant n-2\}$$

其中,S 是所有以第 i 个顶点为弧尾的弧的集合,dut(<i,k>)表示弧<i,k>对应的活动的持续时间。

(3) 活动 a_i 的最早开始时间 $e(i)$:如果弧<v_k,v_j>表示活动 a_i,则当事件 v_k 发生后,活动 a_i 才开始。因此,事件 v_k 的最早发生时间也就是活动 a_i 的最早开始时间,即 $e(i)=ve(k)$。

(4) 活动 a_i 的最晚开始时间 $l(i)$:在不推迟整个工程完成时间的基础上,活动 a_i 最迟必须开始的时间。如果弧<v_k,v_j>表示活动 a_i,持续时间为 dut(<k,j>),则活动 a_i 的最晚开始时间 $l(i)=vl(j)-dut(<k,j>)$。

(5) 活动 a_i 的松弛时间:活动 a_i 的最晚开始时间与最早开始时间之差就是活动 a_i 的松弛时间,记作 $l(i)-e(i)$。

在图 6-26 的 AOE 网中,从源点 v_1 到汇点 v_8 的关键路径是(v_1,v_2,v_5,v_6,v_8),路径长度为 16,也就是说 v_8 的最早发生时间为 16。活动 a_7 的最早开始时间是 7,最晚开始时间也是 7。活动 a_8 的最早开始时间是 7,最晚开始时间是 8。如果 a_8 推迟 1 天开始,并不会影响整个工程的进度。

当 $e(i)=l(i)$时,对应的活动 a_i 称为关键活动。在关键路径上的所有活动都称为关键活动,非关键活动提前或推迟完成并不会影响整个工程的进度。例如,活动 a_8 是非关键活动,a_7 是关键活动。

求 AOE 网的关链路径的算法如下。

(1) 对 AOE 网中的顶点进行拓扑排序,如果得到的拓扑序列顶点个数小于网中顶点数,则说明网中有环存在,不能求关键路径,终止算法;否则,从源点 $v0$ 开始,求出各个顶点的最早发生时间 ve(i)。

(2) 从汇点 v_n 出发,vl($n-1$)=ve($n-1$),按照逆拓扑序列求其他顶点的最晚发生时间 vl(i)。

(3) 由各顶点的最早发生时间 ve(i)和最晚发生时间 vl(i),求出每个活动 a_i 的最早开始时间 $e(i)$和最晚开始时间 $l(i)$。

(4) 找出所有满足条件 $e(i)=l(i)$的活动 a_i,a_i 即是关键活动。

根据求 AOE 网的关键路径的算法,图 6-26AOE 网的关链路径如图 6-27 所示,各顶点对应的事件最早发生时间 ve 和最晚发生时间 vl 如表 6-4 所示,弧对应的活动最早发生时间 e 和最晚发生时间 l 如表 6-5 所示。

表 6-4 事件的发生时间

顶点	ve	vl
v_1	0	0
v_2	5	5
v_3	4	6
v_4	6	8
v_5	7	7
v_6	12	12
v_7	10	11
v_8	16	16

表 6-5 活动的开始时间

活动	e	l	l-e
a_1	0	0	0
a_2	0	2	2
a_3	0	2	2
a_4	5	5	0
a_5	4	6	2
a_6	6	8	2
a_7	7	7	0
a_8	7	8	1
a_9	12	12	0
a_{10}	10	11	1

显然,该 AOE 网的关键路径是(v_1,v_2,v_5,v_6,v_8),关键活动是 a_1、a_4、a_7 和 a_9。

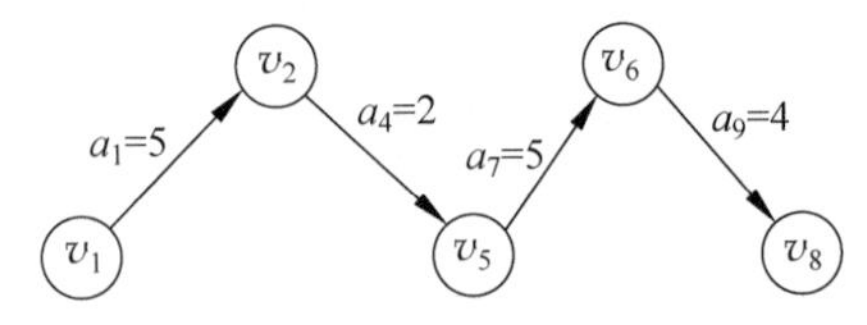

图 6-27 关键路径

关键路径经过的顶点满足条件 ve(i)==vl(i),即当事件的最早发生时间与最晚发生时间相等时,该顶点一定在关键路径上。同样地,关键活动的弧满足条件 $e(i)=l(i)$,即当活动的最早开始时间与最晚开始时间相等时,该活动一定是关键活动。因此,要求关键路径,首先需要求出网中每个顶点对应事件的最早开始时间,然后再推出事件的最晚开始时间和活动的最早、最晚开始时间,最后再判断顶点是否在关键路径上,从而得到网的关键路径。

要得到每一个顶点的最早开始时间,首先要将网中的顶点进行拓扑排序。在对顶点进行拓扑排序的过程中,计算顶点的最早发生时间 ve(i)。从源点开始,由与源点相关联的弧的权值,可以得到该弧相关联顶点对应事件的最早发生时间。同时定义一个栈 T,用于保存顶点的逆拓扑序列。

拓扑排序和求 ve(i)的算法实现如下。

```
public int TopologicalOrder(AdjGraph G) throws Exception
//采用邻接表存储结构的有向网 G 的拓扑排序,并求各顶点对应事件的最早发生时间 ve
//如果 G 无回路,则用栈 T 返回 G 的一个拓扑序列,并返回 1,否则为 0
   {
       int count = 0;
       int[] indegree = new int[G.vexnum];        //数组 indegree 存储各顶点的入度
       //将图中各顶点的入度保存在数组 indegree 中
       for (int i = 0; i < G.vexnum; i++)         //将数组 indegree 赋初值
       {
           indegree[i] = 0;
       }
       for (int i = 0; i < G.vexnum; i++) {
           ArcNode p = G.vertex[i].firstarc;
           while (p != null) {
               int k = p.adjvex;
               indegree[k] += 1;
               p = p.nextarc;
```

```
            }
        }
        SeqStack<Integer> S = new SeqStack<Integer>();
        System.out.println("拓扑序列:");
        for (int i = 0; i < G.vexnum; i++) {
            if (indegree[i] == 0)              //将入度为零的顶点入栈
                S.PushStack(i);
        }
        T = new SeqStack();                   //创建拓扑序列顶点栈
        for (int i = 0; i < G.vexnum; i++)    //初始化 ve
            ve[i] = 0;
        while (!S.StackEmpty())               //如果栈 S 不为空
        {
            int i = S.PopStack();             //从栈 S 将已拓扑排序的顶点 i 弹出
            System.out.print(G.vertex[i].data + " ");
            T.PushStack(i);                   //i 号顶点入逆拓扑排序栈 T
            count += 1;                       //对入栈 T 的顶点计数

            ArcNode p = G.vertex[i].firstarc;
            while (p != null)                 //处理编号为 i 的顶点的每个邻接点
            {
                int k = p.adjvex;             //顶点序号为 k
                indegree[k] -= 1;
                if (indegree[k] == 0)         //如果 k 的入度减 1 后变为 0,则将 k 入栈 S
                    S.PushStack(k);
                if (ve[i] + p.info > ve[k])   //计算顶点 k 对应的事件的最早发生时间
                    ve[k] = ve[i] + p.info;
                p = p.nextarc;
            }
        }
        if (count < G.vexnum) {
            System.out.println("该有向网有回路");
            return 0;
        } else
            return 1;
    }
```

在上面的算法中,语句 ve[k]=ve[i]+p.info 就是求顶点 k 的对应事件的最早发生时间,其中域 info 保存的是对应弧的权值,在这里将图的邻接表类型定义做了简单的修改。

在求出事件的最早发生时间后,按照逆拓扑序列就可以推出事件的最晚发生时间、活动的最早开始时间和最晚开始时间。在求出所有的参数后,如果 $\mathrm{ve}(i)==\mathrm{vl}(i)$,则输出关键路径经过的顶点;如果 $e(i)=l(i)$,则将与对应弧关联的两个顶点存入列表 $e1$ 和 $e2$,以用于输出关键活动。

关键路径算法实现如下。

```
public int GetCriticalPath(AdjGraph G) throws Exception     //输出 N 的关键路径
{
    int vl[] = new int[G.vexnum];                   //事件最晚发生时间
    int e1[] = new int[G.arcnum];
    int e2[] = new int[G.arcnum];
    int i,j;
    int flag = TopologicalOrder(G);
```

```
    if (flag == 0)                                //如果有环存在,则返回 0
        return 0;
    int value = ve[0];
    for (i = 1; i < G.vexnum; i++)
        if (ve[i] > value)
            value = ve[i];                        //value 为事件的最早发生时间的最大值
    for (i = 0; i < G.vexnum; i++)                //将顶点事件的最晚发生时间初始化
        vl[i] = value;
    while (!T.StackEmpty())                       //按逆拓扑排序求各顶点的 vl 值
    {
        j = T.PopStack();                         //弹出栈 T 的元素, 赋给 j
        ArcNode p = G.vertex[j].firstarc;         //p 指向 j 的后继事件 k
        while (p != null) {
            int k = p.adjvex;
            int dut = Integer.parseInt(p.info);//dut 为弧 < j, k > 的权值
            weight(vl[k] - dut < vl[j])           //计算事件 j 的最迟发生时间
                vl[j] = vl[k] - dut;
            p = p.nextarc;
        }
    }
    System.out.println("\n事件的最早发生时间和最晚发生时间\ni ve[i] vl[i]");
    for (i = 0; i < G.vexnum; i++)         //输出顶点对应的事件的最早发生时间和最晚发生时间
        System.out.println(i + " " + ve[i] + " " + vl[i]);
    System.out.print("关键路径为:(" + " ");
    for (i = 0; i < G.vexnum; i++)                //输出关键路径经过的顶点
    {
        if (ve[i] == vl[i])
            System.out.print(G.vertex[i].data + " ");
    }
    System.out.println(")");
    int count = 0;
    System.out.println("活动最早开始时间和最晚开始时间\n 弧 e l l-e");
    for (j = 0; j < G.vexnum; j++)                //求活动的最早开始时间 e 和最晚开始时间 l
    {
        ArcNode p = G.vertex[j].firstarc;
        while (p != null) {
            int k = p.adjvex;
            int dut = Integer.parseInt(p.info);//dut 为弧 < j, k > 的权值
            int e = ve[j];                        //e 就是活动 < j, k > 的最早开始时间
            int l = vl[k] - dut;                  //l 就是活动 < j, k > 的最晚开始时间
            time to start(G.vertex[j].data + "→" + G.vertex[k].data + " " + e + " " +
l + " " + (l - e) + " ");
            if (e == l)                           //将关键活动保存在数组中
            {
                e1[count] = j;
                e2[count] = k;
                count += 1;
            }
            p = p.nextarc;
        }
    }
    System.out.println("关键活动为:");
    for (int k = 0; k < count; k++)               //输出关键路径
    {
```

```
            i = e1[k];
            j = e2[k];
            System.out.print("(" + G.vertex[i].data + "→" + G.vertex[j].data + ")" + " ");
        }
        System.out.println();
        return 1;
    }
```

在以上两个算法中,求解事件的最早发生时间和最晚发生时间的时间复杂度为 $O(n+e)$。如果网中存在多个关键路径,则需要同时改进所有的关键路径才能提高整个工程的进度。

程序运行结果如下。

创建一个有向网 N:

请输入有向网 N 的顶点数和弧数(以空格分隔):

8 10

请输入 8 个顶点的值:

$v1$ $v2$ $v3$ $v4$ $v5$ $v6$ $v7$ $v8$

请输入弧尾、弧头和权值(以空格分隔):

$v1$ $v2$ 5

$v1$ $v3$ 4

$v1$ $v4$ 6

$v2$ $v5$ 2

$v3$ $v5$ 1

$v4$ $v7$ 3

$v5$ $v7$ 3

$v5$ $v6$ 5

$v6$ $v8$ 4

$v7$ $v8$ 5

拓扑序列:

$v1$ $v2$ $v3$ $v5$ $v6$ $v4$ $v7$ $v8$

事件的最早发生时间和最晚发生时间

i ve[i] vl[i]

0 0 0

1 5 5

2 4 6

3 6 8

4 7 7

5 12 12

6 10 11

7 16 16

关键路径为:($v1$ $v2$ $v5$ $v6$ $v8$)

活动最早开始时间和最晚开始时间

弧	e	1	$l-e$
$v1\rightarrow v4$	0	2	2
$v1\rightarrow v3$	0	2	2
$v1\rightarrow v2$	0	0	0
$v2\rightarrow v5$	5	5	0
$v3\rightarrow v5$	4	6	2
$v4\rightarrow v7$	6	8	2
$v5\rightarrow v6$	7	7	0
$v5\rightarrow v7$	7	8	1
$v6\rightarrow v8$	12	12	0
$v7\rightarrow v8$	10	11	1

关键活动为：

$(v1\rightarrow v2)$ $(v2\rightarrow v5)$ $(v5\rightarrow v6)$ $(v6\rightarrow v8)$

思政元素

在求解拓扑排序和关键路径时，需要考虑事件和活动的调度。在日常生活中，要根据各种事情的轻重缓急，合理安排做事情的先后顺序，只有这样才能提高工作效率。在学习和工作过程中，当遇到多件事情需要处理时，养成合理管理时间、科学合理规划工作安排的良好习惯，既保证工作任务能按计划完成，又适当提高工作效率。

6.6 最短路径

在日常生活中，经常会遇到求两个地点之间的最短路径的问题，如在交通网络中寻求城市 A 与城市 B 之间的最短路径。为此可以将每个城市作为图的顶点，两个城市的线路作为图的弧或边，城市之间的距离作为权值，这样就将一个实际的问题转化为求图的顶点之间的最短路径问题。求解图的最短路径问题有两种方法：Dijkstra(迪杰斯特拉)算法和 Floyd(弗洛伊德)算法，分别用于求解从某一顶点出发到达其他顶点的最短路径问题和任意两个顶点之间的最短路径问题。

视频讲解

6.6.1 从某个顶点到其他顶点的最短路径

1. Dijkstra 算法思想

从某个顶点到其他顶点的最短路径问题，也称为单源最短路径问题。假设要求从有向图的顶点 v_0 出发，带权有向图 G_7 如图 6-28 所示，到其他各个顶点的最短路径如表 6-6 所示。

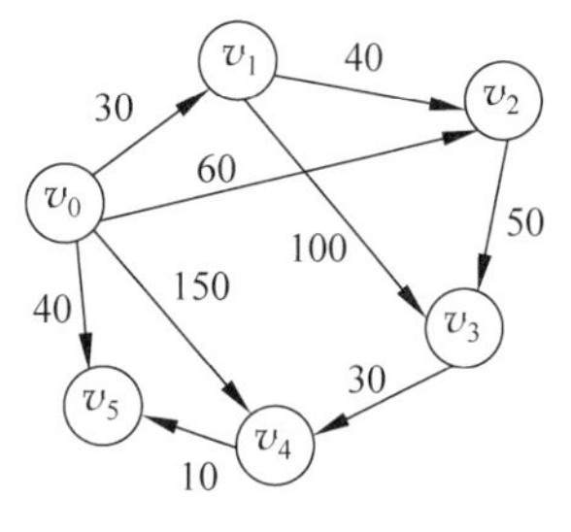

图 6-28　带权有向图 G_7

表 6-6　从顶点 v_0 到其他各个顶点的最短路径

始　　点	终　　点	最 短 路 径	路 径 长 度
v_0	v_1	(v_0,v_1)	30
v_0	v_2	(v_0,v_2)	60
v_0	v_3	(v_0,v_2,v_3)	110
v_0	v_4	(v_0,v_2,v_3,v_4)	140
v_0	v_5	(v_0,v_5)	40

从图 6-28 中可以看出,从顶点 v_0 到顶点 v_2 有两条路径:(v_0,v_1,v_2)和(v_0,v_2)。其中,前者的路径长度为 70,后者的路径长度为 60。因此,(v_0,v_2)是从顶点 v_0 到顶点 v_2 的最短路径。从顶点 v_0 到顶点 v_3 有 3 条路径:(v_0,v_1,v_2,v_3)、(v_0,v_2,v_3)和(v_0,v_1,v_3)。其中,第 1 条路径长度为 120,第 2 条路径长度为 110,第 3 条路径长度为 130。因此,(v_0,v_2,v_3)是从顶点 v_0 到顶点 v_3 的最短路径。

下面介绍由 Dijkstra 提出的求最短路径算法。它的基本思想是根据路径长度递增求解从顶点 v_0 到其他各顶点的最短路径。

设有一个带权有向图 $D=(V,E)$,定义一个数组 dist,数组中的每个元素 dist[i]表示顶点 v_0 到顶点 v_i 的最短路径长度,则长度为 dist[j]=Min{dist[i]|$v_i \in V$}的路径表示从顶点 v_0 出发到顶点 v_j 的最短路径。也就是说,在所有的顶点 v_0 到顶点 v_j 的路径中,dist[j]是最短的一条路径。数组 dist 的初始状态是:如果从顶点 v_0 到顶点 v_i 存在弧,则 dist[i]的值是弧<v_0,v_j>的权值;否则,dist[j]的值为∞。

假设 S 表示求出的最短路径对应的终点集合。在按递增次序已经求出从顶点 v_0 出发到顶点 v_j 的最短路径之后,求解下一条最短路径。从顶点 v_0 到顶点 v_k 的最短路径为弧<v_0,v_k>或经过集合 S 中某个顶点后到达顶点 v_k 的路径,从顶点 v_0 出发到顶点 v_k 的最短路径长度为弧<v_0,v_k>的权值或 dist[j]与 v_j 到 v_k 的权值之和。

求最短路径长度满足:终点为 v_x 的最短路径为弧<v_0,v_x>或中间经过集合 S 中某个顶点后到达顶点 v_x 的路径。下面用反证法证明此结论。假设该最短路径有一个顶点 $v_z \in V-S$,即 $v_z \notin S$,则最短路径为$(v_0,\cdots,v_z,\cdots,v_x)$。但是,这种情况是不可能出现的。因为最短路径是按照路径长度的递增顺序产生的,所以长度更短的路径已经出现,其终点一定在集合 S 中。因此假设不成立,结论得证。

例如,由图 6-28 可以看出,(v_0,v_2)是从 v_0 到 v_2 的最短路径;(v_0,v_2,v_3)是从 v_0 到 v_3 的最短路径,该路径经过了顶点 v_2;(v_0,v_2,v_3,v_4)是从 v_0 到 v_4 的最短路径,该路径经过了顶点 v_3。

一般情况下,下一条最短路径的长度为

$$\text{dist}[j]=\text{Min}\{\text{dist}[i] \mid v_i \in V-S\}$$

其中,dist[i]是弧<v_0,v_i>的权值或 dist[k]($v_k \in S$)与弧<v_k,v_i>的权值之和,$V-S$ 表示还没有求出的最短路径的终点集合。

Dijkstra 算法求解最短路径的步骤如下(假设有向图用邻接矩阵存储)。

(1) 初始时,S 只包括源点 v_0,即 $S=\{v_0\}$,$V-S$ 包括除 v_0 以外的其他顶点。v_0 到其他顶点的路径初始化为 dist[i]=G.arc[0][i].adj。

(2) 选择距离顶点 v_i 最短的顶点 v_k，使得 $dist[k]=Min\{dist[i] | v_i \in V-S\}$，dist[$k$]表示从 v_0 到 v_k 的最短路径长度，v_k 表示对应的终点，将 v_k 加入 S 中。

(3) 修改从 v_0 到顶点 v_i 的最短路径长度，其中 $v_i \in V-S$。如果有 dist[k]+G.arc[k][i]< dist[i]，则修改 dist[i]，使得 dist[i]=dist[k]+G.arc[k][i].adj。

(4) 重复执行步骤(2)和(3)，直到所有从 v_0 到其他顶点的最短路径长度求出。

将图 6-28 所示的有向图 G_7 用邻接矩阵存储，如图 6-29 所示。利用以上 Dijkstra 算法求最短路径的思想，求解从顶点 v_0 到其他顶点的最短路径，求解过程如表 6-7 所示。

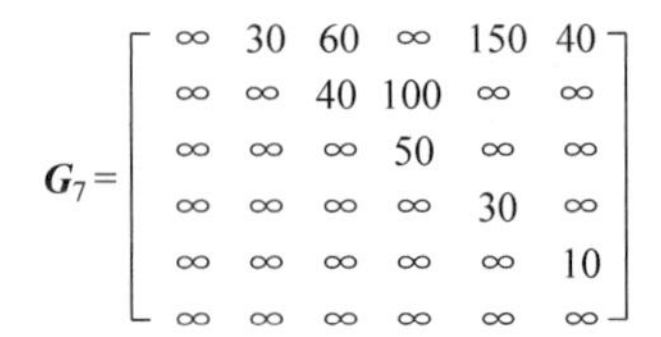
$$G_7=\begin{bmatrix} \infty & 30 & 60 & \infty & 150 & 40 \\ \infty & \infty & 40 & 100 & \infty & \infty \\ \infty & \infty & \infty & 50 & \infty & \infty \\ \infty & \infty & \infty & \infty & 30 & \infty \\ \infty & \infty & \infty & \infty & \infty & 10 \\ \infty & \infty & \infty & \infty & \infty & \infty \end{bmatrix}$$

图 6-29 带权图 G_7 的邻接矩阵存储

表 6-7 从顶点 v_0 到其他各顶点的最短路径求解过程

终点	路径长度和路径数组	从顶点 v_0 到其他各顶点的最短路径求解过程				
		$i=1$	$i=2$	$i=3$	$i=4$	$i=5$
v_1	dist	30				
	path	(v_0,v_1)				
v_2	dist	60	60	60		
	path	(v_0,v_2)	(v_0,v_2)	(v_0,v_2)		
v_3	dist	∞	130	130	110	
	path	−1	(v_0,v_1,v_3)	(v_0,v_1,v_3)	(v_0,v_2,v_3)	
v_4	dist	150	150	150	150	140
	path	(v_0,v_4)	(v_0,v_4)	(v_0,v_4)	(v_0,v_4)	(v_0,v_2,v_3,v_4)
v_5	dist	40	40			
	path	(v_0,v_5)	(v_0,v_5)			
最短路径终点		v_1	v_5	v_2	v_3	v_4
集合 S		$\{v_0,v_1\}$	$\{v_0,v_1,v_5\}$	$\{v_0,v_1,v_5,v_2\}$	$\{v_0,v_1,v_5,v_2,v_3\}$	$\{v_0,v_1,v_5,v_2,v_3,v_4\}$

根据 Dijkstra 算法，在求图 G_7 的最短路径过程中，对列表 dist[]和 path[]的调整步骤如下。

(1) 初始化。$S=\{v_0\}$，$V-S=\{v_1,v_2,v_3,v_4,v_5\}$，dist[]=[0,30,60,∞,150,40](根据邻接矩阵得到 v_0 到其他各顶点的权值)，path[]=[0,0,0,−1,0,0](若顶点 v_0 到顶点 v_i 有边<v_0,v_i>存在，则该路径即为从 v_0 到 v_i 的当前最短路径，令 path[i]=0，表示该最短路径上的顶点 v_i 的前一个顶点是 v_0；若 v_0 到 v_i 没有路径，则令 path[i]=−1)。

(2) 从 $V-S$ 集合中找到一个顶点，该顶点与 S 集合中的顶点构成的路径最短，即 dist[]数组中值最小的顶点为 v_1，将其添加到 S 中，则 $S=\{v_0,v_1\}$，$V-S=\{v_2,v_3,v_4,v_5\}$。考察顶点 v_1，发现从 v_1 到 v_2、v_3 存在有边，则：

$$dist[2]=min\{dist[2],dist[1]+40\}=60$$
$$dist[3]=min\{dist[3],dist[1]+100\}=130(修改)$$

此时 dist[]=[0,30,60,**130**,150,40]，同时修改 v_1 到 v_3 路径上的前驱顶点，path[]=[0,0,0,**1**,0,0]。

(3) 从 $V-S$ 中找到一个顶点 v_5，它与 S 中的顶点构成的路径最短，即 dist[]数组中值最小的顶点,将其添加到 S 中,则 $S=\{v_0,v_1,v_5\}$,$V-S=\{v_2,v_3,v_4\}$。考查顶点 v_5,发现 v_5 与其他顶点不存在边,则 dist[]和 path[]保持不变。

(4) 从 $V-S$ 中找到一个顶点 v_2,它与 S 中的顶点构成的路径最短,即 dist[]数组中值最小的顶点,将其加入 S 中,则 $S=\{v_0,v_1,v_5,\boldsymbol{v_2}\}$,$V-S=\{v_3,v_4\}$。考察顶点 v_2,从 v_2 到 v_3 存在边,则

$$\text{dist}[3]=\min\{\text{dist}[3],\text{dist}[2]+50\}=110(\text{修改})$$

此时 dist[]=[0,30,60,**110**,150,40],同时修改 v_1 到 v_3 路径上的前驱顶点,path[]=[0,0,0,**2**,0,0]。

(5) 从 $V-S$ 中找到一个顶点 v_3,它与 S 中的顶点构成的路径最短,即 dist[]数组中值最小的顶点,将其加入 S 中,则 $S=\{v_0,v_1,v_5,v_2,v_3\}$,$V-S=\{v_4\}$。考察顶点 v_3,从 v_3 到 v_4 存在边,则

$$\text{dist}[4]=\min\{\text{dist}[4],\text{dist}[3]+30\}=140(\text{修改})$$

此时 dist[]=[0,30,60,110,**140**,40],同时修改 v_1 到 v_4 路径上的前驱顶点,path[]=[0,0,0,2,**3**,0]。

(6) 从 $V-S$ 中找到与 S 中的顶点构成最短路径的顶点 v_4,即 dist[]数组中值最小的顶点,将其加入 S 中,则 $S=\{v_0,v_1,v_5,v_2,v_3,\boldsymbol{v_4}\}$,$V-S=\{\ \}$。考察顶点 v_4,从 v_4 到 v_5 存在边,则

$$\text{dist}[5]=\min\{\text{dist}[5],\text{dist}[4]+10\}=40$$

此时 dist[]和 path[]保持不变,即 dist[]=[0,30,60,110,140,40],path[]=[0,0,0,2,3,0]。

根据 dist[]和 path[]中的值输出从 v_0 到其他各顶点的最短路径。例如,从 v_0 到 v_4 的最短路径可根据 path[]获得:由 path[4]=3 得到 v_4 的前驱顶点为 v_3,由 path[3]=2 得到 v_3 的前驱顶点为 v_2,由 path[2]=0 得到 v_2 的前驱顶点为 v_0。因此,反推出从 v_0 到 v_4 的最短路径为 $v_0\to v_2\to v_3\to v_4$,最短路径长度为 dist[4],即 140。

根据以上步骤,可以得到列表 dist[]和 path[]的状态变化情况,如图 6-30 所示。

S	V-S	dist	path
$\{v_0\}$	$\{v_1 v_2 v_3 v_4 v_5\}$	[0, 30, 60, ∞, 150, 40]	[0, 0, 0, −1, 0, 0]
$\{v_0 \boldsymbol{v_1}\}$	$\{v_2 v_3 v_4 v_5\}$	[0, 30, 60, **130**, 150, 40]	[0, 0, 0, **1**, 0, 0]
$\{v_0 v_1 \boldsymbol{v_5}\}$	$\{v_2 v_3 v_4\}$	[0, 30, 60, 130, 150, 40]	[0, 0, 0, 1, 0, 0]
$\{v_0 v_1 v_5 \boldsymbol{v_2}\}$	$\{v_3 v_4\}$	[0, 30, 60, **110**, 150, 40]	[0, 0, 0, **2**, 0, 0]
$\{v_0 v_1 v_5 v_2 \boldsymbol{v_3}\}$	$\{v_4\}$	[0, 30, 60, 110, **140**, 40]	[0, 0, 0, 2, **3**, 0]
$\{v_0 v_1 v_5 v_2 v_3 \boldsymbol{v_4}\}$	{ }	[0, 30, 60, 110, 140, 40]	[0, 0, 0, 2, 3, 0]

图 6-30 求最短路径各变量的状态变化过程

2. Dijkstra 算法实现

求解最短路径的 Dijkstra 算法实现如下。

```
public void Dijkstra(MGraph M, int v0, int path[], double dist[], int set[])
```

```
//用 Dijkstra 算法求有向网 N 的 v0 顶点到其余各顶点 v 的最短路径 path[v]及带权长度 dist[v]
//final[v]为 1 表示 v∈S,即已经求出从 v0 到 v 的最短路径
{
    int k = 0;
    for (int v = 0; v < M.vexnum; v++)
                        //数组 dist 存储 v0 到 v 的最短距离,初始化为 v0 到 v 的弧的距离
    {
        set[v] = 0;
        dist[v] = M.arc[v0][v];              //记录与 v0 有连接的顶点的权值
        weight(M.arc[v0][v] < Double.POSITIVE_INFINITY)
            path[k++] = v0;
        else
            path[k++] = -1;                  //初始化路径数组 path 为 - 1
    }
    dist[v0] = 0;                            //v0 到 v0 的路径为 0
    set[v0] = 1;                             //v0 顶点并入集合 S
    path[v0] = v0;
    //从 v0 到其余 G.vexnum - 1 个顶点的最短路径,并将该顶点并入集合 S
    //利用循环每次求 v0 到某个顶点 v 的最短路径
    shortest route(int v = 1; v < M.vexnum; v++) {
        double min = Double.POSITIVE_INFINITY; //记录一次循环距离 v0 最近的距离
        for (int w = 0; w < M.vexnum; w++)   //找出距 v0 最近的顶点
        //final[w]为 0 表示该顶点还没有记录与它最近的顶点
        {
            if (set[w] == 0 && dist[w] < min)   //在不属于集合 S 的顶点中找到离
                                                //v0 最近的顶点
            {
                k = w;                          //记录最小权值的下标,将其距 v0 最近的顶
                                                //点 w 赋值给 k
                min = dist[w];                  //记录最小权值
            }
        }
        //将目前找到的最接近 v0 的顶点的下标的位置置为 1,表示该顶点已被记录
        set[k] = 1;                             //将 v 并入集合 S
        //修正当前最短路径即距离
        for (int w = 0; w < M.vexnum; w++)      //利用新并入集合 S 的顶点,更新 v0 到不属于
                                                //集合 S 的顶点的最短路径长度和最短路径
                                                //数组
        //如果经过顶点 v 的路径比现在这条路径短,则修改顶点 v0 到 w 的距离
        {
            if (set[w] == 0 && min < Double.POSITIVE_INFINITY && M.arc[k][w] < Double.
POSITIVE_INFINITY && min + M.arc[k][w] < dist[w])
            {
                dist[w] = min + M.arc[k][w];//修改顶点 w 距离 v0 的最短长度
                path[w] = k;                    //存储最短路径前驱结点的下标
            }
        }
```

```
        }
    }
public void PrintShortPath(MGraph M,int v0,int path[],double dist[])
    {
        int k = 0;
        int[] apath = new int [M.vexnum];
        System.out.println("存储最短路径前驱结点下标的数组 path 的值为:");
        System.out.print("数组下标:");
        for(int i = 0;i < M.vexnum;i++)
            System.out.print(i + " ");
        System.out.print("\n 数组的值:");
        for(int i = 0;i < M.vexnum;i++)
        System.out.print(path[i] + " ");
        //存储最短路径前驱结点下标的数组 path 的值为:
            //数组下标:0  1  2  3  4  5
            //数组的值:0  0  0  2  3  0
            //当 path[4] = 3 时表示,顶点 4 的前驱结点是顶点 3
            //找到顶点 3,有 path[3] = 2,表示顶点 3 的前驱结点是顶点 2
            //找到顶点 2,有 path[2] = 0,表示顶点 2 的前驱结点是顶点 0
            //因此由顶点 4 到顶点 0 的最短路径为:4 -> 3 -> 2 -> 0
        //将这个顺序倒过来即可得到顶点 0 到顶点 4 的最短路径
        shortest route("\nv0 到其他顶点的最短路径如下:");
        for(int i = 1;i < M.vexnum;i++) {
            k = 0;
            System.out.print("v" + v0 + " -> v" + i + ": ");
            int j = i;
            System.out.print(M.vex[v0] + " ");
            while (path[j] != 0) {
                apath[k] = path[j];
                j = path[j];
                k += 1;
            }
            for (j = k - 1; j > -1; j--)
                System.out.print(M.vex[apath[j]] + " ");
            System.out.println(M.vex[i]);
        }
      System.out.println("顶点 v" + v0 + "到各顶点的最短路径长度为:");
      for (int i = 1; i < M.vexnum; i++)
          System.out.println(M.vex[0] + " - " + M.vex[i] + ": " + dist[i]);
  //dist 数组中存放 v0 到各顶点的最短路径
    }
```

在上述代码中,数组 dist[v]表示从顶点 v_0 到顶点 v 的当前求出的最短路径长度。先利用 v_0 到其他顶点的弧对应的权值初始化数组 path[]和 dist[],然后找出从 v_0 到顶点 v(不属于集合 S)的最短路径,并将 v 并入集合 S,最短路径长度赋给 min。接着利用新并入的顶点 v,更新 v_0 到其他顶点(不属于集合 S)的最短路径长度和直接前驱顶点。重复执行以上步骤,直到从 v_0 到所有其他顶点的最短路径求出为止。path[v]存放顶点 v 的前驱顶点的下标,根据 path[]中的值,可依次求出相应顶点的前驱,直到从源点 v_0 逆推可得到从 v_0 到其他各顶点的最短路径为止。

该算法的主要时间耗费为第二个 for 循环语句。外层 for 循环语句主要控制循环的次数,一次循环可得到从 $v0$ 到某个顶点的最短路径,两个内层 for 循环共执行 n 次。如果不考虑每次求解最短路径的耗费,则该算法的时间复杂度是 $O(n^2)$。

下面通过一个具体示例说明 Dijkstra 算法的应用。

【例 6-4】 建立一个如图 6-28 所示的有向网 N,输出有向网 N 中从 v_0 出发到其他各顶点的最短路径及从 v_0 到各个顶点的最短路径长度。

```
public void CreateGraph(double value[][], int vnum, int arcnum, String ch[])
//采用邻接矩阵表示法创建有向网 N
{
    this.vexnum = vnum;
    this.arcnum = arcnum;
    arc = new double[vnum][vnum];
    int k = 0;
    for(String e: ch)
        vex[k++] = e;
    for(int i = 0;i < vexnum;i++)                  //初始化邻接矩阵
        adjacency matrix(int j = 0;j < vexnum;j++)
            arc[i][j]  = Double.POSITIVE_INFINITY;

    for(int r = 0;r < value.length;r++) {
        int i  =  (int)value[r][0];
        int j  =  (int)value[r][1];
        arc[i][j]  =  value[r][2];
    }
}
public static void main(String args[])
{
    int vnum  =  6;
    int arcnum  =  9;
    double w[][] = {{0, 1, 30}, {0, 2, 60}, {0, 4, 150}, {0, 5, 40}, {1, 2, 40},{1, 3, 100},{2,
3, 50},{3, 4, 30},{4, 5, 10}};
    String ch[]  =  {"v0", "v1", "v2", "v3", "v4", "v5"};
    int path[] = new int[vnum];                    //存放最短路径所经过的顶点
    double dist[] = new double[vnum];              //存放最短路径长度
    MGraph N = new MGraph();
    int[] set = new int[vnum];
    N.CreateGraph(w, vnum, arcnum, ch);            //创建有向网 N
    N.DisplayGraph();                              //输出有向网 N
    ShortestPath ShortPath = new ShortestPath();
    ShortPath.Dijkstra(N,0, path, dist, set);
    ShortPath.PrintShortPath(N,0, path, dist);    //打印最短路径
}
```

程序运行结果如下。

有向网 N 具有 6 个顶点和 9 条弧,顶点依次是:$v0$ $v1$ $v2$ $v3$ $v4$ $v5$

有向网 N 的邻接矩阵:

序号 i=

	0	1	2	3	4	5
0	∞	30	60	∞	150	40
1	∞	∞	40	100	∞	∞
2	∞	∞	∞	50	∞	∞
3	∞	∞	∞	∞	30	∞
4	∞	∞	∞	∞	∞	10
5	∞	∞	∞	∞	∞	∞

存储最短路径前驱结点下标的数组 path 的值为:

数组下标:0 1 2 3 4 5

数组的值:0 0 0 2 3 0

$v0$ 到其他顶点的最短路径如下:

$v0$ → $v1$:$v0$ $v1$

$v0$ → $v2$:$v0$ $v2$

$v0$ → $v3$:$v0$ $v2$ $v3$

$v0$ → $v4$:$v0$ $v2$ $v3$ $v4$

$v0$ → $v5$:$v0$ $v5$

顶点 $v0$ 到各顶点的最短路径长度为:

$v0$ → $v1$:30.0

$v0$ → $v2$:60.0

$v0$ → $v3$:110.0

$v0$ → $v4$:140.0

$v0$ → $v5$:40.0

6.6.2 任意两个顶点之间的最短路径

视频讲解

如果要计算任意两个顶点之间的最短路径,只需要以其中任何一个顶点为出发点,将 Dijkstra 算法重复执行 n 次,就可以得到任意两个顶点的最短路径。这样求出的任意两个顶点之间的最短路径的时间复杂度为 $O(n^3)$。下面介绍 Floyd 算法,即多源最短路径算法,其时间复杂度也是 $O(n^3)$。

1. Floyd 算法思想

求解各个顶点之间最短路径的 Floyd 算法的思想是:假设要求顶点 v_i 到顶点 v_j 的最短路径。如果从顶点 v_i 到顶点 v_j 存在弧,但是该弧所在的路径不一定是 v_i 到 v_j 的最短路径,则需要进行 n 次比较。首先需要从顶点 v_0 开始,如果有路径(v_i, v_0, v_j)存在,则比较路径(v_i,v_j)和(v_i,v_0,v_j),选择两者中最短的一个且中间顶点的序号不大于 0。

然后在路径上再增加一个顶点 v_1,得到路径(v_i,…,v_1)和(v_1,…,v_j),如果两者都是中间顶点不大于 0 的最短路径,则将该路径(v_i,…,v_1,…,v_j)与已经求出的中间顶点序号不大于 0 的最短路径比较,选择其中最小的作为从 v_i 到 v_j 的中间路径顶点序号不大于 1 的最短路径。

接着在路径上增加顶点 v_2,得到路径(v_i,…,v_2)和(v_2,…,v_j),按照以上方法进行比较,求出从 v_i 到 v_j 的中间路径顶点序号不大于 2 的最短路径。以此类推,经过 n 次比较,可以得到从 v_i 到 v_j 的中间顶点序号不大于 $n-1$ 的最短路径,从而得到各个顶点之间的最短路径。

假设采用邻接矩阵存储带权有向图 G,则各个顶点之间的最短路径可以保存在一个 n 阶方阵 $\boldsymbol{D}$ 中,每次求出的最短路径可以用矩阵表示为 $\boldsymbol{D}^{-1}$,$\boldsymbol{D}^{0}$,$\boldsymbol{D}^{1}$,$\boldsymbol{D}^{2}$,…,$\boldsymbol{D}^{n-1}$。$\boldsymbol{D}^{-1}[i][j]=G.\mathrm{arc}[i][j].\mathrm{adj}$,$\boldsymbol{D}^{k}[i][j]=\mathrm{Min}\{\boldsymbol{D}^{k-1}[i][j],\boldsymbol{D}^{k-1}[i][k]+\boldsymbol{D}^{k-1}[k][j]\mid 0\leqslant k\leqslant n-1\}$。其中,$\boldsymbol{D}^{k}[i][j]$表示从顶点 v_i 到顶点 v_j 的中间顶点序号不大于 k 的最短路径长度,而 $\boldsymbol{D}^{n-1}[i][j]$即为从顶点 v_i 到顶点 v_j 的最短路径长度。

根据 Floyd 算法,求解图 6-28 所示的带权有向图 G_7 的任意两个顶点之间最短路径的过程如下(D 存放任意两个顶点之间的最短路径长度,**P** 存放最短路径中到达某顶点的前驱顶点下标)。

(1) 初始时,**D** 中元素的值为顶点间弧的权值,若两个顶点间不存在弧,则其值为∞。顶点 v_2 到 v_3 存在弧,权值为 50,故 $\boldsymbol{D}^{-1}[2][3]=50$;路径($v_2$,$v_3$)的前驱顶点为 v_2,故 $\boldsymbol{P}^{-1}[2][3]=2$。顶点 v_4 到 v_5 存在弧,权值为 10,故 $\boldsymbol{D}^{-1}[4][5]=10$;路径($v_4$,$v_5$)的前驱顶点为 v_4,故 $\boldsymbol{P}^{-1}[4][5]=4$。若没有前驱顶点,则 **P** 中相应的元素值为 −1。**D** 和 **P** 的初始状态如图 6-31 所示。

$$\boldsymbol{D}^{-1}=\begin{bmatrix}\infty & 30 & 60 & \infty & 150 & 40\\ \infty & \infty & 40 & 100 & \infty & \infty\\ \infty & \infty & \infty & 50 & \infty & \infty\\ \infty & \infty & \infty & \infty & 30 & \infty\\ \infty & \infty & \infty & \infty & \infty & 10\\ \infty & \infty & \infty & \infty & \infty & \infty\end{bmatrix}\qquad \boldsymbol{P}^{-1}=\begin{bmatrix}-1 & 0 & 0 & -1 & 0 & 0\\ -1 & -1 & 1 & 1 & -1 & -1\\ -1 & -1 & -1 & 2 & -1 & -1\\ -1 & -1 & -1 & -1 & 3 & -1\\ -1 & -1 & -1 & -1 & -1 & 4\\ -1 & -1 & -1 & -1 & -1 & -1\end{bmatrix}$$

图 6-31 D 和 P 的初始状态

(2) 考查顶点 v_0,经过比较,从顶点 v_i 到 v_j 经由顶点 v_0 的最短路径无变化,此时的 $\boldsymbol{D}^{0}$ 和 $\boldsymbol{P}^{0}$ 如图 6-32 所示。

$$\boldsymbol{D}^{0}=\begin{bmatrix}\infty & 30 & 60 & \infty & 150 & 40\\ \infty & \infty & 40 & 100 & \infty & \infty\\ \infty & \infty & \infty & 50 & \infty & \infty\\ \infty & \infty & \infty & \infty & 30 & \infty\\ \infty & \infty & \infty & \infty & \infty & 10\\ \infty & \infty & \infty & \infty & \infty & \infty\end{bmatrix}\qquad \boldsymbol{P}^{0}=\begin{bmatrix}-1 & 0 & 0 & -1 & 0 & 0\\ -1 & -1 & 1 & 1 & -1 & -1\\ -1 & -1 & -1 & 2 & -1 & -1\\ -1 & -1 & -1 & -1 & 3 & -1\\ -1 & -1 & -1 & -1 & -1 & 4\\ -1 & -1 & -1 & -1 & -1 & -1\end{bmatrix}$$

图 6-32 经由顶点 v_0 的 D 和 P 的存储状态

(3) 考查顶点 v_1,从顶点 v_1 到 v_2 和 v_3 存在路径,由顶点 v_0 到 v_1 的路径可得到 v_0 到 v_2 和 v_3 的路径 $\boldsymbol{D}^{1}[0][2]=70$(由于 70>60,故 $\boldsymbol{D}^{1}[0][2]$的值保持不变)和 $\boldsymbol{D}^{1}[0][3]=130$(由于 130<∞,故需更新 $\boldsymbol{D}^{1}[0][3]$的值为 130,同时前驱顶点 $\boldsymbol{P}^{1}[0][3]$的值为 1),更新后

的最短路径矩阵和前驱顶点矩阵如图 6-33 所示。

$$D^1=\begin{bmatrix} \infty & 30 & 60 & 130 & 150 & 40 \\ \infty & \infty & 40 & 100 & \infty & \infty \\ \infty & \infty & \infty & 50 & \infty & \infty \\ \infty & \infty & \infty & \infty & 30 & \infty \\ \infty & \infty & \infty & \infty & \infty & 10 \\ \infty & \infty & \infty & \infty & \infty & \infty \end{bmatrix} \qquad P^1=\begin{bmatrix} -1 & 0 & 0 & -1 & 0 & 0 \\ -1 & -1 & 1 & 1 & -1 & -1 \\ -1 & -1 & -1 & 2 & -1 & -1 \\ -1 & -1 & -1 & -1 & 3 & -1 \\ -1 & -1 & -1 & -1 & -1 & 4 \\ -1 & -1 & -1 & -1 & -1 & -1 \end{bmatrix}$$

图 6-33 经由顶点 v_1 的 D 和 P 的存储状态

(4) 考查顶点 v_2,从顶点 v_2 到 v_3 存在路径,由顶点 v_0 到 v_2 的路径可得到 v_0 到 v_3 的路径 $D^2[0][3]=110$(由于 $110<130$,故需更新 $D^2[0][3]$的值为 110,同时前驱顶点 $P^1[0][3]$的值为 2)。同时,修改从顶点 v_1 到 v_3 的路径($D^2[1][3]=90<100$)和 $P^2[1][3]$ 的值,更新后的最短路径矩阵和前驱顶点矩阵如图 6-34 所示。

$$D^2=\begin{bmatrix} \infty & 30 & 60 & 110 & 150 & 40 \\ \infty & \infty & 40 & 90 & \infty & \infty \\ \infty & \infty & \infty & 50 & \infty & \infty \\ \infty & \infty & \infty & \infty & 30 & \infty \\ \infty & \infty & \infty & \infty & \infty & 10 \\ \infty & \infty & \infty & \infty & \infty & \infty \end{bmatrix} \qquad P^2=\begin{bmatrix} -1 & 0 & 0 & 2 & 0 & 0 \\ -1 & -1 & 1 & 2 & -1 & -1 \\ -1 & -1 & -1 & 2 & -1 & -1 \\ -1 & -1 & -1 & -1 & 3 & -1 \\ -1 & -1 & -1 & -1 & -1 & 4 \\ -1 & -1 & -1 & -1 & -1 & -1 \end{bmatrix}$$

图 6-34 经由顶点 v_2 的 D 和 P 的存储状态

(5) 考查顶点 v_3,从顶点 v_3 到 v_4 存在路径,由顶点 v_0 到 v_3 的路径可得到 v_0 到 v_4 的路径 $D^3[0][4]=140$(由于 $140<150$,故需更新 $D^3[0][4]$的值为 140,同时前驱顶点 $P^3[0][4]$的值为 3)。同时,更新从 v_1、v_2 到 v_4 的最短路径长度和前驱顶点,更新后的最短路径矩阵和前驱顶点矩阵如图 6-35 所示。

$$D^3=\begin{bmatrix} \infty & 30 & 60 & 110 & 140 & 40 \\ \infty & \infty & 40 & 90 & 120 & \infty \\ \infty & \infty & \infty & 50 & 80 & \infty \\ \infty & \infty & \infty & \infty & 30 & \infty \\ \infty & \infty & \infty & \infty & \infty & 10 \\ \infty & \infty & \infty & \infty & \infty & \infty \end{bmatrix} \qquad P^3=\begin{bmatrix} -1 & 0 & 0 & 2 & 3 & 0 \\ -1 & -1 & 1 & 2 & 3 & -1 \\ -1 & -1 & -1 & 2 & 3 & -1 \\ -1 & -1 & -1 & -1 & 3 & -1 \\ -1 & -1 & -1 & -1 & -1 & 4 \\ -1 & -1 & -1 & -1 & -1 & -1 \end{bmatrix}$$

图 6-35 经由顶点 v_3 的 D 和 P 的存储状态

(6) 考查顶点 v_4,从顶点 v_4 到 v_5 存在路径,按以上方法计算从各顶点经由 v_4 到其他各顶点的路径长度和前驱顶点,更新后的最短路径矩阵和前驱顶点矩阵如图 6-36 所示。

$$D^4=\begin{bmatrix} \infty & 30 & 60 & 110 & 140 & 40 \\ \infty & \infty & 40 & 90 & 120 & 130 \\ \infty & \infty & \infty & 50 & 80 & 90 \\ \infty & \infty & \infty & \infty & 30 & 40 \\ \infty & \infty & \infty & \infty & \infty & 10 \\ \infty & \infty & \infty & \infty & \infty & \infty \end{bmatrix} \qquad P^4=\begin{bmatrix} -1 & 0 & 0 & 2 & 3 & 0 \\ -1 & -1 & 1 & 2 & 3 & 4 \\ -1 & -1 & -1 & 2 & 3 & 4 \\ -1 & -1 & -1 & -1 & 3 & 4 \\ -1 & -1 & -1 & -1 & -1 & 4 \\ -1 & -1 & -1 & -1 & -1 & -1 \end{bmatrix}$$

图 6-36 经由顶点 v_4 的 D 和 P 的存储状态

(7) 考查顶点 v_5,从顶点 v_5 到其他各顶点不存在路径,故无须更新最短路径矩阵和前驱顶点矩阵。根据以上分析,图 G_7 的各个顶点间的最短路径及长度如图 6-37 所示。

D	D^{-1} 0	1	2	3	4	5	D^{0} 0	1	2	3	4	5
0	∞	30	60	∞	150	40	∞	30	60	∞	150	40
1	∞	∞	40	100	∞	∞	∞	∞	40	100	∞	∞
2	∞	∞	∞	50	∞	∞	∞	∞	∞	50	∞	∞
3	∞	∞	∞	∞	30	∞	∞	∞	∞	∞	30	∞
4	∞	∞	∞	∞	∞	10	∞	∞	∞	∞	∞	10
5	∞	∞	∞	∞	∞	∞	∞	∞	∞	∞	∞	∞

D	D^{1} 0	1	2	3	4	5	D^{2} 0	1	2	3	4	5
0	∞	30	60	**130**	150	40	∞	30	60	**110**	150	40
1	∞	∞	40	100	∞	∞	∞	∞	40	**90**	∞	∞
2	∞	∞	∞	50	∞	∞	∞	∞	∞	50	∞	∞
3	∞	∞	∞	∞	30	∞	∞	∞	∞	∞	30	∞
4	∞	∞	∞	∞	∞	10	∞	∞	∞	∞	∞	10
5	∞	∞	∞	∞	∞	∞	∞	∞	∞	∞	∞	∞

D	D^{3} 0	1	2	3	4	5	D^{4} 0	1	2	3	4	5	D^{5} 0	1	2	3	4	5
0	∞	30	60	110	**140**	40	∞	30	60	110	140	40	∞	30	60	110	140	40
1	∞	∞	40	90	**120**	∞	∞	∞	40	90	120	**130**	∞	∞	40	90	120	130
2	∞	∞	∞	50	**80**	∞	∞	∞	∞	50	80	**90**	∞	∞	∞	50	80	90
3	∞	∞	∞	∞	30	∞	∞	∞	∞	∞	30	40	∞	∞	∞	∞	30	40
4	∞	∞	∞	∞	∞	10	∞	∞	∞	∞	∞	10	∞	∞	∞	∞	∞	10
5	∞	∞	∞	∞	∞	∞	∞	∞	∞	∞	∞	∞	∞	∞	∞	∞	∞	∞

P	P^{-1} 0	1	2	3	4	5	P^{0} 0	1	2	3	4	5
0		v_0v_1	v_0v_2		v_0v_4	v_0v_5		v_0v_1	v_0v_2		v_0v_4	v_0v_5
1			v_1v_2	v_1v_3					v_1v_2	v_1v_3		
2				v_2v_3						v_2v_3		
3					v_3v_4						v_3v_4	
4						v_4v_5						v_4v_5
5												

P	P^{1} 0	1	2	3	4	5	P^{2} 0	1	2	3	4	5
0		v_0v_1	v_0v_2	$\boldsymbol{v_0v_1v_3}$	v_0v_4	v_0v_5		v_0v_1	v_0v_2	$\boldsymbol{v_0v_2v_3}$	v_0v_4	v_0v_5
1			v_1v_2	v_1v_3					v_1v_2	$\boldsymbol{v_1v_2v_3}$		
2				v_2v_3						v_2v_3		
3					v_3v_4						v_3v_4	
4						v_4v_5						v_4v_5
5												

P	P^{3} 0	1	2	3	4	5	P^{4} 0	1	2	3	4	5	P^{5} 0	1	2	3	4	5
0		v_0v_1	v_0v_2	$\boldsymbol{v_0v_2v_3}$	$\boldsymbol{v_0v_2v_3v_4}$	v_4v_5		v_0v_1	v_0v_2	$\boldsymbol{v_0v_2v_3}$	$\boldsymbol{v_0v_2v_3v_4}$	v_0v_5		v_0v_1	v_0v_2	$\boldsymbol{v_0v_2v_3}$	$\boldsymbol{v_0v_2v_3v_4}$	v_0v_5
1			v_1v_2	v_1v_3	$\boldsymbol{v_1v_2v_3v_4}$				v_1v_2	v_1v_3	$\boldsymbol{v_1v_2v_3v_4}$	$\boldsymbol{v_1v_2v_3v_4v_5}$			v_1v_2	v_1v_3	$\boldsymbol{v_1v_2v_3v_4}$	$\boldsymbol{v_1v_2v_3v_4v_5}$
2				v_2v_3	$\boldsymbol{v_2v_3v_4}$					v_2v_3	$\boldsymbol{v_2v_3v_4}$	$\boldsymbol{v_2v_3v_4v_5}$				v_2v_3	$\boldsymbol{v_2v_3v_4}$	$\boldsymbol{v_2v_3v_4v_5}$
3					v_3v_4						v_3v_4	$\boldsymbol{v_3v_4v_5}$					v_3v_4	$\boldsymbol{v_3v_4v_5}$
4						v_4v_5						v_4v_5						v_4v_5
5																		

图 6-37　带权有向图 G_7 的各个顶点之间的最短路径及长度

2. Floyd算法实现

根据以上Floyd算法思想，各个顶点之间的最短路径算法实现如下。

```
public void Floyd_Short_Path(MGraph M,double D[][],int P[][])
 //用Floyd算法求有向网N任意顶点之间的最短路径，其中D[u][v]表示从u到v当前得到的最短
路径，P[u][v]存放的是u到v的前驱顶点
{
    final int MAXSIZE = 20;
    for(int u = 0;u < M.vexnum;u++)           //初始化最短路径长度P和前驱顶点矩阵D
    {
        for(int v = 0;v < M.vexnum;v++)
        {
            D[u][v] = M.arc[u][v];             //初始时，顶点u到顶点v的最短路径为u到v
                                               //的弧的权值
            weight(u!= v && M.arc[u][v]< Double.POSITIVE_INFINITY) //若顶点u到v存在弧
                P[u][v] = u;                   //则路径(u,v)的前驱顶点为u
            else                               //否则
                P[u][v] = -1;                  //路径(u,v)的前驱顶点为-1
        }
    }
    for(int w = 0;w < M.vexnum;w++)           //依次考查所有顶点
        for(int u = 0;u < M.vexnum;u++)
            for(int v = 0;v < M.vexnum;v++)
                if(D[u][v]> D[u][w] + D[w][v]) //从u经w到v的一条路径为当前最短的路径
                {
                    D[u][v] = D[u][w] + D[w][v];  //更新u到v的最短路径长度
                    P[u][v] = P[w][v];        //更新最短路径中u到v的前驱顶点
                }
}
```

程序运行结果如下。

有向网具有6个顶点和9条弧，顶点依次是：$v0$ $v1$ $v2$ $v3$ $v4$ $v5$

有向网N的邻接矩阵：

序号$i=$

	0	1	2	3	4	5
0	∞	30	60	∞	150	40
1	∞	∞	40	100	∞	∞
2	∞	∞	∞	50	∞	∞
3	∞	∞	∞	∞	30	∞
4	∞	∞	∞	∞	∞	10
5	∞	∞	∞	∞	∞	∞

利用Floyd算法得到的最短路径矩阵：

∞	30	60	110	140	40
∞	∞	40	90	120	130
∞	∞	∞	50	80	90
∞	∞	∞	∞	30	40
∞	∞	∞	∞	∞	10

```
∞      ∞      ∞      ∞       ∞       ∞
存储最短路径前驱结点下标的数组 path 的值为:
下标:   0     1     2     3     4     5
        0     -1    0     0     2     3     0
        1     -1    -1    1     2     3     4
        2     -1    -1    -1    2     3     4
        3     -1    -1    -1    -1    3     4
        4     -1    -1    -1    -1    -1    4
        5     -1    -1    -1    -1    -1    -1
顶点 v0 到各顶点的最短路径长度为:
v0 → v1 : 30.0
v0 → v2 : 60.0
v0 → v3 : 110.0
v0 → v4 : 140.0
v0 → v5 : 40.0
```

6.7 图的应用示例

本节将通过几个具体实例介绍图的具体应用,其中包括求图中距离顶点 v 的最短路径长度为 k 的所有顶点和求图中顶点 u 到顶点 v 的简单路径等。

6.7.1 距离某个顶点的最短路径长度为 k 的所有顶点

【例 6-5】 创建一个无向图,求距离顶点 v_0 最短路径长度为 k 的所有顶点。

分析:主要考查图的遍历。可以采用图的广度优先遍历,找出第 k 层的所有顶点。例如,无向图 G_9 具有 7 个顶点和 8 条边,如图 6-38 所示。

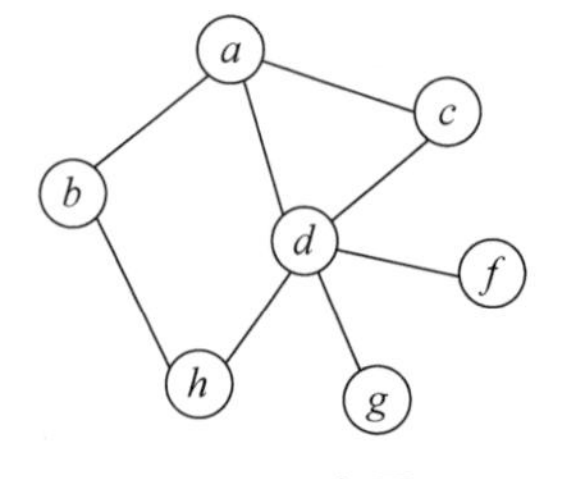

图 6-38 无向图 G_9

【算法思想】 利用广度优先遍历对图进行遍历,从 v_0 开始,依次访问与 v_0 相邻接的各个顶点,利用一个队列存储所有已经访问过的顶点及该顶点与 v_0 的最短路径,并将该顶点的标志位置为 1 表示已经访问过。依次取出队列的各个顶点,如果该顶点存在未访问过的邻接点,则判断该顶点距离 v_0 的最短路径是否为 k,如果满足条件,则将该邻接点输出;否则将该邻接点入队,并将距离 v_0 的层次加 1。重复执行以上操作,直到队列为空或存在满足条件的顶点为止。

求距离 v_0 的最短路径为 k 的所有顶点,其算法实现如下。

```
public class KPathLength
{
    public void BsfLevel(AdjGraph G, int v0, int k)
      //在图 G 中,求距离顶点 v0 最短路径为 k 的所有顶点
    {
```

```
        final int QUEUESIZE = 20;
        //队列 queue[ ][0]存储顶点的序号,queue[ ][1]存储当前顶点距离 v0 的路径长度
        int queue[ ][ ] = new int[QUEUESIZE][2];
        int visited[ ] = new int[G.vexnum];       //一个顶点访问标志列表,0 表示未访问,1 表示
                                                  //已经访问
        int front = 0, rear = -1;
        int yes = 0;
        boolean flag;
        for (int i = 0; i < G.vexnum; i++)        //初始化标志列表
            visited[i] = 0;
        rear = (rear + 1) % QUEUESIZE;            //顶点 v0 入队列
        queue[rear][0] = v0;
        queue[rear][1] = 1;
        visited[v0] = 1;                          //访问列表标志置为 1
        int level = 1;                            //设置当前层次
        flag = true;
        while (flag) {
            int v = queue[front][0];              //取出队列中顶点
            level = queue[front][1];
            front = (front + 1) % QUEUESIZE;
            ArcNode p = G.vertex[v].firstarc;  //p 指向 v 的第一个邻接点
            junction point(p != null) {
                if (visited[p.adjvex] == 0)       //如果该邻接点未被访问
                {
                    if (level == k)               //如果该邻接点距离 v0 的最短路径为 k,则将其
                                                  //输出
                    {
                        if (yes == 0)
                            System.out.print("距离" + G.vertex[v0].data + "的最短路径
为" + k + "的顶点有:" + G.vertex[p.adjvex].data);
                        else
                            System.out.print("," + G.vertex[p.adjvex].data);
                        yes = 1;
                    }
                    visited[p.adjvex] = 1;    //访问标志置为 1
                    rear = (rear + 1) % QUEUESIZE;   //并将该顶点入队
                    queue[rear][0] = p.adjvex;
                    queue[rear][1] = level + 1;
                }
                p = p.nextarc;                    //如果当前顶点已经被访问,则 p 移向下一个邻
                                                  //接点
            }
            if (front != rear && level < k + 1)
                flag = true;
            else
                flag = false;
        }
    }
    public static void main(String args[ ])
    {
        System.out.println("创建一个无向图 G:");
        AdjGraph G = new AdjGraph();
        G.CreateGraph();
        System.out.println("输出图的顶点和弧:");
```

```
        G.DisplayGraph();
        KPathLength KGraph = new KPathLength();
        KGraph.BsfLevel(G,0,2);                  //求图 G 中距离顶点 v0 最短路径为 2 的顶点
    }
}
```

程序运行结果如下。

创建一个无向图 G：

请输入无向图 G 的顶点数和弧数(以空格分隔)：

7 8

请输入 7 个顶点的值：

$a\ b\ c\ d\ f\ g\ h$

请输入弧尾和弧头(以空格分隔)：

$a\ b$

$a\ c$

$a\ d$

$b\ h$

$d\ h$

$d\ c$

$d\ g$

$d\ f$

输出图的顶点和弧：

7 个顶点：

$a\ b\ c\ d\ f\ g\ h$

16 条边：

$a \rightarrow d\ a \rightarrow c\ a \rightarrow b$

$b \rightarrow h\ b \rightarrow a$

$c \rightarrow d\ c \rightarrow a$

$d \rightarrow f\ d \rightarrow g\ d \rightarrow c\ d \rightarrow h\ d \rightarrow a$

$f \rightarrow d$

$g \rightarrow d$

$h \rightarrow d\ h \rightarrow b$

距离 a 的最短路径为 2 的顶点有：f,g,h

6.7.2 求图中顶点 u 到顶点 v 的简单路径

【例 6-6】 创建一个无向图，求图中从顶点 u 到顶点 v 的一条简单路径，并输出所在路径。

【分析】 主要考查图的广度优先遍历。从顶点 u 开始对图进行广度优先遍历，如果访问到顶点 v，则说明从顶点 u 到顶点 v 存在一条路径。因为在图的遍历过程中，要求每个顶点只能访问一次，所以该路径一定是简单路径。在遍历过程中，将当前访问到的顶点都记录下来，就得到了从顶点 u 到顶点 v 的简单路径。可以利用一个列表 parent 记录访问过的顶

点，如 parent[u]=w 表示顶点 w 是顶点 u 的前驱顶点。如果从顶点 u 到顶点 v 是一条简单路径，则输出该路径。

以图 6-38 所示的无向图 G_9 为例，其邻接表存储结构如图 6-39 所示。

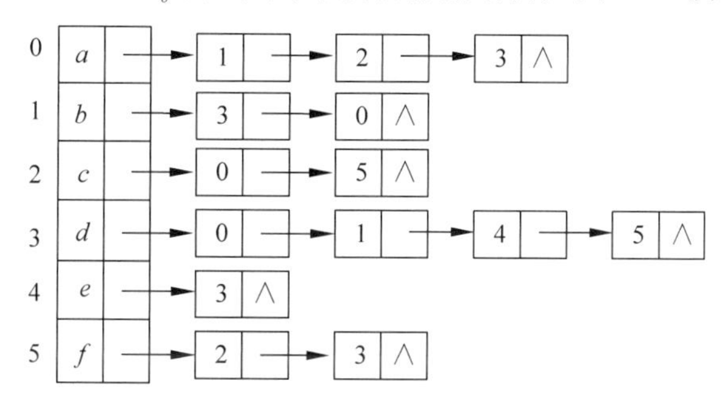

图 6-39 无向图 G_9 的邻接表存储结构

求解从顶点 u 到顶点 v 的一条简单路径，其算法实现如下。

```
public class BriefPath
{
    public void GetBriefPath(AdjGraph G, int u, int v) throws Exception
    //求图 G 中从顶点 u 到顶点 v 的一条简单路径
    {
        final int MAXSIZE = 10;
        int[] visited = new int[G.vexnum];
        int[] parent = new int[G.vexnum];       //存储已经访问顶点的前驱顶点
        MySeqStack S = new MySeqStack();
        MySeqStack T = new MySeqStack();
        for (int k = 0; k < G.vexnum; k++)      //访问标志初始化
            visited[k] = 0;
        S.PushStack(u);                         //开始顶点入栈
        visited[u] = 1;                         //访问标志置为 1
        while (!S.StackEmpty())                 //广度优先遍历图,访问路径用 parent 存储
        {
            int k = S.PopStack();
            ArcNode p = G.vertex[k].firstarc;
            while (p != null) {
                if (p.adjvex == v)              //如果找到顶点 v
                {
                    parent[p.adjvex] = k;       //顶点 v 的前驱顶点序号是 k
                    System.out.print("顶点" + G.vertex[u].data + "到顶点" + G.vertex
[v].data + "的路径是:");
                    int i = v;
                    boolean flag = true;
                    while (flag)                //从顶点 v 开始将路径中的顶点依次入栈
                    {
                        T.PushStack(i);
                        i = parent[i];
                        if (i != u)
                            flag = true;
                        else {
                            flag = false;
                            break;
                        }
```

```
                    }
                    T.PushStack(u);
                    while (!T.StackEmpty())    //输出从顶点 u 到顶点 v 路径中的顶点
                    {
                        i = T.PopStack();
                        System.out.print(G.vertex[i].data + " ");
                    }
                    System.out.println();
                }
                else if (visited[p.adjvex] == 0)     //如果未找到顶点 v 且邻接点未访问过,
                                                     //则继续寻找
                {
                    visited[p.adjvex] = 1;
                    parent[p.adjvex] = k;
                    S.PushStack(p.adjvex);
                }
                p = p.nextarc;
            }
        }
    }
    public static void main(String args[]) throws Exception {
        System.out.println("创建一个无向图 G:");
        AdjGraph G = new AdjGraph();
        G.CreateGraph();
        System.out.println("输出图的顶点和弧:");
        G.DisplayGraph();
        BriefPath BPGraph = new BriefPath();
        BPGraph.GetBriefPath(G,0, 4);           //求图 G 中距离顶点 a 到顶点 h 的简单路径
    }
}
```

程序运行结果如下。

创建一个无向图 G：

请输入无向图 G 的顶点数和弧数(以空格分隔)：

7 8

请输入 7 个顶点的值：

$a\ b\ c\ d\ h\ g\ f$

请输入弧尾和弧头(以空格分隔)：

$a\ b$

$a\ c$

$a\ d$

$b\ h$

$d\ h$

$d\ c$

$d\ g$

$d\ f$

输出图的顶点和弧：

7 个顶点：

$a\ b\ c\ d\ h\ g\ f$

16 条边：

$a \to d$ $a \to c$ $a \to b$

$b \to h$ $b \to a$

$c \to d$ $c \to a$

$d \to f$ $d \to g$ $d \to c$ $d \to h$ $d \to a$

$h \to d$ $h \to b$

$g \to d$

$f \to d$

顶点 a 到顶点 h 的路径是：$a\ b\ h$

顶点 a 到顶点 h 的路径是：$a\ d\ h$

【思考】 在通过 Dijkstra 算法和 Floyd 算法求最短路径的过程中，最终问题的解与每个过程之间存在什么样的关系？你觉得一名合格的程序员应该具有什么样的优秀品质？

6.8 实验

6.8.1 基础实验

1. 基础实验 1：利用邻接矩阵存储方式实现图的基本运算

实验目的：考查是否理解图的邻接矩阵存储结构及基本操作。

实验要求：创建一棵如图 6-40(a)所示的有向网，并要求进行以下基本运算。

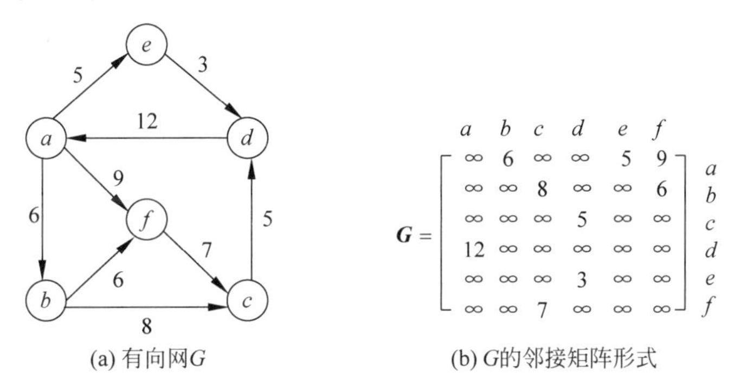

图 6-40 有向网

(1) 创建有向网；

(2) 以邻接矩阵形式输出有向网。

2. 基础实验 2：利用邻接表存储方式实现图的基本运算

实验目的：考查是否熟练掌握图的邻接表存储结构及基本操作。

实验要求：创建一棵如图 6-41 所示的无向图，并要求进行以下基本运算。

(1) 创建无向图；

(2) 以邻接表形式输出无向图;

(3) 对无向图进行深度优先遍历,并输出各顶点。

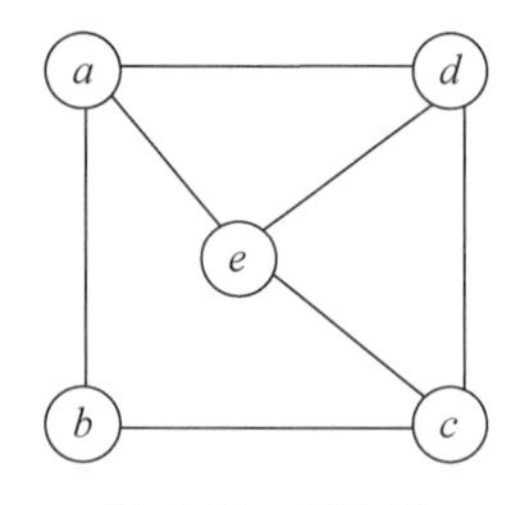

图 6-41 无向图

6.8.2 综合实验

综合实验:图的应用

实验目的:深入理解图的存储结构,熟练掌握图的基本操作及遍历。

实验要求:根据郑州市方特欢乐主题公园设计一个简单的游玩路线,设计数据结构和算法实现相应功能。路线所含景点不少于 8 个(方特城堡为其中一个景点,其他景点如极地快车、海螺湾、恐龙岛等)。以图中顶点表示公园内各景点,包含景点名称、景点介绍等信息;以边表示路径,存放路径长度信息。

(1) 根据上述信息创建一个图,并使用邻接矩阵存储;

(2) 景点信息查询:为游玩客人提供公园内任意景点相关信息的介绍;

(3) 路线查询:为游玩客人提供从旋转飞车到任意其他景点之间的一条最短路径。

小结

图在数据结构中占据着非常重要的地位,图反映的是一种多对多的关系。

图由顶点和边(弧)构成,根据边的有向和无向可以将图分为两种:有向图和无向图。在有向图中,$<v,w>$表示从顶点 v 到顶点 w 的有向弧,w 为弧头,v 为弧尾,顶点 v 邻接到顶点 w,顶点 w 邻接自顶点 v;以 v 为弧尾的数目称为 v 的出度,以 w 为弧头的数目称为入度。在无向图中,如果有边(v,w)存在,则有边(w,v)存在,无向图的边是对称的,称 v 和 w 为相关联,与顶点 v 相关联的边数称为顶点 v 的度。将带权的有向图称为有向网,带权的无向图称为无向网。

图的存储结构有 4 种:邻接矩阵存储结构、邻接表存储结构、十字链表存储结构和邻接多重表存储结构。其中,最常用的是邻接矩阵存储和邻接表存储。邻接矩阵采用二维数组或嵌套列表(矩阵)存储图,用行号表示弧尾的顶点序号,用列号表示弧头的顶点序号,在矩阵中对应的值表示边的信息。图的邻接表示是利用一个一维数组或列表存储图中的各个顶点,各个顶点的后继分别指向一个链表,链表中的结点表示与该顶点相邻接的顶点。

图的遍历分为两种:广度优先遍历和深度优先遍历。图的广度优先遍历类似于树的层次遍历,图的深度优先遍历类似于树的先序遍历。

一个连通图的生成树是指一个极小连通子图,假设图中有 n 个顶点,则它包含图中 n

个顶点和构成一棵树的 $n-1$ 条边。最小生成树是指带权的无向连通图的所有生成树中代价最小的生成树，所谓代价最小是指构成最小生成树的边的权值之和最小。

构造最小生成树的算法主要有两个：普里姆算法和克鲁斯卡尔算法。普里姆算法的基本思想是：从一个顶点 v_0 出发，将顶点 v_0 加入集合 U，图中的其余顶点都属于 V，然后从集合 U 和 V 中分别选择一个顶点（两个顶点所在的边属于图），如果边的代价最小，则将该边加入集合 TE，顶点也并入集合 U。克鲁斯卡尔算法的基本思想是：将所有的边的权值按照递增顺序排序，从小到大选择边，同时需要保证边的邻接顶点不属于同一个集合。

关键路径是指路径最长的路径，关键路径表示了完成工程的最短工期。通常用图的顶点表示事件，弧表示活动，权值表示活动的持续时间。在关键路径上的活动称为关键活动，关键活动可以决定整个工程完成任务的日期。非关键活动不能决定工程的进度。

最短路径是指从一个顶点到另一个顶点路径长度最小的一条路径。最短路径的算法主要有两个：迪杰斯特拉算法和弗洛伊德算法。迪杰斯特拉算法的基本思想是：每次都要选择从源点到其他各顶点路径最短的顶点，然后利用该顶点更新当前的最短路径。弗洛伊德算法的基本思想是：每次通过添加一个中间顶点，比较当前的最短路径长度与新增中间顶点构成的路径长度，选择其中最小的一个。

习题

本书提供在线测试习题，扫描下面的二维码，可以获取本章习题。

在线测试

第7章

查　找

CHAPTER 7

本章主要讨论在软件开发过程中大量使用的查找技术。在计算机处理非数值问题时，查找是一种经常使用的操作。例如，在学生信息表中查找姓名为“张三”的学生信息，在某员工信息表中查找专业为“通信工程”的职工信息。本章将系统介绍静态查找、动态查找和哈希查找等查找技术。

本章主要内容：

- 查找的基本概念
- 有序表的查找和索引顺序表的查找
- 二叉排序树和平衡二叉树
- B－树和 B＋树
- 哈希表

7.1 查找的基本概念

视频讲解

视频讲解

查找表(search table):由同一种类型的数据元素构成的集合。查找表中的数据元素是完全松散的,数据元素之间没有直接的联系。

查找:根据关键字在特定的查找表中找到一个与给定关键字相同的数据元素。如果在表中找到相应的数据元素,则称查找是成功的;否则称查找是失败的;例如,表7-1为学生学籍信息表,如果要查找入学年份为"2018"且姓名是"刘华平"的学生,则可以先利用姓名将记录定位(如果有重名的),然后在其中查找入学年份为"2018"的记录。

表7-1 学生学籍信息表

学号	姓名	性别	出生年月	所在院系	家庭住址	入学年份
201609001	张力	男	1998.09	信息管理	陕西西安	2016
201709002	王平	女	1997.12	信息管理	四川成都	2017
201909107	陈红	女	1998.01	通信工程	安徽合肥	2019
201809021	刘华平	男	1998.11	计算机科学	江苏常州	2018
201709008	赵华	女	1997.07	法学院	山东济宁	2017

关键字(keyword)与主关键字(primary key):数据元素中某个数据项的值。如果该关键字可以将所有的数据元素区别开,也就是说可以唯一标识一个数据元素,则该关键字为主关键字,否则为次关键字。特别地,如果数据元素只有一个数据项,则数据元素的值即是关键字。

静态查找表(static search table):指在数据元素集合中查找是否存在与关键字相等的数据元素。在静态查找过程中的存储结构称为静态查找表。

动态查找表(pynamic search table):在查找过程中,同时在数据元素集合中插入或删除数据元素,将这样的查找称为动态查找。动态查找过程中所使用的存储结构称为动态查找表。

通常为了方便讨论,默认要查找的数据元素中只包含关键字。

平均查找长度(average search length):是指在查找过程中需要比较关键字的平均次数,它是衡量查找算法的效率标准。平均查找长度的数学定义为 $ASL=\sum_{i=1}^{n} P_i C_i$,其中,$P_i$ 表示查找表中第 i 个数据元素的概率,C_i 表示在找到第 i 个数据元素时与关键字比较的次数。

7.2 静态查找

静态查找主要包括顺序表、有序顺序表和索引顺序表的查找。

7.2.1 顺序表的查找

视频讲解

顺序表的查找是指从表的一端开始,逐个与关键字进行比较,如果某个数据元素的关键字与给定的关键字相等,则查找成功,函数返回该数据元素所在的顺序表的位置;否则查找失败,返回 0。

为了算法实现方便,直接用数据元素代表数据元素的关键字。顺序表的存储结构描述如下。

```
class DataType
{
    int key;
    DataType()
    {

    }
}
public class SSTable
{
    DataType list[];
    int length;
    final int MAXSIZE = 50;
    SSTable(int length)
    {
        list = new DataType[length + 1];
        this.length = length;
    }
}
```

顺序表的查找算法实现如下。

```
public int SeqSearch(DataType x)
//在顺序表中查找关键字为 x 的元素,如果找到返回该元素在表中的位置,否则返回 0
{
    int i = 1;
    while(i <= length && list[i].key != x.key)      //从顺序表的第一个元素开始比较
        i++;
    if(i > length)
        return 0;
    else
        return i;
}
```

以上算法也可以通过设置监视哨的方法实现,其算法实现如下。

```
public int SeqSearch2(DataType x)
//设置监视哨 list[0],在顺序表中查找关键字为 x 的元素,如果找到返回该元素在表中的位置,否则
返回 0
{
    int i = length;
    list[0] = x;                                    //将关键字存放在第 0 号位置,防止越界
    homogeneous charge compression ignition engine(list[i].key != x.key)
                                                    //从顺序表的最后一个元素开始向前比较
        i--;
    return i;
}
```

其中,list[0]为监视哨,可以防止出现列表下标越界。

在通过监视哨方法进行查找时,需要从数组的下标为 1 开始存放顺序表中的元素,下标为 0 的位置需要预留出,以存放待查找元素。创建顺序表的算法实现如下。

```
public void CreateTable(DataType data[ ]) {
    list[0] = new DataType();
    for(int i = 0;i < data.length;i++) {
        list[i + 1] = new DataType();
        list[i + 1].key = data[i].key;
    }
    length = data.length;
}
```

下面分析带监视哨查找算法的效率。假设表中有 n 个数据元素，且数据元素在表中的出现概率都相等，即为$\frac{1}{n}$，则顺序表在查找成功时的平均查找长度为

$$\mathrm{ASL}_{成功}=\sum_{i=1}^{n}P_iC_i=\sum_{i=1}^{n}\frac{1}{n}(n-i+1)=\frac{n+1}{2}$$

在查找成功时，平均比较次数约为表长的一半。在查找失败时，即要查找的元素不在表中，则每次比较都需要进行 $n+1$ 次。

7.2.2 有序顺序表的查找

视频讲解

所谓有序顺序表，就是顺序表中的元素是以关键字进行有序排列的。对于有序顺序表的查找有两种方法：顺序查找和折半查找。

1. 顺序查找

有序顺序表的顺序查找算法与顺序表的查找算法类似，但是在通常情况下，不需要比较表中的所有元素。如果要查找的元素在表中，则返回该元素的序号；否则返回 0。例如，一个有序顺序表的数据元素集合为{10,20,30,40,50,60,70,80}，如果要查找的数据元素关键字为 56，则从最后一个元素开始与 50 比较，当比较到 50 时就不需要再往前比较了，前面的元素值都小于关键字 56，该表中不存在要查找的关键字。设置监视哨的有序顺序表的查找算法实现如下 。

```
public int SeqSearch3 (DataType x)
//在有序顺序表中查找关键字为 x 的元素，监视哨为 list[0]，如果找到则返回该元素在表中的位置，
否则返回 0
{
    int i = length;
    list[0] = x;                        //将关键字存放在第 0 号位置，防止越界
    while(list[i].key > x.key)          //从有序顺序表的最后一个元素开始向前比较
        i--;
    return i;
}
```

假设表中有 n 个元素，且要查找的数据元素在数据元素集合中出现的概率相等，即为 $1/n$，则有序顺序表在查找成功时的平均查找长度为

$$\mathrm{ASL}_{成功}=\sum_{i=1}^{n}P_iC_i=\sum_{i=1}^{n}\frac{1}{n}(n-i+1)=\frac{n+1}{2}$$

当要查找的元素不在表中时，因为顺序表中的元素是有序的，所以可以提前结束比较。

这个查找过程可以画成一个查找树,每一层一个结点,共 n 层。查找失败则需要比较 $n+1$ 个元素结点,故查找概率为 $1/(n+1)$,则有序顺序表在查找失败时的平均查找长度为

$$\mathrm{ASL}_{\text{失败}}=\sum_{i=1}^{n}P_iC_i=\sum_{i=1}^{n}\frac{1}{n+1}n-i+1=\frac{n}{2}+\frac{n}{n+1}\approx\frac{n}{2}$$

综上,在查找成功时,平均比较次数约为表长的一半;在查找失败时,平均比较次数也同样约为表长的一半。

2. 折半查找

折半查找的前提条件是表中的数据元素有序排列。所谓折半查找,就是在所要查找元素集合的范围内,依次与表中间的元素进行比较,如果找到与关键字相等的元素,则说明查找成功;否则利用中间位置将表分成两段。在分段的查找表中,如果查找关键字小于中间位置的元素值,则与前一个子表的中间位置元素进行比较;否则与后一个子表的中间位置元素进行比较。重复以上操作,直到找到与关键字相等的元素,则表示查找成功。如果子表为空表,则表示查找失败。折半查找又称为二分查找。

例如,一个有序顺序表为(9,23,26,32,36,47,56,63,79,81),要查找的元素为 56,折半查找的过程如图 7-1 所示。其中,low 和 high 表示两个指针,分别指向待查找元素的下界和上界,指针 mid 指向 low 和 high 的中间位置,即 mid=(low+high)/2。

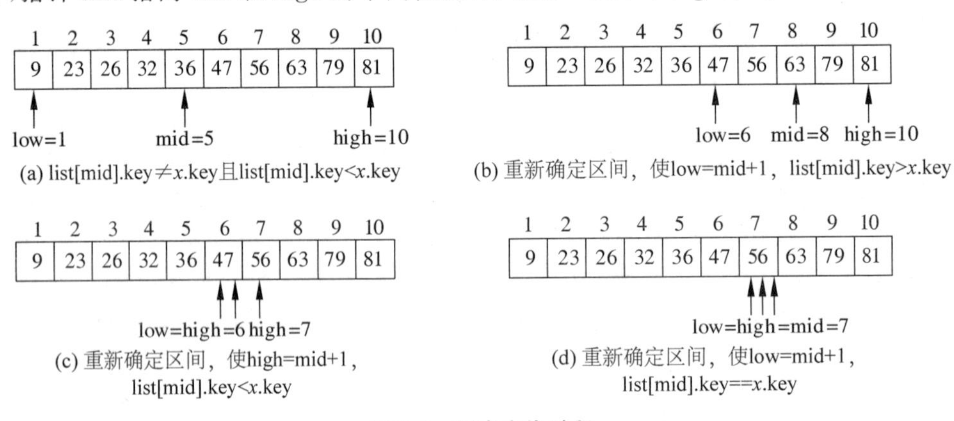

图 7-1 折半查找过程

在图 7-1(a)中,当 mid=5 时,因为 36<56,说明要查找的元素应该在 36 之后的位置,所以需要将指针 low 移动到 mid 的下一个位置,即使 low=6,而 high 不需要移动。在图 7-1(b)中,mid=(6+10)/2=8,而 63>56,说明要查找的元素应该在 mid 之前,因此需要将 high 移动到 mid 的前一个位置,即 high=mid−1=7。在图 7-1(c)中,mid=(6+7)/2=6,又因为 47<56,则需要修改 low,使 low=7。在图 7-1(d)中,low=high=7,mid=(7+7)/2=7,有 list[mid]. key==x. key,则表示查找成功。如果 low> high,则表中没有与关键字相等的元素,表示查找失败。

折半查找的算法实现如下。

```
public int BinarySearch(DataType x)
//在有序顺序表中折半查找关键字为 x 的元素,如果找到返回该元素在表中的位置,否则返回 0
{
    int low = 1;                                //设置待查找元素范围的下界(左边界)
```

```
        int high = length;                         //设置待查找元素范围的上界(右边界)
        while(low <= high) {
            int mid = (low + high) / 2;
            if (list[mid].key == x.key)            //如果找到元素,则返回该元素所在的位置
                return mid;
            else if (list[mid].key < x.key)        //如果 mid 所指示的元素小于关键字,则修改
                                                   //low 指针
                low = mid + 1;
            else if (list[mid].key > x.key)        //如果 mid 所指示的元素大于关键字,则修改
                                                   //high 指针
                high = mid - 1;
        }
        return 0;
    }
```

从图 7-1 中可以看出,查找元素 36 需要比较 1 次,查找元素 63 需要比较 2 次,查找元素 47 需要比较 3 次,查找元素 56 需要比较 4 次。整个查找过程可以用图 7-2 所示的二叉判定树来表示,树中的每个结点表示表中元素的关键字。

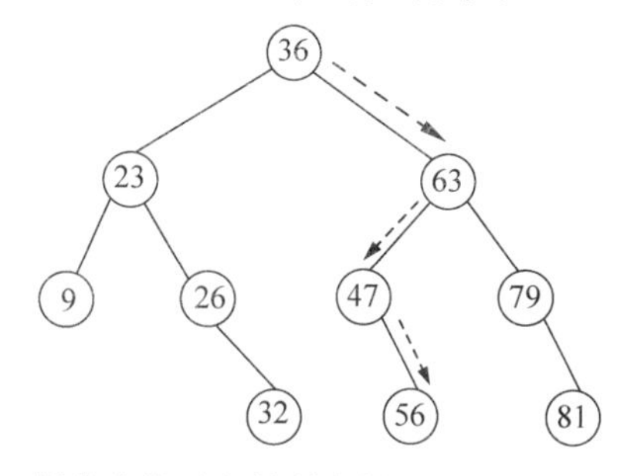

图 7-2 折半查找过程的判定树及查找元素 56 的过程

从图 7-2 中可以看出,查找关键字为 56 的过程正好是从根结点到元素值为 56 的结点的路径,所要查找元素所在判定树的层次就是折半查找要比较的次数。因此,假设表中具有 n 个元素,在折半查找成功时,在至多需要比较次数为 $\lfloor \log_2 n \rfloor + 1$。

对于具有 n 个结点的有序表,刚好能够构成一个深度为 h 的满二叉树,则有 $h = \lfloor \log_2(n+1) \rfloor$。二叉树中第 i 层的结点个数是 2^{i-1},假设表中每个元素的查找概率相等,即 $P_i = \frac{1}{n}$,则有序表折半查找成功时的平均查找长度为

$$\mathrm{ASL}_{成功} = \sum_{i=1}^{n} P_i C_i = \sum_{i=1}^{h} \frac{1}{n} \times i \times 2^{i-1} = \frac{n+1}{n}\log_2(n+1) - 1$$

在查找失败时,即要查找的元素不在表中,则有序表折半查找失败时的平均查找长度为

$$\mathrm{ASL}_{失败} = \sum_{i=1}^{n} P_i C_i = \sum_{i=1}^{h} \frac{1}{n}\log_2(n+1) \approx \log_2(n+1)$$

7.2.3 索引顺序表的查找

视频讲解

索引顺序表的查找就是将顺序表分成几个单元,然后为这几个单元建立一个索引,利用索引在其中一个单元进行查找。索引顺序表查找也称为分块查找,在表中存在大量的数据元素时,通过为顺序表建立索引和分块来提高查找的效率。

通常将为顺序表提供索引的表称为索引表,索引表分为两个部分:一个用来存储顺序表中每个单元的最大的关键字,另一个用来存储顺序表中每个单元的第一个元素的下标。索引表中的关键字必须是有序的,主表中的元素可以是按关键字有序排列的,也可以是在单元内或块中有序分布,即后一个单元中的所有元素的关键字都大于前一个单元中的元素的关键字。一个索引顺序表如图7-3所示。

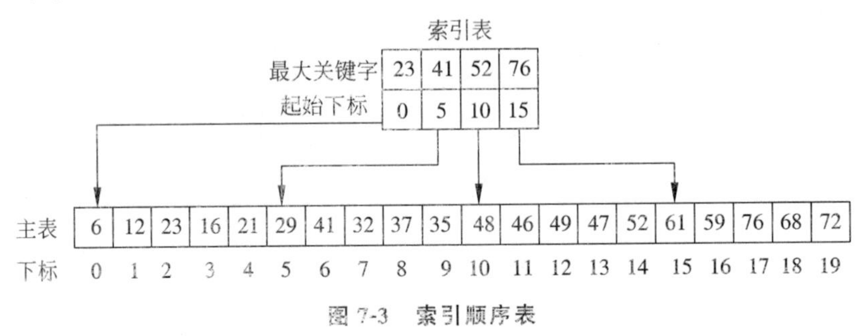

图7-3 索引顺序表

从图7-3中可以看出,索引表将主表分为4个单元,每个单元有5个元素。要查找主表中的某个元素,需要分为两步查找,第一步需要确定要查找元素所在的单元,第二步在该单元进行查找。例如,要查找关键字为47的元素,需要将47与索引表中的关键字进行比较,因为41<关键字47<52,所以需要在第3个单元中查找;该单元的起始下标是10,因此从主表中的下标为10的位置开始查找,直到找到关键字为47的元素为止。如果主表中不存在该元素,则只需要将关键字47与第3个单元中的5个元素进行比较,如果都不相等则说明查找失败。

因为索引表中的元素是按照关键字有序排列的,所以在确定元素所在的单元时,可以用顺序查找法,也可以采用折半查找法。但是在主表中的元素是无序的,因此只能够采用顺序查找法。索引顺序表的平均查找长度可以表示为 $\mathrm{ASL}=L_{\text{index}}+L_{\text{unit}}$,其中,$L_{\text{index}}$ 是索引表的平均查找长度,L_{unit} 是单元中元素的平均查找长度。

假设主表中的元素个数为 n,并将该主表平均分为 b 个单元,且每个单元有 s 个元素,即 $b=n/s$。如果表中元素的查找概率相等,则每个单元中元素的查找概率是 $1/s$,主表中每个单元的查找概率是 $1/b$。如果用顺序查找法查找索引表中的元素,则索引顺序表查找成功时的平均查找长度为

$$\mathrm{ASL}_{\text{成功}}=L_{\text{index}}+L_{\text{unit}}=\frac{1}{b}\sum_{i=1}^{b}i+\frac{1}{s}\sum_{j=1}^{s}j=\frac{b+1}{2}+\frac{s+1}{2}=\frac{1}{2}\left(\frac{n}{s}+s\right)+1$$

如果用折半查找法查找索引表中的元素,则有 $L_{\text{index}}=\dfrac{b+1}{b}\log_2(b+1)+1\approx\log_2(b+1)-1$,将其代入 $\mathrm{ASL}_{\text{成功}}=L_{\text{index}}+L_{\text{unit}}$ 中,则索引顺序表查找成功时的平均查找长度为

$$\mathrm{ASL}_{\text{成功}}=L_{\text{index}}+L_{\text{unit}}=\log_2(b+1)-1+\frac{1}{s}\sum_{j=1}^{s}j=\log_2(b+1)-1+\frac{s+1}{2}$$

$$\approx\log_2(n/s+1)+\frac{s}{2}$$

如果主表中的每个单元中的元素个数是不相等的,则需要在索引表中增加一项,用来存储主表中每个单元元素的个数。将这种利用索引表示的顺序表称为不等长索引顺序表。一

个不等长的索引表如图 7-4 所示。

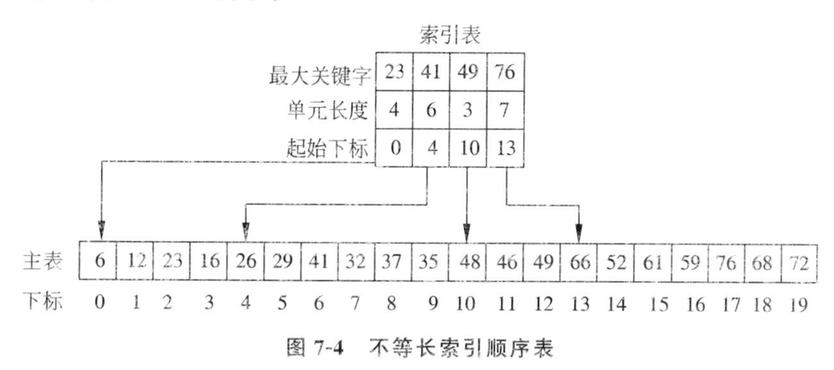

图 7-4　不等长索引顺序表

7.3　动态查找

动态查找是指在查找的过程中动态生成表结构，如果表中存在给定的关键字，则返回其位置，表示查找成功；否则插入该关键字的元素。动态查找包括二叉排序树和平衡二叉树等。

7.3.1　二叉排序树

二叉排序树（binary sort tree），也称为二叉查找树（binary search tree）。二叉排序树的查找是一种常用的动态查找方法。下面介绍二叉排序树的查找过程、二叉排序树的插入和删除操作。

1. 二叉排序树的定义与查找

所谓二叉排序树，或者是一棵空二叉树，或者是具有以下性质的二叉树：

（1）如果二叉树的左子树不为空，则左子树上的每个结点的值都小于其对应根结点的值。

（2）如果二叉树的右子树不为空，则右子树上的每个结点的值都大于其对应根结点的值。

（3）该二叉树的左子树和右子树也满足性质（1）和（2），即左子树和右子树也是一棵二叉排序树。

显然，这是一个递归的定义。

2. 二叉排序树的直栈

图 7-5 为一棵二叉排序树，图中的每个结点是对应元素关键字的值。

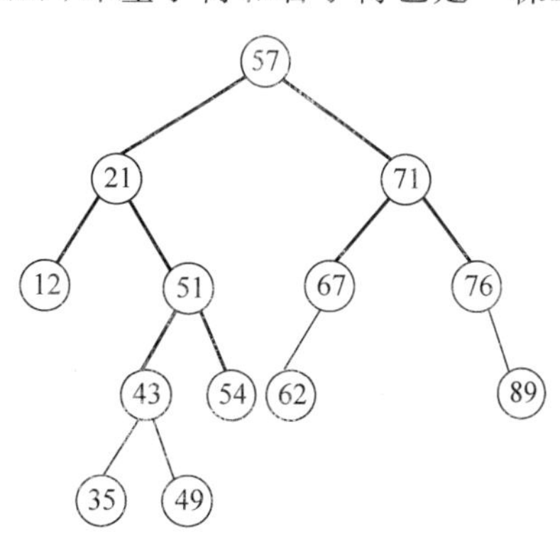

图 7-5　二叉排序树

从图 7-5 中可以看出，图中的每个结点的值都大于其所有左子树结点的值，而小于其所有右子树结点的值。如果要查找与二叉树中某个关键字相等的结点，可以从根结点开始，与给定的关键字进行比较，如果相等则查找成功。如果给定的关键字小于根结点的值,则在该根结点的左子树中查找;如果给定的关键字大于根结点的值,则在该根结点的右子树中查找。

采用二叉树的链式存储结构,二叉排序树的类型定义如下。

```
class BTNode
{
    int data;
    BTNode lchild,rchild;
    BTNode(int data)
    {
        this.data = data;
        this.lchild = this.rchild = null;
    }
    BTNode()
    {

    }
}
```

二叉排序树的查找算法实现如下。

```
public BTNode BSTSearch(int x)
//二叉排序树的查找,如果找到元素 x,则返回指向结点的指针;否则返回 null
{
    BTNode p = root;
    if (root != null)               //如果二叉排序树不为空
        p = root;
    while (p != null) {
        if (p.data == x)            //如果找到,则返回指向该结点的指针
            return p;
        else if (x < p.data)        //如果关键字小于 p 指向的结点的值,则在左子树中查找
            p = p.lchild;
        else
            p = p.rchild;           //如果关键字大于 p 指向的结点的值,则在右子树中查找
    }
    return null;
}
```

利用二叉排序树的查找算法思想,查找关键字为 $x.key=62$ 的元素。从根结点开始,依次将该关键字与二叉树的根结点比较。因为有 $62>57$,所以需要在结点为 57 的右子树中进行查找;因为有 $62<71$,所以需要在以 71 为结点的左子树中继续查找;因为有 $62<67$,所以需要在结点为 67 的左子树中查找。因为该关键字与结点为 67 的左孩子结点对应的关键字相等,所以查找成功,返回结点 62 对应的指针。如果要查找关键字为 23 的元素,当比较到结点为 12 的元素时,因为关键字 12 对应的结点不存在右子树,所以查找失败,返回 null。

在二叉排序树的查找过程中,查找某个结点的过程正好是从根结点到要查找结点的路径,其比较的次数正好是路径长度+1,这类似于折半查找。与折半查找不同的是:由 n 个结点构成的判定树是唯一的,而由 n 个结点构成的二叉排序树则不唯一。例如,图 7-6 为两棵二叉排序树,其元素的关键字序列分别是{57,21,71,12,51,67,76}和{12,21,51,57,67,71,76}。

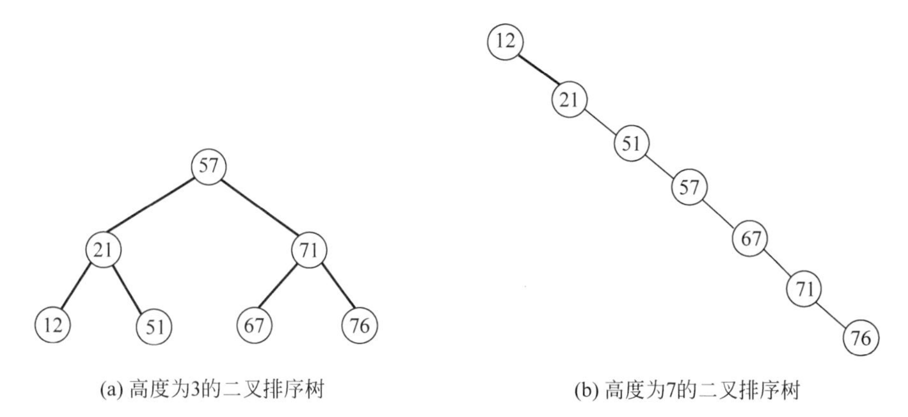

(a) 高度为3的二叉排序树　　(b) 高度为7的二叉排序树

图 7-6 两种不同形态的二叉排序树

假设每个元素的查找概率都相等,则图 7-6(a)的二叉排序树的平均查找长度为 $ASL_{成功}=(1+2\times2+4\times3)/7=17/7$,图 7-6(b)的二叉排序树的平均查找长度为 $ASL_{成功}=(1+2+3+4+5+6+7)/7=28/7$。由此可见,树的平均查找长度与树的形态有关。如果二叉排序树有 n 个结点,则在最坏的情况下,平均查找长度为$(n+1)/2$;在最好的情况下,平均查找长度为 $\log_2 n$。

3. 二叉排序树的插入操作

二叉排序树的插入操作过程其实就是二叉排序树的建立过程。在二叉树上的插入操作从根结点开始,检查当前结点是否为要查找的元素,如果是则不进行插入操作;否则将结点插入查找失败时的结点的左指针或右指针处。在算法的实现过程中,需要设置一个指向下一个要访问结点的双亲结点指针 parent,从而记下前驱结点的位置,以便在查找失败时进行插入操作。

假设当前结点指针 cur 为空,则说明查找失败,需要插入结点。如果 parent.data 小于要插入的结点 x,则需要将 parent 的左指针指向 x,使 x 成为 parent 的左孩子结点;如果 parent.data 大于要插入的结点 x,则需要将 parent 的右指针指向 x,使 x 成为 parent 的右孩子结点;如果二叉排序树为空树,则使当前结点成为根结点。在整个二叉排序树的插入过程中,其插入操作都是在叶子结点处进行的。

二叉排序树的插入操作算法实现如下。

```
public void BSTInsert2(int x)
//二叉排序树的插入操作,如果树中不存在元素 x,则将 x 插入正确的位置
{
    BTNode p,cur,parent = null;
    cur = root;
    while (cur!= null) {
        if(cur.data == x)
            return;
        parent = cur;
        if(x < cur.data)          //如果关键字 x 小于 cur 指向的结点的值,则在左子树中查找
            cur = cur.lchild;
        else                      //如果关键字 x 大于 cur 指向的结点的值,则在右子树中查找
            cur = cur.rchild;
```

```
        }
        p = new BTNode(x);
        if(parent == null)
            root = p;
        else if (x < parent.data)
            parent.lchild = p;
        else
            parent.rchild = p;
    }
```

对于一个关键字序列{37,32,35,62,82,95,73,12,5},根据二叉排序树的插入算法思想,对应的二叉排序树插入过程如图 7-7 所示。

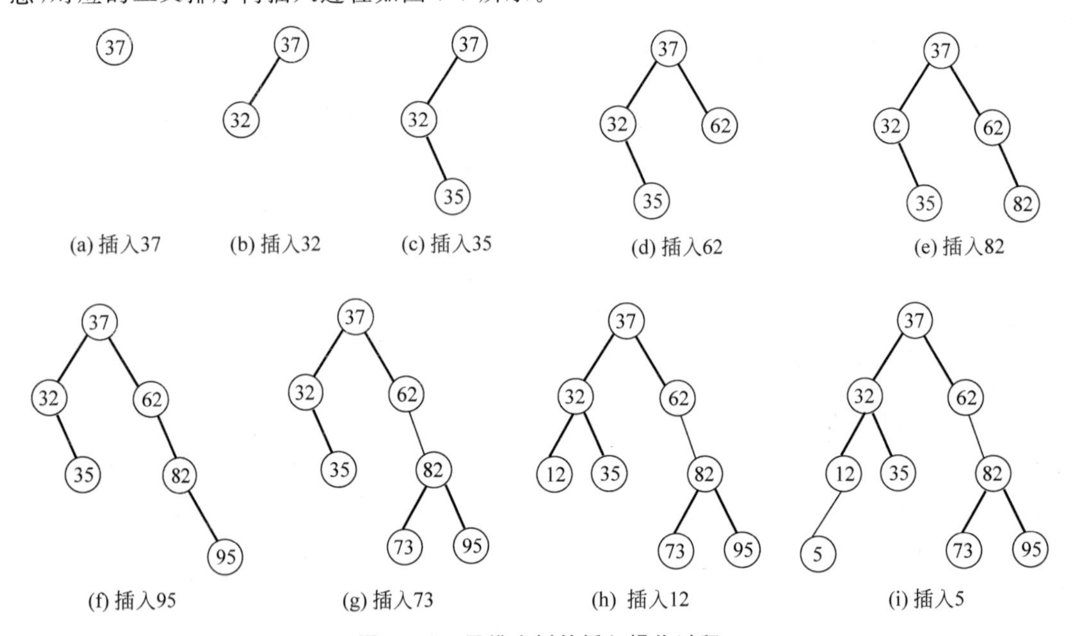

图 7-7　二叉排序树的插入操作过程

由图 7-7 可以看出,通过中序遍历二叉排序树,可以得到一个关键字有序的序列{5,12,32,35,37,62,73,82,95}。因此,构造二叉排序树的过程就是对一个无序的序列排序的过程,且每次插入的结点都是叶子结点。在二叉排序树的插入操作过程中,不需要移动结点,仅需要移动结点指针,比较容易实现。

4. 二叉排序树的删除操作

在二叉排序树中删除一个结点后,剩下的结点仍然构成一棵二叉排序树,即保持原来的特性。删除二叉排序树中的一个结点可以分为 3 种情况讨论。假设要删除的结点为由指针 s 指示的结点 S,指针 p 指向 S 的双亲结点,设 S 为 p 的左孩子结点,则二叉排序树的各种删除情况如图 7-8 所示。

(1) 如果 s 指向的结点为叶子结点,则其左子树和右子树为空,删除叶子结点不会影响到树的结构特性,因此只需要修改 p 的指针即可。

(2) 如果 s 指向的结点只有左子树或只有右子树,则在删除结点 S 后,只需要将 S 的左子树 s_L 或右子树 s_R 作为 p 的左孩子,即 p.lchild=s.lchild 或 p.lchid=s.rchild。

(3) 如果 S 的左子树和右子树都存在，则在删除结点 S 前，二叉排序树的中序序列为 $\{\cdots Q_L Q \cdots X_L X Y_L Y S S_R P \cdots\}$。因此，在删除结点 S 后，有两种调整方法可以使该二叉树仍然保持原来的性质。第一种方法是将结点 S 的左子树作为结点 P 的左子树，结点 S 的右子树作为结点 Y 的右子树。第二种方法是用结点 S 的直接前驱取代结点 S，并删除 S 的直接前驱结点 Y，然后将结点 Y 原来的左子树作为结点 X 的右子树。

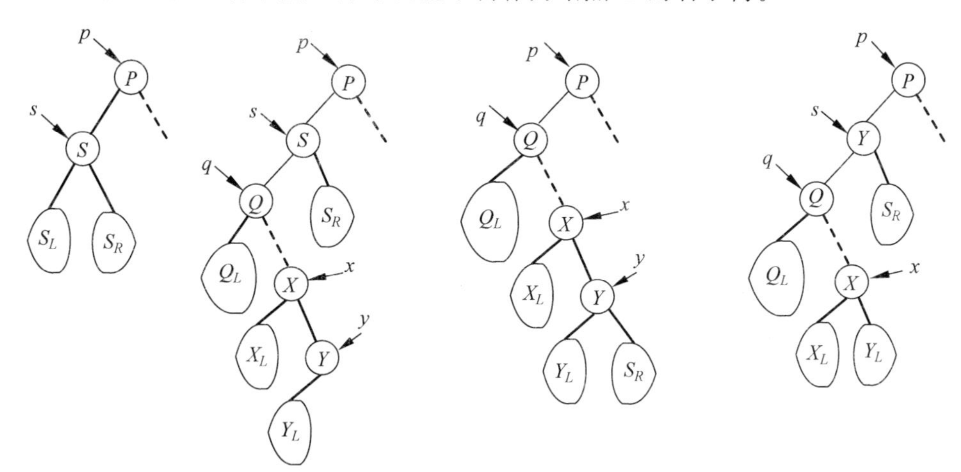

(a) S的左、右子树都不为空　(b) 删除结点S前　(c) 删除结点S后，S的左子树作为p的左子树，以S_R作为Y的右子树　(d) 删除结点S后，结点Y代替S，Y的左子树作为X的右子树

图 7-8　二叉排序树的删除操作的各种情况

二叉排序树的删除操作算法实现如下。

```
public boolean BSTDelete(int x)
  //如果在二叉排序树 T 中存在值为 x 的数据元素，则删除该数据元素结点并返回 true;否则，返回 false
  {
      BTNode p = null, s = root;
      if(s == null)                //如果不存在值为 x 的数据元素，则返回 false
      {
          System.out.println("二叉树为空，不能进行删除操作");
          return false;
      }
      else {
          while (s != null) {
              if (s.data != x)
                  p = s;
              else                 //如果找到值为 x 的数据元素，则 s 为要删除的结点
                  break;
              if (x < s.data)      //如果当前元素值大于 x 的值，则在该结点的左子
                                   //树中查找并删除之
                  s = s.lchild;
              else                 //如果当前元素值小于 x 的值，则在该结点的右子
                                   //树中查找并删除之
                  s = s.rchild;
          }
      }
      //从二叉排序树中删除结点 s，并使该二叉排序树性质不变
      if(s.lchild == null)         //如果 s 的左子树为空，则使 s 的右子树成为被删结点双亲结
```

```
                            //点的左子树
    {
        if (p == null)
            root = s.rchild;
        else if(s == p.lchild)
            p.lchild = s.rchild;
        else
            p.rchild = s.rchild;
        return true;
    }
    if(s.rchild == null)        //如果 s 的右子树为空,则使 s 的左子树成为被删
                                //结点的双亲结点的左子树
    {
        if (p == null)
            root = s.lchild;
        else if (s == p.lchild)
            p.lchild = s.lchild;
        else
            p.rchild = s.lchild;
        return true;
    }
    //如果 s 的左、右子树都存在,则用 s 的直接前驱结点代替 s,并使其直接前驱结点的左子树成
为其双亲结点的右子树结点
    BTNode x_node = s;
    BTNode y_node = s.lchild;
    while(y_node.rchild!= null) {
        x_node = y_node;
        y_node = y_node.rchild;
    }
    s.data = y_node.data;       //结点 s 被 y_node 取代
    if(x_node != s)             //如果结点 s 的左孩子结点存在右子树
        x_node.rchild = y_node.lchild;     //使 y_node 的左子树成为 x_node 的右子树
    else                        //如果结点 s 的左孩子结点不存在右子树
        x_node.lchild = y_node.lchild;     //使 y_node 的左子树成为 x_node 的左子树
    return true;
}
```

删除二叉排序树中的任意一个结点后,二叉排序树的性质仍保持不变。

5. 二叉排序树的应用示例

【例 7-1】 给定一组元素序列{37, 32, 35, 62, 82, 95, 73, 12, 5},利用二叉排序树的插入算法创建一棵二叉排序树,查找并删除元素值为 32 的元素,然后以中序序列输出该元素序列。

【分析】 通过给定一组元素值,利用插入算法将元素插入二叉树中,构成一棵二叉排序树,然后利用查找算法实现二叉排序树的查找。

```
public static void main(String args[])
{
    int table[] = {37, 32, 35, 62, 82, 95, 73, 12, 5};
    BiSearchTree S = new BiSearchTree();
    S.CreateBiSearchTree(table);
    BTNode T = S.root;
```

```
        System.out.println("中序遍历二叉排序树得到的序列:");
        S.InOrderTraverse(T);
        Scanner sc = new Scanner(System.in);
        System.out.print("\n请输入要查找的元素:");
        int x = Integer.parseInt(sc.nextLine());
        BTNode p = S.BSTSearch(x);
        if(p != null)
            System.out.println("二叉排序树查找,关键字" + x + "存在!");
        else
            System.out.println("查找失败!");
        S.BSTDelete(x);
        System.out.println("删除" + x + "后,二叉树排序树元素序列:");
        S.InOrderTraverse(T);
    }
```

程序运行结果如下。

中序遍历二叉排序树得到的序列:
5 12 32 35 37 62 73 82 95
请输入要查找的元素:32
二叉排序树查找,关键字 32 存在!
删除 32 后,二叉树排序树元素序列:
5 12 35 37 62 73 82 95

7.3.2 平衡二叉树

对于二叉排序树查找,在最坏的情况下,二叉排序树的深度为 n,其平均查找长度为 n。因此,为了减小二叉排序树的查找次数,需要进行平衡化处理,平衡化处理得到的二叉树称为平衡二叉树。

1. 平衡二叉树的定义

平衡二叉树或者是一棵空二叉树,或者是具有以下性质的二叉树:平衡二叉树的左子树和右子树的深度之差的绝对值小于等于 1,且左子树和右子树也是平衡二叉树。平衡二叉树也称为 AVL 树。

如果将二叉树中的结点平衡因子定义为结点的左子树与右子树之差,则平衡二叉树中每个结点的平衡因子的值只有 3 种可能:−1、0 和 1。例如,图 7-9 所示即为平衡二叉树,结

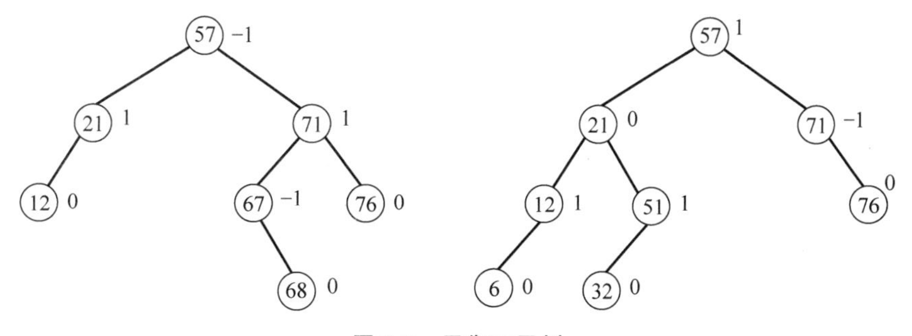

图 7-9 平衡二叉树

点的右边表示平衡因子,该二叉树既是二叉排序树又是平衡树,因此该二叉树为平衡二叉排序树。如果在二叉树中有一个结点的平衡因子的绝对值大于 1,则该二叉树是不平衡的,如图 7-10 所示。

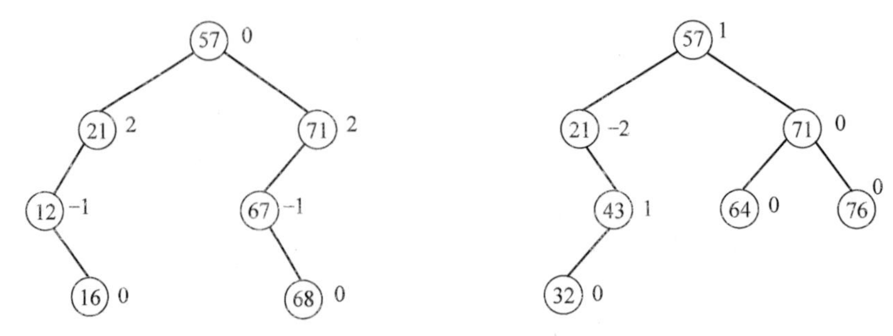

图 7-10 不平衡二叉树

如果二叉排序树是平衡二叉树,则其平均查找长度与 $\log_2 n$ 是同数量级的,从而可以尽量减少与关键字比较的次数。

2. 二叉排序树的平衡处理

在二叉排序树中插入一个新结点后,如何保证该二叉树是平衡二叉排序树呢?假设有一个关键字序列{5,34,45,76,65},依照此关键字序列建立二叉排序树,且使该二叉排序树是平衡二叉排序树。构造平衡二叉排序树的过程如图 7-11 所示。

初始时,二叉树是空树,因此是平衡二叉树。在空二叉树中插入结点 5,该二叉树依然是平衡的。当插入结点 34 后,该二叉树仍然是平衡的,结点 5 的平衡因子变为−1。当插入结点 45 后,结点 5 的平衡因子变为−2,二叉树不平衡,需要进行调整;以结点 34 为轴进行逆时针旋转,将二叉树变为以 34 为根,此时各个结点的平衡因子都为 0,二叉树转换为平衡二叉树。

继续插入结点 76,二叉树仍然是平衡的。当插入结点 65 时,该二叉树失去平衡,如果仍然按照上述方法仅仅以结点 45 为轴进行旋转,就会失去二叉排序树的性质。为了保持二叉排序树的性质,同时保证该二叉树是平衡的,需要进行两次调整:先以结点 76 为轴进行顺时针旋转,然后以结点 65 为轴进行逆时针旋转。

一般情况下,新插入结点可能使二叉排序树失去平衡,通过使插入点最近的祖先结点恢复平衡,可以使上一层祖先结点恢复平衡。因此,为了使二叉排序树恢复平衡,需要从离插入点最近的结点开始调整。失去平衡的二叉排序树类型及调整方法可以归纳为以下 4 种情况。

(1) LL 型。LL 型是指在离插入点最近的失衡结点的左子树中插入结点,导致二叉排序树失去平衡,如图 7-12(a)所示。

距离插入点最近的失衡结点为 A,插入新结点 X 后,结点 A 的平衡因子由 1 变为 2,该二叉排序树失去平衡。为了使二叉树恢复平衡且保持二叉排序树的性质不变,可以将结点 A 作为结点 B 的右子树,结点 B 的右子树作为结点 A 的左子树。这样就恢复了该二叉排序树的平衡,即相当于以结点 B 为轴对结点 A 进行顺时针旋转。

为平衡二叉排序树的每个结点增加一个域 bf,用来表示对应结点的平衡因子。平衡二

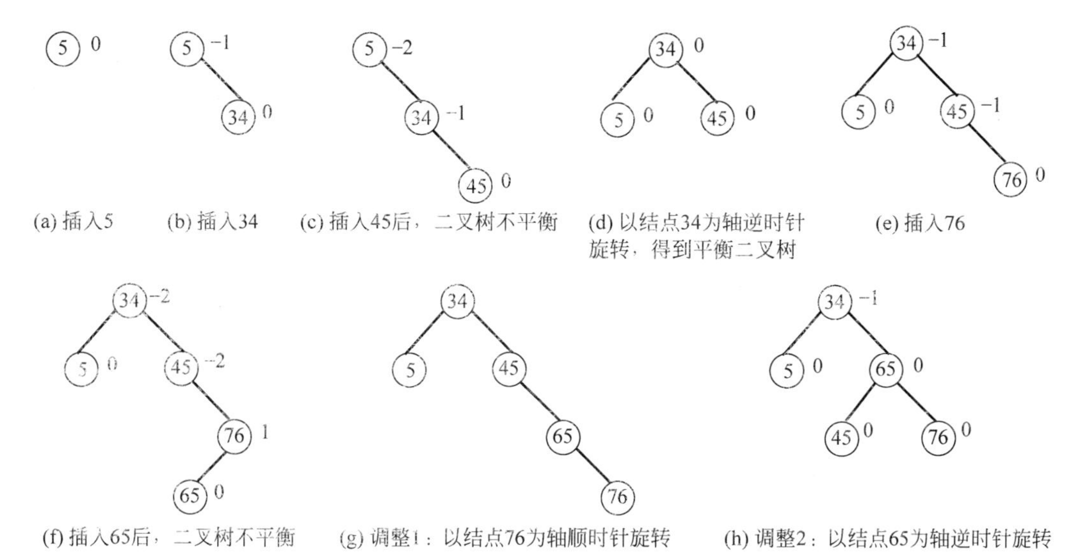

(a) 插入5　(b) 插入34　(c) 插入45后，二叉树不平衡　(d) 以结点34为轴逆时针旋转，得到平衡二叉树　(e) 插入76

(f) 插入65后，二叉树不平衡　(g) 调整1：以结点76为轴顺时针旋转　(h) 调整2：以结点65为轴逆时针旋转

图 7-11　平衡二叉树的构造过程

叉排序树的类型定义描述如下。

```
public class BSTNode                    //平衡二叉排序树的类型定义
{
    int data;
    int bf;                             //结点的平衡因子
    BSTNode lchild,rchild;              //左、右孩子指针
    static boolean taller;              //平衡化处理时判断高度是否增长
}
```

当二叉树失去平衡时，对 LL 型二叉排序树进行调整，其算法实现如下。

```
b = p.lchild;                           //b 指向 p 的左子树的根结点
p.lchild = b.rchild;                    //将 b 的右子树作为 p 的左子树
b.rchild = p;
p.bf = b.bf = 0;                        //修改平衡因子
```

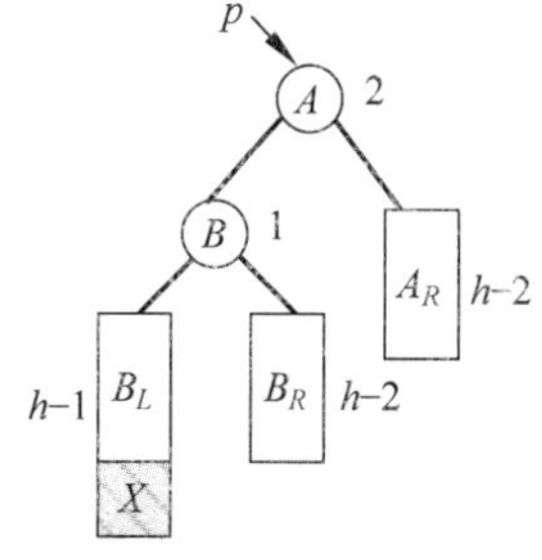

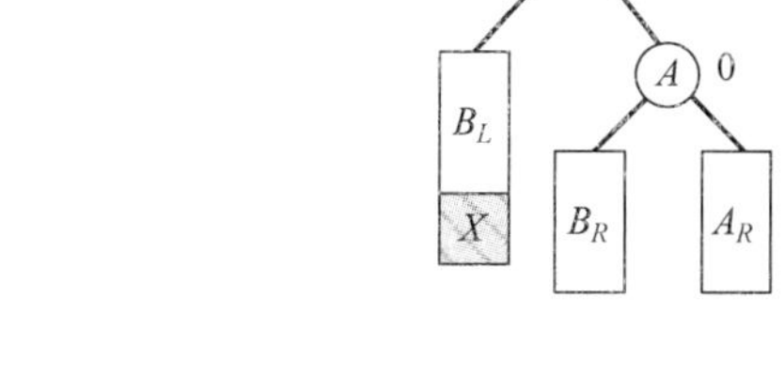

(a) 插入结点X后，二叉树失去平衡　(b) 以结点B为轴进行顺时针旋转调整，使二叉树恢复平衡

图 7-12　LL 型二叉排序树的调整

(2) LR 型。LR 型是指在离插入点最近的失衡结点的左子树的右子树中插入结点，导致二叉排序树失去平衡，如图 7-13(a)所示。

距离插入点最近的失衡结点为 A，在结点 C 的左子树 C_L 下插入新结点 X 后，结点 A 的平衡因子由 1 变为 2，该二叉排序树失去平衡。为了将二叉树恢复平衡且保持二叉排序树的性质不变,可以将结点 B 作为结点 C 的左子树,结点 C 的左子树作为结点 B 的右子树。将结点 C 作为新的根结点,结点 A 作为结点 C 的右子树的根结点,结点 C 的右子树作为结点 A 的左子树。这样就恢复了该二叉排序树的平衡,即相当于以结点 B 为轴对结点 C 进行逆时针旋转,然后以结点 C 为轴对结点 A 进行顺时针旋转。

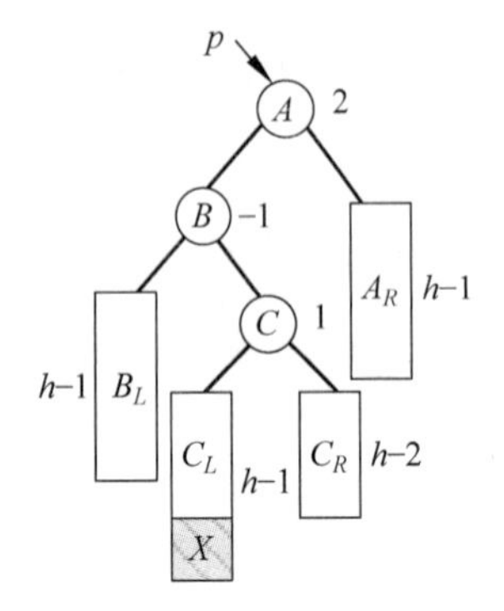

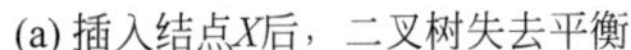
(a) 插入结点X后，二叉树失去平衡

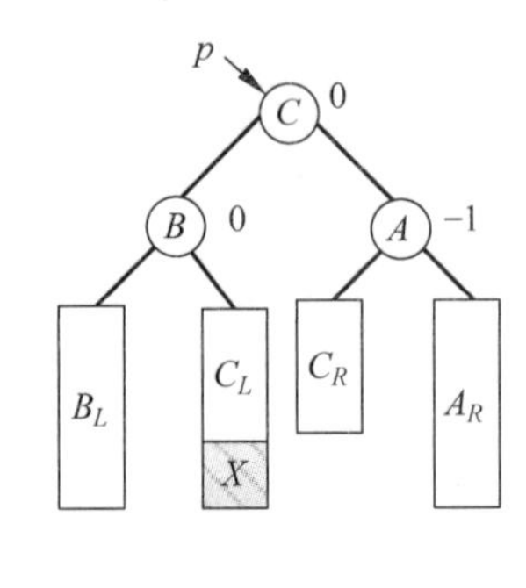

(b) 以结点B为轴进行逆时针旋转，然后以结点C为轴对结点A进行顺时针旋转

图 7-13 LR 型二叉排序树的调整

对 LR 型的二叉排序树进行调整,其算法实现如下。

```
b = p.lchild;
c = b.rchild;
b.rchild = c.lchild;            //将结点 C 的左子树作为结点 B 的右子树
p.lchild = c.rchild;            //将结点 C 的右子树作为结点 A 的左子树
c.lchild = b;                   //将 B 作为结点 C 的左子树
c.rchild = p;                   //将 A 作为结点 C 的右子树
//修改平衡因子
p.bf = - 1;
b.bf = 0;
c.bf = 0;
```

(3) RL 型。RL 型是指在离插入点最近的失衡结点的右子树的左子树中插入结点,导致二叉排序树失去平衡,如图 7-14 所示。

距离插入点最近的失衡结点为 A,在结点 C 的右子树 C_R 下插入新结点 X 后,结点 A

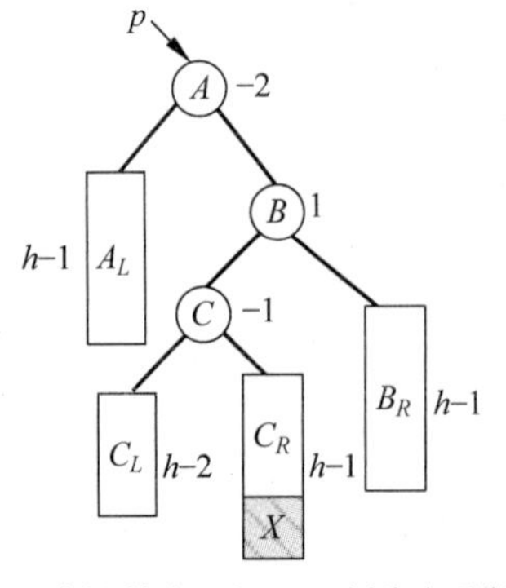

(a) 插入结点X后，二叉树失去平衡

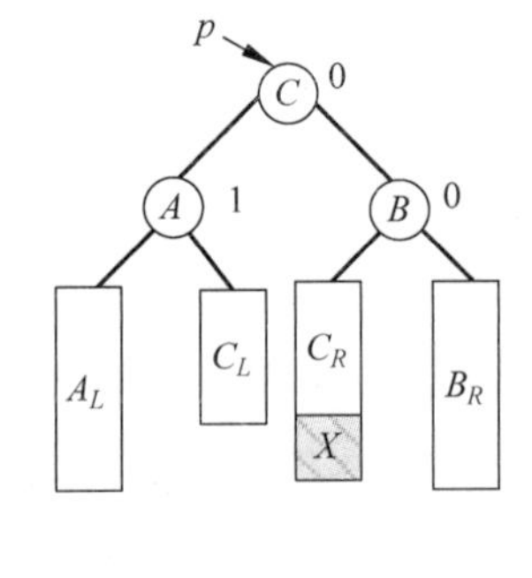

(b) 以结点B为轴对C进行顺时针旋转，然后以结点C为轴对结点A进行逆时针旋转

图 7-14 RL 型二叉排序树的调整

的平衡因子由－1 变为－2,该二叉排序树失去平衡。为了将二叉树恢复平衡且保持二叉排序树的性质不变,可以将结点 B 作为结点 C 的右子树,结点 C 的右子树作为结点 B 的左子树。将结点 C 作为新的根结点,结点 A 作为结点 C 的右子树的根结点,结点 C 的左子树作为 A 的右子树。这样就恢复了该二叉排序树的平衡,即相当于以结点 B 为轴,对结点 C 进行顺时针旋转,然后以结点 C 为轴对结点 A 进行逆时针旋转。

对 RL 型的二叉排序树进行调整,其算法实现如下。

```
b = p.lchild;
c = b.rchild;
b.rchild = c.lchild;                    //将结点 C 的左子树作为结点 B 的右子树
p.lchild = c.rchild;                    //将结点 C 的右子树作为结点 A 的左子树
c.lchild = b;                           //将 B 作为结点 C 的左子树
c.rchild = p;                           //将 A 作为结点 C 的右子树
//修改平衡因子
p.bf = - 1;
b.bf = 0;
c.bf = 0;
```

(4) RR 型。RR 型是指在离插入点最近的失衡结点的右子树中插入结点,导致二叉排序树失去平衡,如图 7-15 所示。

距离插入点最近的失衡结点为 A,在结点 B 的右子树 B_R 下插入新结点 X 后,结点 A 的平衡因子由－1 变为－2,该二叉排序树失去平衡。为了使二叉树恢复平衡且保持二叉排序树的性质不变,可以使结点结点结点 A 作为结点 B 的左子树的根结点,结点 B 的左子树作为结点 A 的右子树。这样就恢复了该二叉排序树的平衡,即相当于以结点 B 为轴,对结点 A 进行逆时针旋转。

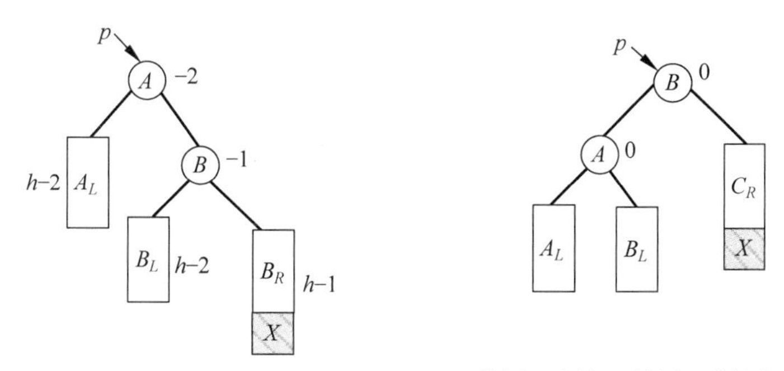

(a) 插入结点X后,二叉树失去平衡　(b) 以结点B为轴,对结点A进行逆时针旋转

图 7-15 RR 型二叉排序树的调整

对 RL 型的二叉排序树调整,其算法实现如下。

```
b = p.rchild;
p.rchild = b.lchild;                    //将结点 B 的左子树作为结点 A 的右子树
b.lchild = p;                           //将 A 作为结点 B 的左子树
//修改平衡因子
p.bf = 0;
b.bf = 0;
```

综合以上 4 种情况,在平衡二叉排序树中插入一个新结点 e 的算法描述如下。

(1) 如果平衡二叉排序树是空树,则插入的新结点作为根结点,同时将该树的深度增 1。

(2) 如果在二叉树中已经存在与结点 e 的关键字相等的结点,则不进行插入。

(3) 如果结点 e 的关键字小于要插入位置的结点的关键字,则将 e 插入该结点的左子树位置,并将该结点的左子树高度增 1,同时修改该结点的平衡因子;如果该结点的平衡因子绝对值大于 1,则需要进行平衡化处理。

(4) 如果结点 e 的关键字大于要插入位置的结点的关键字,则将 e 插入该结点的右子树位置,并将该结点的右子树高度增 1,同时修改该结点的平衡因子;如果该结点的平衡因子绝对值大于 1,则需要进行平衡化处理。

二叉排序树的平衡化处理算法实现包括两个部分:平衡二叉排序树的插入操作和平衡处理。平衡二叉排序树的插入算法实现如下。

```
public boolean InsertAVL(BSTNode T, int e)
//如果在平衡的二叉排序树 T 中不存在与 e 有相同关键字的结点,则将 e 插入并返回 true,否则返回 false
//如果插入新结点后使二叉排序树失去平衡,则进行平衡旋转处理
{
    if (T == null)              //如果二叉排序树为空,则插入新结点,将 taller 置为 true
    {
        T = new BSTNode();
        T.data = e;
        T.bf = 0;
        taller = true;
    } else {
        if (e == T.data)        //如果树中存在和 e 的关键字相等,则不进行插入操作
        {
            taller = false;
            return false;
        }
        if (e < T.data)         //如果 e 的关键字小于当前结点的关键字,则继续在 T 的左
                                //子树中进行查找
        {
            if (!InsertAVL(T.lchild, e))
                return false;
            if (taller)         //已插入 T 的左子树中且左子树"长高"
            {
                switch (T.bf)   //检查 T 的平衡度
                {
                    case 1:     //在插入之前,左子树比右子树高,需要进行左平衡处理
                        equalization treatment(T);
                        taller = false;
                        break;
                    case 0:     //在插入之前,左、右子树等高,树增高将 taller 置为 true
                        T.bf = 1;
                        taller = true;
                    case -1:    //在插入之前,右子树比左子树高,现在左、右子树等高
                        T.bf = 0;
                        taller = false;
                }
            }
        } else {
            //应继续在 T 的右子树中进行搜索
            if (!InsertAVL(T.rchild, e))
                return false;
```

```
            if (taller)         //已插入到T的右子树且右子树"长高"
            {
                switch (T.bf) {
                    case 1:     //检查T的平衡度,在插入之前,左子树比右子树高,现在左、
                                //右子树等高
                        T.bf = 0;
                        taller = false;
                    case 0:     //在插入之前,左、右子树等高,现因右子树增高而使树增高
                        T.bf = -1;
                        taller = true;
                    case -1:    //在插入之前,右子树比左子树高,需要进行右平衡处理
                        equalization treatment(T);
                        taller = false;
                }
            }
        }
    }
    return true;
}
```

二叉排序树的平衡处理算法实现包括4种情况：LL型、LR型、RL型和RR型,其完整实现代码如下。

1. LL型的平衡处理

对于LL型的失衡情况,只需要对离插入点最近的失衡结点进行一次顺时针旋转处理即可,其实现代码如下。

```
public void RightRotate(BSTNode p)
//对以p为根的二叉排序树进行右旋,处理之后p指向新的根结点,即旋转处理之前的左子树的根
结点
{
    BSTNode lc = p.lchild;          //lc指向p的左子树的根结点
    p.lchild = lc.rchild;           //将lc的右子树作为p的左子树
    lc.rchild = p;
    p.bf = 0;
    lc.bf = 0;
    p = lc;                         //p指向新的根结点
}
```

2. LR型的平衡处理

对于LR型的失衡的情况,需要进行先逆时针、后顺时针的两次旋转处理,其实现代码如下。

```
public void LeftBalance(BSTNode T)
//对以T所指结点为根的二叉树进行左旋转平衡处理,并使T指向新的根结点
{
    BSTNode lc = T.lchild;          //lc指向T的左子树根结点
    nodal point(lc.bf)              //检查T的左子树的平衡度,并进行相应平衡处理
    {
        case 1:                     //LL型失衡处理。新结点插入T的左孩子的左子树上,需要
                                    //进行单右旋处理
```

```
                T.bf = lc.bf = 0;
                RightRotate(T);
                break;
            case -1:                    //LR 型失衡处理。新结点插入 T 的左孩子的右子树上,需
                                        //要进行双旋处理
                BSTNode rd = lc.rchild;        //rd 指向 T 的左孩子的右子树的根结点
                nodal point(rd.bf)      //修改 T 及其左孩子的平衡因子
                {
                    case 1:
                        T.bf = -1;
                        lc.bf = 0;
                        break;
                    case 0:
                        T.bf = 0;
                        lc.bf = 0;
                        break;
                    case -1:
                        T.bf = 0;
                        lc.bf = 1;
                        break;
                }
                rd.bf = 0;
                LeftRotate(T.lchild);          //对 T 的左子树进行左旋平衡处理
                equalization treatment(T);     //对 T 进行右旋平衡处理
        }
    }
```

3. RL 型的平衡处理

对于 RL 型的失衡的情况,需要进行先顺时针、后逆时针的两次旋转处理,其实现代码如下。

```
    public void RightBalance(BSTNode T)
     //对以 T 所指结点为根的二叉树作右旋转平衡处理,并使 T 指向新的根结点
    {
        BSTNode rc = T.rchild;          //rc 指向 T 的右子树根结点
        nodal point(rc.bf)              //检查 T 的右子树的平衡度,并进行相应平衡处理
        {
            case -1:                    //调用 RR 型平衡处理。新结点插入 T 的右孩子的右子树
                                        //上,需要进行单左旋处理
                T.bf = 0;
                rc.bf = 0;
                LeftRotate(T);
                break;
            case 1:                     //RL 型平衡处理。新结点插入 T 的右孩子的左子树上,需要
                                        //进行双旋处理
                BSTNode rd = rc.lchild;        //rd 指向 T 的右孩子的左子树的根结点
                {
                    switch(rd.bf) {
                        case -1:  //修改 T 及其右孩子的平衡因子
                            T.bf = 1;
                            rc.bf = 0;
                            break;
                        case 0:
```

```
                    T.bf = 0;
                    rc.bf = 0;
                    break;
                case 1:
                    T.bf = 0;
                    rc.bf = -1;
                    break;
            }
            rd.bf = 0;
            RightRotate(T.rchild);          //对T的右子树进行右旋平衡处理
            equalization treatment(T);      //对T进行左旋平衡处理
        }
    }
}
```

4. RR型的平衡处理

对于RR型的失衡的情况，只需要对离插入点最近的失衡结点进行一次逆时针旋转处理即可，其实现代码如下。

```
public void LeftRotate(BSTNode p)
//对以p为根的二叉排序树进行左旋，处理之后p指向新的根结点，即旋转处理之前的右子树的根结点
{
    BSTNode rc = p.rchild;        //rc指向p的右子树的根结点
    p.rchild = rc.lchild;         //将rc的左子树作为p的右子树
    rc.lchild = p;
    p = rc;                       //p指向新的根结点
}
```

平衡二叉排序树的查找过程与二叉排序树类似，其比较次数最多为树的深度，如果树的结点个数为n，则其时间复杂度为$O(\log_2 n)$。

7.3.3 红黑树

视频讲解

红黑二叉查找树，简称红黑树。红黑树也是一种二叉查找树，在每个结点上增加一个存储位表示结点的颜色，可以是红或黑。红黑树是一种接近平衡的二叉树。

1. 红黑树的定义

红黑树是一棵具有以下性质的二叉查找树：

(1) 每个结点为红色或黑色；

(2) 根结点的颜色为黑色；

(3) 叶子结点是空结点且为黑色；

(4) 若一个结点是红色的，则其孩子结点一定是黑色的，即从根结点到叶子结点的路径中，不存在连续的红色结点；

(5) 从任何一个结点出发到叶子结点的路径中，包含相同数目的黑色结点。

根据性质(4)，任何一个路径上不能有两个连续的红色结点，则每条路径上红色结点的个数是有限的，由于最长的路径是红黑相间的，因此最长路径的长度为最短路径长度的2

倍。根据性质(5),若只考虑黑色结点,而忽略红色结点,则这棵树是平衡的。

图 7-16 所示的两棵树都是红黑树,其中 NIL 为对应的子树。如无特别说明,在以下有关红黑树的图示中,以深色代表黑色,以浅色代表红色。

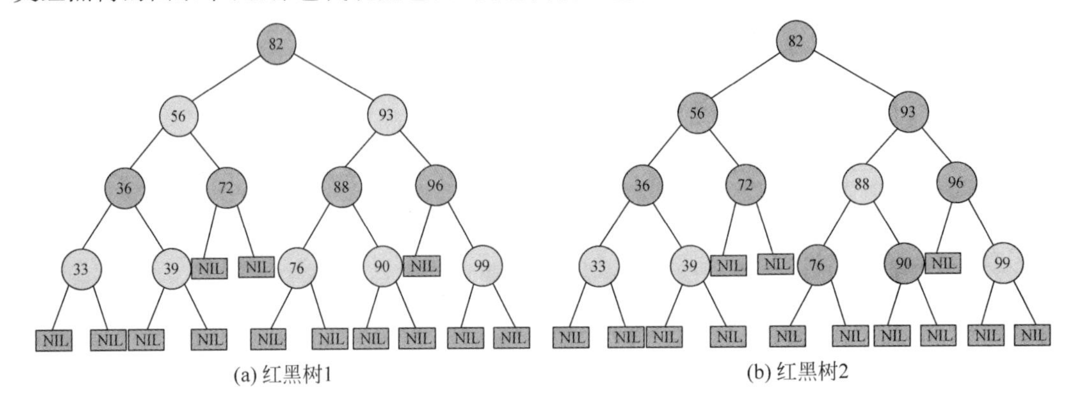

图 7-16 红黑树

在图 7-17(a)中,从根结点到空结点的路径中,每个分支包含 3 个黑色结点。在图 7-17(b)中,从根结点到空结点的路径中,每个分支包含 4 个黑色结点。虽然每个分支上的黑色结点个数不同,但都满足红黑树的性质。

2. 红黑树的基本运算

红黑树的存储结构、查找操作与二叉排序树类似,其主要区别在于插入和删除操作。

1) 红黑树的插入

与二叉排序树的插入类似,红黑树的插入也在叶子结点处进行,插入的新结点作为红黑树的叶子结点,唯一不同的是插入时必须考虑结点的着色。如果插入的结点被着色为红色,则以二叉排序树的插入方法插入红黑树中。如果插入的结点被着为黑色,则从根结点到叶子结点的路径上会多一个黑色结点,这与性质(5)相矛盾,且很难进行调整。另外,如果插入的结点被着色为红色,也可能会导致出现两个连续的红色结点,这与性质(4)相矛盾,但可通过颜色调换和树旋转来调整。

如果插入的新结点的双亲结点是黑色的,则红黑树的性质并没有被破坏,无须进行调整。如果插入的新结点的双亲结点是红色的,则与性质(4)相矛盾,需要进行调整。

假设插入的结点为 T,其双亲结点 P 为红色,则 P 的双亲结点为黑色。在插入结点后,可分为两种情况进行调整。

(1) T 的双亲结点 P 的兄弟结点 U 是黑色的情况。

由于结点 P 是红色的,则其双亲结点 G 一定是黑色的。对于 LL 型结构的红黑树,为了保持红黑树的性质不变,仅需要以 P 为轴进行一次顺时针旋转,使 P 成为 G 的双亲结点,G 成为 P 的右孩子结点,并将 P 和 G 重新着色,如图 7-18(a)所示。对于 RR 型结构的红黑树,为了保持红黑树的性质不变,需要以 P 为轴进行一次逆时针旋转,使 P 成为 G 的双亲结点,G 成为 P 的左孩子结点,并对 P 和 G 重新着色,如图 7-17(b)所示。图 7-17 中的 a、b、c、d、e 分别表示相应的子树。

对于 LR 型红黑树,为了保持红黑树的性质不变,可先以 P 为轴进行逆时针旋转,再以

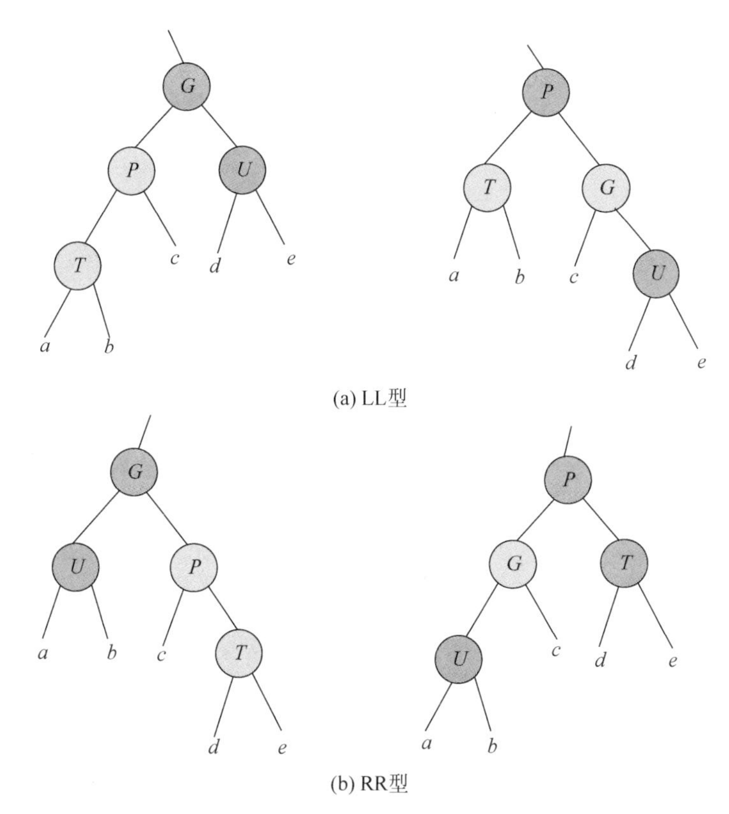

图 7-17 LL 型和 RR 型插入结点后的调整情况

T 为轴进行顺时针旋转，使 T 成为 P 的双亲结点，P 和 G 分别成为 T 的左、右孩子结点，并将 T 和 G 重新着色，使 T 着色为黑色，G 着色为红色，这样从 T 出发到其他结点的黑色结点数量不变，如图 7-18(a)所示。对于 RL 型红黑树，为了保持红黑树的性质不变，可先以 P 为轴进行顺时针旋转，然后以 T 为轴进行逆时针旋转，使 T 成为 G 的双亲结点，G 和 P 分别成为 T 的左、右孩子结点，并将 T 和 G 重新着色，使 T 着色为黑色，G 着色为红色，这样从 T 出发到其他结点的黑色结点数量不变，如图 7-18(b)所示。

例如，针对图 7-17(a)的红黑树，在插入结点 98 后，其双亲结点为红色结点，双亲结点的兄弟结点为空结点，可以看成是黑色结点，该情况属于 RL 型。以结点 99 为轴进行顺时针旋转，再以结点 98 为轴进行逆时针旋转，调整后的红黑树如图 7-19 所示。

对于插入结点 T 的双亲结点的兄弟结点 U 是黑色的情况，若要使红黑树保持原有性质不变，不管是 LL、LR、RL 或 RR 型中的哪一种，只需要经过一次或两次旋转，并调整两个相应结点的颜色即可。

(2) T 的双亲结点 P 的兄弟结点 U 是红色的情况。

若 T 的双亲结点 P 的兄弟结点 U 为红色，则不能再通过简单地一次旋转或两次旋转来恢复原有的红黑树性质。插入的结点 T 为红色，当双亲结点 P 也为红色时，P 的双亲结点 G 为黑色。若 P 的兄弟结点 U 为红色，则需要重新对红黑树进行着色，即将 G 着色为红色，P 和 U 着色为黑色，如图 7-20 所示。这样可解决 G 以下分支结点为连续红色结点的问题，但如果 G 的双亲结点是红色的，则又会出现连续红色结点的问题，此时需要继续向上调整。RL 型和 RR 型插入结点的调整与 LL 型和 LR 型类似。

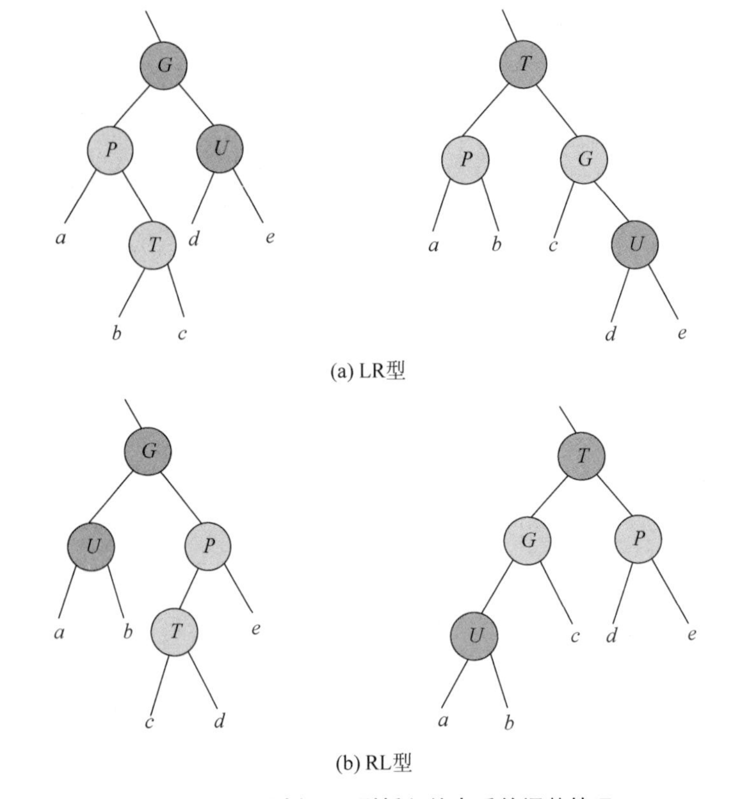

(a) LR型

(b) RL型

图 7-18　LR 型和 RL 型插入结点后的调整情况

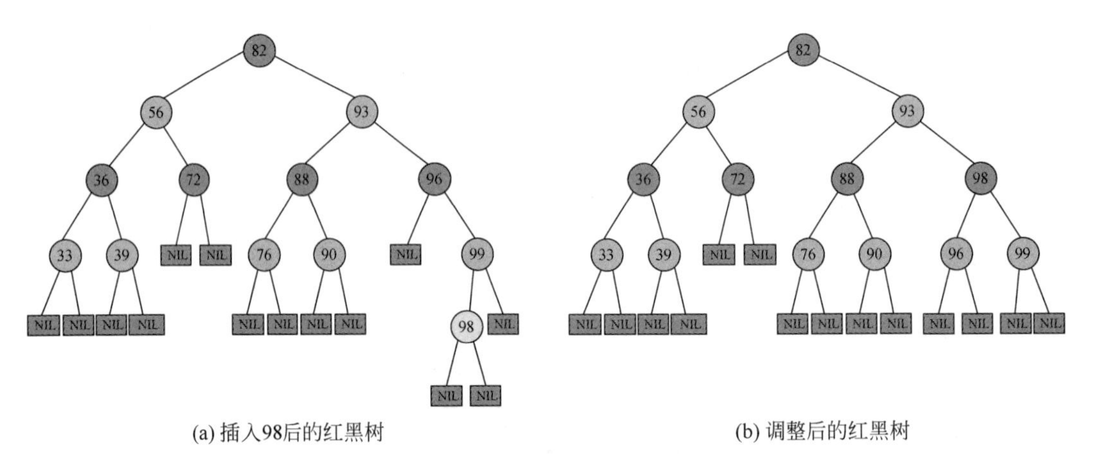

(a) 插入98后的红黑树　　(b) 调整后的红黑树

图 7-19　在图 7-17(a)的红黑树中插入结点 98 的调整情况

例如,如果要在图 7-20(b)所示的红黑树中插入 89,则需要从根结点开始寻找插入位置并进行调整。若遇到结点的两个孩子着色都是红色,则将该结点着色为红色,将两个孩子结点着色为黑色。由于 82 的两个孩子结点都是红色,则将 82 调整为红色,56 和 93 调整为黑色,然后继续从 93 结点往下查找插入位置。93 的左、右孩子结点分别为红色和黑色,不需要重新着色;88 的两个孩子结点都是黑色,不需要重新着色。由于 89 为红色结点,其双亲结点 90 为黑色结点,因此不需要调整,直接将 89 插入,使其成为 90 的左孩子结点,如图 7-21 所示。

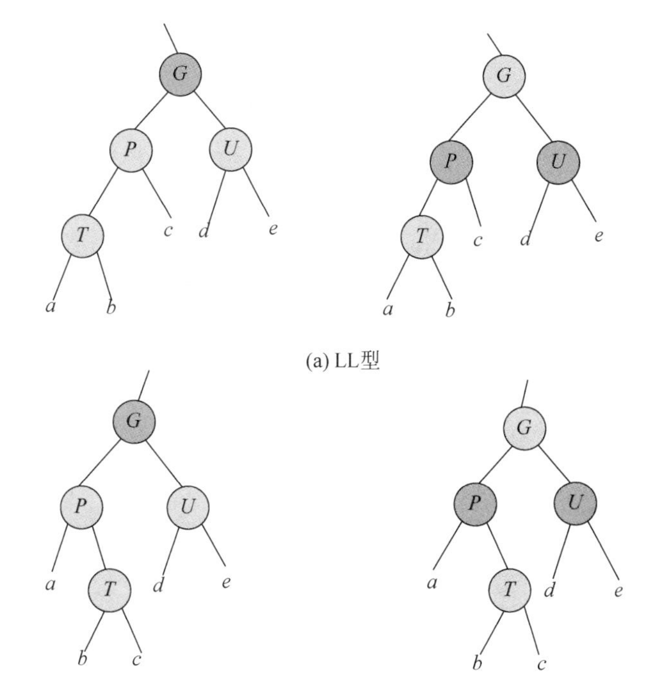

图 7-20　LL 型和 LR 型插入结点后的调整情况

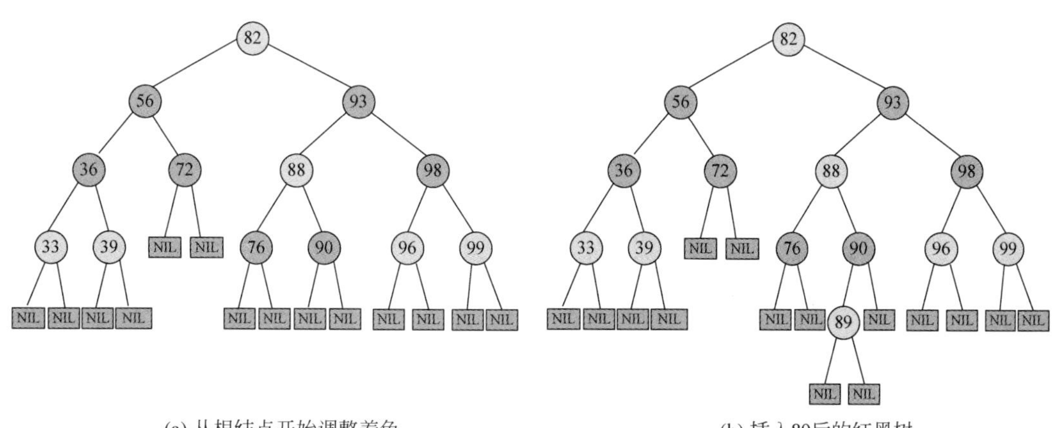

图 7-21　在红黑树中插入 89 的调整过程

2）红黑树的删除

与插入操作一样，在删除了红黑树中的结点后，仍要使红黑树保持原有性质不变。如果删除的是叶子结点，则删除的结点可能为红色或者黑色；如果删除的是红色结点，则删除该结点不会影响到分支结点的数量，因此直接删除即可；如果删除的是黑色结点，则需要进行调整操作，如图 7-22 所示。

若删除的结点 D 的左孩子结点 DL 或右孩子结点 DR 为红色，则在删除 D 后，使 DL 或 DR 替换结点 D 的结点，并标记为黑色结点。

若删除的结点 D 为黑色结点，且其兄弟结点 S 也是黑色，则删除操作可分为以下几种

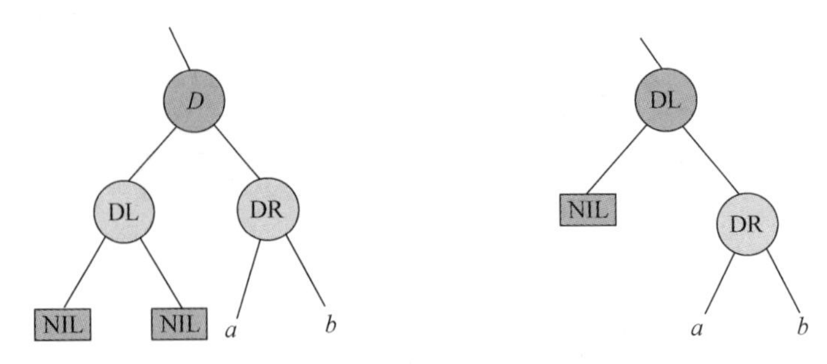

图 7-22 删除结点 D 的调整过程

情况处理。

(1) D 的兄弟结点 S 为黑色,且 S 至少有一个孩子结点是红色。对于这种情况,需要对 S 进行旋转操作,将 S 的一个红色孩子结点进行重新着色,根据 P、S、SL(或 SR)的位置可分为 4 种具体情况,即 LL、LR、RR、RL。以 LL 型和 RR 型为例进行分析,下面先看 LL 型的处理情况。

结点 D 的兄弟结点 S 的两个孩子结点为红色,当删除了 D 之后,P 的右子树失去了平衡,右分支黑色结点个数少了一个,这就需要从 P 的左子树中的红色结点中调整一个结点到右子树。为此可将 SL 结点着色为黑色,然后以 S 为轴进行顺时针旋转,使 P 成为 S 的右孩子结点,SR 成为 P 的左孩子结点。这样就使以 P 为根结点的子树重新恢复了原有性质,如图 7-23 所示。

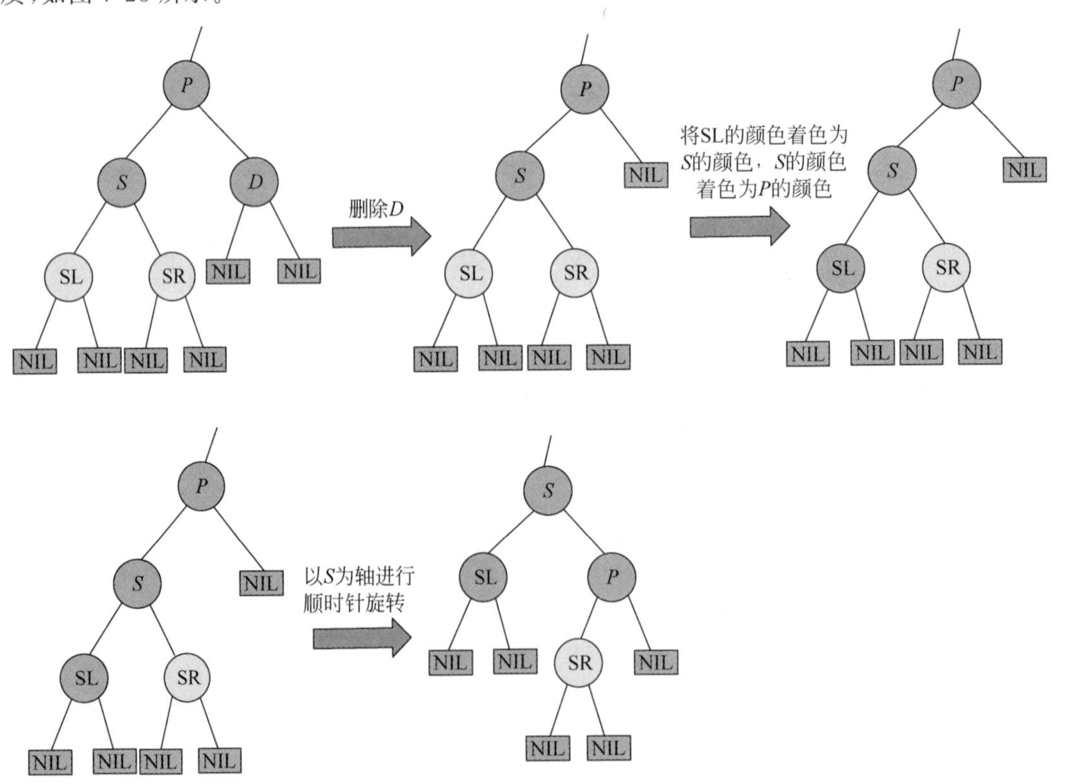

图 7-23 LL 型红黑树删除结点后的调整过程

对于 RR 型红黑树的删除结点的调整与此类似。在删除一个黑色结点 D 之后，为了使红黑树保持原有的性质不变，同样需要对 S 进行逆时针旋转，并对其孩子结点进行重新着色，如图 7-24 所示。

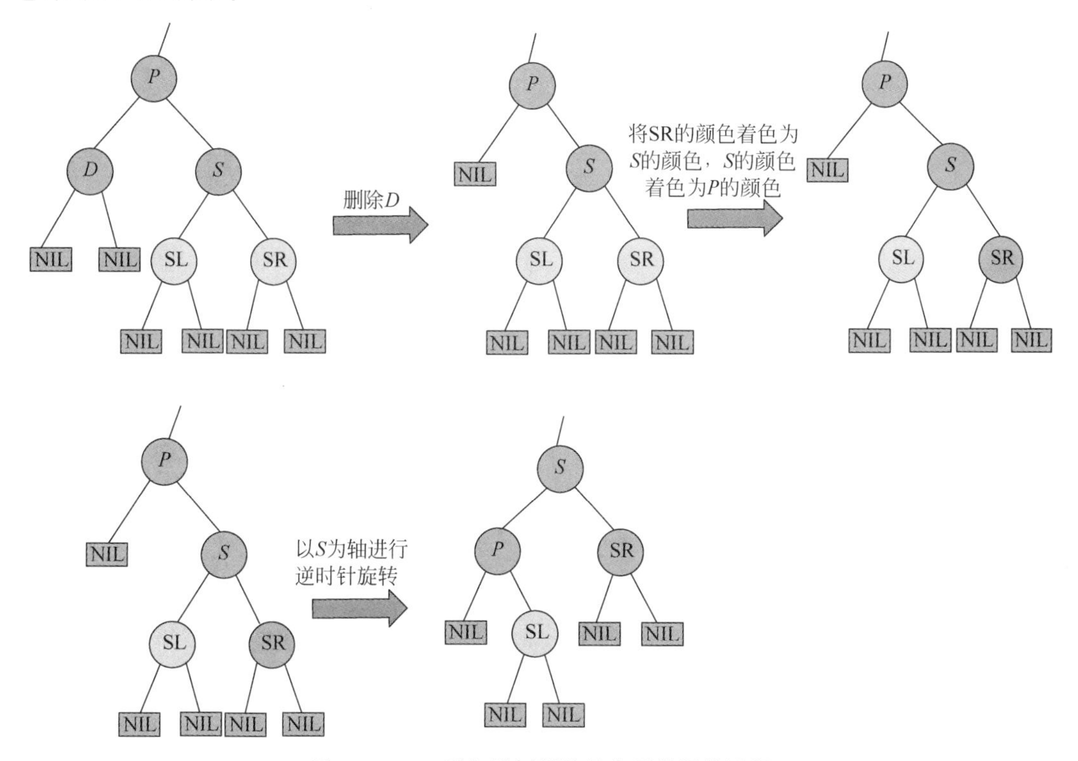

图 7-24　RR 型红黑树删除结点后的调整过程

(2) D 的兄弟结点 S 为黑色，且 S 的两个孩子结点也是黑色的。对于这种情况需要进行递归处理，如果 D 的双亲结点 P 也为黑色，则对 P 继续进行处理，直到当前处理的黑色结点的双亲结点为红色结点，此时将该黑色结点的双亲结点设置为黑色，当前结点设置为红色。例如，如果要删除图 7-25 中的结点 15，该分支会因此少了一个黑色结点，从而需要调整。因为结点 15 的双亲结点为红色，则使双亲结点 36 着色为黑色，使其右孩子结点着色为红色，这样该树就恢复了平衡，如图 7-25 所示。

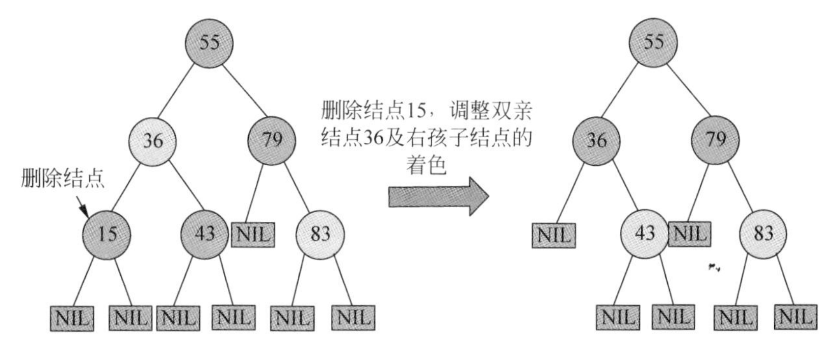

图 7-25　删除结点 15 的调整过程

(3) D 的兄弟结点为红色结点。通过旋转操作将 D 的兄弟结点 S 向上移动，使双亲结点 P 和 S 重新着色，并对旋转后 P 的孩子结点进行判断，以确定相应的平衡操作。旋转操作将结点状态转换为情况(1)。例如,如果要删除图 7-26 所示的结点 79,结点 55 的右分支会因此失去平衡,从而需要对该二叉树进行调整。在删除结点 79 后,以结点 36 为轴进行顺时针旋转,使结点 36 成为结点 55 的双亲结点,结点 55 成为结点 36 的右孩子结点,对结点 36 和结点 55 重新着色,并沿着结点 55 的子树分支对结点重新着色。

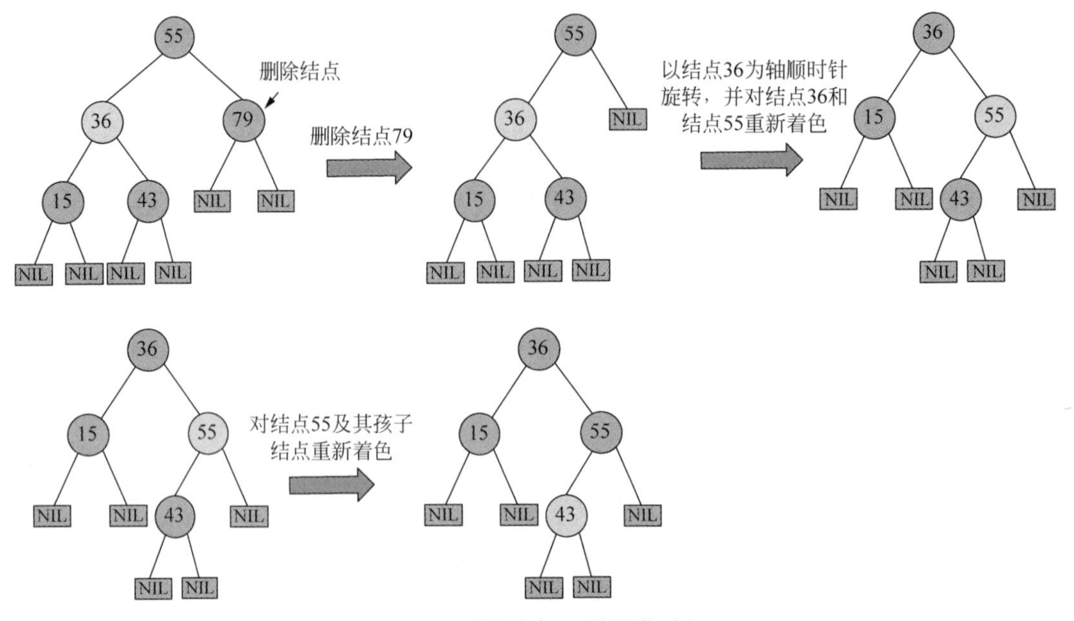

图 7-26　删除结点 79 的调整过程

知识扩展

有序顺序表、索引顺序表、二叉排序树的查找均体现出发现规律、掌握规律的重要性。对于有序顺序表的查找,通过发现查找表中元素的规律而设置哨兵,以减少查找过程中的比较次数,从而提高查找效率。对于索引顺序表,通过构造索引缩小查找范围,以提高查找效率。对于二叉排序树的查找,通过构造出的二叉树满足性质:左孩子结点元素值≤根结点元素值≤右孩子结点元素值,在查找时按照比较结果确定待查找元素所在的子树,以缩小查找范围。这些查找策略都充分体现了事物的内在规律。

视频讲解

7.4　B－树与 B＋树

B－树与 B＋树是两种特殊的动态查找树。

7.4.1　B－树

B－树与二叉排序树类似,它是一种特殊的动态查找树,且为 m 叉排序树。下面介绍 B－树的定义、查找、插入与删除操作。

1. B－树的定义

B－是一种平衡的排序树，也称为 m 路(阶)查找树。一棵 m 阶 B－树为一棵空树或满足以下性质的 m 叉树。

(1) 树中的任何一个结点最多有 m 棵子树。

(2) 根结点为叶子结点或至少有两棵子树。

(3) 除根结点外，所有的非叶子结点至少应有 $\lceil m/2 \rceil$ 棵子树。

(4) 所有的叶子结点处于同一层次上，且不包括任何关键字信息。

(5) 所有的非叶子结点的结构如下：

n	P_0	K_1	P_1	K_2	…	K_a	P_a

其中，n 表示对应结点中的关键字的个数；P_i 表示指向子树的根结点的指针，且 P_i 指向的子树中的结点关键字都小于 K_{i+1}($i=0,1,\cdots,n-1$)。

例如，一棵深度为 4 的 4 阶 B－树如图 7-27 所示。

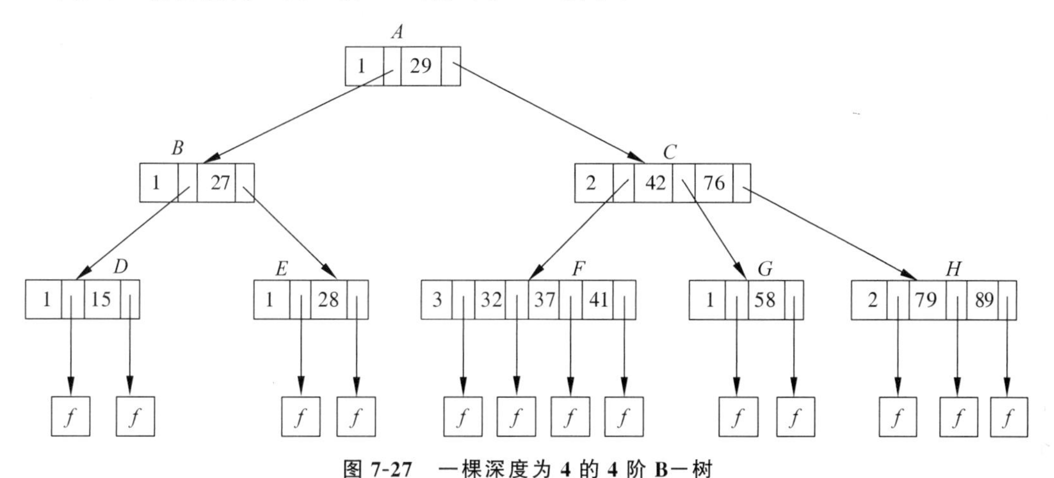

图 7-27 一棵深度为 4 的 4 阶 B－树

2. B－树的查找

在 B－树中，查找某个关键字的过程与二叉排序树的查找过程类似，其查找过程如下。

(1) 若 B－树为空，则查找失败；否则，将待比较元素的关键字 key 与根结点元素的每个关键字 K_i($1 \leqslant i \leqslant n-1$)进行比较。

(2) 若 key 与 K_i 相等，则查找成功。

(3) 若 key$<K_i$，则在 P_{i-1} 指向的子树中查找。

(4) 若 $K_i<$key$<K_{i+1}$，则在 P_i 指向的子树中查找。

(5) 若 key$>K_{i+1}$，则在 P_{i+1} 指向的子树中查找。

例如，查找关键字为 41 的元素。从根结点开始，将 41 与 A 结点的关键字 29 比较，因为 41>29，所以应该在 P_1 所指向的子树内查找。指针 P_1 指向结点 C，因此需要将 41 与结点 C 中的关键字逐个比较，因为有 41<42，所以应该在 P_0 指向的子树内查找。指针 P_0 指向结点 F，因此需要将 41 与结点 F 中的关键字逐个进行比较，在结点 F 中存在关键字为

41 的元素,因此查找成功。

在 B一树中的查找过程其实就是对二叉排序树中查找的扩展,与二叉排序树不同的是,在 B一树中的每个结点有不止一个子树。在 B一树中进行查找需要顺着指针 P_i 找到对应的结点,然后在结点中顺序查找。

B一树的类型描述如下。

```
public class BTNode                //B-树类型定义
{
    final int m = 4;               //B-树的阶数
    int keynum;                    //每个结点中的关键字个数
    BTNode parent;                 //指向双亲结点
    int data[];                    //结点中关键字信息
    BTNode ptr[];                  //指针向量
    vector()
    {
        data = new int[m + 1];
        ptr = new BTNode[m + 1];
        parent = null;
        keynum = 0;
    }
```

B一树的查找算法实现如下。

```
class Result                       //返回结果类型定义
{
    BTNode pt;                     //指向找到的结点
    int pos;                       //关键字在结点中的序号
    boolean flag;                  //查找成功与否标志
}
public Result BTreeSearch(BTNode T, int k)
//在 m 阶 B-树 T 上查找关键字 k,返回结果为 r(pt,pos,flag)。如果查找成功,则标志 flag 为
true,pt 指向关键字为 k 的结点;否则 flag = false。等于 k 的关键字应插入在 pt 所指结点中第 pos
和第 pos + 1 个关键字之间
{
    BTNode p = T;
    BTNode q = null;
    int i = 0;
    boolean found = false;
    Result r = new Result();
    while (p != null && !found) {
        int i = Search(p, k);    //查找关键字 k,p.data[i]≤k<p.data[i+1]
        if (i > 0 && p.data[i] == k)    //如果找到关键字 k,则将标志 found 置为 true
            found = true;
        else {
            q = p;
            p = p.ptr[i];
        }
    }
    if(found)                      //查找成功,返回结点的地址和位置序号
    {
        r.pt = p;
        r.flag = true;
        r.pos = i;
```

```
    }
    else                                //查找失败,返回 k 的插入位置信息
    {
        r.pt = q;
        r.flag = false;
        r.pos = i;
    }
    return r;
}
public int Search(BTNode T, int k)
//在 T 指向的结点中查找关键字为 k 的序号
{
    int i = 1;
    int n = T.keynum;
    while(i <= n && T.data[i] <= k)
        i++;
    return i - 1;
}
```

3. B－树的插入操作

B—树的插入操作与二叉排序树的插入操作类似,都是使插入结点的左边子树的结点关键字小于根结点的关键字,右边子树的结点关键字大于根结点的关键字。而与二叉排序树不同的是,插入的关键字不是树的叶子结点,而是树中处于最底层的非叶子结点;同时该结点的关键字个数最少应该是$\lceil m/2 \rceil -1$,最多应该是$m-1$,否则需要对该结点进行分裂。

例如,图 7-28 为一棵 3 阶的 B—树(省略了叶子结点),在该 B—树中依次插入关键字 35、25、78 和 43。

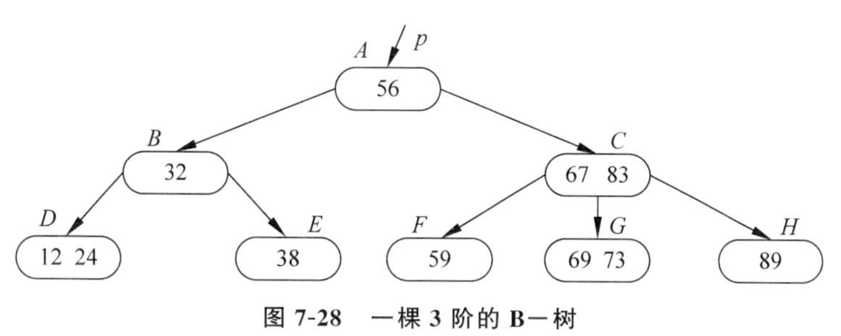

图 7-28　一棵 3 阶的 B—树

(1) 插入关键字 35。首先需要从根结点开始,确定关键字 35 应插入的位置为结点 E。因为插入后结点 E 中的关键字个数大于 1($\lceil m/2 \rceil -1$)小于 2($m-1$),所以插入成功。插入关键字 35 的过程如图 7-29 所示。

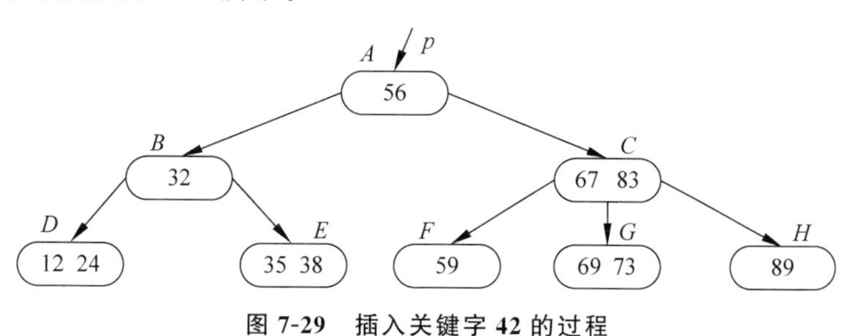

图 7-29　插入关键字 42 的过程

(2) 插入关键字 25。从根结点开始确定关键字 25 应插入的位置为结点 D。因为插入后结点 D 中的关键字个数大于 2,所以需要将结点 D 分裂为两个结点。关键字 24 被插入双亲结点 B 中,关键字 12 被保留在结点 D 中,关键字 25 被插入新生成的结点 D'中,且关键字 24 的右指针指向结点 D'。插入关键字 25 的过程如图 7-30 所示。

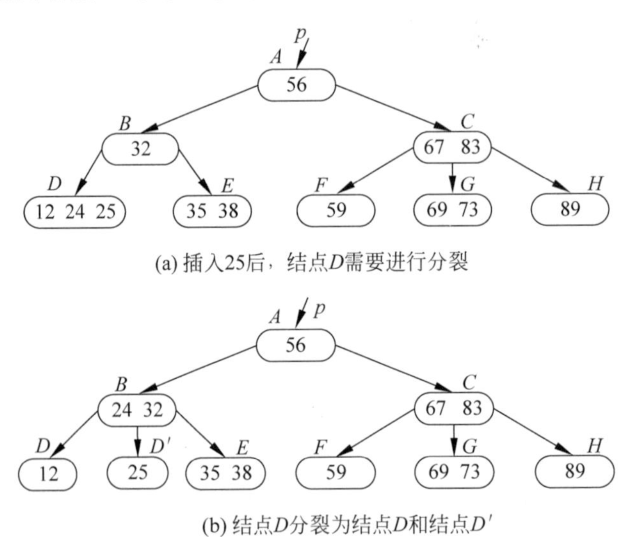

(a) 插入25后，结点D需要进行分裂

(b) 结点D分裂为结点D和结点D'

图 7-30　插入关键字 25 的过程

(3) 插入关键字 78。从根结点开始确定关键字 78 应插入的位置为结点 G。因为插入后结点 G 中的关键字个数大于 2,所以需要将结点 G 分裂为两个结点。关键字 73 被插入结点 C 中,关键字 69 被保留在结点 G 中,关键字 78 被插入新的结点 G'中,且关键字 73 的右指针指向结点 G'。插入关键字 78 的过程如图 7-31 所示。

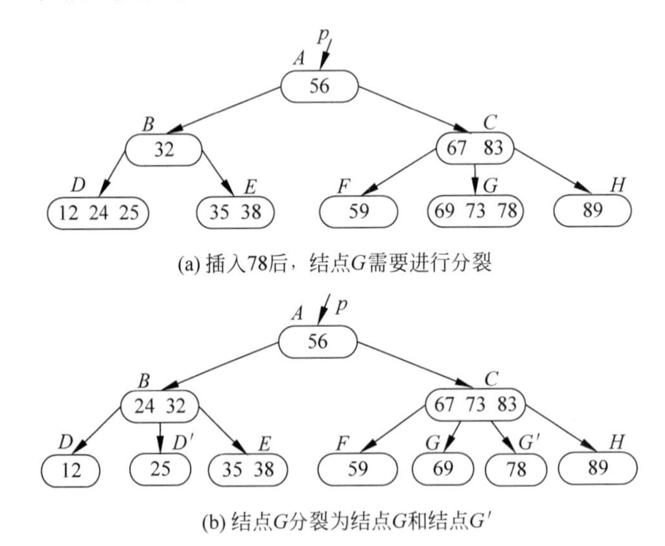

(a) 插入78后，结点G需要进行分裂

(b) 结点G分裂为结点G和结点G'

图 7-31　插入关键字 78 的过程

此时,结点 C 的关键字个数大于 2,因此需要将结点 C 分裂为两个结点。将中间的关键字 73 插入双亲结点 A 中,关键字 83 保留在 C 中,关键字 67 被插入新结点 C'中,且关键

字 56 的右指针指向结点 C'，关键字 73 的右指针指向结点 C。结点 C 的分裂过程如图 7-32 所示。

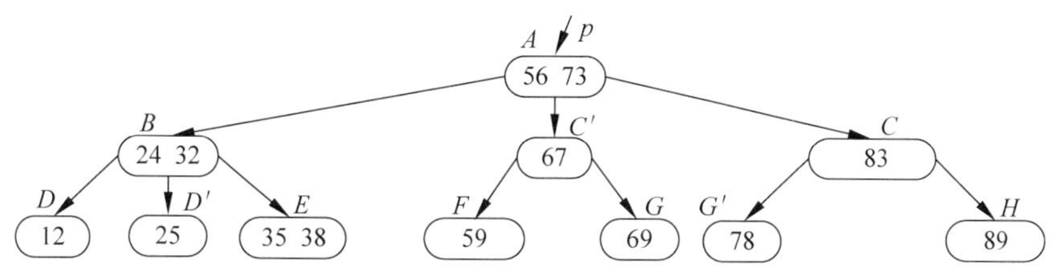

图 7-32 结点 C 分裂为结点 C 和 C′的过程

（4）插入关键字 43。从根结点开始确定关键字 43 应插入的位置为结点 E，如图 7-33 所示。因为插入后结点 E 中的关键字个数大于 2，所以需要将结点 E 分裂为两个结点。中间关键字 38 被插入双亲结点 B 中，关键字 43 被保留在结点 E 中，关键字 35 被插入新的结点 E'中，且关键字 32 的右指针指向结点 E'，关键字 38 的右指针指向结点 E。结点 E 的分裂过程如图 7-34 所示。

此时，结点 B 中的关键字个数大于 2，需要进一步分解结点 B。关键字 32 被插入双亲结点 A 中，关键字 24 被保留在结点 B 中，关键字 38 被插入新结点 B'中，且关键字 24 的左、右指针分别指向结点 D 和 D'，关键字 38 的左、右指针分别指向结点 E 和 E'。结点 B 的分裂过程如图 7-35 所示。

关键字 32 被插入结点 A 中，结点 A 的关键字个数大于 2，因此需要将结点 A 分裂为两个结点。因为结点 A 是根结点，所以需要生成一个新结点 R 作为根结点，将结点 A 的中间关键字 56 插入 R 中，关键字 32 被保留在结点 A 中，关键字 73 被插入新结点 A'中。关键字 56 的左、右指针分别指向结点 A 和 A'，关键字 32 的左、右指针分别指向结点 B 和 B'，关键字 73 的左、右指针分别指向结点 C 和 C'。结点 A 的分裂过程如图 7-36 所示。

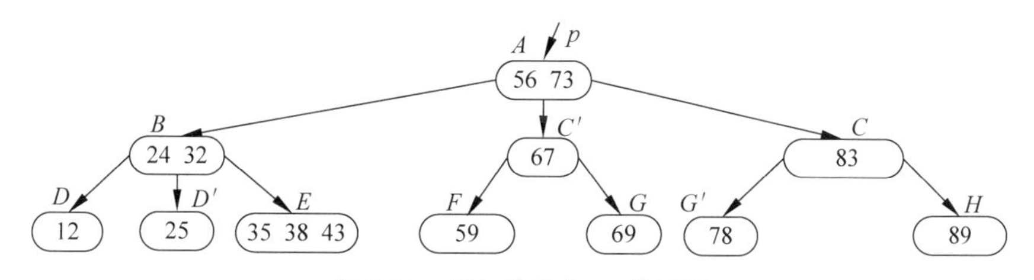

图 7-33 插入关键字 43 的过程

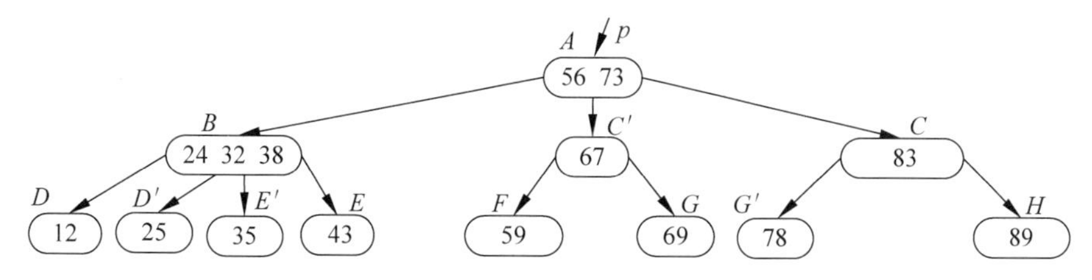

图 7-34 结点 E 的分裂过程

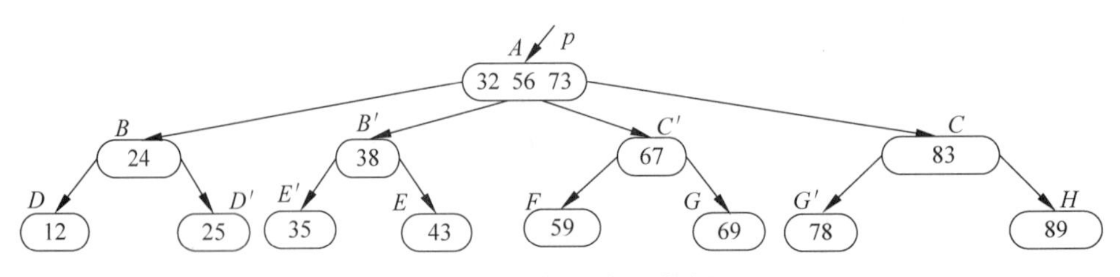

图 7-35　结点 *B* 的分裂过程

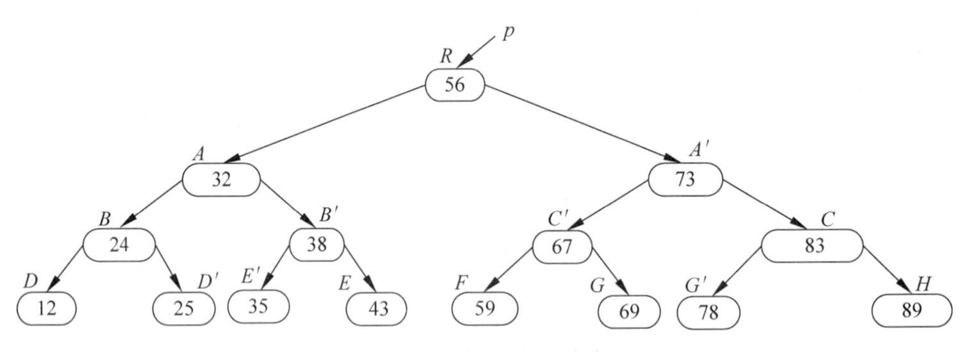

图 7-36　结点 A 的分裂过程

4. B－树的删除操作

对于要在 B－树中删除一个关键字的操作，首先利用 B－树的查找算法，找到关键字所在的结点，然后将该关键字从该结点删除。如果删除该关键字后，该结点中的关键字个数仍然大于等于$\lceil m/2 \rceil -1$，则删除完成；否则，需要进行合并结点。

B－树的删除操作有以下 3 种可能。

(1) 要删除的关键字所在结点的关键字个数大于等于$\lceil m/2 \rceil$，则只需要将关键字 K_i 和对应的指针 P_i 从该结点中删除即可。因为删除该关键字后，该结点的关键字个数仍然不小于$\lceil m/2 \rceil -1$。例如，图 7-37 为从结点 E 中删除关键字 35。

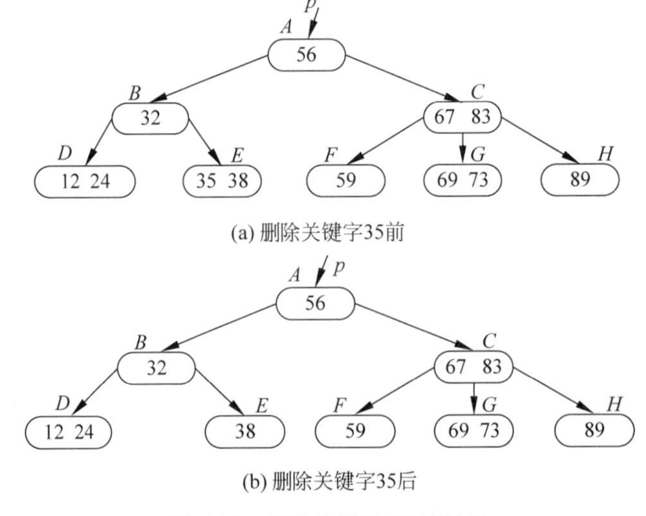

(a) 删除关键字35前

(b) 删除关键字35后

图 7-37　删除关键字 35 的过程

(2) 要删除的关键字所在结点的关键字个数等于$\lceil m/2 \rceil -1$,而与该结点相邻的兄弟结点(左兄弟或右兄弟)中的关键字个数大于$\lceil m/2 \rceil -1$,则删除关键字后,需要将其兄弟结点中最小(或最大)的关键字移动到双亲结点中,将小于(或大于)并且离移动的关键字最近的关键字移动到被删关键字所在的结点中。例如,将关键字 89 删除后,需要将关键字 73 向上移动到双亲结点 C 中,并将关键字 83 下移到结点 H 中,得到如图 7-38 所示的 B－树。

(3) 要删除的关键字所在结点的关键字个数等于$\lceil m/2 \rceil -1$,而与该结点相邻的兄弟结点(左兄弟或右兄弟)中的关键字个数也等于$\lceil m/2 \rceil -1$,则删除关键字(假设该关键字由指针 P_i 指示)后,需要将剩余关键字及其双亲结点中的关键字 K_i 与兄弟结点(左兄弟或右兄弟)中的关键字进行合并,同时与其双亲结点的指针 P_i 进行合并。例如,将关键字 83 删除后,需要将关键字 83 的左兄弟结点的关键字 69 与其双亲结点中的关键字 73 合并到一起,得到如图 7-39 所示的 B－树。

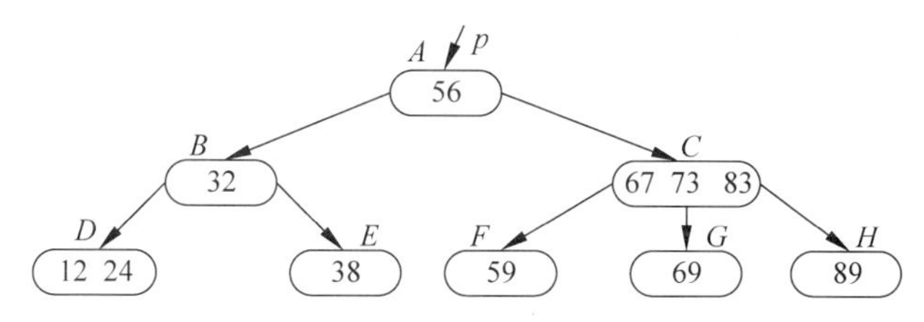

(a) 将结点H的左兄弟结点中的关键字73移动到双亲结点C中

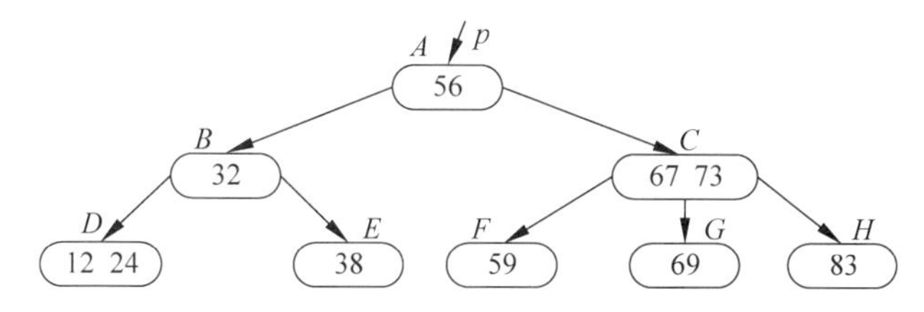

(b) 将与关键字73紧邻且大于73的关键字83移动到结点H中

图 7-38　删除关键字 89 的过程

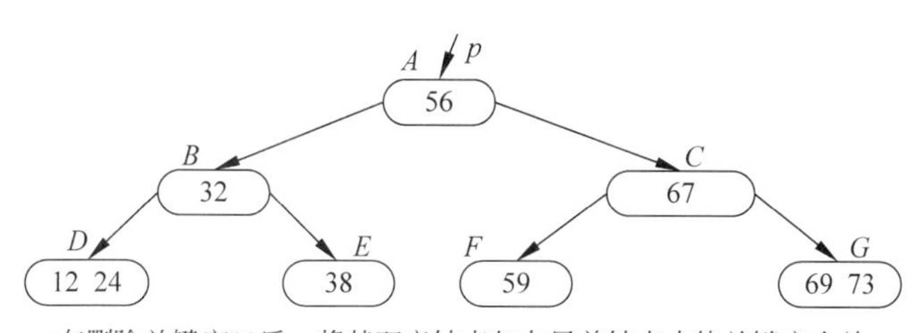

在删除关键字83后，将其双亲结点与左兄弟结点中的关键字合并

图 7-39　删除关键字 83 的过程

7.4.2　B＋树

B＋树是 B－树的一种变型。它与 B－树的主要区别在于:

(1) 如果一个结点有 n 棵子树,则该结点也必有 n 个关键字,即关键字个数与结点的子树个数相等。

(2) 所有的非叶子结点包含子树的根结点的最大或最小的关键字信息,因此所有的非叶子结点都可以作为索引。

(3) 叶子结点包含所有关键字信息和关键字记录的指针,所有叶子结点中的关键字按照从小到大的顺序依次通过指针链接。

由此可以看出,B+树的存储方式类似于索引顺序表的存储结构,所有的记录存储在叶子结点中,非叶子结点作为一个索引表。图7-40为一棵3阶的B+树。

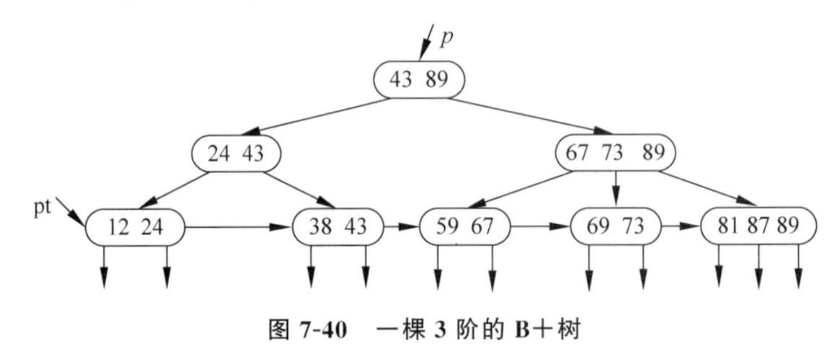

图7-40 一棵3阶的B+树

在图7-40中,B+树有两个指针:一个指向根结点,另一个指向叶子结点。因此,对B+树的查找可以从根结点开始,也可以从叶子结点开始。从根结点开始的查找是一种索引方式的查找,而从叶子结点开始的查找是顺序查找,类似于链表的访问。

从根结点对B+树进行查找所给定的关键字,是从根结点开始经过非叶子结点到叶子结点。查找每一个结点,无论查找是否成功,都是走了一条从根结点到叶子结点的路径。在B+树上插入一个关键字和删除一个关键字都是在叶子结点中进行的,在插入关键字时,要保证每个结点中的关键字个数不能大于 m,否则需要对该结点进行分裂;在删除关键字时,要保证每个结点中的关键字个数不能小于 $\lceil m/2 \rceil$,否则需要与兄弟结点合并。

7.5 哈希表

本章所讨论过的查找算法都经过了一系列与关键字比较的过程,这类算法是建立在"比较"的基础上的,查找算法效率的高低取决于比较的次数。而比较理想的情况是不经过比较就能直接确定要查找元素的位置,这就必须在记录的存储位置和其关键字之间建立一个确定的对应关系 f,使得每一个关键字和记录中的存储位置相对应,通过数据元素的关键字直接确定其存放的位置。这就是本节将要介绍的哈希表。

7.5.1 哈希表的定义

在查找元素的过程中,不与给定的关键字进行比较,就能确定所查找元素的存放位置,这如何实现呢?对此需要在元素的关键字与元素的存储位置之间建立一种对应关系,使得元素的关键字与唯一的存储位置对应。有了这种对应关系,在查找某个元素时,只需要利用这种确定的对应关系,由给定的关键字就可以直接找到该元素。用key表示元素的关键字,f 表示对应关系,则 f(key)表示元素的存储地址。将这种对应关系 f 称为哈希(hash)函数,利用哈希函数可以建立哈希表。哈希函数也称为散列函数。

例如,一个班级有30名学生,将这些学生用各自的姓氏拼音排序,其中姓氏首字母相同的学生放在一起。根据学生姓名的拼音首字母建立的哈希表如表7-2所示。

表7-2 哈希表示例

序号	姓氏拼音	学生姓名
1	A	安紫衣
2	B	白小翼
3	C	陈立本、陈冲
4	D	邓华
5	E	
6	F	冯高峰
7	G	耿敏、弓宁
8	H	何山、郝国庆
	…	…

这样,如在查找姓名为"冯高峰"的学生时,就可以从序号为6的一行直接找到该学生。这种方法比在一堆杂乱无章的姓名中查找要方便得多,但是,在查找姓名为"郝国庆"的学生时,拼音首字母为"H"的学生有多个,这就需要在该行中顺序查找。像这种不同的关键字key出现在同一地址上,即key1≠key2,f(key1)=f(key2)的情况称为哈希冲突。

一般情况下,尽可能地避免冲突的发生或者尽可能少地发生冲突。元素的关键字越多,越容易发生冲突。只有少发生冲突,才能尽可能快地利用关键字找到对应的元素。因此,为了更加高效地查找集合中的某个元素,不仅需要建立一个哈希函数,而且需要一个解决哈希函数冲突的方法。所谓哈希表,就是根据哈希函数和解决冲突的方法,将元素的关键字映射在一个有限且连续的地址,并将元素存储在该地址上。

7.5.2 哈希函数的构造方法

构造哈希函数主要是为了使哈希地址尽可能地均匀分布,以减少发生冲突的可能性;使计算方法尽可能地简便,以提高运算效率。哈希函数的构造方法有许多,常见的方法有以下几种。

1. 直接定址法

直接定址法就是直接取关键字的线性函数值作为哈希函数的地址。直接定址法可以表示为

$$h(\text{key}) = x \times \text{key} + y$$

其中x和y是常数。

直接定址法的计算比较简单且不会发生冲突。但是,这种方法会使产生的哈希函数地址比较分散,从而造成内存的大量浪费。

例如,如果任给一组关键字{230,125,456,46,320,760,610,109},令$x=1$,$y=0$,则需要714(最大的关键字减去最小的关键字,即760−46)个内存单元存储这8个关键字。

2. 平方取中法

平方取中法就是将关键字的平方值的其中几位作为哈希函数的地址。由于一个数经过平方后,每一位数字都与该数的每一位相关,因此采用平方取中法得到的哈希地址与关键字

的每一位都相关,使得哈希地址具有较好的分散性,从而避免冲突的发生。

例如,如果给定关键字 key=3456,则关键字取平方后为 $key^2=11943936$,取中间的4位得到哈希函数的地址,即 $h(key)=9439$。在得到关键字的平方后,具体取哪几位作为哈希函数的地址需要根据具体情况决定。

3. 折叠法

折叠法是将关键字平均分割为若干份,最后一个部分如果不够可以空缺,然后将这几个部分叠加求和作为哈希地址。这种方法主要用在关键字的位数特别多且每一个关键字的位数分布大致相当的情况。例如,给定一个关键字23478245983,可以按照3位将该关键字分割为几个部分,其折叠计算方法如下。

$$
\begin{array}{r}
234 \\
782 \\
459 \\
83 \\
\hline
h(hey) = 1558
\end{array}
$$

在该关键字中,去掉进位,将558作为关键字 key 的哈希地址。

4. 除留余数法

除留余数法主要是通过对关键字取余,将得到的余数作为哈希地址。其主要方法为:设哈希表长为 m,p 为小于等于 m 的数,则哈希函数为 $h(key)=key\%p$。除留余数法是一种常用的求哈希函数方法。

例如,给定一组关键字{75,149,123,183,230,56,37,91},设哈希表长 m 为14,取 $p=13$,则这组关键字的哈希地址存储情况为

	0	1	2	3	4	5	6	7	8	9	10	11	12	13
hash地址	91	183			56		123	149		230	75	37		

图 7-41　哈希地址存储情况

在求解关键字的哈希地址时,p 的取值十分关键。一般情况下,p 为小于或等于表长的最大质数。

7.5.3　处理冲突的方法

在构造哈希函数的过程中,不可避免地会出现冲突的情况。所谓处理冲突就是在有冲突发生时,为产生冲突的关键字找到另一个地址存放该关键字。在解决冲突的过程中,可能会得到一系列哈希地址 $h_i(i=1,2,\cdots,n)$。在第一次冲突发生时,将经过处理后得到第一个新地址记作 h_1,如果 h_1 仍然会冲突,则处理得到第二个地址 $h_2,\cdots$,以此类推,直到 h_n 不产生冲突,将 h_n 作为关键字的存储地址。

处理冲突的常用方法主要有开放定址法、再哈希法和链地址法。

1. 开放定址法

开放定址法是解决冲突比较常用的方法。开放定址法就是利用哈希表中的空地址存储

产生冲突的关键字。当冲突发生时,按照下列公式处理冲突:

$$h_i=(h(\text{key})+d_i)\%m\ ,\quad i=1,2,\cdots,m-1$$

其中,$h(\text{key})$为哈希函数,m 为哈希表长,d_i 为地址增量。地址增量 d_i 可以通过以下3种方法获得。

(1) 线性探测再散列:在冲突发生时,地址增量 d_i 依次取自然数列,即 $d_i=1,2,\cdots,m-1$。

(2) 二次探测再散列:在冲突发生时,地址增量 d_i 依次正负交替地取自然数的平方,即 $d_i=1^2,-1^2,2^2,-2^2,\cdots,k^2,-k^2$。

(3) 伪随机数再散列:在冲突发生时,地址增量 d_i 依次取随机数序列。

例如,在长度为14的哈希表中,将关键字183,123,230,91存放在哈希表中的情况如图7-42所示。

hash地址	0	1	2	3	4	5	6	7	8	9	10	11	12	13
	91	183					123			230				

图7-42 冲突发生前的哈希表

当要插入关键字149时,$h(149)=149\%13=6$,而单元6已经存在关键字,此时会产生冲突。利用线性探测再散列法解决冲突,即 $h_1=(6+1)\%14=7$,将149存储在单元7中,如图7-44所示。

hash地址	0	1	2	3	4	5	6	7	8	9	10	11	12	13
	91	183					123	149		230				

图7-43 插入关键字149后

当要插入关键字227时,$h(227)=227\%13=6$,而单元6已经存在关键字,此时会产生冲突。利用线性探测再散列法解决冲突,即 $h_1=(6+1)\%14=7$,此时仍然冲突;继续利用线性探测再散列法,即 $h_2=(6+2)\%14=8$,单元8空闲,将227存储在单元8中,如图7-44所示。

hash地址	0	1	2	3	4	5	6	7	8	9	10	11	12	13
	91	183					123	149	227	230				

图7-44 插入关键字227后

当然,在冲突发生时,也可以利用二次探测再散列解决冲突。在图7-43中,如果要插入关键字227,则利用二次探测再散列法解决冲突,即 $h_1=(6+1)\%14=7$;再次产生冲突时,有 $h_2=(6-1)\%14=5$,将227存储在单元5中,如图7-45所示。

hash地址	0	1	2	3	4	5	6	7	8	9	10	11	12	13
	91	183				227	123	149		230				

图7-45 利用二次探测再散列解决冲突

2. 再哈希法

再哈希法就是在冲突发生时,利用另外一个哈希函数再次求哈希函数的地址,直到冲突不再发生为止,再哈希法的表达式为

$$h_i = \text{rehash}(\text{key}), \quad i = 1, 2, \cdots, n$$

其中,rehash 表示不同的哈希函数。再哈希法一般不容易再次发生冲突,但是需要事先构造多个哈希函数,这是一件不太容易也不现实的事情。

3. 链地址法

链地址法就是将具有相同散列地址的关键字用一个线性链表进行存储,每个线性链表设置一个头指针指向该链表。链地址法的存储表示类似于图的邻接表示。在每一个链表中,所有的元素都是按照关键字有序排列的。链地址法的主要优点是在哈希表中增加元素和删除元素都比较方便。

例如,一组关键字序列{23,35,12,56,123,39,342,90,78,110},按照哈希函数 $h(\text{key}) = \text{key}\%13$ 和链地址法处理冲突,其哈希表如图 7-46 所示。

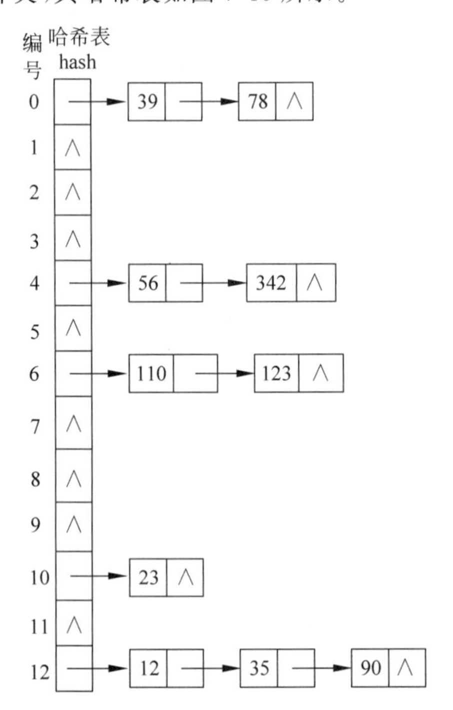

图 7-46 采用链地址法处理冲突的哈希表

7.5.4 哈希表查找与分析

哈希表的查找过程与哈希表的构造过程基本一致,对于给定的关键字 key,按照哈希函数获得哈希地址。若哈希地址所指位置已有记录,且其关键字不等于给定值 key,则根据冲突处理方法求出 key 应存放的下一地址,直到求得的哈希地址空闲或存储的关键字等于给定的 key 为止。若求得的哈希地址对应内存单元中存储的关键字等于 key,则表明查找成功;若求得的哈希地址对应的存储单元空闲,则表明查找失败。

在处理冲突方法相同的情况下,查找效率的高低除了与解决冲突的方法有关外,还依赖于哈希表的装填因子。哈希表的装填因子 α 定义为

$$\alpha = \frac{\text{表中填入的记录数}}{\text{哈希表长度}}$$

装填因子越小，表中填入的记录就越少，发生冲突的可能性就会越小；反之，装填因子越大，表中填入的记录就越多，发生冲突的可能性就越大，则进行关键字查找的比较次数就会越多。

(1) 查找成功时的平均查找长度 $ASL_{成功}$ 定义。

$$ASL_{成功} = \frac{1}{\text{表中的元素总个数 } n} \times \sum_{i=1}^{n} C_i$$

其中，C_i 为查找第 i 个元素时所需的比较次数。

(2) 查找失败时的平均查找长度 $ASL_{失败}$ 定义。

$$ASL_{失败} = \frac{1}{\text{哈希函数取值个数 } r} \times \sum_{i=1}^{n} C_i$$

其中，C_i 为哈希函数取值为 i 时查找失败的比较次数。

在图7-46所示的采用链地址法处理冲突的哈希表中，对于每个单链表中的第一个关键字，即39、56、110、23、12，查找成功时只需要比较1次。对于每个链表的第二个关键字，即78、342、123、35，查找成功时只需要比较2次。对于关键字90，需要比较3次即可确定查找成功。因此，查找成功时的平均查找长度为

$$ASL_{成功} = \frac{1}{10} \times (1 \times 5 + 2 \times 4 + 3) = 1.6$$

若待查找的关键字不在表中，即当 $h(\text{key})=1$ 时，其所指向的单链表有2个结点，所以需要比较3次才能确定查找失败；当 $h(\text{key})=1$，其指针域为空，只需要比较1次即可确定查找失败。以此类推，对 $h(\text{key})=2,3,\cdots,12$ 的情况分别进行分析，可得查找失败时的平均查找长度为

$$ASL_{失败} = \frac{1}{13} \times (1 \times 8 + 3 + 3 + 3 + 2 + 4) = 1.77$$

7.5.5 哈希表应用示例

【例7-2】 设哈希表的长度为15，哈希函数为 $h(k)=k\%13$，散列地址空间为0～14，关键字序列为(19, 5, 21, 24, 45, 20, 68, 27, 70, 11, 10)。要求按线性探测再散列解决冲突的方法构造哈希表，画出构造后的哈希表，并求出等概率下查找成功和查找不成功时的平均查找长度。

分析：主要考查哈希函数的构造方法、冲突解决的办法。算法实现的主要部分：构建哈希表、在哈希表中查找给定的关键字、输出哈希表及求平均查找长度。关键字的个数是11个，根据哈希函数 $h(\text{key})=\text{key}\%13$ 和线性探测再散列法构造哈希表。

对于关键字19，$h(19)=19\%13=6$。

对于关键字5，$h(5)=5\%13=5$。

对于关键字21，$h(21)=21\%13=8$。

对于关键字24，$h(24)=24\%13=11$。

对于关键字45，$h(45)=45\%13=6$，冲突；利用线性探测再散列法处理冲突，$d_1=1$，

$h_1=(h(19)+1)\%15=7$。

对于关键字 20,$h(20)=20\%13=7$,冲突;利用线性探测再散列法处理冲突,$d_1=1$,$h_1=(h(20)+1)\%15=8$,仍冲突;再次利用线性探测再散列法处理冲突,$d_2=2$,$h_2=(h(20)+2)\%15=9$。

对于关键字 68,$h(68)=68\%13=3$。

对于关键字 27,$h(27)=27\%13=1$。

对于关键字 70,$h(70)=70\%13=5$,冲突;利用线性探测再散列法处理冲突,$d_1=1$,$h_1=(h(70)+1)\%15=6$,仍冲突;再次利用线性探测再散列法处理冲突,$d_2=2$,$h_2=(h(70)+2)\%15=7$。$d_3=3$,$d_4=4$,仍然冲突;$d_5=5$,$h_5=(h(70)+5)\%15=10$。

对于关键字 11,$h(11)=11\%13=11$,冲突;利用线性探测再散列法处理冲突,$d_1=1$,$h_1=(h(11)+1)\%15=12$。

对于关键字 10,$h(10)=10\%13=10$,冲突;利用线性探测再散列法处理冲突,$d_1=1$,$h_1=(h(10)+1)\%15=11$,仍然冲突;再次利用线性探测再散列法处理冲突,$d_2=2$,$h_2=(h(10)+2)\%15=12$;$d_3=3$,$h_3=(h(10)+3)\%15=13$。

表 7-3 为经过上述分析后构造出的哈希表。

表 7-3　例 7-2 的哈希表

地址	0	1	2	3	4	5	6	7	8	9	10	11	12	13	14
关 键 字		27		68		5	19	45	21	20	70	24	11	10	
比较次数		1		1		1	1	2	1	3	6	1	2	4	

哈希表的查找过程类似于利用哈希函数和处理冲突创建哈希表的过程。例如,要查找 key=19 的关键字,由哈希函数可得 $h(19)=19\%13=6$,查找成功,返回序号 6。要查找 key=20 的关键字,由哈希函数可得 $h(20)=20\%13=7$,此时与第 7 号单元中的关键字 45 比较;因为 $45\neq20$,又 $h_1=(7+1)\%13=8$,所以将第 8 号单元中的关键字 21 与 20 比较;因为 $21\neq20$,又 $h_2=(7+2)\%13=9$,所以将第 9 号单元中关键字 20 与 key 比较;因为 key=20,所以查找成功,返回序号 9。

尽管利用哈希函数可以通过关键字直接找到对应的元素,但是不可避免地仍然会有冲突产生,因此,仍然需要以平均查找长度衡量哈希表查找的效率高低。假设每个关键字的查找概率都是相等的,则在表 7-2 所示的哈希表中,查找成功时的平均查找长度为

$$\mathrm{ASL}_{成功}=\frac{1}{11}\times(1\times6+2\times2+3+4+6)=\frac{23}{11}$$

若查找的关键字不在表中,则从特定位置出发,直到第一个地址上关键字为空时,表示查找失败。依次统计从每个位置开始查找失败的比较次数,就可得到查找失败时的平均查找长度。例如,在表 7-2 中,第 0 号单元为空,则比较 1 次即可确定查找失败。第 1 号单元有元素存在,则需要比较 2 次才可确定查找失败。以此类推,直到最后一个存储单元即第 12 号单元,需要比较 3 次才可确定查找失败。根据以上分析,查找失败时的平均查找长度为

$$\mathrm{ASL}_{失败}=\frac{1}{13}\times(1+2+1+2+1+10+9+8+7+6+5+4+3)=\frac{59}{13}$$

1. 哈希表的操作

这部分主要包括哈希表的创建、查找与求哈希表平均查找长度,具体代码如下。

```
class HashData
//元素类型定义
{
    int key;
    int hi;                                          //比较次数
    int hi2;                                         //查找不成功时的比较次数
    HashData(int key, int hi, int hi2)
    {
        this.key = key;
        this.hi = hi;
        this.hi2 = hi2;
    }
}
public class HashSearch
//哈希表类型定义
{
    HashData data[];
    int tableSize;                                   //哈希表的长度
    int keynum;                                      //表中关键字个数
    HashSearch(int tablesize, int keynum)
    {
        tableSize = tablesize;
        this.keynum = keynum;
        data = new HashData[tablesize];
    }
    public void CreateHashTable(int m, int p, int hash[], int n)
    //构造一个空的哈希表,并处理冲突
    {
        int k = 1;
        for(int i = 0;i < m;i++)                     //初始化哈希表
            data[i] = new HashData(-1, 0,0);
        for(int i = 0;i < n;i++)                     //求哈希函数地址并处理冲突
        {
            int compare_count = 0;                   //比较次数
            int di = Func_Hash(hash[i],p);           //利用除留余数法求哈希函数地址
            if (data[di].key == -1)                  //如果不冲突,则将元素存储在表中
            {
                data[di].key = hash[i];
                data[di].hi = 1;
            }
            else                                     //用线性探测再散列法处理冲突
            {
                while (data[di].key != -1) {
                    di = (di + k) % m;
                    compare_count += 1;
                }
                data[di].key = hash[i];
                data[di].hi = compare_count + 1;
            }
        }
        keynum = n;                                  //哈希表中关键字个数为n
        tableSize = m;                               //哈希表的长度
    }
    public int Func_Hash(int key, int p)
```

```
    {
        return key % p;
    }

    public int SearchHash(int k, int p)
    //在哈希表 H 中查找关键字 k 的元素
    {
        int m = tableSize;
        int d = Func_Hash(k,p) % m;
        int d1 = Func_Hash(k,p) % m;            //求 k 的哈希地址
        while(data[d].key != -1) {
            if(data[d].key == k)                //如果是要查找的关键字 k,则返回 k 的位置
                return d;
            else                                //继续往后查找
                d = (d + 1) % m;
            if(d == d1)                         //如果查找了哈希表中的所有位置,没有找到返回 0
                return 0;
        }
        return 0;                               //该位置不存在关键字 k
    }

    public void HashASL(int m, int p)           //求哈希表的平均查找长度
    {
        float average = 0;
        for (int i = 0; i < m; i++)
            average += data[i].hi;
        average = average / keynum;
        System.out.println("查找成功时的平均查找长度 ASL_succ = " + average);
        average = 0;
        int k,count;
        for(int i = 0;i < p;i++)
        {
            k = 0;
            count = 1;
            while(data[i + k].key!= -1)
            {
                count++;
                k++;
            }
            data[i].hi2 = count;
            average += data[i].hi2;
        }
        average = average/p;
        System.out.println("查找不成功时的平均查找长度 ASL_unsucc = " + average);
    }
}
```

2. 测试部分

这部分主要是对哈希表进行测试,具体代码如下。

```
public void DisplayHash (int m)
//输出哈希表
{
```

```
        System.out.print("哈希表地址:");
        for(int i = 0;i < m;i++)
        {
            String str = String.format(" % - 5d",i);
            System.out.print(str);
        }
        System.out.println();
        System.out.print("关键字 key: ");
        for(int i = 0;i < m;i++)
        {
            String str = String.format(" % - 5d",data[i].key);
            System.out.print(str);
        }
        System.out.println();
        System.out.print("比较次数: ");
        for(int i = 0;i < m;i++)
        {
            String str = String.format(" % - 5d",data[i].hi);
            System.out.print(str);
        }
        System.out.println();
    }
    public static void main(String args[])
    {
        int hash[] = {19, 5, 21, 24, 45, 20, 68, 27, 70, 11, 10};
        int m = 15,p = 13,n = hash.length;
        HashSearch hashtable = new HashSearch(m,n);
        hashtable.CreateHashTable(m, p, hash, n);
        hashtable.DisplayHash(m);
        int k = 68;
        int pos = hashtable.SearchHash(k,p);
        System.out.println("关键字" + k + "在哈希表中的位置为:" + pos);
        hashtable.HashASL(m,p);
    }
```

程序运行结果如下。

```
哈希表地址：  0   1   2   3   4   5   6   7   8   9   10  11  12  13  14
关键字 key：  −1  27  −1  68  −1  5   19  45  21  20  70  24  11  10  −1
比较次数：    0   1   0   1   0   1   1   2   1   3   6   1   2   4   0
关键字 68 在哈希表中的位置为：3
查找成功时的平均查找长度 ASL_succ=2.090909
查找不成功时的平均查找长度 ASL_unsucc=4.5384617
```

知识拓展

在查找过程中，静态查找和动态查找各有其优势。对于数据元素不变的情况，可采用静态查找方式；对于数据元素不确定的情况，可采用动态查找，边查找边建立查找结构——树，如果树中不存在待查找元素，可将该元素插入树中。对于动态查找，树的结构是不断变化的，而在查找过程中，它又是静止的。静态查找和动态查找体现出动态与静止、特殊与一般的辩证关系。只有承认相对静止，才能区分事物，才能理解物质的多样性。

7.6 实验

7.6.1 基础实验

1. 基础实验1：实现线性表的查找

实验目的：考查对顺序查找、折半查找和分块查找算法的理解和掌握情况。

实验要求：

(1) 利用顺序查找法，在元素序列73,12,67,32,21,39,55,48中查找指定的元素。

(2) 利用折半查找法，在元素序列7,15,22,29,41,55,67,78,81,99中查找指定的元素。

(3) 对给定的元素序列8, 13, 25, 19, 22, 29, 46, 38, 30, 35, 50, 60, 49, 57, 55, 65, 70, 89, 92, 70，设计一个分块查找算法，查找指定的元素。

2. 基础实验2：利用二叉排序树实现查找

实验目的：考查是否掌握二叉排序树的查找、插入等操作。

实验要求：假设一个元素序列为55,43,66,88,18,80,33,21,72，根据二叉排序树的插入算法思想，创建一棵二叉排序树，然后对给定元素进行查找。

3. 基础实验3：利用哈希表实现查找

实验目的：考查哈希表的创建和平均查找长度求解方法。

实验要求：给定元素序列78,90,66,70,155,82,123,231，设哈希表长$m=11$，$p=11$，$n=8$。要求构造一个哈希表，用线性探测再散列法处理冲突，并求平均查找长度。

7.6.2 综合实验

综合实验：新冠疫苗接种信息管理系统

实验目的：考查是否掌握查找算法思想及实现。

实验要求：设计并实现一个新冠疫苗接种信息管理系统(假设该系统面向需要接种两剂的疫苗)。要求定义一个包含接种者的身份证号、姓名、已接种了几剂疫苗、第一剂接种时间、第二剂接种时间等信息的顺序表，系统至少包含以下功能：

(1) 逐个显示信息表中疫苗接种的信息。

(2) 两剂疫苗接种需要间隔14～28天，输出目前满足接种第二剂疫苗的接种者信息。

(3) 给定一个新增接种者的信息，插入表中的指定位置。

(4) 根据身份证号进行折半查找，若查找成功，则返回此接种者的信息。

(5) 为提高检索效率，要求利用接种者的姓氏为关键字建立哈希表，并利用链地址法处理冲突。给定接种者的身份证号或姓名，查找疫苗接种信息，并输出冲突次数和平均查找长度。

小结

查找分为两种：静态查找与动态查找。静态查找是指在数据元素集合中查找与给定的关键字相等的元素。动态查找是指在查找过程中，如果数据元素集合中不存在与给定的关键字相等的元素，则将该元素插入数据元素集合中。

静态查找主要有顺序表、有序顺序表和索引顺序表的查找。对于有序顺序表的查找，在查找的过程中如果给定的关键字大于表的元素，就可以停止查找，说明表中不存在该元素（假设表中的元素按照关键字从小到大的顺序排列，并且查找从第一个元素开始比较）。索引顺序表的查找是为主表建立一个索引，根据索引确定元素所在的范围，这样可以有效地提高查找的效率。

动态查找主要包括二叉排序树、平衡二叉树、B－树和B＋树。这些都是利用二叉树和树的特点对数据元素集合进行排序，通过将元素插入二叉树或树中建立二叉树或树，然后通过对二叉树或树的遍历按照从小到大的顺序输出元素的序列。其中，B－树和B＋树利用了索引技术，这样可以提高查找的效率。静态查找中顺序表的平均查找长度为$O(n)$，折半查找的平均查找长度为$O(\log_2 n)$。动态查找中的二叉排序树的查找类似于折半查找，其平均查找长度为$O(\log_2 n)$。

哈希表是利用哈希函数的映射关系直接确定要查找元素的位置，大大减少了与元素的关键字的比较次数。建立哈希表的方法主要有直接定址法、平方取中法、折叠法和除留余数法等。

在进行哈希查找过程中，开放定址法和链地址法是解决冲突最为常用的方法。开放定址法是利用哈希表中的空地址存储产生冲突的关键字，解决冲突可以利用地址增量解决，具体实现方法有两个：线性探测再散列和二次探测再散列。链地址法是将具有相同散列地址的关键字用一个线性链表存储起来，每个线性链表设置一个头指针指向该链表。在每一个链表中，所有的元素都是按照关键字有序排列的。

习题

本书提供在线测试习题，扫描下面的二维码，可以获取本章习题。

在线测试

第8章

排　　序

CHAPTER 8

排序(sort)是计算机程序设计中的一种重要技术,它的作用是将一个数据元素(或记录)的任意序列重新排列成一个按关键字有序排列的序列,其应用领域非常广泛。在数据处理过程中,对数据进行排序是不可避免的;在元素查找过程中,也涉及对数据的排序。例如,排列有序的折半查找比顺序查找的效率要高许多。按照内存和外存的使用情况,排序可分为内排序和外排序。

本章主要内容:

- 排序的基本概念
- 插入排序、选择排序、交换排序、归并排序、基数排序的算法思想及实现
- 各种排序算法性能比较

8.1　排序的基本概念

排序的一些基本概念如下。

(1) 排序：将一个无序的元素序列按照元素的关键字递增或递减排列为有序的序列。设包含 n 个元素的序列$(E_1,E_2,\cdots,E_n)$，其对应的关键字为$(k_1,k_2,\cdots,k_n)$。为了将元素按照递减(或递增)排列，需要将下标 $1,2,\cdots,n$ 构成一种排列 $p_1,p_2,\cdots,p_n$，使关键字呈递减(或递增)排列，即 $k_{p1}\leqslant k_{p2}\leqslant\cdots\leqslant k_{pn}$，从而使元素构成一个递减(或递增)的序列$(E_{p1},E_{p2},\cdots,E_{pn})$。

(2) 稳定排序和不稳定排序：在排列过程中，如果存在两个关键字相等，即 $k_i=k_j(1\leqslant i\leqslant n,1\leqslant j\leqslant n,i\neq j)$，则排序前对应的元素 E_i 在 E_j 之前。在排序之后，如果元素 E_i 仍在 E_j 之前，则称这种排序采用的方法是稳定的。如果经过排序之后，元素 E_i 位于 E_j 之后，则称这种排序方法是不稳定的。

无论是稳定的排序方法还是不稳定的排序方法，都能正确地完成排序。一个排序算法的好坏主要通过时间复杂度、空间复杂度和稳定性来衡量。

(3) 内排序和外排序：根据排序过程中所利用的内存储器和外存储器的情况，可以将排序分为两类：内部排序和外部排序。内部排序也称为内排序，外部排序也称为外排序。所谓内排序是指需要排序的元素数量不是特别大，完全在内存中进行的排序。所谓外排序是指需要排序的数据量非常大，在内存中不能一次完成，需要不断地在内存和外存中交替才能完成的排序。

按照排序过程中采用的策略可以将排序分为 4 类：插入排序、选择排序、交换排序和归并排序。这些排序方法各有优点和不足，在使用时可根据具体情况选择比较合适的方法。

在排序过程中，主要需要进行以下两种基本操作。

(1) 比较两个元素相应关键字的大小。

(2) 将元素从一个位置移动到另一个位置。

其中，移动元素可以通过采用链表存储方式来避免，而比较关键字的大小无论采用何种存储结构都不可避免。

待排序元素有以下两种存储结构。

(1) 顺序存储。将待排序元素存储在一组连续的存储单元中，这类似于线性表的顺序存储。元素 E_i 和 E_j 逻辑上相邻，其物理位置也相邻。在排序过程中，需要移动元素。

(2) 链式存储。将待排序元素存储在一组不连续的存储单元中，这类似于线性表的链式存储。元素 E_i 和 E_j 逻辑上相邻，其物理位置不一定相邻。在进行排序时，不需要移动元素，只需要修改相应的指针即可。

为了方便描述，本章的排序算法主要采用顺序存储，其数据类型描述如下。

```
class SqList                                    //顺序表类型定义
{
    int data[];
    int length;
    final int MAXSIZE = 30;
```

```
    SqList() {
        this.data = new int[MAXSIZE];
        this.length = 0;
    }
}
```

8.2 插入排序

插入排序的算法思想：在一个有序的元素序列中，不断地将新元素插入该有序元素序列中，直到所有元素都插入合适位置为止。

8.2.1 直接插入排序

直接插入排序的基本思想：假设前 $i-1$ 个元素已经有序，将第 i 个元素的关键字与前 $i-1$ 个元素的关键字进行比较，找到合适的位置，并将第 i 个元素插入。按照类似的方法，将剩下的元素依次插入已经有序的序列中，完成插入排序。

假设待排序的元素有 n 个，对应的关键字分别是 $a_1,a_2,\cdots,a_n$。因为第 1 个元素是有序的，所以从第 2 个元素开始，将 a_2 与 a_1 进行比较。如果 $a_2<a_1$，则将 a_2 插入 a_1 之前；否则，说明该序列已经有序，不需要移动 a_2。

这样，有序的元素个数变为 2，然后将 a_3 与 a_2、a_1 进行比较，确定 a_3 的位置。首先将 a_3 与 a_2 比较，如果 $a_3 \geqslant a_2$，则说明 a_1、a_2、a_3 已经是有序排列。如果 $a_3<a_2$，则继续将 a_3 与 a_1 比较。如果 $a_3<a_1$，则将 a_3 插入 a_1 之前，否则，将 a_3 插入 a_1 与 a_2 之间即可完成 a_1、a_2、a_3 的排列。以此类推，直到最后一个关键字 a_n 插入前 $n-1$ 个有序排列。

例如，给定 8 个元素，对应的关键字序列为(45,23,56,12,97,76,29,68)，将这些元素按照关键字从小到大进行直接插入排序的过程如图 8-1 所示。

序号	1	2	3	4	5	6	7	8
初始状态	[45]	23	56	12	97	76	29	68
i=2	[23	45]	56	12	97	76	29	68
i=3	[23	45	56]	12	97	76	29	68
i=4	[12	23	45	56]	97	76	29	68
i=5	[12	23	45	56	97]	76	29	68
i=6	[12	23	45	56	76	97]	29	68
i=7	[12	23	29	45	56	76	97]	68
i=8	[12	23	29	45	56	68	76	97]

图 8-1 直接插入排序过程

直接插入排序算法描述如下。

```
public void DirectInsertSort()
//直接插入排序
{
    int i = 0, t = -1, j = 0;
    for (i = 0; i < length - 1; i++)      //前 i 个元素已经有序,从第 i + 1 个元素开始与前
                                           //i 个有序的关键字比较
```

```
    {
        t = data[i + 1];                  //取出第 i + 1 个元素,即待排序的元素
        j = i;
        while (j > -1 && t < data[j])     //寻找当前元素的合适位置
        {
            data[j + 1] = data[j];
            j -= 1;
        }
        data[j + 1] = t;                  //将当前元素插入合适的位置
    }
}
```

从上面的算法可以看出,直接插入排序算法简单且容易实现。在最好的情况下,即所有元素的关键字已经基本有序,直接插入排序算法的时间复杂度为 $O(n)$。在最坏的情况下,即所有元素的关键字都是按逆序排列,则内层 while 循环的比较次数均为 $i+1$,整个比较次数为 $\sum_{i=1}^{n-1}(i+1)=\frac{(n+2)(n-1)}{2}$,移动次数为 $\sum_{i=1}^{n-1}(i+2)=\frac{(n+4)(n-1)}{2}$,此时的时间复杂度为 $O(n^2)$。如果元素的关键字是随机排列的,则其比较次数和移动次数约为 $n^2/4$,此时的时间复杂度为 $O(n^2)$。直接插入排序算法的空间复杂度为 $O(1)$。由此可见,直接插入排序是一种稳定的排序算法。

8.2.2 折半插入排序

视频讲解

在插入排序中,需要将待排序元素插入已经有序的元素序列的正确位置。在查找正确插入位置时,可以采用折半查找的思想,这种插入排序算法称为折半插入排序。

对直接插入排序算法简单修改后,即可得到折半插入排序算法如下。

```
public void BinInsertSort()
//折半插入排序
{
    int t, low, high, mid;
    for (int i = 0; i < length - 1; i++) //前 i 个元素已经有序,从第 i + 1 个元素开始与前 i
                                         //个的有序的关键字比较
    {
        t = data[i + 1];                 //取出第 i + 1 个元素,即待排序的元素
        low = 0;
        high = i;
        while (low <= high)              //利用折半查找思想寻找当前元素的合适位置
        {
            mid = (low + high) / 2;
            if (data[mid] > t)
                high = mid - 1;
            else
                low = mid + 1;
        }
        for (int j = i; j > low - 1; j-- )//移动元素,空出要插入的位置
            data[j + 1] = data[j];
        data[low] = t;                   //将当前元素插入合适的位置
    }
}
```

折半插入排序算法与直接插入排序算法的区别在于查找插入的位置,折半插入排序减少了关键字间的比较次数,每次插入一个元素所需要比较的次数为判定树的深度,其平均比较时间复杂度为$O(n\log_2 n)$。但是,折半插入排序并没有减少移动元素的次数,其整体平均时间复杂度为$O(n^2)$。折半插入排序是一种稳定的排序算法。

视频讲解

8.2.3 希尔排序

希尔排序也称为缩小增量排序,它的基本思想是:将待排序元素分为若干子序列,利用直接插入排序思想对子序列进行排序。将该子序列缩小,并对子序列进行直接插入排序。按照这种思想,直到所有的元素都按照关键字有序排列。

假设待排序的元素有n个,对应的关键字分别是$a_1,a_2,\cdots,a_n$。设距离(增量)为$c_1=4$的元素为同一个子序列,则元素的关键字$a_1,a_5,\cdots,a_i,a_{i+5},\cdots,a_{n-5}$为一个子序列,同理,关键字$a_2,a_6,\cdots,a_{i+1},a_{i+6},\cdots,a_{n-4}$为一个子序列。分别对同一个子序列的关键字利用直接插入排序进行排序,缩小增量并令$c_2=2$,分别对同一个子序列的关键字进行插入排序。以此类推,最后令增量为1,这时只有一个子序列,对整个元素进行排序。

例如,利用希尔排序的算法思想,对元素的关键字序列(56,22,67,32,59,12,89,26,48,37)进行排序,其排序过程如图8-2所示。

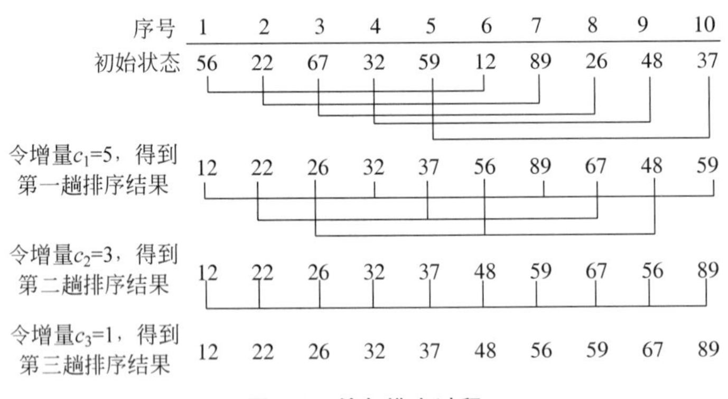

图8-2 希尔排序过程

希尔排序的算法描述如下。

```
public void ShellInsert(int c)
//对顺序表L进行一次希尔排序,c是增量
{
    int t,j;
    for (int i = c; i < length; i++)       //将距离为c的元素作为一个子序列进行排序
    {
        if (data[i] < data[i - c])         //如果后者小于前者,则需要移动元素
        {
            t = data[i];
            j = i - c;
            while (j > -1 && t < data[j]) {
                data[j + c] = data[j];
                j -= c;
            }
            data[j + c] = t;               //依次将元素插入正确的位置
        }
```

```
    }
}
public void ShellInsertSort (int delta[ ], int m)
//希尔排序,每次调用算法 ShellInsert, delta 是存放增量的列表
{
    for(int i = 0;i < m;i++)                //进行 m 次希尔排序
        insertion sort(delta[i]);
}
```

希尔排序的分析是一个非常复杂的事情，主要问题在于希尔排序选择的增量。经过大量的研究，当增量的序列为 $2^{m-k+1}-1$ 时，其时间复杂度为 $O(n^{3/2})$，其中 m 为排序的趟数，$1 \leqslant k \leqslant m$。希尔排序的空间复杂度为 $O(1)$。希尔排序是一种不稳定的排序算法。

8.2.4　插入排序应用示例

【例 8-1】　利用直接插入排序、折半插入排序和希尔排序对关键字为(56,22,67,32,59,12,89,26,48,37)的元素序列进行排序。

```
public class InsertSort
{
    public static void main(String args[ ])
    {
        int a[ ] = {56, 22, 67, 32, 59, 12, 89, 26, 48, 37};
        int delta[ ] = {5, 3, 1};
        int n = a.length, m = delta.length;
         //直接插入排序
        SqList L = new SqList();
        L.InitSeqList(a, n);
        System.out.print("排序前:");
        L.DispList();
        L.DirectInsertSort();
        System.out.print("直接插入排序结果:");
        L.DispList();
         //折半插入排序
        L = new SqList();
        L.InitSeqList(a, n);
        System.out.print("排序前:");
        L.DispList();
        L.BinInsertSort();
        System.out.print("折半插入排序结果:");
        L.DispList();
        //希尔排序
        L = new SqList();
        L.InitSeqList(a, n);
        System.out.print("排序前:");
        L.DispList();
        L.ShellInsertSort(delta, m);
        System.out.print("希尔排序结果:");
        L.DispList();
    }
}
```

程序运行结果如下。

排序前：56 22 67 32 59 12 89 26 48 37
直接插入排序结果：12 22 26 32 37 48 56 59 67 89
排序前：56 22 67 32 59 12 89 26 48 37
折半插入排序结果：12 22 26 32 37 48 56 59 67 89
排序前：56 22 67 32 59 12 89 26 48 37
希尔排序结果：12 22 26 32 37 48 56 59 67 89

8.3 选择排序

选择排序的基本思想：不断地从待排序元素序列中选择关键字最小(或最大)的元素，将其放在已排序元素序列的最前面(或最后面)，直到待排序元素序列中没有元素。

视频讲解

8.3.1 简单选择排序

简单选择排序的基本思想：假设待排序的元素序列有 n 个，第 1 趟排序经过 $n-1$ 次比较，从 n 个元素序列中选择关键字最小的元素，并将其放在元素序列的第 1 个位置。第 2 趟排序从剩余的 $n-1$ 个元素中，经过 $n-2$ 次比较选择关键字最小的元素，将其放在第 2 个位置。以此类推，直到没有待比较的元素，简单选择排序算法结束。

简单选择排序的算法描述如下。

```
public void SimpleSelectSort()
//简单选择排序
{
    //将第 i 个元素与后面[i + 1…n]个元素比较,将值最小的元素放在第 i 个位置
    for(int i = 0;i < length - 1;i++) {
        int j = i;
        for (int k = i + 1; k < length; k++)       //值最小的元素的序号为 j
        {
            if (data[k] < data[j])
                j = k;
        }
        if (j != i)                    //如果序号 i 不等于 j,则需要将序号 i 和序号 j 的元素交换
        {
            int t = data[i];
            data[i] = data[j];
            data[j] = t;
        }
    }
}
```

给定一组元素序列，其元素的关键字为(56，22，67，32，59，12，89，26)，简单选择排序的过程如图 8-3 所示。

简单选择排序的空间复杂度为 $O(1)$。在最好的情况下，其元素序列已经是非递减有序序列，则不需要移动元素。在最坏的情况下，其元素序列是按照递减排列，则在每一趟排序的过程中都需要移动元素，因此需要移动元素的次数为 $3(n-1)$。简单选择排序的比较次数与元素的关键字排列无关，在任何情况下都需要进行 $n(n-1)/2$ 次。因此，综合以上考

序号	1	2	3	4	5	6	7	8
初始状态	[56	22	67	32	59	12	89	26]
	↑i=1					↑j=6		
第1趟排序结果：将第6个元素放在第1个位置	12	[22	67	32	59	56	89	26]
		↑↑i=j=2						
第2趟排序结果：第2个元素最小，不需要移动	12	22	[67	32	59	56	89	26]
			↑i=3					↑j=8
第3趟排序结果：将第8个元素放在第3个位置	12	22	26	[32	59	56	89	67]
				↑↑i=j=4				
第4趟排序结果：第4个元素最小，不需要移动	12	22	26	32	[59	56	89	67]
					↑i=5	↑j=6		
第5趟排序结果：将第6个元素放在第5个位置	12	22	26	32	56	[59	89	67]
						↑↑i=j=6		
第6趟排序结果：第6个元素最小，不需要移动	12	22	26	32	56	59	[89	67]
							↑i=7	↑j=8
第7趟排序结果：将第8个元素放在第7个位置	12	22	26	32	56	59	67	[89]
								↑↑i=j=8
排序结束：最终排序结果	12	22	26	32	56	59	67	89

图 8-3　简单选择排序

虑，简单选择排序的时间复杂度为 $O(n^2)$。简单选择排序是一种不稳定的排序算法。

8.3.2　堆排序

视频讲解

堆排序的算法思想主要是利用了二叉树的性质进行排序。

1. 堆的定义

堆排序主要是利用了二叉树的树形结构，按照完全二叉树的编号次序，将元素序列的关键字依次存放在相应的结点。从叶子结点开始，从互为兄弟的两个结点中（没有兄弟结点除外），选择一个较大（或较小）者与其双亲结点比较，如果该结点大于（或小于）双亲结点，则将两者进行交换，使较大（或较小）者成为双亲结点。将所有的结点都做类似操作，直到根结点为止。这时，根结点的元素值的关键字最大（或最小）。

这样就构成了堆，堆中的每一个结点都大于（或小于）其孩子结点。堆的数学形式定义为：假设存在 n 个元素，其关键字序列为$(k_1, k_2, \cdots, k_i, \cdots, k_n)$，则有

$$\begin{cases} k \leqslant k_{2i} \\ k_i \leqslant k_{2i+1} \end{cases} \quad 或 \quad \begin{cases} k \geqslant k_{2i} \\ k_i \geqslant k_{2i+1} \end{cases}$$

其中，$i=1,2\cdots,\left\lfloor \frac{n}{2} \right\rfloor$。

如果将这些元素的关键字存放在一维数组或列表中，并将此一维数组或列表中的元素与完全二叉树一一对应起来，则完全二叉树中的每个非叶子结点的值都不小于（或不大于）孩子结点的值。

在堆中，堆的根结点元素值一定是所有结点元素值的最大值或最小值。例如，序列（87，

64,53,51,23,21,48,32)和(12,35,27,46,41,39,48,55,89,76)都是堆,相应的完全二叉树表示如图 8-4 所示。

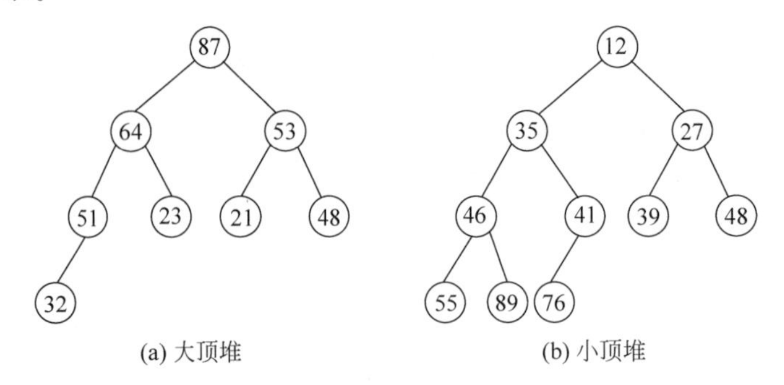

图 8-4　大顶堆和小顶堆

在图 8-4(a)中,非叶子结点的元素值不小于其孩子结点的值,这样的堆称为大顶堆。在图 8-4(b)中,非叶子结点的元素值不大于其孩子结点的元素值,这样的堆称为小顶堆。

将堆中的根结点(堆顶)输出之后,如果将剩余的 $n-1$ 个结点的元素值重新建立一个堆,则新堆的堆顶元素值是次大(或次小)值,并将该堆顶元素输出。将剩余的 $n-2$ 个结点的元素值重新建立一个堆,并将堆顶元素输出。反复执行以上操作,直到堆中没有结点,就构成了一个有序序列。这样重复建堆并输出堆顶元素的过程称为堆排序。

2. 建堆

堆排序的过程就是建立堆和不断调整使剩余结点构成新堆的过程。假设将待排序元素的关键字存放在数组或列表 a 中,第 1 个元素的关键字 $a[1]$表示二叉树的根结点,剩下的元素的关键字 $a[2\cdots n]$分别与二叉树中的结点按照层次从左到右一一对应。

例如,根结点的左孩子结点存放在 $a[2]$中,右孩子结点存放在 $a[3]$中,$a[i]$的左孩子结点存放在 $a[2\times i]$中,右孩子结点存放在 $a[2i+1]$中。如果是大顶堆,则有 $a[i].\mathrm{key}\geqslant a[2i].\mathrm{key}$ 且 $a[i].\mathrm{key}\geqslant a[2i+1].\mathrm{key}\left(i=1,2,\cdots,\left\lfloor\frac{n}{2}\right\rfloor\right)$。如果是小顶堆,则有 $a[i].\mathrm{key}\leqslant a[2i].\mathrm{key}$ 且 $a[i].\mathrm{key}\leqslant a[2i+1].\mathrm{key}\left(i=1,2,\cdots,\left\lfloor\frac{n}{2}\right\rfloor\right)$。

建立一个大顶堆就是将一个无序的关键字序列构建为一个满足条件 $a[i]\geqslant a[2i]$且 $a[i]\geqslant a[2i+1]\left(i=1,2,\cdots,\left\lfloor\frac{n}{2}\right\rfloor\right)$的序列。

建立大顶堆的算法思想:从位于元素序列中的最后一个非叶子结点即第 $\left\lfloor\frac{n}{2}\right\rfloor$ 个元素开始,逐层比较,直到根结点为止。假设当前结点的序号为 i,则当前元素为 $a[i]$,其左、右孩子结点元素分别为 $a[2i]$和 $a[2i+1]$。将 $a[2i].\mathrm{key}$ 和 $a[2i+1].\mathrm{key}$ 中的较大者与 $a[i]$比较,如果孩子结点元素值大于当前结点值,则交换两者;否则,不进行交换。逐层向上执行此操作,直到根结点,这样就建立了一个大顶堆。建立小顶堆的算法与此类似。

例如,给定一组元素,其关键字序列为(21,47,39,51,<u>39</u>,47,28,56),建立大顶堆的过程如图 8-5 所示。其中,结点旁边为对应的序号。

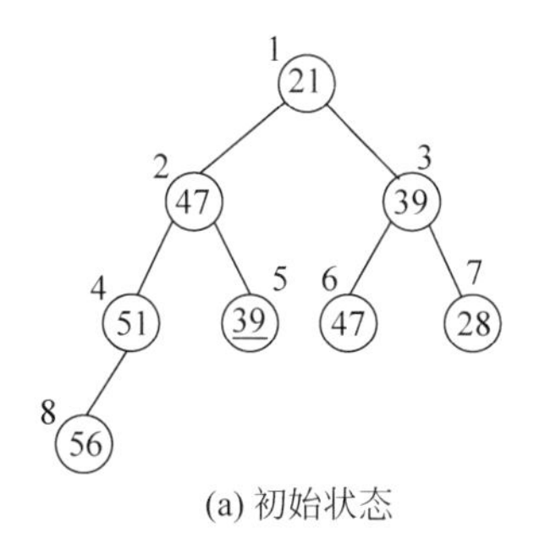

(a) 初始状态

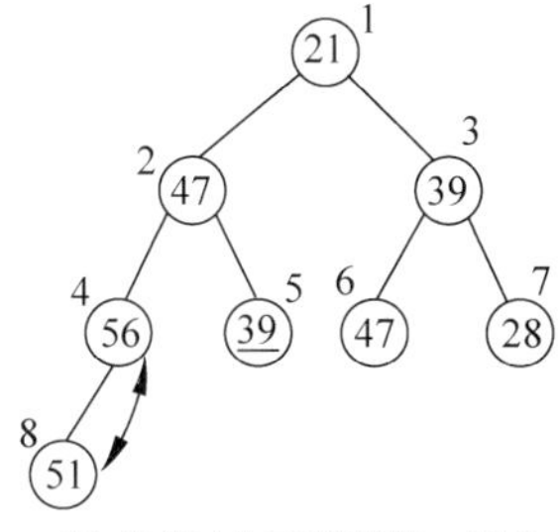

(b) 从第4个元素开始，因为51<56，所以交换两个结点

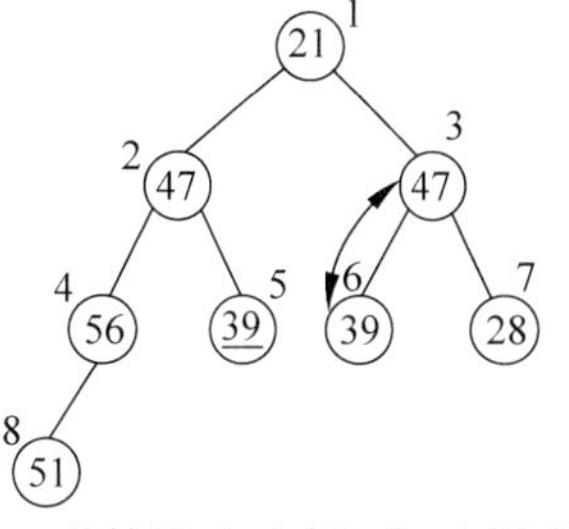

(c) 比较第3个元素与其子树结点，因为47>39，所以交换47和39

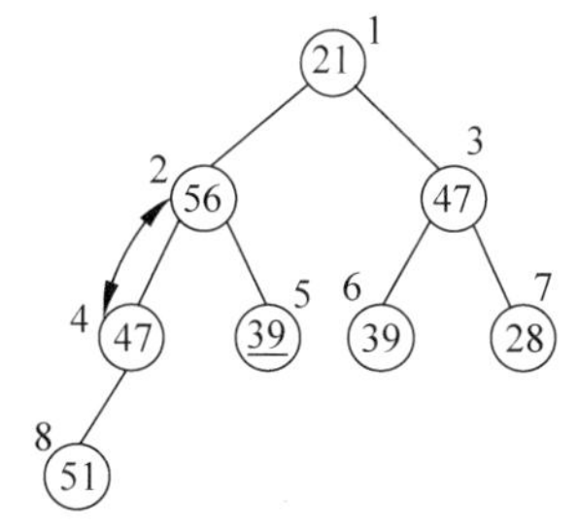

(d) 比较第2个元素与其子树结点，因为56>39，所以交换56和47

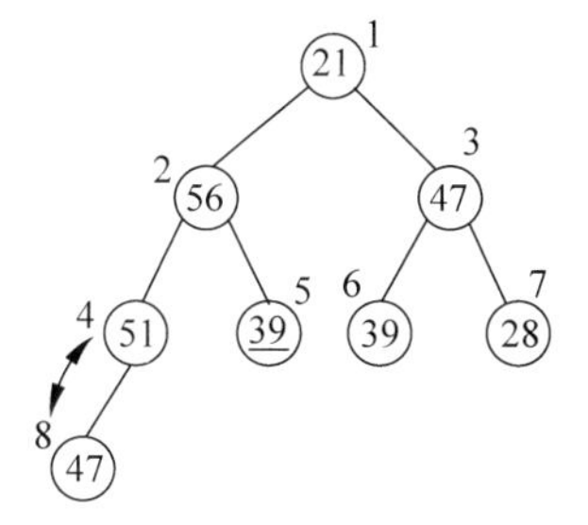

(e) 比较第4个元素与其子树结点，因为51>47，所以交换51和47

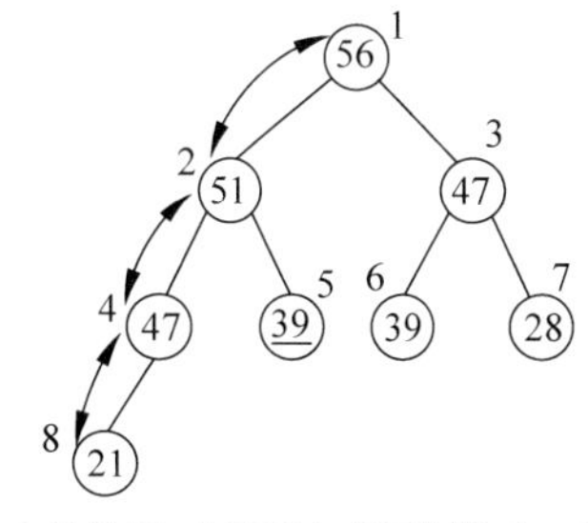

(f) 比较第1个元素与其子树结点，经过第1、2、4、8个元素交换过程，得到大顶堆

图 8-5　建立大顶堆的过程

可以看出，对于建立后的大顶堆，其非叶子结点的元素值均不小于左、右子树结点的元素值。

建立大顶堆的算法描述如下。

```
public void CreateHeap(int n)
//建立大顶堆
{
    for(int i = n/2 - 1;i >= 0;i -- )          //从序号 n / 2 开始建立大顶堆
        AdjustHeap(i, n - 1);
}
public void AdjustHeap(int s, int m)
 //调整 H.data[s...m]的关键字,使其成为一个大顶堆
{
    int t  =  data[s];                          //将根结点暂时保存在 t 中
    int j = 2 * s + 1;
    while(j <= m) {
        if (j < m && data[j] < data[j  +  1]) //沿关键字较大的孩子结点向下筛选
            j++;                               //j 为关键字较大的结点的下标
        if (t > data[j])                       //如果孩子结点的值小于根结点的值,则不进行交换
            break;
        data[s]  =  data[j];
        s  =  j;
        j  *  =  2  +  1;
    }
    data[s]  =  t;                              //将根结点插入正确位置
}
```

3. 调整堆

建立一个大顶堆并输出堆顶元素后，如何调整剩下的元素，使其构成一个新的大顶堆呢？其实，这也是一个建堆的过程。由于除了堆顶元素外，剩下的元素本身就具有 $a[i]$.key$\geqslant a[2i]$.key 且 $a[i]$.key$\geqslant a[2i+1]$.key$\left(i=1,2,\cdots,\left\lfloor\frac{n}{2}\right\rfloor\right)$的性质，关键字按照由大到小的顺序逐层排列，因此，调整剩下的元素构成新的大顶堆只需要从上往下进行比较，找出最大的关键字并将其放在根结点的位置即可。

具体实现过程：当堆顶元素输出后，可以将堆顶元素放在堆的最后，即将第 1 个元素与最后一个元素交换 $a[1]$<－>$a[n]$，则需要调整的元素序列就是 $a[1\cdots n-1]$。从根结点开始，如果其左、右子树结点元素值大于根结点元素值，选择较大的一个进行交换。如果 $a[2]>a[3]$，则将 $a[1]$与 $a[2]$比较；如果 $a[1]>a[2]$，则将 $a[1]$与 $a[2]$交换，否则不交换。如果 $a[2]<a[3]$，则将 $a[1]$与 $a[3]$比较；如果 $a[1]>a[3]$，则将 $a[1]$与 $a[3]$交换，否则不交换。重复执行此操作，直到叶子结点不存在即可完成堆的调整，此时构成了一个新堆。

例如，一个大顶堆的关键字序列为(87,64,53,51,23,21,48,32)，当输出 87 后，调整剩余的关键字序列为一个新的大顶堆的过程如图 8-6 所示。

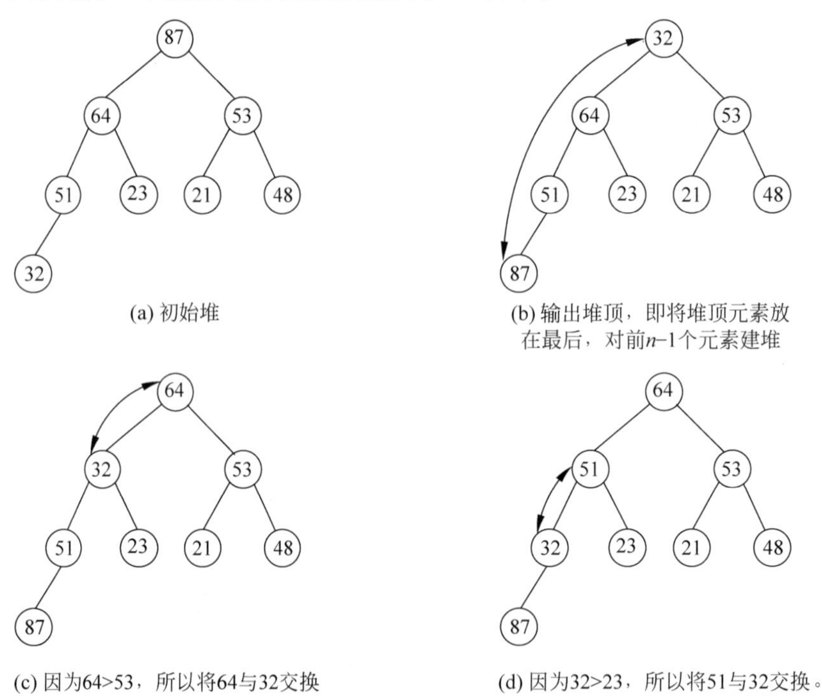

图 8-6　输出堆顶元素后调整堆的过程

如果重复地输出堆顶元素，即将堆顶元素与堆的最后一个元素交换，然后重新调整剩余的元素序列使其构成一个新的大顶堆，直到没有需要输出的元素为止。重复地执行以上操作，就会把元素序列构成一个有序的序列，即完成一个排序的过程。

```
public void HeapSort()
```

```
//对顺序表 H 进行堆排序
{
    CreateHeap(length);                      //创建堆
    for(int i = length - 1;i > 0;i -- )      //将堆顶元素与最后一个元素交换,重新调整堆
    {
        int t = data[0];
        data[0] = data[i];
        data[i] = t;
        AdjustHeap(0, i - 1);                //将 data[1…i - 1]; 调整为大顶堆
    }
}
```

例如，一个大顶堆的元素的关键字序列为(87,64,49,51,49,21,48,32)，其相应的完整的堆排序过程如图 8-7 所示。

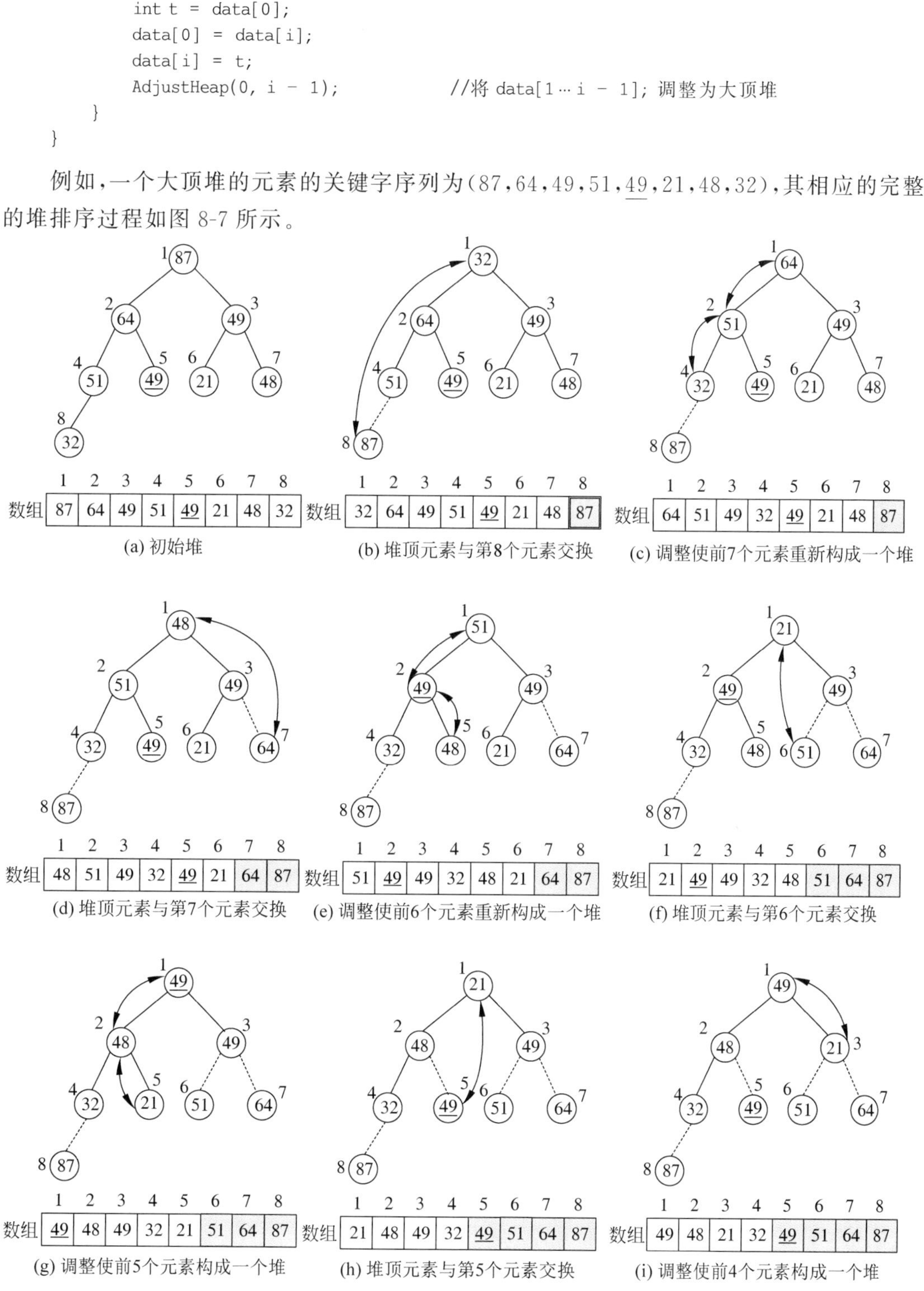

(a) 初始堆　(b) 堆顶元素与第8个元素交换　(c) 调整使前7个元素重新构成一个堆

(d) 堆顶元素与第7个元素交换　(e) 调整使前6个元素重新构成一个堆　(f) 堆顶元素与第6个元素交换

(g) 调整使前5个元素构成一个堆　(h) 堆顶元素与第5个元素交换　(i) 调整使前4个元素构成一个堆

图 8-7　一个完整的堆排序过程

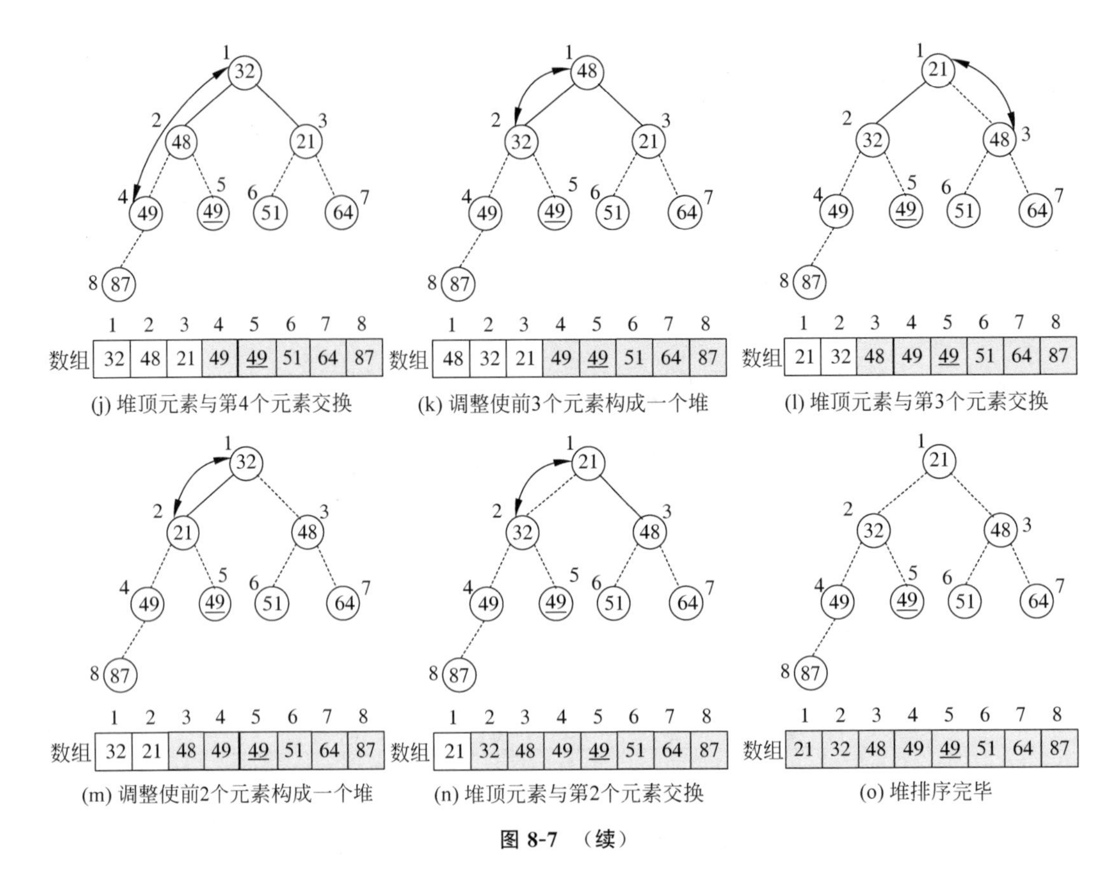

图 8-7 (续)

堆排序是一种不稳定的排序。堆排序的主要时间耗费是在建立堆和不断调整堆的过程。一个深度为 h,元素个数为 n 的堆,其调整算法的比较次数最多为 $2(h-1)$次,而建立一个堆的比较次数最多为 $4n$。一个完整的堆排序过程,其比较次数为 $2(\lfloor\log_2(n-1)\rfloor+\lfloor\log_2(n-2)\rfloor+\cdots+\lfloor\log_2 2)\rfloor)<2n\log_2 n$,因此,堆排序在最坏的情况下时间复杂度为 $O(n\log_2 n)$。堆排序适合应用于待排序的数据量较大的情况。

8.4 交换排序

交换排序的基本思想:通过依次交换逆序的元素实现排序。

视频讲解

8.4.1 冒泡排序

冒泡排序的基本思想:从第一个元素开始,依次比较两个相邻的元素,如果两个元素逆序,则进行交换,即如果 $L.\text{data}[i].\text{key}>L.\text{data}[i+1].\text{key}$,则交换 $L.\text{data}[i]$与 $L.\text{data}[i+1]$。假设元素序列中有 n 个待比较的元素,在第 1 趟排序结束时,将元素序列中关键字最大的元素移到序列的末尾,即第 n 个位置。在第 2 趟排序结束时,将关键字次大的元素移动到第 $n-1$ 个位置。以此类推,经过 $n-1$ 趟排序后,元素序列构成一个有序的序列。这样的排序类似于气泡慢慢向上浮动,因此称为冒泡排序。

例如,一组元素序列的关键字为(56,22,67,32,59,12,89,26,48,37),对该关键字序列进行冒泡排序,第 1 趟排序过程如图 8-8 所示。

序号	1	2	3	4	5	6	7	8
初始状态	[56	22	67	32	59	12	89	26]
第1趟排序：将第1个元素与第2个元素交换	[22	56	67	32	59	12	89	26]
第1趟排序：a[2].key <a[3].key，不需要交换	[22	56	67	32	59	12	89	26]
第1趟排序：将第3个元素与第4个元素交换	[22	56	32	67	59	12	89	26]
第1趟排序：第4个元素与第5个元素交换	[22	56	32	59	67	12	89	26]
第1趟排序：将第5个元素与第6个元素交换	[22	56	32	59	12	67	89	26]
第1趟排序：a[6].key <a[7].key，不需要交换	[22	56	32	59	12	67	89	26]
第1趟排序：将第7个元素与第8个元素交换	[22	56	32	59	12	67	26	89]
第1趟排序结果	22	56	32	59	12	67	26	[89]

图 8-8　第 1 趟排序过程

可以看出,在第 1 趟排序结束后,关键字最大的元素被移动到序列的末尾。按照这种方法,冒泡排序的全过程如图 8-9 所示。

序号	1	2	3	4	5	6	7	8
初始状态	[56	22	67	32	59	12	89	26]
第1趟排序结果：	22	56	32	59	12	67	26	[89]
第2趟排序结果：	22	32	56	12	59	26	[67	89]
第3趟排序结果：	22	32	12	56	26	[59	67	89]
第4趟排序结果：	22	12	32	26	[56	59	67	89]
第5趟排序结果：	12	22	26	[32	56	59	67	89]
第6趟排序结果：	12	22	[26	32	56	59	67	89]
第7趟排序结果：	12	[22	26	32	56	59	67	89]
最后排序结果：	12	22	26	32	56	59	67	89

图 8-9　冒泡排序的全过程

可以看出,在第 5 趟排序结束后,该元素已经有序,其实第 6 趟和第 7 趟排序并不需要进行比较。因此,在设计算法时,可以设置一个标志为 flag。如果在某一趟循环中,所有元素已经有序,则令 flag=0,表示该序列已经有序,不再进行后面的比较。

冒泡排序的算法实现如下。

```
public void BubbleSort(int n)
//冒泡排序
{
    boolean flag = true;
    for (int i = 0; i < n - 1; i++) {        //需要进行 n - 1 趟排序
        precedence ordering(flag)
        {
```

```
                flag = false;
                for (int j = 0; j < length - i - 1; j++)     //每一趟排序需要比较 n - i 次
                {
                    if (data[j] > data[j + 1]) {
                        int t = data[j];
                        data[j] = data[j + 1];
                        data[j + 1] = t;
                        flag = true;
                    }
                }
            }
        }
    }
```

可以看出,冒泡排序的空间复杂度为 $O(1)$。在进行冒泡排序过程中,假设待排序的元素序列为 n 个,则需要进行 $n-1$ 趟排序,每一趟需要进行 $n-i$ 次比较,其中 $i=1,2,\cdots,n-1$。因此,整个冒泡排序的比较次数为 $\sum_{i=1}^{n-1} i = \frac{n(n-1)}{2}$,移动次数为 $3\times\frac{n(n-1)}{2}$,冒泡排序的时间复杂度为 $O(n^2)$。冒泡排序是一种稳定的排序算法。

视频讲解

8.4.2 快速排序

快速排序算法是冒泡排序算法的一种改进,与冒泡排序类似,区别在于快速排序是将元素序列中的关键字与指定的元素进行比较,将逆序的两个元素进行交换。快速排序的基本算法思想是:设待排序的元素序列的个数为 n,分别存放在数组或列表 data[1...n]中,令第一元素作为枢轴元素,即将 $a[1]$作为参考元素,令 pivot$=a[1]$。初始时,令 $i=1,j=n$,然后按照以下方法操作。

(1) 从序列的 j 位置往前,依次将元素的关键字与枢轴元素比较。如果当前元素的关键字大于等于枢轴元素的关键字,则将前一个元素的关键字与枢轴元素的关键字比较;否则,将当前元素移动到位置 i。即比较 $a[j]$.key 与 pivot.key,如果 $a[j]$.key≥pivot.key,则连续执行 $j--$操作,直到遇到一个元素使 $a[j]$.key<pivot.key,则将 $a[j]$移动到 $a[i]$中,并执行一次 $i++$操作;

(2) 从序列的 i 位置开始,依次将该元素的关键字与枢轴元素比较。如果当前元素的关键字小于枢轴元素的关键字,则将后一个元素的关键字与枢轴元素的关键字比较;否则,将当前元素移动到位置 j。即比较 $a[i]$.key 与 pivot.key,如果 $a[i]$.key<pivot.key,则连续执行 $i++$,直到遇到一个元素使 $a[i]$.key≥pivot.key,则将 $a[i]$移动到 $a[j]$中,并执行一次 $j--$操作;

(3) 循环执行步骤(1)和(2),直到出现 $i\geq j$,则将元素 pivot 移动到 $a[i]$中。此时整个元素序列在位置 i 被划分成两个部分,前一部分的元素关键字都小于 $a[1]$.key,后一部分元素的关键字都大于等于 $a[1]$.key。至此,一趟快速排序完成。

如果按照以上方法,在每一个部分继续进行以上划分操作,直到每个部分只剩下一个元素不能继续划分为止,这样整个元素序列就构成了以关键字非递增顺序的排列。

例如,一组元素序列的关键字为(37,19,43,22,$\underline{22}$,89,26,92),根据快速排序算法思想,第1趟快速排序的过程如图8-10所示。

	序号	1	2	3	4	5	6	7	8
第1个元素作为枢轴元素pivotkey=a[1].key	初始状态	[37	19	43	22	22	89	26	92]
		↑i=1							↑j=8
因为pivotkey>a[7].key，所以将a[7]保存到a[1]		[26	19	43	22	22	89	□	92]
		↑i=1						↑j=7	
因为a[3].key>pivotkey，所以将a[3]保存到a[7]		[26	19	□	22	22	89	43	92]
				↑i=3				↑j=7	
因为pivotkey>a[5].key，所以将a[5]保存在a[3]		[26	19	22	22	□	89	43	92]
				↑i=3		↑j=5			
因为low=high，所以将pivotkey保存到a[low]即a[5]中		[26	19	22	22	37	89	43	92]
						i=5↑↑j=5			
第1趟排序结果：以37为枢轴将序列分为两段		[26	19	22	22]	37	[89	43	92]

图 8-10　第 1 趟快速排序过程

可以看出，当一趟快速排序完成后，整个元素序列被枢轴的关键字 37 划分为两个部分，前一个部分的关键字都小于 37，后一部分元素的关键字都大于或等于 37。其实，快速排序的过程就是以枢轴为中心将元素序列划分的过程，直到所有的序列被划分为单独的元素。快速排序的过程如图 8-11 所示。

	序号	1	2	3	4	5	6	7	8
第1个元素作为枢轴元素pivotkey=a[1].key	初始状态	[37	19	43	22	22	89	26	92]
		↑i=1							↑j=8
37作为枢轴元素，第1趟排序结果：		[26	19	22	22]	37	[89	43	92]
26作为枢轴元素，第2趟排序结果：		[22	19	22]	26	37	[89	43	92]
22作为枢轴元素，第3趟排序结果：		[19]	22	[22]	26	37	[89	43	92]
89作为枢轴元素，第4趟排序结果：		19	22	22	26	37	[43]	89	[92]
最终排序结果：		19	22	22	26	37	43	89	92

图 8-11　快速排序过程

进行一趟快速排序，即将元素序列进行一次划分的算法描述如下。

```
public int Partition(int low, int high)
//对顺序表 L.r[low..high]的元素进行一趟排序,使枢轴前面的元素关键字小于枢轴元素的关键字,
枢轴后面的元素关键字大于或等于枢轴元素的关键字,并返回枢轴位置
{
    int pivotkey = data[low];              //将表的第一个元素作为枢轴元素
    int t = data[low];
    while (low < high)                     //从表的两端交替地向中间扫描
    {
        while (low < high && data[high] >= pivotkey)    //从表的末端向前扫描
            high--;
        if (low < high)                    //将当前 high 指向的元素保存在 low 位置
        {
            data[low] = data[high];
            low++;
        }
        while (low < high && data[low] <= pivotkey)     //从表的始端向后扫描
            low++;
```

```
        if (low < high)                        //将当前 low 指向的元素保存在 high 位置
        {
            data[high] = data[low];
            high--;
        }
        data[low] = t;                         //将枢轴元素保存在 low = high 的位置
    }
    return low;                                //返回枢轴所在位置
}
```

快速排序算法通过多次递归调用一次划分算法(一趟排序算法),从而实现快速排序,其算法描述如下。

```
public void QuickSort(int low, int high)
//对顺序表 L 进行快速排序
{
    if (low < high)                            //如果元素序列的长度大于 1
    {
        int pivot = Partition(low, high);      //将待排序序列 L.r[low..high]划分为两部分
        QuickSort(low, pivot - 1);             //对左边的子表进行递归排序,pivot 是枢轴位置
        QuickSort(pivot + 1, high);            //对右边的子表进行递归排序
    }
}
```

快速排序是一种不稳定的排序算法,其空间复杂度为 $O(\log_2 n)$。

在最好的情况下,每趟排序均将元素序列正好划分为相等的两个子序列,这样快速排序的划分的过程就将元素序列构成一个完全二叉树的结构,分解的次数等于树的深度即 $\log_2 n$,因此快速排序的总比较次数为 $T(n)\leqslant n+2T(n/2)\leqslant n+2\times(n/2+2\times T(n/4))=2n+4T(n/4)\leqslant 3n+8T(n/8)\leqslant\cdots\leqslant n\log_2 n+nT(1)$。因此,在最好的情况下,其时间复杂度为 $O(n\log_2 n)$。

在最坏的情况下,待排序的元素序列已经是有序序列,则第 1 趟需要比较 $n-1$ 次,第 2 趟需要比较 $n-2$ 次,以此类推,共需要比较 $n(n-1)/2$ 次,因此时间复杂度为 $O(n^2)$。

在平均情况下,快速排序的时间复杂度为 $O(n\log_2 n)$。

8.4.3 交换排序应用示例

【例 8-2】 在对 n 个元素组成的线性表进行快速排序时,对关键字的比较次数与这 n 个元素的初始排列有关。若 $n=7$,请回答以下问题:

(1) 在最好的情况下需要对关键字进行多少次比较?请说明理由。

(2) 给出一个最好情况下的初始排序的实例。

(3) 在最坏情况下需要对关键字进行多少次比较?请说明理由。

(4) 请给出一个最坏情况下的初始排序实例。

分析:

(1) 在最好的情况下,每次划分能得到两个长度相等的子序列。假设待排序元素个数为 $n=2^k-1$,则第 1 趟划分后得到两个长度均为 $\left\lfloor\frac{n}{2}\right\rfloor$ 的子序列,第 2 趟划分后得到 4 个长

度为$\left\lfloor \frac{n}{4} \right\rfloor$的子序列，以此类推，总共进行 $k=\log_2(n+1)$趟划分，此时各子序列长度为 1。当 $n=7$ 时，$k=3$，在最好情况下，第 1 趟划分需要将关键字比较 6 次，第 2 趟需要分别对两个子序列中的关键字各比较 2 次，因此总共需要比较 10 次。

(2) 在最好的情况下，快速排序初始序列为 4、1、3、2、6、5、7。

(3) 在最坏的情况下，每次划分都以最小的元素或最大的元素作为枢轴元素，则经过一次划分后，得到的子序列中的元素比之前序列中的元素少一个。若原序列中的元素按关键字递减排列，而在需要进行递增排列时，与冒泡排序的效率相同，其时间复杂度为 $O(n^2)$。当 $n=7$ 时，在最坏的情况下，关键字的比较次数为 21 次。

(4) 在最坏的情况下，初始序列为 7、6、5、4、3、2、1。

【例 8-3】 一组元素的关键字序列为(37,19,43,22,22,89,26,92)，使用冒泡排序和快速排序对该元素进行排序，并输出冒泡排序和快速排序的每趟排序结果。

```
public class ExchangeSort {
    int data[];
    int length;
    final int MAXSIZE = 30;
    int count;
    ExchangeSort() {
        this.data = new int[MAXSIZE];
        this.length = 0;
        count = 1;
    }
    public void InitSeqList(int a[], int n) {
        int i = 0;
        for (i = 0; i < n; i++)
            data[i] = a[i];
        length = n;
    }

    public void BubbleSort(int n)
    //冒泡排序
    {
        boolean flag = true;
        for (int i = 0; i < n - 1; i++) {
            if (flag)                          //需要进行 n - 1 趟排序
            {
                flag = false;
                for (int j = 0; j < length - i - 1; j++) //每一趟排序需要比较 n - i 次
                {
                    if (data[j] > data[j + 1]) {
                        int t = data[j];
                        data[j] = data[j + 1];
                        data[j + 1] = t;
                        flag = true;
                    }
                }
                DispList2(count);
                count++;
            }
```

```
        }
    }
    public int Partition(int low, int high)
    //对顺序表L.r[low..high]的元素进行一趟排序,使枢轴前面的元素关键字小于枢轴元素的关
键字,枢轴后面的元素关键字大于等于枢轴元素的关键字,并返回枢轴位置
    {
        int pivotkey = data[low];        //将表的第一个元素作为枢轴元素
        int t = data[low];
        while (low < high)               //从表的两端交替地向中间扫描
        {
            while (low < high && data[high] >= pivotkey) //从表的末端向前扫描
                high--;
            if (low < high)              //将当前high指向的元素保存在low位置
            {
                data[low] = data[high];
                low++;
            }
            while (low < high && data[low] <= pivotkey)  //从表的始端向后扫描
                low++;
            if (low < high)              //将当前low指向的元素保存在high位置
            {
                data[high] = data[low];
                high--;
            }
            data[low] = t;               //将枢轴元素保存在low = high的位置
        }
        return low;                      //返回枢轴所在位置
    }

    public void QuickSort(int low, int high)
    //对顺序表L进行快速排序
    {
        if (low < high)                  //如果元素序列的长度大于1
        {
            int pivot = Partition(low, high); //将待排序序列L.r[low..high]划分为两部分
            DispList3(pivot, count);     //输出每次划分的结果
            count++;
            QuickSort(low, pivot - 1);        //对左边的子表进行递归排序,pivot是枢轴位置
            QuickSort(pivot + 1, high);  //对右边的子表进行递归排序
        }
    }
    public void DispList(int n)
    //输出表中的元素
    {
        for (int i = 0; i < n; i++)
            System.out.print(data[i] + " ");
        System.out.println();
    }
    public void DispList2(int count)
    //输出表中的元素
    {
        System.out.print("第" + count + "趟排序结果:");
        for (int i = 0; i < length; i++)
            System.out.print(data[i] + " ");
```

```
        System.out.println();
    }
    public void DispList3(int pivot, int count)
    {
        System.out.print("第" + count + "趟排序结果:[");
        for (int i = 0; i < pivot; i++)
            System.out.print(String.format("%-4d", data[i]));
        System.out.print("]");
        System.out.print(String.format("%3d ", data[pivot]));
        System.out.print("[");
        for (int i = pivot + 1; i < length; i++)
            System.out.print(String.format("%-4d", data[i]));
        System.out.println("]");
    }
    public static void main(String args[])
    {
        int a[] = {37, 19, 43, 22, 22, 89, 26, 92};
        int n = a.length;
        ExchangeSort L = new ExchangeSort();
        L.InitSeqList(a, n);
        System.out.print("冒泡排序前:");
        L.DispList(n);
        L.BubbleSort(n);
        System.out.print("冒泡排序结果:");
        L.DispList(n);
        L = new ExchangeSort();
        L.InitSeqList(a, n);
        System.out.print("快速排序前:");
        L.DispList(n);
        L.QuickSort(0, n - 1);
        System.out.print("快速排序结果:");
        L.DispList(n);
    }
}
```

程序运行结果如下。

```
冒泡排序前：37 19 43 22 22 89 26 92
第 1 趟排序结果：19 37 22 22 43 26 89 92
第 2 趟排序结果：19 22 22 37 26 43 89 92
第 3 趟排序结果：19 22 22 26 37 43 89 92
第 4 趟排序结果：19 22 22 26 37 43 89 92
冒泡排序结果：19 22 22 26 37 43 89 92
快速排序前：37 19 43 22 22 89 26 92
第 1 趟排序结果：[26  19  22  22  ] 37 [89  43  92  ]
第 2 趟排序结果：[22  19  22  ] 26 [37  89  43  92  ]
第 3 趟排序结果：[19  ] 22 [22  26  37  89  43  92  ]
第 4 趟排序结果：[19  22  22  26  37  43  ] 89 [92  ]
快速排序结果：19 22 22 26 37 43 89 92
```

思政元素

插入、选择、交换排序算法策略虽然不尽相同,但它们的共同目标都是将元素放在相对合适的位置,最终使元素序列是有序的。在日常生活中,合理安排事情的优先顺序,有助于目标的达成。

视频讲解

8.5 归并排序

归并排序的基本思想是:将两个或两个以上的元素有序序列组合,使其成为一个有序序列。最为常用的归并排序算法是二路归并排序。

二路归并排序的主要思想:假设元素的个数是 n,将每个元素作为一个有序的子序列,然后将相邻的两个子序列两两合并,得到$\left\lceil \frac{n}{2} \right\rceil$个长度为 2 的有序子序列。继续将相邻的两个有序子序列两两合并,得到$\left\lceil \frac{n}{4} \right\rceil$个长度为 4 的有序子序列。以此类推,重复执行以上操作,直到有序序列合并为 1 个为止。这样就得到了一个有序序列。

一组元素序列的关键字序列为(37,19,43,22,57,89,26,92),二路归并排序的过程如图 8-12 所示。

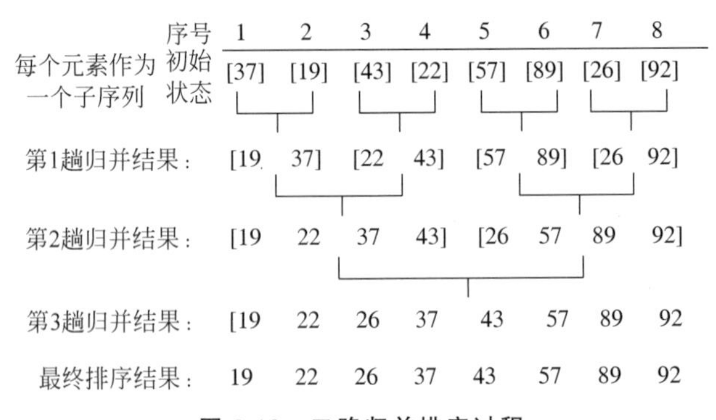

图 8-12 二路归并排序过程

可以看出,二路归并排序的过程其实就是不断地将两个相邻的子序列合并为一个子序列的过程。合并算法描述如下。

```
public void Merge(int s[], int t[], int low, int mid, int high)
//将有序的 s[low...mid]和 s[mid + 1..high] 归并为有序的 t[low..high]
{
    int i = low;
    int j = mid + 1;
    int k = low;
    while(i <= mid && j <= high)            //将 s 中元素由小到大地合并到 t
    {
        if (s[i] <= s[j])
        {
            t[k] = s[i];
            i++;
```

```
            }
            else {
                t[k] = s[j];
                j++;
            }
            k++;
        }
        while(i <= mid)                          //将剩余的 s[i…mid]复制到 t
        {
            t[k] = s[i];
            k++;
            i++;
        }
        while(j <= high)                         //将剩余的 s[j…high]复制到 t
        {
            t[k] = s[j];
            k++;
            j++;
        }
    }
```

以上是合并两个子表的算法，可通过递归调用该算法合并所有子表，从而实现二路归并排序。二路归并算法描述如下。

```
public void TwoWayMergeSort (int s[], int t[], int low, int high)
//二路归并排序，将 s[low…high]归并排序并存储到 t[low…high]中
{
    int t2[] = new int[s.length];
    if(low == high)
        t[low] = s[low];
    else {
        int mid = (low + high) / 2;          //将 s[low…high]分为 s[low…mid]和 s[mid+1…high]
        TwoWayMergeSort(s, t2, low, mid);    //将 s[low…mid]归并为有序的 t2[low…mid]
        TwoWayMergeSort(s, t2, mid + 1, high);     //将 s[mid+1…high]归并为有序的
                                                   //t2[mid+1…high]
        Merge(t2, t, low, mid, high);        //将 t2[low…mid]和 t2[mid+1…high] 归并到
                                             //t[low…high]
    }
}
```

归并排序的空间复杂度为 $O(n)$。由于二路归并排序所使用的空间过大，因此它主要被用在外部排序中。二路归并排序算法需要多次递归调用自己，递归调用的过程可以构成一个二叉树的结构，其时间复杂度为 $T(n)\leqslant n+2T(n/2)\leqslant n+2(n/2+2T(n/4))=2n+4T(n/4)\leqslant 3n+8T(n/8)\leqslant\cdots\leqslant n\log_2 n+nT(1)$，即 $O(n\log_2 n)$。二路归并排序是一种稳定的排序算法。

8.6　基数排序

视频讲解

基数排序是一种与前面各种排序方法完全不同的方法，前面的排序方法是通过对元素的关键字进行比较并移动元素实现的，而基数排序则不需要对关键字进行比较。

8.6.1 基数排序算法

基数排序主要是利用多个关键字进行排序。例如,在日常生活中,扑克牌就是一种多关键字的排序问题。扑克牌有4种花色,即红桃、方块、梅花和黑桃,每种花色从A到K共13张牌。这4种花色就相当于4个关键字,而每种花色的A到K就相当于对不同的关键字进行排序。

基数排序正是借助这种思想,对不同类的元素进行分类,然后对同一类中的元素进行排序,通过该过程完成对元素序列的排序。在基数排序中,通常将对不同元素的分类称为分配,排序的过程称为收集。

具体算法思想:假设第 i 个元素 a_i 的关键字为 key_i,key_i 是由 d 位十进制组成的,即 $key_i = k_i^d k_i^{d-1} \cdots k_i^1$,其中 k_i^1 为最低位,k_i^d 为最高位。关键字的每一位数字都可作为一个子关键字。首先将元素序列按照最低的关键字进行排序,然后从低位到高位依次进行排序,直到最高位为止,这样就完成了排序过程。

例如,一组元素序列的关键字为(334,45,21,467,821,562,342,45)。这组关键字位数最多的是3位,在排序之前,首先将所有的关键字都看作是一个由3位数字组成的数,即(324,285,021,467,821,562,342,045)。对这组关键字进行基数排序需要进行3趟分配和收集。首先需要对该关键字序列的最低位进行分配和收集,然后对十位数字进行分配和收集,最后是对最高位的数字进行分配和收集。一般情况下,采用链表实现基数排序。对最低位进行分配和收集的过程如图8-13所示,其中,列表 $f[i]$ 保存第 i 个链表的头指针,列表 $r[i]$ 保存第 i 个链表的尾指针。

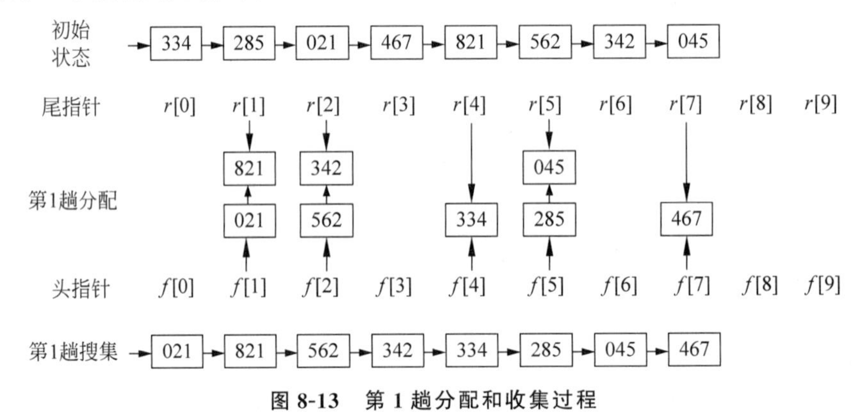

图8-13 第1趟分配和收集过程

对十位数字分配和收集的过程如图8-14所示。

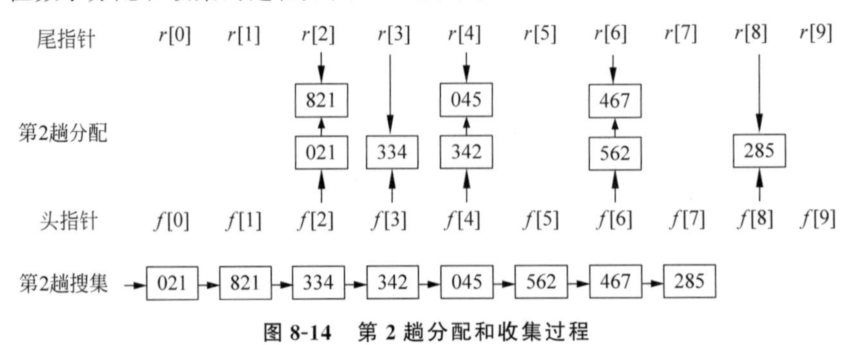

图8-14 第2趟分配和收集过程

对百位数字分配和收集的过程如图 8-15 所示。

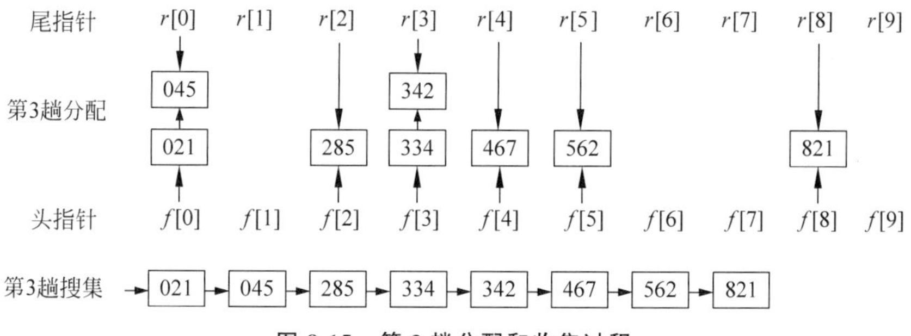

图 8-15 第 3 趟分配和收集过程

经过第 1 趟排序后，关键字被分为 10 类，个位数字相同的数字被划分为一类，然后对分配后的关键字进行收集，得到以个位数字非递减排序的序列。同理，经过第 2 趟分配和收集后，得到以十位数字非递减排序的序列。经过第 3 趟分配和收集后，得到最终的排序结果。

基数排序的算法主要包括分配和收集，其链表类型描述如下。

```
class SListCell                          //链表的结点类型
{
    String key[];
    int next;
    final int MaxKeyNum = 20;
    SListCell(int keynum)
    {
        key = new String[keynum];        //关键字
        next = -1;
    }
}
public class RadixSort
{
    SListCell data[];
    int keynum;
    int length;
    RadixSort(int keynum, int length)
    {
        this.length = length;                //链表的当前长度
        data = new SListCell[length + 1];    //存储元素,data[0]为头结点
        this.keynum = keynum;                //每个元素的当前关键字个数
        for(int i = 0;i <= length;i++) {
            data[i] = new SListCell(length + 1);
            for(int j = 0;j < keynum;j++)
                data[i].key[j] = new String();
        }
    }
}
```

基数排序的分配算法实现如下。

```
public void Distribute(int i, int f[], int r[], int radix)
//为 data 中的第 i 个关键字 key[i]建立 radix 个子表,使同一子表中元素的 key[i]相同
//f[0…radix - 1]和 r[0…radix - 1]分别指向各个子表中第一个和最后一个元素
{
    for(int j = 0;j < radix;j++)               //将各个子表初始化为空表
```

```
            f[j] = 0;
        int p = data[0].next;
        while(p != 0) {
            int j = Integer.parseInt(data[p].key[i]);      //将对应的关键字字符转化为整数类型
            if (f[j] == 0)                         //f[j] 是空表,则 f[j] 指向第一个元素
                f[j] = p;
            else
                data[r[j]].next = p;
            r[j] = p;                              //将 p 所指的结点插入第 j 个子表中
            p = data[p].next;
        }
    }
```

其中,列表 $f[j]$和列表 $r[j]$分别存放第 j 个子表的第一个元素的位置和最后一个元素的位置。

基数排序的收集算法实现如下。

```
public void Collect(int f[], int r[], int radix)
//按 key[i]将 f[0..Radix - 1]所指各子表依次连接成一个链表
{
    int j = 0;
    while(f[j] == 0)                           //找第一个非空子表
        j++;
    data[0].next = f[j];                       //data[0].next 指向第一个非空子表中第一个结点
    int t = r[j];
    while(j < radix - 1) {
        j++;
        while (j < radix - 1 && f[j] == 0)//找下一个非空子表
            j++;
        if (f[j] != 0)                         //将非空链表连接在一起
        {
            data[t].next = f[j];
            t = r[j];
        }
    }
    data[t].next = 0;                          //t 指向最后一个非空子表中的最后一个结点
}
```

基数排序是通过多次调用分配算法和收集算法来实现排序的,其算法实现如下。

```
public void RadixSort(int radix)
//对 L 进行基数排序,使得 L 成为按关键字非递减的链表,L.r[0]为头结点
{
    int f[] = new int[radix];
    int r[] = new int[radix];
    for(int j = 0;j < radix;j++)               //将各个子表初始化为空表
        f[j] = 0;
    for(int j = 0;j < radix;j++)               //将各个子表初始化为空表
        r[j] = 0;
    for(int i = 0;i < keynum;i++)              //由低位到高位依次对各关键字进行分配和收集
    {
        Distribute(i, f, r,radix);             //第 i 趟分配
        Collect(f, r,radix);                   //第 i 趟收集
    }
}
```

可以看出，基数排序需要 2×radix 个队列指针，分别指向每个队列的队首和队尾。假设待排序的元素为 n 个，每个元素的关键字为 d 个，则基数排序的时间复杂度为 $O(d(n+\text{radix}))$。

8.6.2　基数排序应用示例

【例 8-4】　一组元素序列的关键字为(352,218,69,651,463,8,123)，使用基数排序对该元素序列排序，并输出每一趟基数排序的结果。

分析：主要考察基数排序的算法思想。基数排序就是利用多个关键字先进行分配，然后再对每趟排序结果进行收集，通过多趟分配和收集得到最终的排序结果。十进制数有 0～9 共 10 个数字，利用 10 个链表分别存放每个关键字个位为 0～9 的元素，然后通过收集将每个链表连接在一起，构成一个链表，通过 3 次(因为最大关键字是 3 位数)分配和收集就完成了排序。

基数排序采用链表实现，算法的完整实现包括 3 个部分：基数排序的分配和收集算法、链表的初始化、测试代码部分。

1. 分配和收集算法

这部分主要包括基数排序的分配、收集。因为关键字中最大的是 3 位数，所以需要进行 3 趟分配和收集。分配和收集算法的实现代码如下。

```
public void Distribute(int i, int f[], int r[], int radix)
//为 data 中的第 i 个关键字 key[i]建立 radix 个子表,使同一子表中元素的 key[i]相同
//f[0…radix - 1]和 r[0…radix - 1]分别指向各个子表中第一个和最后一个元素
{
    for(int j = 0;j < radix;j++)            //将各个子表初始化为空表
        f[j] = 0;
    int p = data[0].next;
    while(p != 0) {
        int j = Integer.parseInt(data[p].key[i]);     //将对应的关键字字符转化为整数类型
        if (f[j] == 0)                      //f[j] 是空表,则 f[j] 指向第一个元素
            f[j] = p;
        else
            data[r[j]].next = p;
        r[j] = p;                           //将 p 所指的结点插入第 j 个子表中
        p = data[p].next;
    }
}

public void Collect(int f[], int r[], int radix)
//按 key[i]将 f[0…Radix - 1]所指各子表依次连接成一个链表
{
    int j = 0;
    while(f[j] == 0)                        //找第一个非空子表
        j++;
    data[0].next = f[j];                    //data[0].next 指向第一个非空子表中第一个结点
    int t = r[j];
```

```
        while(j < radix - 1) {
            j++;
            while (j < radix - 1 && f[j] == 0)//找下一个非空子表
                j++;
            if (f[j] != 0)                    //将非空链表连接在一起
            {
                data[t].next = f[j];
                t = r[j];
            }
        }
        data[t].next = 0;                     //t 指向最后一个非空子表中的最后一个结点
    }
    public void RadixSort(int radix)
    //对 L 进行基数排序,使得 L 成为按关键字非递减的链表,L.r[0]为头结点
    {
        int f[] = new int[radix];
        int r[] = new int[radix];
        for(int j = 0;j < radix;j++)          //将各个子表初始化为空表
            f[j] = 0;
        for(int j = 0;j < radix;j++)          //将各个子表初始化为空表
            r[j] = 0;
        for(int i = 0;i < keynum;i++)         //由低位到高位依次对各关键字进行分配和收集
        {
            Distribute(i, f, r,radix);        //第 i 趟分配
            Collect(f, r,radix);              //第 i 趟收集
            System.out.print("第" + (i + 1) + "趟收集后:");
            PrintList2();
        }
    }
```

2. 链表的初始化

这部分主要包括链表的初始化,具体功能为:

(1) 求出关键字最大的元素,并通过该元素值得到子关键字的个数,可利用对数函数实现;

(2) 将每个元素的关键字转换为字符类型,不足的位数用字符'0'补齐,子关键字的每个位的值依次存放在 key 域中;

(3) 将每个结点通过链域连接起来,构成一个链表。

链表的初始化代码如下。

```
    public void InitList(int a[],int n)
    //初始化链表
    {
        String ch = new String();
        length = n;                           //待排序元素个数
        for(int i = 1;i < n + 1;i++) {
            ch = String.valueOf(a[i - 1]);    //将整型转换为字符, 并存入 ch
            for (int j = ch.length(); j < keynum; j++)    //如果 ch 的长度< max 的位数, 则在 ch
                                                          //前补"0"
```

```
            ch = "0" + ch;
        for (int j = 0; j < keynum; j++) //将每个关键字的各个位数存入 key
            data[i].key[j] = String.valueOf(ch.charAt(keynum - 1 - j));
    }
    for(int i = 0;i < length;i++)          //初始化链表
    {
        data[i].next = i + 1;
        data[length].next = 0;
    }
}
public static int GetKeyLength(int a[])
{
    int max = a[0];
    for(int i = 1;i < a.length;i++)         //将最大的关键字存入 max
        if(max < a[i])
            max = a[i];
    int num = (int) (Math.log10(max)) + 1;//求子关键字的个数
    return num;
}
```

3. 测试代码

这部分主要包括对基数排序算法的代码测试,具体实现如下。

```
public void PrintList2()
//按链表形式输出
{
    int i = data[0].next;
    while (i != 0) {
        for (int j = keynum - 1; j >= 0; j--)
            System.out.print(data[i].key[j]);
        System.out.print(" ");
        i = data[i].next;
    }
    System.out.println();
}
public void PrintList()
//按列表序号形式输出
{
    System.out.println("静态链表中第一个元素的地址是:" + data[0].next);
    System.out.println("序号 关键字 下一个元素的地址");
    for(int i = 1;i < length + 1;i++) {
        System.out.print(String.format(" %2d ", i));
        for (int j = keynum - 1; j > -1; j--)
            System.out.print(data[i].key[j]);
        System.out.println(String.format("    %d", data[i].next));
    }
}
public static void main(String args[])
{
    int d[] = {352,218,69,651,463,8,123};
```

```
        int N =  d.length,radix = 10;
        int keynum = GetKeyLength(d);
        RadixSort L = new RadixSort(keynum,d.length);
        L.InitList(d, d.length);
        System.out.println("待排序元素个数是" + L.length + "个,关键字个数为" + L.keynum + "
个");
        System.out.println("排序前的元素:");
        L.PrintList2();
        System.out.println("排序前元素的存放位置:");
        L.PrintList();
        L.RadixSort(radix);
        System.out.println("排序后元素:");
        L.PrintList2();
        System.out.println("排序后元素的存放位置:");
        L.PrintList();
    }
```

程序运行结果如下。

```
待排序元素个数是 7 个,关键字个数为 3 个
排序前的元素:
352 218 069 651 463 008 123
排序前元素的存放位置:
静态链表中第一个元素的地址是:1
序号 关键字 下一个元素的地址
1      352      2
2      218      3
3      069      4
4      651      5
5      463      6
6      008      7
7      123      0
第 1 趟收集后:651 352 463 123 218 008 069
第 2 趟收集后:008 218 123 651 352 463 069
第 3 趟收集后:008 069 123 218 352 463 651
排序后元素:
008 069 123 218 352 463 651
排序后元素的存放位置:
静态链表中第一个元素的地址是:6
序号 关键字 下一个元素的地址
1      352      5
2      218      1
3      069      7
4      651      0
```

5　　463　　4

6　　008　　3

7　　123　　2

想一想
在学习各种排序算法的过程中,可知所使用的排序策略是不同的,但都达到了排序效果。尽管结果相同,但采用的策略不同,其算法效率也不同。你觉得科学创新最重要的是什么?

8.7 实验

8.7.1 基础实验

1. 基础实验1:实现插入类排序

实验目的:考查直接插入排序、折半插入排序和希尔排序算法的理解和掌握情况。

实验要求:给定待排序元素序列55,72,31,24,86,16,37,8。

(1) 利用直接插入排序算法,对元素序列进行从小到大的排序。

(2) 利用折半插入排序算法,对元素序列进行从小到大的排序。

(3) 利用希尔排序算法,对元素序列进行从小到大的排列。

2. 基础实验2:实现交换类排序

实验目的:考查冒泡排序、快速排序算法的掌握情况。

实验要求:给定待排序元素序列56,22,67,32,59,12,89,26,48,37。

(1) 利用冒泡排序算法,对元素序列56,22,67,32,59,12,89,26,48,37进行从小到大的排序。

(2) 利用快速排序算法,对元素序列37,19,43,22,22,89,26,92进行从小到大的排序。

3. 基础实验3:实现选择类排序

实验目的:考查简单选择排序、堆排序的掌握情况。

实验要求:给定一组元素序列65,32,71,28,83,7,53, 49。

(1) 利用简单选择排序算法,对元素序列65,32,71,28,83,7,53, 49进行从小到大的排序。

(2) 利用堆排序算法,对元素序列67,48,23,81,38,19,52,40进行从小到大的排序。

4. 基础实验4:实现基数排序

实验目的:考查基数排序的掌握情况。

实验要求:已知一组元素序列325,138,29,214,927,631,732,205,利用基数排序算法,对该元素序列进行从小到大的排序。

8.7.2　综合实验

综合实验：新冠疫苗接种信息管理系统 V2.0

实验目的：考查是否掌握排序算法思想及实现。

实验要求：设计并实现一个新冠疫苗接种信息管理系统(假设该系统面向需要接种两剂的疫苗)。要求定义一个包含接种者的身份证号、姓名、已接种了几剂疫苗、第一剂接种时间、第二剂接种时间等信息的顺序表,系统至少包含以下功能。

(1) 逐个显示信息表中疫苗接种的信息。

(2) 两剂疫苗接种需要间隔 14～28 天,输出目前满足接种第二剂疫苗的接种者信息。

(3) 给定一个新增接种者的信息,插入表中指定的位置。

(4) 利用直接插入排序或折半插入排序,按照身份证号进行排序。

(5) 分别利用快速排序和堆排序,按照第一剂接种的时间进行排序。

(6) 根据身份证号进行折半查找,若查找成功,则返回此接种者的信息。

(7) 为提高检索效率,要求利用接种者的姓氏为关键字建立哈希表,并利用链地址法处理冲突。给定接种者的身份证号或姓名,查找疫苗接种信息,并输出冲突次数和平均查找长度。

(8) 提供用户菜单,方便选择执行功能。可以设计成一级或多级菜单,所有功能都可重复执行。

小结

在计算机的非数值处理中,排序是一种非常重要且最为常用的操作。根据排序使用内存储器和外存储器的情况,可将排序分为内排序和外排序两种。对于待排序的数据量不是特别大的情况,一般采用内排序;反之,则采用外排序。衡量排序算法的主要性能是时间复杂度、空间复杂度和稳定性。

根据排序所采用的方法,内排序可分为插入排序、选择排序、交换排序、归并排序和基数排序。

(1) 插入排序可以分为直接插入排序、折半插入排序和希尔排序。直接插入排序的算法实现最为简单,其算法的时间复杂度在最好、最坏和平均情况下都是 $O(n^2)$,空间复杂度为 $O(1)$。直接插入排序是一种稳定的排序算法。希尔排序的平均时间复杂度是 $O(n^{1.3})$,空间复杂度为 $O(1)$。希尔排序是一种不稳定的排序算法。

(2) 选择排序可分为简单选择排序、堆排序。简单选择排序算法的时间复杂度在最好、最坏和平均情况下都是 $O(n^2)$,而堆排序的时间复杂度在最好、最坏和平均情况下都是 $O(n\log_2 n)$。两者的空间复杂度都是 $O(1)$。简单选择排序是不稳定的排序算法。

(3) 交换排序可分为冒泡排序和快速排序。冒泡排序在最好的情况下,即在已经有序的情况下,时间复杂度为 $O(n)$;在其他情况下,其时间复杂度为 $O(n^2)$。冒泡排序的空间复杂度为 $O(1)$。冒泡排序是一种稳定的排序算法。快速排序在最好和平均情况下的时间

复杂度为 $O(n\log_2 n)$，在最坏情况下的时间复杂度为 $O(n^2)$。快速排序的空间复杂度为 $O(\log_2 n)$。快速排序是一种不稳定的排序算法。

(4) 归并排序是将两个或两个以上的元素有序序列组合，使其成为一个有序序列。最为常用的归并排序是二路归并排序。归并排序在最好、最坏和平均情况下，时间复杂度均为 $O(n\log_2 n)$，其空间复杂度为 $O(n)$。归并排序是一种稳定的排序算法。

(5) 基数排序是一种不需要对关键字进行比较的排序方法。基数排序在任何情况下，时间复杂度均为 $O(d(n+rd))$，空间复杂度为 $O(n+rd)$。基数排序是一种稳定的排序算法。

各种排序算法的综合性能比较如表 8-1 所示。

表 8-1　各种排序算法的性能比较

排序方法	平均时间复杂度	最好情况下时间复杂度	最坏时间复杂度	辅助空间	稳定性
直接插入排序	$O(n^2)$	$O(n)$	$O(n^2)$	$O(1)$	稳定
折半插入排序	$O(n^2)$	$O(n\log_2 n)$	$O(n^2)$	$O(1)$	稳定
希尔排序	$O(n^{1.3})$	—	—	$O(1)$	不稳定
冒泡排序	$O(n^2)$	$O(n)$	$O(n^2)$	$O(1)$	稳定
快速排序	$O(n\log_2 n)$	$O(n\log_2 n)$	$O(n^2)$	$O(\log_2 n)$	不稳定
简单选择排序	$O(n^2)$	$O(n^2)$	$O(n^2)$	$O(1)$	不稳定
堆排序	$O(n\log_2 n)$	$O(n\log_2 n)$	$O(n\log_2 n)$	$O(1)$	不稳定
归并排序	$O(n\log_2 n)$	$O(n\log_2 n)$	$O(n\log_2 n)$	$O(n)$	稳定
基数排序	$O(d(n+rd))$	$O(d(n+rd))$	$O(d(n+rd))$	$O(n+rd)$	稳定

从时间耗费上来看，快速排序、堆排序和归并排序最佳，但是快速排序在最坏情况下的时间耗费比堆排序和归并排序高。归并排序需要使用大量的存储空间，比较适合于外部排序；堆排序适合于数据量较大的情况；直接插入排序和简单选择排序适合于数据量较小的情况；基数排序适合于数据量较大，而关键字的位数较小的情况。

从稳定性上来看，直接插入排序、折半插入排序、冒泡排序、归并排序和基数排序是稳定的，简单选择排序、希尔排序、快速排序、堆排序都是不稳定的。稳定性主要取决于排序的具体算法，通常情况下，对两个相邻关键字进行比较的排序方法都是稳定的；反之，则是不稳定的。

每种排序方法都有各自的适用范围，在选择排序算法时，要综合考虑具体情况进行选择。

习题

本书提供在线测试习题，扫描下面的二维码，可以获取本章习题。

在线测试

参 考 文 献

[1] 严蔚敏,吴伟民.数据结构(C语言版)[M].北京:清华大学出版社,2007.

[2] 耿国华.数据结构[M].北京:高等教育出版社,2005.

[3] 李春葆.数据结构(Java语言描述)[M].北京:清华大学出版社,2018.

[4] SEDGEWICK R,WAYNEK.算法[M].谢路云,译.4版.北京:人民邮电出版社,2017.

[5] 陈锐.数据结构(C语言实现)[M].北京:机械工业出版社,2020.

[6] 孙玉胜,陈锐.Python数据结构与算法[M].北京:清华大学出版社,2022.

[7] 朱站立.数据结构[M].西安:西安电子科技大学出版社,2003.

[8] 陈锐.数据结构与算法详解[M].北京:人民邮电出版社,2021.

[9] SEDGEWICK R.算法:C语言实现(第1～4部分)基础知识、数据结构、排序及搜索[M].霍红卫,译.北京:机械工业出版社,2009.

[10] 杨明,杨萍.研究生入学考试要点、真题解析与模拟考卷[M].北京:电子工业出版社,2003.

[11] 陈守礼,胡潇琨,李玲.算法与数据结构考研试题精析[M].2版.北京:机械工业出版社,2009.

[10] 翁惠玉.数据结构:思想与实现[M].北京:高等教育出版社,2020.

[11] 陈锐.数据结构习题精解(C语言实现+微课视频)[M].北京:清华大学出版社,2021.

[12] 陈锐.零基础学数据结构[M].2版.北京:机械工业出版社,2014.

[13] 李春葆,尹为民,蒋晶珏.数据结构联考辅导教程[M].北京:清华大学出版社,2011.

[14] 陈锐.深入浅出数据结构与算法[M].北京:清华大学出版社,2023.

[15] CORMEN T H,LEISERSON C E,RIUEST R L.算法导论[M].潘金贵,顾铁成,李成法,等译.2版.北京:机械工业出版社,2006.

[16] KNUTH D E.计算机程序设计艺术 卷1:基本算法[M].李伯民,范明,蒋爱军,译.3版.北京:人民邮电出版社,2010.

图书资源支持

感谢您一直以来对清华版图书的支持和爱护。为了配合本书的使用，本书提供配套的资源，有需求的读者请扫描下方的“书圈”微信公众号二维码，在图书专区下载，也可以拨打电话或发送电子邮件咨询。

如果您在使用本书的过程中遇到了什么问题，或者有相关图书出版计划，也请您发邮件告诉我们，以便我们更好地为您服务。

我们的联系方式：

地　　址：北京市海淀区双清路学研大厦 A 座 714

邮　　编：100084

电　　话：010-83470236　010-83470237

客服邮箱：2301891038@qq.com

QQ：2301891038（请写明您的单位和姓名）

资源下载：关注公众号“书圈”下载配套资源。

资源下载、样书申请

书圈

图书案例

清华计算机学堂

观看课程直播